教育人工智能导论

编　著　赵可云　赵　亮

参　编　于　颖　吴焕庆　刘　敏　贾成净
　　　　吴运明　徐振国　亓小涛　孔　勇
　　　　郭顺利　李　猛　王平升　王克伟

内容简介

本书是为顺应智能时代教育信息化发展和满足教师专业发展的现实需求编写的，并以“理论与技术相结合，实用性导向”为宗旨，全面介绍教育人工智能研究及发展应用的基本原理和方法，学完本书后，读者将对教育人工智能有全面的了解，并能掌握其整体知识框架。

本书共分为十六章，主要内容包括绪论、教育人工智能理论基础、教育人工智能应用实践、教育人工智能伦理、Scraino 程序设计、Python 程序设计、其他常用的编程语言、知识表示方法、数据挖掘、搜索技术、群智能算法、机器学习、自然语言处理、视觉图像处理、教育专家系统、教育多智能体与教育机器人。为便于读者学习和使用，本书各章还分别设置了学习目标、学习建议和思考题等。

本书可供本科生、研究生和教师阅读，也可供对教育人工智能感兴趣的读者自学。

图书在版编目（CIP）数据

教育人工智能导论 / 赵可云，赵亮编著．—北京：北京大学出版社，2022.9

ISBN 978-7-301-33120-0

Ⅰ．①教…　Ⅱ．①赵…　②赵…　Ⅲ．①人工智能—教育理论　Ⅳ．① TP18

中国版本图书馆 CIP 数据核字 (2022) 第 109039 号

书　　名　教育人工智能导论
JIAOYU RENGONG ZHINENG DAOLUN
著作责任者　赵可云　赵　亮　编著
策划编辑　王显超
责任编辑　孙　丹　黄红珍
数字编辑　蒙俞材
标准书号　ISBN 978-7-301-33120-0
出版发行　北京大学出版社
地　　址　北京市海淀区成府路 205 号　100871
网　　址　http://www.pup.cn　新浪微博：@ 北京大学出版社
电子邮箱　编辑部 pup6@pup.cn　总编室 zpup@pup.cn
电　　话　邮购部 010-62752015　发行部 010-62750672　编辑部 010-62750667
印 刷 者　北京虎彩文化传播有限公司
经 销 者　新华书店
787 毫米 ×1092 毫米　16 开本　19 印张　474 千字
2022 年 9 月第 1 版　2025 年 3 月第 2 次印刷
定　　价　52.00 元

前　言

从图灵测试的诞生，到达特茅斯会议首次提出“人工智能”，再到如今人工智能迅猛发展，人工智能已成为当今社会关注的焦点。目前，在云计算、大数据、机器学习等技术的支持下，人工智能突破了自然语言、语音处理和图像处理方面的瓶颈，为人类生活带来了翻天覆地的变化。人工智能在全球范围内蓬勃发展，正在深刻地改变人们的生活和生产方式。人工智能不但帮助人们完成很多简单机械性的活动，而且在一定程度上辅助人们做出科学的决策，为社会发展注入了新的动能。

乘人工智能之风，我们应重视人工智能在教育领域发展的广阔天地，关注教育理念、教学模式、教学评价方式等在智能条件下的变化，培育能够适应智能时代发展的优质人才。人工智能应用于教育教学，成为我国人工智能发展战略的重要组成部分。

“实用性”是本书的主要特色，重在强调“理论与技术结合”，旨在让读者对教育人工智能领域有基本的认识，对教育人工智能领域的研究与发展有整体的把握，对教育人工智能研究中的热点问题有所了解，掌握教育人工智能研究和应用的基本原理及方法。了解教育人工智能，掌握基本原理与方法，是未来教师适应角色的前提与基础。当下教师应当了解教育人工智能发展的过去、现在与未来，作为促进其实现自我专业成长、适应未来智能社会的重要“铺路石”。

本书由曲阜师范大学的赵可云整体统筹与规划、主持编写，汇集多名具有丰富技术经验与教学经验的教师和研究者，经过体系框架拟定、初期编写、修订、编委会审阅和再修订，形成内容体系。山东省教育科学研究院的赵亮对本书进行了多次审阅与修订。本书具体编写分工如下：赵可云负责第一章的编写；于颖负责第二章的编写；吴焕庆负责第三章的编写；刘敏负责第四章的编写；贾成净负责第五章和第六章的编写；吴运明负责第七章和第八章的编写；徐振国负责第九章、第十三章、第十四章的编写；亓小涛负责第十章和第十一章的编写；孔勇负责第十二章的编写；郭顺利负责第十五章和第十六章的编写。李猛、王平升、王克伟参与了第五章的编写。在此，对每位编者的付出与努力表示感谢，还要感谢曲阜师范大学传媒学院研究生董乐英、陈思含、王悦帆、姜京秀、宋如月、方娜、王晓楠、耿晓丹、李辉、张雅婷、梁硕、许远斌、刘翠翠、韩春娣、郑楠等为本书部分资源的搜集与整理做出大量工作。

本书吸收和借鉴了国内外诸多同行的研究成果（在参考文献和正文中已注明），在此向他们表示衷心的感谢。由于编者水平有限，本书难以涵盖人工智能和教育领域的各个方面，书中难免存在疏漏之处，敬请广大读者批评指正。

赵可云

2022 年 3 月

【《教育人工智能导论》交流群】

目　　录

第一章

绪论

学习目标

1. 掌握人工智能的基本概念；掌握教育人工智能的基本概念及研究内容。
2. 了解人工智能的发展史及三大学派。
3. 掌握人工智能和教育人工智能的价值。

学习建议

1. 本章建议学习时长为6课时。
2. 本章主要对教育人工智能进行概述，包括人工智能及教育人工智能的相关背景、内涵及价值，要求重点掌握人工智能的基本概念和教育人工智能的基本概念及研究内容。
3. 读者可深入阅读3～5篇有关教育人工智能的期刊论文，加深对教育人工智能的理解。
4. 读者可采用小组讨论的方式，探讨人工智能在各个领域的实践应用及教育人工智能的价值。

人工智能是采用人工方法使机器模拟、延伸和扩展人类智能，如识别、学习、判断、推理等。随着人工智能技术的发展，其在计算、学习等方面超越人类，并扩展了人脑的功能，实现了人类智力活动的自动化。人工智能在教育领域的融合与应用，极大地推动了教育信息化的进程，同时促进了教育自身的蓬勃发展。本章首先介绍了人工智能的发展史、内涵、学派、研究领域与价值；然后介绍了教育人工智能的内涵、研究内容和价值。

第一节　人工智能概述

一、人工智能的发展史

人工智能概念起源于1956年的达特茅斯会议，在这次会议上，约翰·麦卡锡（John McCarthy）、马文·明斯基（Marvin Minsky）及克劳德·香农（Claude Shannon）等人提出了“人工智能”（artificial intelligence，AI）的概念——让机器像人一样认知、思考、学习，即用计算机模拟人类智能，标志着“人工智能”学科的诞生。

人工智能的探索道路充满许多未知的曲折。如何描述人工智能的发展历程，学术界众说纷纭。人工智能的发展历程可分为孕育、形成、发展三个阶段，如图1–1所示。

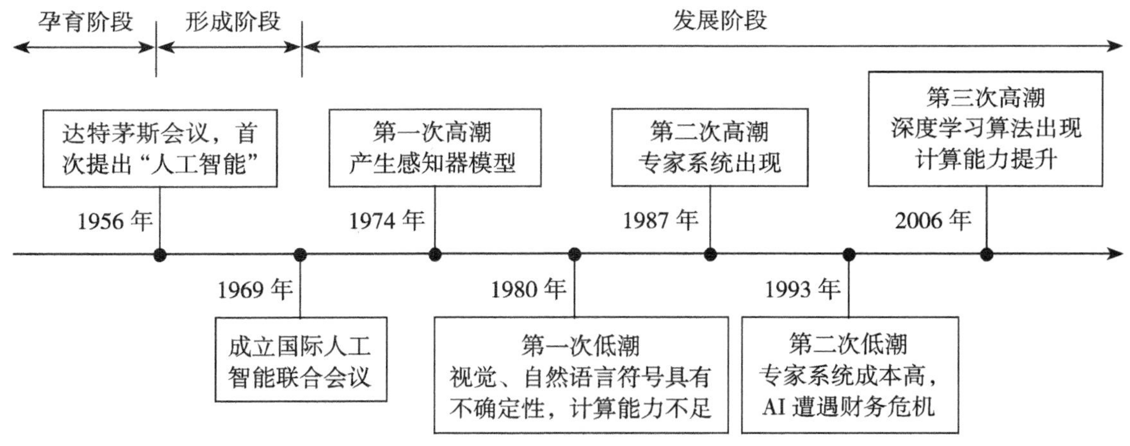

图1–1　人工智能的发展历程

（一）孕育阶段

孕育阶段主要是指1956年以前。从古至今，人们尝试根据已有知识经验发明各种机器来代替人类的部分脑力劳动，以提高人类改造自然的能力。伟大的哲学家亚里士多德（Aristotle）就在其著作《工具论》中提出了形式逻辑的一些主要定律，他提出的三段论（包括大前提、小前提和结论三个部分的论证）至今仍是演绎推理的基本依据。德国数学家和哲学家莱布尼茨（G. W. Leibniz）提出了万能符号和推理计算的思想，他认为可以建立一种通用的符号语言并在其上进行推理演算。该思想不仅为数理逻辑的产生和发展奠定了基础，而且是现代机器思维设计思想的萌芽。英国逻辑学家布尔（G. Boole）致力于使思维规律形式化和机械化，并创立了布尔代数。他在《思维的法则》中首次用符号语言描述了思维活动的基本推理法则。1936 年，英国数学家图灵（A. M. Turing）提出了一种理想计算机的数学模型——图灵机，创立了自动机理论，推动了“思维”机器研究和计算机理论研究的进程，为电子数字计算机的问世奠定了理论基础。

美国爱荷华州立大学的阿塔纳索夫（Atanasoff）及其研究生贝瑞（Berry）在 1937—1941 年开发的世界上第一台电子计算机“阿塔纳索夫 - 贝瑞计算机”（atanasoff–berry computer，ABC）为人工智能的研究奠定了物质基础。1943 年，美国心理学家麦卡洛克（W. McCulloch）与数理逻辑学家皮茨（W. Pitts）基于神经元研究和脑模型建成了第一个神经网络模型——M–P 模型，开创了微观人工智能研究领域，为人工神经网络的研究奠定了基础，同时开辟了人工智能联结主义的道路。1948 年，美国数学家维纳（N. Wiener）提出的控制论成为 20 世纪 40—50 年代的重要思潮，影响了早期的人工智能相关行业工作者。1950 年图灵发表了一篇具有划时代意义的论文——《计算机器与智能》，论文中提出设想：“机器真的能思考吗？”预测了创造具备智能设备的可能性。他试图探索会“思考”的机器，并提出著名的图灵测试：如果一台机器能够与人类对话，而不会被辨别出其机器的身份，那么这台机器具备智能。这是判定机器具备智能的有效实验方法。图灵的思想启发了人们无穷的思考。

人工智能的产生和发展绝不是偶然的，而是科学技术发展的必然产物。

（二）形成阶段

形成阶段主要是指 1956—1969 年。1956 年夏季，约翰·麦卡锡、马文·明斯基、克劳德·香农等人在美国达特茅斯学院（dartmouth college）召开了为期两个月的学术研讨会，讨论关于用机器模拟人类智能的问题。会上约翰·麦卡锡正式提出了“人工智能”的概念，因而约翰·麦卡锡被称为“人工智能之父”。这是一次具有历史意义的重要会议，标志着“人工智能”作为一门新兴学科正式诞生。

达特茅斯会议之后的十多年是人工智能大发展时期，人工智能在机器学习、定理证明、模式识别、问题求解、自然语言理解、专家系统及人工智能语言等方面的研究取得了许多引人注目的成就。

1969 年成立的国际人工智能联合会议（international joint conference on artificial intelligence，IJCAI）是人工智能发展史的一个重要里程碑，标志着“人工智能”已经得到世界的肯定和认可。1970 年创刊的人工智能杂志 *Artificial Intelligence* 对推动人工智能的发展、促进研究人员的交流起到重要的作用。

（三）发展阶段

发展阶段主要是指 1970 年以后。进入 20 世纪 70 年代后，许多国家开展了对人工智能的研究，涌现出大量研究成果。如 1972 年法国的科尔梅劳尔（A. Colmerauer）提出并实现了逻辑程序设计语言 Prolog；斯坦福大学的肖特利夫（E. H. Shortliffe）等人从 1972 年开始研制用于诊断和治疗感染性疾病的专家系统 MYCIN。

但是，与其他新兴学科的发展过程类似，人工智能的发展道路并不平坦。如机器翻译的研究没有像人们最初想象得那么容易。当时人们以为只要一部双向词典及一些词法知识就可以实现两种语言文字间的互译，后来发现机器翻译远非这么简单，有时由机器翻译的文字会出现十分荒谬的错误，与文字本意大相径庭。因此，1960 年美国给出一份报告裁定："还不存在通用的科学文本机器翻译，也没有很近的实现前景。"英国、美国中断了对大部分机器翻译项目的资助。其他方面（如问题求解、神经网络、机器学习等）也遇到了困难，人工智能研究陷入困境。

1977 年，美国斯坦福大学的费根鲍姆（E. A. Feigenbaum）在第 5 届国际人工智能联合会议上提出"知识工程"的概念，引发了对专家系统和知识库系统更深入的研究。从此，人工智能的研究迎来了以知识为中心的蓬勃发展的新时期，知识的表示、推理、利用及获取等研究取得了较大进展，特别是对不确定性知识的表示与推理取得了突破，建立了主观贝叶斯理论、确定性理论、证据理论等。这些理论对人工智能中的模式识别、自然语言理解等领域的发展提供了支持，解决了许多理论及技术上的问题。在博弈方面，1956 年美国 IBM 公司的塞缪尔研制出跳棋程序，不仅能从棋谱中学习，而且能从下棋实践中提高棋艺。1959 年它击败了塞缪尔本人，1962 年又击败了美国的一位州冠军。在 1991 年 8 月悉尼举行的第 12 届国际人工智能联合会议上，美国 IBM 公司研制的"深思"（deep thought）计算机系统与澳大利亚象棋冠军约翰森（D. Johansen）举行了一场人机对抗赛，结果以 1：1 平局告终。1997 年超级计算机"深蓝"（deep blue）击败了国际象棋世界冠军卡斯帕罗夫（G. Kasparov），成为第一个打败人类象棋世界冠军的国际象棋博弈系统。"深蓝"的胜利表明了人工智能所达到的成就，是人工智能发展史上的重要里程碑。

2000 年以后，人工智能拥有远超于人类的计算能力、接近人类的感知能力及强大的深度学习能力。人工智能依托云计算、大数据等信息技术，在计算、推理领域取得了显著进步。人工智能在机器视觉、机器翻译、语音识别等领域的研究不断深入，感知能力已接近甚至超过人类（在人脸识别方面超过人类）。神经网络的进步也促进了人工智能深度学习能力的提升。2006 年辛顿（G. Hinton）提出利用预训练方法缓解局部最优解问题，将隐含层推动到第 7 层，并提出"深度学习"神经网络，打破了反向传播（back propagation，BP）算法的发展瓶颈，揭开了深度学习的热潮。

2010 年至今，人工智能浪潮席卷全球，在计算、感知领域发展足够成熟的人工智能产品不断涌现，极大地促进了人工智能的发展。2011 年人工智能系统"沃森"（Watson）作为选手参加美国著名智力竞赛节目《危险边缘》来挑战人类智力，并连续击败较成功的两位选手——肯·詹宁斯（Ken Jennings）和布拉德·鲁特（Brad Rutter），成为冠军。2012 年杰夫·迪恩（Jeff Dean）和吴恩达向神经网络展示 1000 万张来自 YouTube 视频随机截取的图片，发现它能自动识别猫的形象。同年，辛顿课题组为了证明深度学习的潜力，首次参加 ImageNet 图像识别比赛，通过其构建的 CNN 网——AlexNet 一举夺得冠军，并碾压第二名的分类算法（SVM 算法）。2015 年微软 ResNet 获得了 ImageNet 图像识别比赛的冠军，错误率仅为 3.5%。2016 年谷歌研发的 AlphaGo 围棋机器人以 4：1 的比分击败韩国围棋职业九段选手李世石，成为第一个不借助让子击败围棋职业九段选手的计算机围棋程序。2017 年 AlphaGo 化身 Master 后创造了连续 60 场对战人类不败的战绩，横扫棋坛。同年，最强版围棋程序——AlphaGo Zero 不借助人类专家的数据集训练，通过自主学习击败之前所有版本的 AlphaGo。同年，沙特阿拉伯授予机器人"索菲亚"公民身份，使其成为首个获得公民身份的机器人。

总的来说，在发展阶段，人工智能的计算能力远超人类，感知能力也取得较大突破，并不断探索在认知领域的发展。

经过 60 多年的发展，人工智能从技术层面走向应用层面，并渗透到人类生活的方方面面。未来，人工智能将深刻改变人们的生活和生产方式，持续推动人类文明的进步。

二、人工智能的内涵

（一）人工智能的定义

人工智能至今尚无统一的定义，不同学科背景的学者对人工智能有不同的理解，并提出了不同的观点。蔡自兴在《人工智能及其应用》中，比较狭义地定义了人工智能：①能够在各类环境中自主地或交换地执行各种拟人任务的机器，称为智能机器；②人工智能（学科）是计算机科学中涉及研究、设计和应用智能机器的一个分支，它的近期主要目标在于研究用机器模仿和执行人脑的某些智力功能，并开发相关理论和技术；③人工智能（能力）是智能机器执行的通常与人类智能有关的功能，如判断、推理、证明、识别、感知、理解、设计、思考、规划、学习和问题求解等思维活动。此外，中国人工智能学会理事长李德毅为人工智能下了一个定义：探究人类智能活动的机理和规律，构造受人脑启发的人工智能体，研究让智能体完成以往需要人的智力胜任的工作，形成模拟人类智能行为的基本理论、方法和技术，构建的机器人或者智能系统能够像人一样思考和行动，并进一步提升人的智能。综上所述，人工智能是研究、模拟、延伸和扩展人的智能的理论、方法、技术及应用系统的新技术科学。

（二）人工智能的特征

新一代人工智能具有以下五个特征：一是从人工知识表达到大数据驱动的知识学习技术；二是从分类处理的多媒体数据转向跨媒体的认知、学习、推理，其中“媒体”不是新闻媒体，而是界面或者环境；三是从追求智能机器到高水平的人机、脑机相互协同和融合；四是从聚焦个体智能到基于互联网和大数据的群体智能，可以把很多人的智能集聚、融合起来，变成群体智能；五是从拟人化的机器人转向更加广阔的智能自主系统，如智能工厂、智能无人机系统等。

（三）人工智能的分类

1. 按发展方向分

（1）运算智能。运算智能是指人工智能具备快速计算和记忆存储能力。人工智能涉及的各项技术的发展不均衡，现阶段计算机的计算能力和存储能力比较有优势。人工智能能够存储大量数据，计算数据的能力比人类强。

（2）感知智能。感知智能是指人工智能具备听觉、视觉等感知能力，使机器能够像人一样感知外部世界，拥有与人类五官类似的功能，如语音识别技术、图像识别技术等。近几年，人工智能在感知智能方面有很大进步，如在语音识别方面，人工智能不仅可以在安静的环境下具有很好的识别能力，而且在嘈杂的环境下具有非常强的识别能力；在图像识别和手写识别等方面，已经接近人类视觉水平。

（3）认知智能。认知智能是指人工智能具备理解和思考等认知能力。人类有语言，才有概念，才有推理，可见概念、意识、观念等都是人类认知智能的表现。现阶段，人工智能在认知水平上与人类有较大差距，如医疗机器人能够对医学上说的“三级疼痛”做出反应，但是当病人形容“疼得死去活来”时，系统无法判断。目前，人类还在不断探索人工智能在认知智能方面的发展，如“高考机器人”。

2. 按发展层次分

（1）弱人工智能。弱人工智能是指基本能够模拟人类的大脑智能，按照内嵌的程序算法进行计算推理，具备感知能力、记忆能力、学习能力和决策能力等。弱人工智能主要是单一方向的人工智能，其智能水平与人类智能有很大差距，往往是在某个特定领域表现出出色的智能行为，但归根结底，弱人工智能产品还是没有自主意识的。打败了世界象棋冠军的“沃森”以及战胜了世界围棋冠军李世石的 AlphaGo 等都属于弱人工智能产品。虽然首位获得公民身份的机器人“索菲亚”看起来具备一定的自主意识，但其自主行为都依靠于人类设定的程序，还没有完全发挥出自主能力，而且没有在各个方面都达到人类智能水平，因而也属于弱人工智能产品。目前市面上的人工智能学习产品以“弱人工智能”产品为主。

（2）强人工智能。强人工智能是指结合了情感能力、推理能力等的高阶能力。强人工智能的各个方面都能够达到一般人类智能水平，能够灵活地思考问题，能分析、理解问题的内涵，制订计划并解决问题，同时具备自主能力。强人工智能的计算速度非常快，能够大大超越弱人工智能；强人工智能感知事物的能力达到较高水平，实现了准确感知；强人工智能还具备一定的认知能力，对新事物的适应和学习能力也非常强；强人工智能几乎能够完成人类所能完成的一切事情，其智能程度与一般人类相似。弱人工智能产品主要是以人类意志转移、以工具智能服务于社会，而强人工智能超越了人工智能仅作为工具的局限性，除了能实现快速计算、主动学习、逻辑推理等功能外，还能主动创造。

（3）超级人工智能。牛津大学的尼克·博斯特罗姆（Nick Bostrom）将超级人工智能描述为在几乎所有领域都比人类最聪明的大脑聪明得多，包括科学、创新、通识和社交技能。超级人工智能超过人类智能水平，能够突破壁垒，有自我发展的能力，并且能够持续地自发调整、进化。

三、人工智能的三大学派

在人工智能的发展历程中，不同学者对人工智能有不同的观点，逐渐形成具有代表性的三大学派，分别是符号主义（symbolism）学派、联结主义（也称连接主义）（connectionism）学派、行为主义（actionism）学派。

（一）符号主义学派

符号主义学派认为人工智能源于数理逻辑，主要思想是应用逻辑推理法则模拟人类的智能活动，从而实现对人类大脑功能的模拟。人类认知和思维的基本单元是符号，认知过程是符号表示的一种运算，智能的核心是知识，而知识可以用符号表示，以利用知识推理求解问题。符号主义学派在以专家系统、知识本体、知识图谱为代表的知识表示理论与技术方面取得了一些标志性成果。如前面提到的 1997 年美国 IBM 公司的超级计算机“深蓝”战胜国际象棋世界冠军卡斯帕罗夫；2011 年美国 IBM 公司的人类智能系统“沃森”参加美国著名智力竞赛节目《危险边缘》并获得冠军。

（二）联结主义学派

联结主义学派把人类的智能归结为人脑的高层活动，利用神经网络及网络间的联结机制与学习算法模拟智能。该学派认为智力活动的基元是神经细胞，过程是神经网络的动态演化，神经网络的结构与智力行为密切相关，不同的结构表现出不同的功能和行为，人工智能是对人的生理神经网络结构的模拟。联结主义的核心方法是构建人工神经网络（artificial neural networks，ANN）及其联结机制和学习算法，包括卷积神经网络、循环神经网络、感知机脑模型、反向传播算法等。卷积神经网络善于捕捉数据的局部特征，广泛应用于图像识别、视频分析等领域，可以基于摄像头的视频数据分析学生课堂注意力模型。循环神经网络善于捕捉数据的依赖关系，常用于处理序列数据，学生知识状态评估的深度知识跟踪模型就是利用循环神经网络算法实现的。该学派在应用领域的代表案例是 2016 年 AlphaGo 在围棋比赛中战胜世界围棋冠军李世石。

（三）行为主义学派

行为主义学派认为人工智能源于行为动作的感知与控制，其主要思想是应用控制论，采用进化方式模拟人类行为活动中表现的智能。智能是对外界复杂环境的适应，主要基于“感知—行动”行为模型模拟智能。行为主义学派的代表工作是增强学习，适用于各种决策场景，如智能教学系统为学生选择学习路径的方法。该学派在应用领域的代表案例如下：①谷歌的机器狗（图 1–2），其目标是完成在恶劣环境中的特定运输任务；当在未知的恶劣环境（如丛林、雪地、冰面、河床等）中行走时，能够识别并避开或越过树木、乱石堆等障碍；当遇到外界环境的突发性冲击时，能够迅速调整姿态，保持站立并继续前进。②日常生活中看到的扫地机器人（图 1–3），它基于感知和行动控制模式适应不同的空间，并在与环境的交互中实现像人类一样智能地前进。

图 1–2 谷歌的机器狗

图 1–3 扫地机器人

四、人工智能的研究领域与价值

（一）人工智能的研究领域

人工智能的研究范围非常广泛，包含很多学科。当前，人工智能的研究可以归纳为如下六大领域：①计算机视觉，包括模式识别、图像处理等问题；②自然语言理解与交流，包括语音识别、合成、对话等问题；③认知与推理，包括对各种物理和社会常识的辨识、表征、认知等问题；④机器人学，包括各类机器人的设计制造，涉及机器人设计、机械、控制、运动规划及任务规划等；⑤博弈与伦理，包括多智能代理的交互、对抗与合作，机器人与社会融合等问题；⑥机器学习，包括各种基于统计的建模、分析工具、计算方法等。

（二）人工智能的价值

随着各种智能终端的普及和互联互通，在不远的将来，人们将不仅生活在真实的物理空间中，而且生活在数字化、虚拟化的网络空间中。在这个网络空间中，人与机器之间的界限被淡化，换言之，网络空间中的每个个体既有可能是人，又有可能是智能体。另外，在真实的物理世界中，人工智能不必具有人类的形态，可以从更多的角度进入我们生活的方方面面，协助人类完成之前只有人类才能完成的智能任务。

在生产方面，随着我国城镇化建设的不断推进，未来人工智能有望在传统农业转型和制造业中发挥重要作用。例如，在农业中，通过遥感卫星、无人机等监测我国耕地的宏观和微观情况，由人工智能自动决定或向管理员推荐合适的种植方案，并综合调度各类农用机械、设备，最大限度地解放农业生产力。智能农业如图 1–4 所示。在制造业中，人工智能可以协助设计人员设计产品，在理想情况下，可以改善中高端设计人员短缺的现状，从而大大提高制造业的产品设计能力。同时，通过挖掘、学习大量生产和供应链数据，人工智能有望推动资源的优化配置，提高企业生产效率。

在生活服务方面，人工智能有望在医疗、教育、金融、出行、物流等领域发挥作用。例如，在医疗方面，医疗机器人（图 1–5）可协助医务人员完成患者病情的初步筛查与分诊，医疗数据智能分析或智能的医疗影像处理技术可帮助医生制定治疗方案，并通过可穿戴智能设备（图 1–6）等传感器实时了解患者的各项身体指征，观察治疗效果。在教育方面，教育类人工智能系统可以承担知识性教育的任务，使教师能将更多精力集中于培养学生系统思维能力、创新实践能力，如可穿戴智能设备可深度挖掘并分析学生数据，教师根据数据分析结果进行个性化教学；智慧教室（图 1–7）为学生和教师提供了开放的学习环境和丰富的教学资源，促进其课堂内外的个性化、多元化的交互，实现信息化促进教育教学创新发展。在金融方面，人工智能协助银行建立更全面的征信和审核制度，从全局角度监测金融系统状态，避免出现各类金融欺诈行为，同时为贷款等金融业务提供科学依据，为维护机构与个人的金融安全提供保障。在出行方面，无人驾驶（或自动驾驶）已经取得很大进展，能有效减少交通事故和人员伤亡等情况的发生，缓解交通拥堵及管理压力，解放驾驶人，无人驾驶汽车如图 1–8 所示。在物流方面，物流机器人（图 1–9）可以很大程度地替代手工分拣，仓储选址和管理、配送路线规划、用户需求分析等也走向智能化。

图 1–4　智能农业

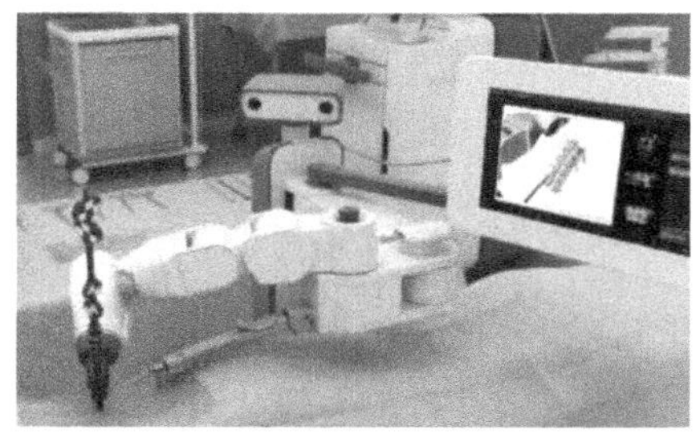

图 1–5　医疗机器人

图 1-6 可穿戴智能设备

图 1-7 智慧教室

图 1-8 无人驾驶汽车

图 1-9 物流机器人

第二节 教育人工智能概述

一、教育人工智能的内涵

（一）教育人工智能的定义

闫志明、唐夏夏等人指出教育人工智能（educational artificial intelligence，EAI）是人工智能与学习科学结合而形成的一个新领域。教育人工智能重在通过人工智能技术，更深入、微观地理解学习是如何发生的，是如何受到外界因素（如社会经济、物质环境、科学技术等）影响的，进而为学习者高效地学习创造条件。徐晔把教育人工智能定义为超越技术限制，回归教育本质，以协同理念为导向，运用人工智能技术，理解学习是如何发生的及学习是如何受到外界各种因素影响的，进而为学习者高效地学习创造条件。由此可以看出，教育人工智能以协同理念为导向，将人工智能深度融入教育场景和教学流程，创新教育生态，为学习者高效地学习创造条件，提高教育工作者的效率，进而培养适应智能时代、具备人机结合思维方式的创新型人才。

（二）教育人工智能的特征

1. 智能化

智能化是教育信息化的发展趋势之一。海量数据蕴藏着丰富的价值，在知识表示与推理的基础上，构建算法模型，可以借助高性能并行运算释放价值与能量。未来，在教育领域将会涌现出更多支持教与学的智能工具，智慧教学为学习者带来新的学习体验，在线学习环境与生活场景无缝融合，人机交互更加便捷、智能，泛在学习、终身学习成为新常态。

2. 自动化

与人类相比，人工智能更擅长记忆、基于规则的推理、逻辑运算等程序化工作；擅长处理目标确定的事务（如数学、物理、计算机等理工科作业），评价标准客观且容易量化，自动化测评程度较高，对于主观的事务，如果目标不够明确，则自动化测评较困难。随着自然语言处理、文本挖掘等技术的进步，短文本类主观题目的自动化测评技术日益成熟，并应用于大规模考试中。教师将从繁重的评价活动中解放出来，专注于教学活动。

3. 个性化

基于学习者的个人信息、认知特征、学习记录、位置信息、媒体社交信息等数据库，人工智能程序可以自学习并构建学习者模型，从不断扩大、更新的数据集中调整优化模型参数；针对学习者的个性化需求，实现个性化学习资源、学习路径、学习服务的推送。

4. 多元化

人工智能涉及多个学科领域，未来的教学内容需要适应发展需要，如美国高度重视STEM（Science，Technology，Engineering，Mathematics）的学习；我国政府高度重视并鼓励高校扩展、加强人工智能专业教育，形成“人工智能 +X”的创新专业培养模式。从人才培养的角度分析，学校教育应更强调学生多元能力的综合发展，以人工智能相关基础学科理论为基础，提供基于真实问题情境的实践项目，重视激发、培养和提高学生的计算思维、创新思维、元认知等能力。

5. 协同化

人机协同发展是人工智能推动教育智能化发展的趋势。从学习科学的角度分析，学习是学习者根据已有知识主动构建和理解新知识的过程。对于人工智能来说，有些新知识无法理解，学习者需要教师的协同、协助和协调。因此在智能学习环境中，教师的参与必不可少，人机协同是人工智能辅助教学的突出特征。

二、教育人工智能的研究内容

教育人工智能的研究内容按照教育领域知识的关系可分为基础内容、应用实践、伦理规范、技术应用，如图 1–10 所示。

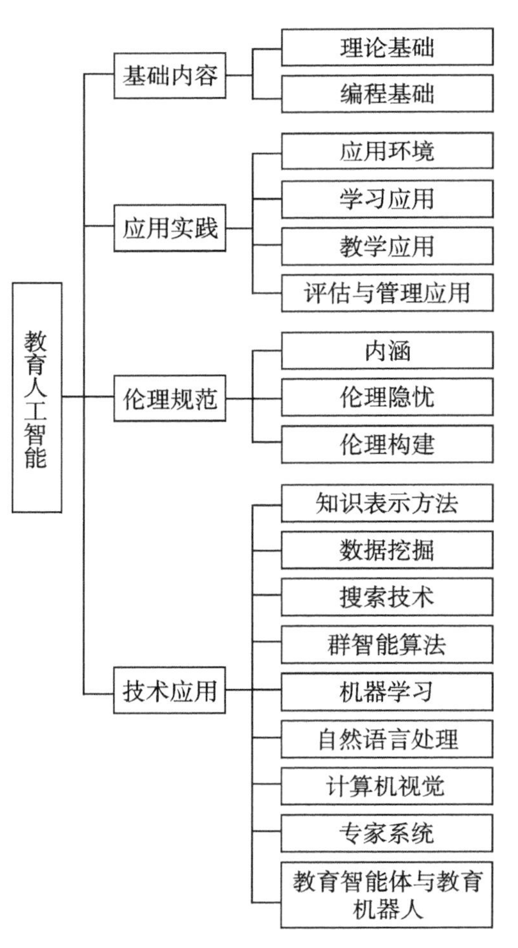

图 1–10　教育人工智能的研究内容

（一）基础内容

1. 理论基础

回溯人工智能的思想起源和理论演进，或许只有站在人工智能理论研究的高度，才能深刻认识人工智能和人类及其本质差异，理解机器学习与人类教育认知的鸿沟。理解人类的认知、智能的本质及意识的起源是认知科学领域较具挑战的基础研究命题。其中，人类的认知与智能的本质密切相关。中国科学院认知科学家陈霖认为，认知与计算的关系问题是新一代人工智能的核心基础科学问题，是使我国在人工智能领域成为真正意义上的科学大国的基础研究课题。因此教育人工智能理论包括认知科学和计算科学两个领域的理论，其中认知科学是研究人类感知和思维信息处理过程的科学，包括从感觉的输入到复杂问题的求解，从人类个体到人类社会的智能活动，以及人类智能和机器智能的性质，认知科学理论包括成功智力理论、多元智能理论、建构主义理论、思维理论和形式逻辑等理论；计算科学是利用高性能计算能力预测和了解现实世界物质运动或复杂现象演化规律的科学，包括最优化理论、多模态认知与交互理论、类脑智能计算理论、高级机器学习理论、人工神经网络学习理论、大数据智能理论、人机协同智能理论等。

2. 编程基础

随着智能教育时代的到来，编程教育不但要满足未来就业和社会的需求，而且要关注“编程赋能”的价值。学生通过编程锻炼思维技能、共情能力及交流协作能力，恰好能填补学校教学的空白。编程教育成为教育人工智能领域研究的重要课题。

可视化编程语言重新唤醒了教育界对编程的兴趣，编程不再是一种工具，而是一种发展其他技能的媒介，可以改善学生的学习动机和效果。Scraino 软件是一款基于 Scratch 3.0 软件开发的面向青少年的简易图形化编程工具。Scraino 软件基于 Scratch 软件拖拽式的编程概念，让学生在寓学于乐中学习编程基本理念和操作技巧，同时支持及时反馈，可以快速检查命令模块的正确性。Scraino 软件编程结构的可视化大大降低了跟进程序流程的复杂度，从本质上降低了培养学生计算思维的教学难度。

Python 语言是目前人工智能领域较流行的计算机编程语言，是目前较接近自然语言的通用编程语言。Python 语言的实际教学内容是分支、循环、函数等基本程序逻辑关系及功能强大的函数库应用。Python 语言只关心计算问题的求解，其轻量级的语法和高层次的语言表示表达了应用计算机解决问题的计算思维理念。Python 语言抽象了问题及解决方案，实现了自动化问题求解，是“复杂信息系统时代”利用计算机解决问题的直观表达工具。

Java 语言、R 语言等都是教育人工智能的研究内容。Java 语言是面向对象的语言，其实际教学内容围绕类、对象、封装、继承、多态、接口等面向对象方法开展。R 语言是基于统计、运算和绘图的数据处理语言，能够较理想地进行大数据处理工作。

（二）应用实践

教育人工智能应用极大地改变了学习环境，使得教学环境更加智能化，教育人工智能应用环境包括智慧学习空间、智慧校园、智慧教室和智慧图书馆等；同时转变了教师的教学方式和学生的学习方式。在学习应用方面，智能学习助理（教育机器人及各种智能学习工具等）可以帮助学生提高学习效率；在教学应用方面，人工智能教学应用形式［人机协同教学、智能教学助手、智能教学助理（AI 教师）及各种智能教学工具等］能有效地提升教师的教学效果；在教育评估与管理应用方面，教育人工智能有重要的应用场景，包括支持教育数据采集和分析，可以进行教育智能决策。

（三）伦理规范

新一代人工智能技术飞速发展，正在引领新一轮科技革命和产业变革，重构新的行业结构和行业形态。教育是人类社会文明发展的重要领域，人工智能在教育领域的应用对教育产生了革命性的影响；同时为教育伦理带来了风险和挑战。人工智能在教育应用中产生的隐忧主要表现在如下方面：教育人工智能强大的数据整合与分析能力，可能会给用户的私人数据和隐私保护带来潜在的风险；模糊教师、学生和人工智能代理等角色之间的界限；削弱教师地位，侵犯学生自由，增大教育不平等、对教育正向价值的压制、对教书育人价值的僭越、教育对人工智能的依附等。以上隐忧可总结为数据滥用隐忧、隐私风险、人性发展隐忧、教育公平隐忧、教育育人价值隐忧等。因此，教育人工智能的设计、开发和教学实践应用都需要对伦理问题的复杂性有充分的认识，认真思考应该遵循的伦理原则，并对教育人工智能进行伦理构建。

（四）技术应用

1. 知识表示方法

知识表示作为人工智能和信息融合的核心技术之一，决定了领域知识获取、知识库构建及推理计算的有效性，影响着开发系统的推理效率和能力，它实际上是一种可被计算机接受的用于描述知识的数据结构。知识表示是研发智能专家系统需要解决的首要问题，它有多种方法，其研究主要包括早期的一阶谓词逻辑表示法、产生式表示法、框架表示法及现在的人工神经网络知识表示法等。人工神经网络知识表示法主要用于评估难度较大的知识性问题。在教育领域，人工神经网络的应用大多与教学专家系统结合，以提高专家系统的智能性，解决复杂的现实问题。知识表示方法对智能专家系统的研发有重要意义，也会对教育带来深远的影响。

2. 数据挖掘

数据挖掘融合教育学、计算机科学、心理学、统计学等学科的理论和技术，以解决教育研究与教学实践中的问题。分析和挖掘与教育相关的数据，可以发现和解决教育中的各类问题，如辅助管理人员做出决策、帮助教师改进课程及实现学生的个性化学习等。教育问题的复杂性和多学科交叉的性质，使数据挖掘技术在数据来源、数据特点、研究方法和应用目的等方面均表现出独特性。

3. 搜索技术

搜索技术是用搜索方法解答问题的技术，通常表现为系统设计或为达到特定目的寻找恰当或最优方案的系统化的方法。搜索技术在人工智能中起着重要作用，人工智能中的推理机制就是通过搜索实现的，盲目搜索、启发式搜索、博弈搜索是常用的三种搜索技术。例如在智能校园、智能教室中，利用传感器感知环境信息，把感知到的环境信息通过网络传送到服务器端进行分析，实现实时的、智能的环境监控和分析，为教学提供一个良好的环境。

4. 群智能算法

群智能算法是一种仿生模拟进化算法，具有操作简单、易并行处理、鲁棒性强等特点，典型算法有蚁群算法、粒子群算法等。群智能算法将问题的所有可能解集看作解空间，从代表问题可能的一个子集开始，通过对该子集施加某种算子操作产生新的解集，并逐渐使种群进化到包含最优解或近似最优解的状态。在进化过程中只需要目标函数的信息就可以找到最优解，而不受搜索空间连续或可微的限制，因此，群智能算法广泛应用于模式识别、自动控制、网络路由选择、机器人路径规划、组合优化及社会科学等。

5. 机器学习

机器学习作为人工智能研究的核心领域，可以让计算机积累经验，不断提高自身性能，在未事先明确编程的情况下做出正确反应。现代机器学习是一个始于大量数据的统计学过程，试图通过数据分析导出规则或者流程，用于解释数据或者预测未来数据。总之，机器学习能够使计算机根据统计学方式，自行寻找在实践中发挥功效的决策流程，并最终解决问题。随着对机器学习的研究的不断深入，深度学习作为机器学习领域的一个新兴研究方向，逐渐成为研究者关注的焦点。

6. 自然语言处理

自然语言处理主要是指让计算机理解人类的自然语言，以实现用自然语言与计算机交流。自然语言处理的研究内容包括：让计算机正确回答用自然语言提出的问题；使计算机根据输入的文本生成摘要；使计算机利用不同的词语和句型，复述输入的自然语言信息及翻译语言等。在教育领域，自然语言处理的最初应用是检测语法错误，随着自然语言处理及其应用研究的不断进步，其在教育领域的应用越来越广泛。

7. 计算机视觉

计算机视觉是研究对数字图像或视频进行高层理解的交叉学科。从人工智能的角度来看，计算机视觉要赋予机器“看”的智能，与语言识别赋予机器“听”的智能类似，都属于感知智能范畴。类比人类的视觉系统，摄像机等成像设备是机器的眼睛，计算机视觉就是要实现人类大脑（主要是视觉皮层区）的视觉能力。

8. 专家系统

专家系统是人工智能技术研究中的热点领域，是一个智能化的计算机程序系统。专家系统不是解决某类定向问题的程序系统，而是一个具有大量专门知识与经验的程序系统，可以根据某领域一个或多个人类专家提供的知识与经验，模拟人类专家解决问题和做出决策的过程，对问题进行推理和判断，解决需要人类专家处理的复杂问题。简言之，专家系统是一种模拟人类专家解决某领域问题的计算机程序系统。目前，专家系统的思想和技术已经逐步应用于教育教学领域，并且越来越成熟、适用。教育专家系统是指把专家系统的理论和方法应用到教育教学领域的专家系统。

9. 教育智能体与教育机器人

“智能体”概念来源于计算机科学领域，研究人员将智能体定义为可以独立运行、具有自主性的计算机程序。教育智能体是呈现于教学场景中的虚拟形象，其目的是促进学习者的认知学习。教育机器人是面向教育领域专门研发的以培养学生分析能力、创造能力和实践能力为目标的机器人，具有教学适用性、开放性、可扩展性和友好的人机交互性等。

三、教育人工智能的价值

（一）实现个性化学习

可持续发展旨在确保全面、公平的优质教育，为所有人提供终身学习机会。教育人工智能可为不同地区、不同种族、不同性别的人们，特别是偏远地区、特殊群体等提供适当的学习机会。计算机支持的协作学习可为学生提供多种选择，其中在线异步讨论是计算机支持协作学习的核心。随着人工智能技术的发展，基于机器学习的人工智能系统可以监控异步讨论，为教师提供学生讨论和支持的有关信息，以指导学生参与学习，实现个性化学习。

（二）加速传统教学组织向新型教学组织的转化

传统按部就班式的知识学习，尤其是命题性知识学习，将越来越以"个别化"的面貌出现。这意味着个体命题性知识的学习时间、空间，将根据个体特征或需求灵活安排、及时调整，从而告别传统命题性知识学习的统一时间、统一地点、统一师资的模式。在这种局面下，可以预见，为命题性知识的传授提供时空便利的传统班级、年级等教学组织将逐渐淡出教育领域。同时，对默会知识、程序知识、应用知识、生产知识的学习将成为未来学校教育的重点。与传统的班级、年级相比，新型教学组织的灵活性、目的性更强。项目学习等新的学习方式将成为学校教育的主流，使学校教育的特色更加鲜明，千校一面的局面将被打破。

（三）促进教师角色的分解与职能转变

近年来，随着人工智能技术的发展，教师的"人工智能替代论"甚嚣尘上。一些预测分析报告提出"教师替代论"只是一种发展趋势，不会在短时间内发生。比如，一份牛津大学的研究报告揭示，分析美国 702 种职业后，认为在不久的将来，其中的 47% 的职业将被人工智能替代，并指出高等教育管理者和高等教育教师分别以 1% 和 3.2% 的概率，位列将来可能被人工智能替代的职业中的第 52 位和第 112 位。正如"第三空间学习"的创始人汤姆·胡珀（Tom Hooper）指出的，人工智能不会取代教师，相反，它将支持并引导他们成为更好的教师。换言之，在人工智能技术的渗透或催化下，由教师一人身兼学习组织者、教授者、指导者、评价者、学习促进者等多重身份的情况将不会存在。除命题性知识的教授者将逐步淡出外，其他角色功能将在人工智能技术的支持下，逐步被更加专业的单一身份教师（或精于某几项专业的教师）承担，原来主要以学科划分教师的做法也将发生变革。

（四）加速数字校园向智能校园的不断进化

数字校园是以高度发达的计算机网络为基础，以信息和知识资源的共享为手段，以面向服务为基本理念，构造出的网络化、数字化、智能化有机结合的新型教育、学习和研究环境。智能校园是教育信息化发展呈现智能化、开放化、个性化的一种形态，也是数字校园的一种高端形态。人工智能技术将通过构建技术赋予的智能化、个性化管理平台及教学新型环境，实现校园精准管理及教学方法和模式的创新，使学校教学、管理流程等优化，校园管理更加精细化，服务更加个性化，从而推动"数字校园"向"智能校园"的不断进化。

（五）提升区域教育治理效果及宏观决策水平

应用人工智能技术将有效支持教育管理部门和教育机构变革管理体制，优化运行机制和服务模式，全面提升区域教育治理效果及宏观决策水平；运用大数据和人工智能技术开展教学过程监测、学情分析和学业水平诊断；实施多维度、综合性素质评价，精准评估教与学的绩效，实现因材施教等。可以预见，在人工智能技术的不断支持、促进下，智能学情分析与全过程动态教育评价体系将得以建立，区域教育治理效果及宏观决策水平也将提高。

（六）扩大优质教育教学覆盖范围，促进教育公平

目前我国城乡、地域间的教育差距较大，优质教育资源总量不足。人工智能技术的自适应学习系统的应用与推广，将精准、有效地扩大优质教育、教学资源的覆盖范围，不断促进教育公平。同时，随着学习系统智能化程度的逐步提高，自适应学习系统的广泛部署与应用，欠发达地区优秀教师稀缺和优质教育资源匮乏等现象将会有效缓解，将有更多的学生得到更丰富、更个性化的学习机会和教育、教学资源。

（七）形成新型教师教育体系，提高教师综合能力

借助人工智能技术的发展，建立精准、高效的智能化教师培训平台，融高校师范生培养与教师职前—职后培训于一体的新型教师教育体系也将逐步形成并发挥作用，人工智能与教师专业发展的融合速度将会加快，教师的综合能力也将提升。

思 考 题

1. 人工智能还有哪些应用？
2. 谈谈你对教育人工智能内涵的理解。
3. 教育人工智能发展的具体路径有哪些？

教育人工智能理论基础

学习目标

1. 了解教育人工智能的相关理论基础。
2. 理解认知科学理论和计算科学理论对教育人工智能的指导作用。
3. 掌握教育人工智能在认知科学和计算科学方面的理论基础。

学习建议

1. 本章建议学习时长为4课时。
2. 本章主要阐述教育人工智能的理论基础，重点掌握大数据智能理论和人机协同智能理论。
3. 结合教育人工智能的应用案例，进一步理解相关理论对教育人工智能的指导作用。
4. 读者可在本章的基础上，进一步探讨教育人工智能的其他理论基础。

当今社会正在进入人机协同、跨界融合、共创分享的人工智能新时代。在教育实践领域，人工智能主要以语音识别、智能阅卷、机器翻译和知识推理等方式介入，以智能教学系统（个性化教学），智能测评系统（AI 助教纠正发音、阅卷），教育机器人等形式呈现。

2019 年 5 月，首届国际人工智能与教育大会在北京召开，习近平总书记向大会致贺信时指出，应积极推动人工智能和教育深度融合，促进教育变革创新，充分发挥人工智能优势。国务院在《新一代人工智能发展规划》中提出，在中小学阶段设置人工智能相关课程，尽快建立人工智能学院，增加相关博士、硕士招生计划。人工智能与教育的深度融合已成为教育发展的必然趋势。

教育人工智能以认知科学和计算科学为理论基础，下面从这两个方面介绍教育人工智能理论基础。

第一节　认知科学基础

传统人工智能是认知科学研究范式的重要组成部分。人工智能的发展得益于认知科学的启发。认知科学是关于心智研究的理论和学说。具体来说，认知科学是研究人类感知和思维信息处理过程的科学，包括从感觉的输入到复杂问题的求解，从人类个体到人类社会的智能活动，以及人类智能和机器智能的性质。认知科学家在研究人类大脑的过程中，已经了解到人类认知是一个互联系统，允许从外界获得信息，并存储、检索、转换和传输。计算机领域的发展加速了认知科学领域的发展，并且这两门学科间的距离逐渐缩小。在未来的研究中，人工智能与认知科学之间将建立一种互惠增益、互相促进、互相发展的关系。

一、成功智力理论

半个世纪以前，如果有人问，为什么人能够识别物体、学习、解题、进行逻辑推理等，机器却做不到？答案是人有智能，而机器没有。然而，在科学技术飞速发展的今天，我们不能再如此回答了。近二三十年来，随着电子计算机技术及其他学科的发展，人工智能逐步形成并迅速发展。

成功智力由斯滕伯格提出，他认为成功智力包括分析性智力（analytical intelligence）、创造性智力（creative intelligence）和实践性智力（practical intelligence）三个方面，创造性智力是成功智力中的重要方面。要想教会学生真正富有创造力，就必须在智力的分析性、创造性和实践性方面找到一种平衡，但平衡并不是指每个人的分析性智力、创造性智力和实践性智力都相同，而是指每个富有创造力的人都应具备以上三方面智力，同时要思考在什么时候，以什么方式有效地使用这些智力。可见，分析性智力、创造性智力和实践性智力是构成创造力的三个基本方面。

（一）分析性智力

斯滕伯格认为，分析性智力是一种分析和评价各种思想、解决问题和制定决策的能力，是指有意识地规定心理活动的方向，以发现一个问题的有效解决方法。分析性智力不能简单地等同于智商测验中的学业智力，智商测验仅测量分析能力的一部分，而分析性智力侧重问题解决和决策制定。斯滕伯格认为有创造力的人在运用分析性智力解决问题和制定决策时，会自觉地利用自己的元认知来准确地判定问题，恰当地定义问题，从而形成有效策略，合理分配认知资源并对自身的行为进行监控与评价。因而在人工智能教育中，应注重学习者的分析性智力和元认知。

（二）创造性智力

斯滕伯格认为，创造性智力是一种能超越已知的内容，产生新异、有趣思想的能力，是指运用现有知识和才能创造出更好的有价值的产品的能力。它可以帮助我们形成好的问题和想法。要用创造性智力找对问题，必须具备以下特征：①具有成功智力的人能主动寻找行为角色的楷模，然后他们自己也成为楷模；②具有成功智力的人会对假设提出质疑，同时会鼓励他人这么做；③具有成功智力的人允许自己犯错误，也允许他人犯错误；④具有成功智力的人倾向于合理冒险，也鼓励他人这么做；⑤具有成功智力的人为自己及他人寻找可以发挥创造力的任务和工作；⑥具有成功智力的人主动定义和再定义问题，也帮助他人这么做；⑦具有成功智力的人寻求创造力的奖赏和自我奖赏；⑧具有成功智力的人给自己和他人时间来进行富有创造性的思考；⑨具有成功智力的人能够忍受模棱两可，也鼓励他人忍受模糊不清；⑩具有成功智力的人了解创造者必须面对和克服创造活动中遇到的困难；⑪具有成功智力的人能够把握成长的关键期，而且愿意成长；⑫具有成功智力的人了解个人与环境适应的重要性。

（三）实践性智力

斯滕伯格认为，实践性智力是一种可在日常生活中将思想及其分析的结果以一种行之有效的方法使用的能力，是指能够将理论转化为实践，将抽象思想转化为实际成果的能力。实践性智力的另一层含义如下：好的思想不会自动受到他人的青睐，我们必须走出去，让他人了解它的价值。因此，实践性智力不能等同于学业智力。有些人在学校里成绩出众，但在社会中表现平平；相反，有些人在学校里表现平平，但在社会中处处得心应手，成绩突出。可见，实践性智力能使一个人发现解决实际生活问题的好方法，解决方法主要来源于经验。因此，斯滕伯格认为，学业上的分析性智力随着年龄的增长而下降，而实践性智力随着年龄的增长而增长。

二、多元智能理论

智能是以系统形式存在的有机整体，是由语言智能、数学逻辑智能、空间智能等组成的开放系统，处于永不停息的组织运动之中。人工智能的开发和在教育领域中的应用应当侧重于该智能所能解决的问题，或在运用该智能时所表现出来的创造力。教育人工智能是用人工方法在机器上实现的智能，它试图通过机器模拟生物的自然智能，其关注和模仿的重点为感知智能、认知智能和运算智能。用机器模仿和执行人脑的某些智力功能是教育人工智能近期的主要目标。

1983 年美国哈佛大学教育心理学家霍华德·加德纳在《智能的结构》（*Frames of Mind*）中提出了多元智能理论，概括了人类具有的七种智能，包括语言智能、数理智能、音乐智能、动觉智能、空间智能、人际交往智能和自我认知智能。后来添加了自然观察智能和存在智能，一共九种智能。

多元智能理论认为智能是在一种文化环境中个体处理信息的生理和心理潜能，这种潜能可以被文化环境激活，以解决实际问题和创造该文化所珍视的产品。霍华德·加德纳认为智能之间的不同组合表现出个体间的智能差异。教育的起点不在于一个人多么聪明，而在于如何变得聪明，在哪些方面变得聪明。智能不像传统智能定义所说的以语言、数理或逻辑推理等能力为核心，也不以此作为衡量智能水平的唯一标准，而是以解决实际生活中的问题和创造出社会所需的有效产品的能力为核心，并以此作为衡量智能的标准。这九种智能代表了每个人的不同潜能，这些潜能只有在适当的情境中才能充分地展现出来。多元智能理论对学校教育有重要的意义。

人工智能与人的智能是密不可分的，对多元智能理论的认识不断深入，能在极大程度上促进人工智能及其在教育相关领域的发展。

三、建构主义学习理论

在教育人工智能领域，很多智能辅助教学的应用中运用了建构主义学习理论。建构主义学习理论与智能辅助教学之间的契合点主要有情境创设，学生主动建构知识，学习资源供给及教学过程的指引、反馈与优化四个方面。

建构主义学习理论把学习看作学习者主动建构知识的过程，即学习者在原先的知识经验基础上，在一定的社会文化环境中，主动对新信息进行加工处理和知识建构。建构主义主张学习者是处在特定的学习情境中主动学习的，并且学习情境一定是有利于学习者进行意义建构的。知识和情境密不可分，知识不能脱离情境而抽象存在，否则学习者获得的知识只是一种抽象的概念和定义，不能与现实生活联系起来。因此，教师在进行教学设计时，需要为学习者创设一个与现实生活类似且利于学习者主动进行意义建构的学习情境。以机器人辅助教学为例，机器人具备的人机交互、语音识别、智能答疑等功能，能够为学习者建构一个真实的学习情境，与建构主义学习理论中知识传递的情境契合。

建构主义倡导通过学习者主动学习、自主探究达到有意义建构的目的，而学习者自主探究学习必须依靠丰富的教学资源。在教育人工智能中，智能化的机器人不仅自身具备专家系统知识库，而且可以与互联网连接调取网络教学资源，从而保证在教学中实时为学习者提供学习资源，供学习者自主学习，并且机器人能主动提出问题，追踪学习者的学习进程。

机器人具有人性化的图像识别、语音识别与合成、逻辑推理、知识记忆等功能，因此，机器人不仅能代替教师从事知识传授、答疑解惑、学习指导、训练技能等教学工作，而且能与学习者进行多种形式的互动交流，同时，教师减小了教学压力，能够对教学全过程进行组织、监控，对机器人无法讲清或讲错的内容进行补充、纠正，及时解决学习者在学习过程中遇到的问题。这种以学生为主体，教师（机器人）起引导作用的教学理念恰恰体现了建构主义的教学观。教师（机器人）和学生并不是独立的个体，他们共同参与整个教学过程。强大的人工智能技术让机器人自身具备自我学习的能力，在为学习者提供学习帮助的同时，机器人能实时追踪学习者的学习进程，了解学习者的学习习惯和个性特征并建立学习者信息库；同时能够反馈教学效果并优化接下来的学习策略，从而提高教学质量。教学过程是学习者自我建构的过程，也是机器人自我建构的过程。正如建构主义认为的，学习者对所学知识的自我反思和总结及机器人自身对教学过程的反馈和优化，共同组成了智能教学过程中的重要环节。

四、思维理论

教育人工智能的应用改变了新时代人才培养模式，新时代需要培养具有创新意识、批判意识等高阶思维能力的人，教师需要具备批判素养、创造素养和问题解决素养等，这离不开思维理论的支撑。下面介绍批判性思维、创造性思维、问题求解思维、系统思维。

（一）批判性思维

批判性思维是未来人工智能时代教师的关键思维。人工智能技术的迅速发展，特别是超深度学习在人工智能领域的最终实现，将使人工智能在某种程度上模拟人类的创造活动，但这种创造仍然是由程序预设的，与人类基于批判性思维的创新有根本区别。在智能时代，真正创新的事情还是需要人类自己做。只有批判性思维得到极大提升，教师才有把握在智能时代培养出可以成功应对挑战的新型人才。

批判性思维是通过抓住问题要领，遵循逻辑规则，不断质疑和反省，形成的一种比较清晰的思维方式。批判性思维是思考者对事物或问题的解释、分析、评价、推理、综合等能力的体现，可以帮助个体有效利用不同的信息做出最佳决策，并根据不同的情景和可能性调整计划。作为人类高阶思维的一部分，批判性思维是一种多层次的较复杂的思维，它通过对低阶思维进行分析、评价和重建，将思维提升到意识反思的水平。

（二）创造性思维

随着人工智能时代的到来，知识、学科跨界创新，人机互动融合，既给传统的职业领域带来冲击，又蕴含着新的机遇。学校教育需充分考虑人工智能的时代特征及对人才的新需求，及时调整培养目标，既要继续注重和加强对学习者创新意识与能力的关注与培养，又要将智能素养（包括信息素养、设计思维、计算思维、交互素养、数据素养、终身学习素养等）纳入其中，帮助学生掌握和发展核心素养，实现自我成长，更加积极、主动地适应和创造新世界。

创造性思维是一种开拓人类认识新领域、开创人类认识新成果的思维活动，往往表现为发明新技术、形成新观念、提出新方案、创建新理论等。从广义上讲，创造性思维不仅表现在做出完整的新发现与新发明的思维过程上，而且表现在思考的方法与技巧上，以及在某些局部的结论和见解上具有新奇、独到之处的思维活动上。

（三）问题求解思维

人工智能要解决的是一些综合、复杂的系统问题。随着信息时代的到来，网络信息空间使今天的社会发生了深刻的变化，原来通过自然空间与人类社会空间的交互不能解决的问题，现在借助人工智能可以很好地解决。人工智能时代的教育者要通过学习基于搜索的问题求解、基于机器学习的问题求解等相关知识，培养学习者利用人工智能技术解决实际问题的基本思维方式及能力。

问题求解是指问题解决者结合当时的情境，针对问题采用适当的方法和工具进行实践，从而走出未知状态，达到目标状态的思维过程。人工智能能够成为学习者解决个性化问题的智能导师，以自然交互的方式对学习者的个性化问题进行解答与指导。

（四）系统思维

教育人工智能需要培养系统思维，其意义在于：对事物结构的剖析有助于架构明确；对事物元素的分解有助于维度完整；对影响因素的分析有助于分析主、次因素，为事物系统的分析提供一套方法与手段。

系统思维是人们运用系统观点，系统认识对象相互联系的各个方面及其结构与功能的一种思维方式，是解决复杂问题的一种有效方式。系统思维作为一种普遍的方法论，是迄今为止人类掌握的最高级的思维模式。

系统思维的核心思想是系统的整体观念，认为任何事物都是其内部结构、要素按一定的秩序构成的有机整体。亚里士多德认为整体大于部分之和；贝塔朗菲认为任何系统都是一个有机的整体，而不是各个部分的机械组合或简单相加，系统的整体功能是各要素在孤立状态下所不具备的、更强大的功能，符合“1+1>2”的功能模式。系统论观点认为系统中各要素不是孤立地、简单地存在的，每个要素在系统中都处在一定的位置上，起着其他要素不能替代的作用。系统思维的基本思想方法是把所研究和处理的对象当作一个系统，分析系统的内部结构和功能，研究系统、要素、环境的相互关系和变动规律，并调整与结构、要素相关的因素，达到优化系统的目的。

五、形式逻辑

在人工智能的襁褓期，奠基者有麦卡锡、西蒙、明斯基等，他们的愿景是让具备抽象思考能力的程序拥有人类的心智。通俗地说，理想的人工智能应该具备抽象意义上的学习、推理与归纳能力，其通用性远远强于解决国际象棋或围棋等具体问题的算法。实现这种人工智能的基础是形式逻辑。

早期的研究者将逻辑视为人类智慧的重要特征，他们认为人类认知和思维的基本单元是符号，认知过程就是对符号的逻辑运算，从而人类抽象的逻辑思维可以通过对计算机中逻辑门的运算模拟，实现机械化的人类认知。形式逻辑也是智能行为的描述方式，任何能够将某些物理模式或符号转换成其他模式或符号的系统都可能产生智能的行为，也就是人工智能。人工智能能够模拟智能行为的基础是具有知识，但知识本身也是抽象的概念，需要用计算机能够理解的方式表示出来。

在人工智能中，常用的知识表示方法包括数据结构和处理算法。数据结构用于静态存储待解决的问题、问题的中间解答、问题的最终解答及解答中涉及的知识；处理算法用于在已有问题与知识之间进行动态交互，两者共同构成完整的知识表示体系。在人工智能的研究中，用形式逻辑实现知识表示是一种常用方法。使用形式逻辑表示知识只是一种手段，其目的是让人工智能在知识的基础上实现自动化的推理、归纳与演绎，以得到新结论与新知识。

第二节　计算科学基础

人工智能是研究使用计算机模拟人类的某些思维过程和智能行为（如学习、推理、思考、规划等）的学科，主要包括计算机实现智能的原理、制造类似于人脑智能的计算机，使计算机实现更高层次的应用等。它通过计算科学理论及相关技术的支持，试图了解智能的实质，并生产出一种新的能以与人类智能相似的方式做出反应的智能机器，该领域的研究包括机器人、语音识别、图像识别、自然语言处理和专家系统等。利用计算科学理论及相关技术，人工智能将承担原本属于人脑的繁重的计算工作，并且比人脑完成得更快、更准确。

一、最优化理论

从本质上讲，人工智能的目标就是最优化（optimization），即在复杂环境与多体交互中做出最优决策。最优化理论是人工智能的基础理论，几乎所有人工智能问题都可归结为一个优化问题。

最优化理论是研究如何在满足某些条件下达成最优目标的系统方法。大多数最优化问题都可以通过使目标函数 $f(x)$ 最小化解决，最大化问题可以通过最小化该目标函数的负值 $[-f(x)]$ 实现。实际最优化算法既可能找到目标函数的全局最小值（global minimum），又可能找到局部极小值（local minimum），两者的区别在于全局最小值比定义域内所有其他点的函数值都小；局部极小值只是比所有邻近点的函数值都小。根据约束条件的不同，最优化问题可以分为无约束优化（unconstrained optimization）和约束优化（constrained optimization）两类。无约束优化对自变量 x 的取值没有限制；约束优化把 x 的取值限制在特定集合内，即满足一定的约束条件。

在理想情况下，最优化算法的目标是找到全局最小值，但找到全局最小值意味着要在全局范围内执行搜索。以山峰为例，全局最小值对应山脉中最高的山峰，找到该山峰的最好方法是站在更高的位置上，将所有山峰尽收眼底，再在其中找到最高的山峰。遗憾的是，目前实用的最优化算法都不具备这种“上帝”视角。它们都是站在山脚下，一步一个脚印地寻找附近的高峰。受视野的限制，找到的高峰可能只是方圆十里之内的顶峰，也就是局部极小值。事实上，搜索越多并不意味着智能越高，智能高的表现恰恰是能够善用启发式策略，不用经过大量搜索就能解决问题。

二、多模态交互与分析

教育人工智能是人工智能与学习科学结合而成的新领域。人们生活在一个多种模态相互交融的环境中，为了使人工智能更好地理解世界，必须赋予人工智能学习、理解和推理多模态信息的能力。

模态本身是一种客观存在的、可表征的符号系统，例如人类的语音、表情、眼神、手势、身体动作等经过转码后都可以称为一种模态。模态的价值在于可以通过一些技术手段观察和分析，然后基于多种模态综合判断，以衡量事物的发展情况，进而做出相关判断或预测。多模态是指在符号产品或者事件中使用多种符号模态，促进人类感官与外界环境发生交互的符号系统。多模态的出发点是把语言及其意义的社会阐释扩展到所有呈现和交际模态，如图像、文字、手势、凝视、言语、姿态等。多模态信息类似于语义网络，并非单纯地表达语义，语义网络仅是多模态的一种形式。多模态的概念十分复杂，原因在于它涉及多种模式的符号表征系统，如视、听、触、味、嗅等，这些符号表征系统往往不是单一使用的，而是组合起来使用的。基于这种表征系统，不可观察或者很难观察的符号特征编码量化后变得可以分析，并基于相关设备不断采集和分析判定。

多模态交互是指参与交互的对象发出的语音、表情、眼神、体态、体温等连续可表征的符号信息，它们是交往互动过程中参与者判断、甄别、反应的基础。

多模态交互分析属于交叉学科概念，是指基于数据采集技术，将多种模态信息采集编码，并结合大数据分析、学习分析、情感识别、情境感知等技术，聚合判断交互情境中对象的生理、心理、认知、行为等方面的变化，为教与学或社会互动提供深层次的理解，并为促进有效的教与学提供数据支持及决策判断的方法。多模态交互分析能细化过去教与学过程中的交互途径，观察到交互过程中多个对象的情感变化、真实意图、注意力程度、理解偏差等，通过更加丰富的信息颗粒度，综合判断交互过程中的情境变化，促进交互者之间的深度理解，实现有效交互。

三、类脑智能计算理论

对大脑的借鉴和研究一直是人工智能发展的重要方向。类脑智能计算是一门融合脑科学与计算机科学、信息科学和人工智能等的交叉学科，将对计算机、云计算、大数据处理、人工智能、机器人、智能终端等信息领域的发展起极大的促进作用，其最终目标是使机器模仿人脑的思维模式，实现各种人类的认知和相互协同，甚至超越人类的智能水平。

类脑智能计算是指用硬件及软件模拟大脑神经网络的结构与运行机制，构造一种全新的人工智能系统。这是一种颠覆传统计算架构的新型计算模式，被视为解决人工智能等领域计算难题的重要路径之一。类脑智能计算的一种衍生应用是类脑计算机，其工作原理类似于生物的神经元行为，有信号时开始运行，没有信号时停止运行，与传统计算机相比，它能降低能耗、提升效率。针对类脑计算的特点，有关团队研发了专门面向类脑计算机的操作系统——达尔文类脑操作系统，实现对类脑计算机硬件资源的有效管理和调度，支撑类脑计算机的运行和应用。研究人员介绍，目前类脑计算机已经实现多种人工智能任务。例如，将类脑计算机作为智能中枢，使抗洪抢险场景下多个机器人协同工作；模拟不同脑区建立神经模型，为科学研究提供更快、更大规模的仿真工具；实现“意念打字”，对脑电信号进行实时解码；等等。

四、高级机器学习理论

人类如何思考、人类的大脑如何工作、智能的本质是什么，是古今中外的哲学家和科学家一直努力探索和研究的问题。让计算机中的人工智能程序遵循逻辑学的基本规律进行运算、归纳或推理，是许多早期人工智能研究者的追求。但人们很快发现，人类思考实际上仅涉及少量逻辑，大多靠直觉和下意识的“经验”。基于知识库和逻辑学规则构建的人工智能系统（如专家系统）只能解决特定、狭小的领域问题，很难扩展到宽广的领域和日常生活中。于是，研究者提出了一种全新的实现人工智能的方案——机器学习。

人类的优势在于可以通过既有的认知触类旁通地推理出未知的问题。人类看书时，依靠自身的思考与学习从书中提炼智慧；机器学习让计算机利用已知数据得出适当的模型，并利用此模型对新的情景做出判断。机器学习本质上是一种计算机算法，同时是人工智能的核心。它以计算机为工具并致力于模拟人类真实的学习方式，对现有内容进行知识结构划分来有效提高学习效率。计算机通过大量样本数据的训练，能够对输入的内容做出正确反馈。训练的过程就是通过合理的试错调整参数，降低出错率，当出错率低到满足预期时便可以应用。它是一系列基于统计技术的算法，能够使计算机学习数据并进行预测。

目前，机器学习最具吸引力的分支之一是杰弗里·辛顿于 2006 年提出的深度学习理论。

深度学习是一类机器学习算法的统称，可以使用级联的多层非线性处理单元进行特征提取和转型。深度学习的灵感来自人类大脑视觉皮层及人类学习方式，以工程化方法简化功能。如今，随着数据量的增大及计算机硬件和软件设施的快速发展，中央处理器（central processing unit，CPU）、图形处理器（graphics processing unit，GPU）、TensorFlow 库等深度学习逐渐展示出强大的能力，如在各种应用中的高识别率和高预测准确性。

五、人工神经网络学习理论

目前，神经网络在人工智能领域占据统治地位，人工智能的相关研究离不开深度学习及神经网络的相关研究。人工神经网络（artificial neural network，ANN）的灵感来自人脑的神经组织，由类似于神经元的计算节点构造而成，这些节点沿通道（如神经突触的工作方式）进行信息交互。人工神经网络也称神经网络或连接模型，是对人脑或自然神经网络若干基本特性的抽象和模拟。人工神经网络从信息处理角度对人脑神经元网络进行抽象，建立一种简单模型，按不同的连接方式组成不同的网络。该领域的相关理论是人工智能的重要理论支撑。

人工神经网络以对大脑的生理研究成果为基础，模拟大脑的某些机理与机制，实现某个方面的功能。著名神经网络研究专家罗伯特·赫克特－尼尔森定义了人工神经网络：人工神经网络是由人工建立的以有向图为拓扑结构的动态系统，它通过对连续或断续的输入状态做相应的信息处理。人工神经网络的研究可以追溯到 1957 年罗森布拉特提出的感知器模型，中间经历了一段萧条时期，直到 20 世纪 80 年代，获得了关于人工神经网络切实可行的算法，以冯·诺依曼体系为依托的传统算法在知识处理方面日益力不从心，人们才重新对人工神经网络产生兴趣，进而推动神经网络的研究。目前在神经网络研究方法上已形成多个流派，研究成果包括多层神经网络 BP 算法、Hopfield 神经网络模型、自适应共振理论、自组织特征映射理论等。人工神经网络是在现代神经科学的基础上提出来的，它虽然反映了人脑功能的基本特征，但并不是自然神经网络的逼真描写，而只是它的某种简化抽象和模拟。

教育人工智能通过模拟人脑与神经元的结构和工作方式，利用数据在大量类似神经元组件构成的多层网状结构之间进行多次输入和输出，打破了传统框架，以指数思维进行自主学习，从而实现高效学习与突破；反过来，它反哺人类思维的发展，为人类智能的进一步开发提供新的思路。指数思维颠覆了传统的思维模式，正在深度融入并改变我们生活的方方面面，可以极大助力科技的发展、创造新的价值、更好地认知世界，成为推动人类发展与社会变革的重要动力。

神经网络的研究可以分为理论研究和应用研究两大方面。其中，理论研究可分为：①利用神经生理与认知科学研究人类思维及智能机理；②利用神经基础理论的研究成果，用数理方法探索功能更加完善、性能更加优越的神经网络模型，深入研究网络算法和性能，如稳定性、收敛性、容错性、鲁棒性等；③开发新的网络数理理论，如神经网络动力学、非线性神经场等。应用研究可分为：①神经网络的软件模拟和硬件实现的研究；②神经网络在各领域（模式识别、信号处理、知识工程、专家系统、优化组合、机器人控制等）中应用的研究。随着神经网络理论及其相关理论、相关技术的不断发展，神经网络的应用将更加深入。

六、大数据智能理论

大数据技术是指一系列数据搜集、存储、管理、处理、分析、共享和可视化技术的集合，其目的是实时分析大量多元的非结构化数据，并从中发现价值。教育过程中数据不断产生，在线学习记录了学生的静态数据和动态数据。利用数据挖掘技术分析这些教育数据，建立学习者模型，根据学生行为习惯向学生推荐合适的课程和学习资源，促进学生个性化学习。教育大数据是教育人工智能研究的基础，具有数据量大、种类多、价值低等特点。改进数据挖掘技术，对数据进行精准的采集和分析，可以更好地建立学习者模型。

大数据智能是以人工智能手段对大数据进行深入分析，探析其隐含模式和规律的智能形态，是实现从大数据到知识再到决策的理论方法和支撑技术。大数据智能将建立可解释的通用人工智能模型，实现“大数据＋人工智能”的方法论。大数据智能理论包括研究数据驱动与知识引导结合的人工智能新方法、以自然语言理解和图像图形为核心的认知计算理论及方法、综合深度推理与创意人工智能理论及方法、非完全信息下智能决策基础理论与框架、数据驱动的通用人工智能数学模型与理论等。大数据智能具有如下鲜明特征。

（1）在数据量方面，当前全球数据总量已经远远超过历史的任何时期，更重要的是，数据量呈指数增大，并且每个应用计算的数据量大幅增大。

（2）在数据速率方面，数据产生、传播的速度更快，在不同时空中流转，呈现出鲜明的流式特征，更重要的是，数据价值的有效时间急剧缩短，对大数据智能的数据计算和使用能力的要求越来越高。

（3）在数据复杂性方面，数据种类繁多，数据在编码方式、存储格式、应用特征等方面存在多层次、多方面的差异，结构化数据、半结构化数据、非结构化数据并存，并且半结构化数据、非结构化数据所占的比率不断增大。

（4）在数据价值方面，数据规模增大到一定程度后，隐含于数据中的知识的价值随之增大，将更多地推动社会的发展和科技的进步。此外，大数据智能往往还呈现出个性化、不完善化、交叉复用等特征。

七、人机协同智能理论

随着人工智能技术应用的进步，机器已经可以在一些单一技能、重复劳动的工作领域替代人类，但还不能胜任一些需要人类认知智能、有非单一技能要求的工作。以在线教育领域为例，人工智能可以代替教师批改作业，帮助学生解决问题。但不得不承认，教师对学生的关爱，对学生思想、价值观的洞察和引导是机器无法取代的。人机协同作为大幅提升生产效率及品质、丰富人类社会创造力的人工智能核心技术，以及实现全社会的产业创新、提升国家竞争力的关键因素，得到人们的高度重视。

人机协同智能通过人机交互实现人类智慧与人工智能的结合，既是混合智能及人脑机理揭示相关研究的高级应用，又是混合智能研究发展的必然趋势。人机协同智能意味着人脑和机器完全融为一体，解决了底层的信号采集、信号解析、信息互通、信息融合及智能决策等关键技术问题，使人脑和机器真正成为一个完整的系统。在人机协同智能的研究方法中，人类智慧的表达方式有所不同，有的研究以数据形式表达，通过使用人类智慧形成的数据训练机器智能模型来达到人机协同的目标。这种协同方式通常采用离线融合的方式，即人类智慧不能实时对机器智能进行指导和监督。

在人工智能与教学不断融合的过程中，原本由教师完成的具有重复性、程式化特征，且追求精确度、稳定性和快速响应的教学任务，开始由人工智能接手，并在完成效率方面表现出强大的技术优势。从某种程度看，如果将教育简单还原为知识传递与技能训练，那么毫无疑问，人工智能具备取代教师的资格。但是，教育是对人的灵魂的教育，而非理智知识和认识的堆积。与人工智能相比，教师工作往往具备非预设、非逻辑、非线性等特点，教师具有的反思能力、直觉力、洞察力、同情心等本能，使其能够不局限于教书的实践边界之内，而更多地担负起育人职责，促使学生完成从“可见的世界”到“可知的世界”的灵魂转向。

人工智能以数据和算法为核心。进入教育领域的人工智能，通过人机协同，实现固化预设与动态生成性的互融。往往以某个特定教育领域或学科的知识库为基础，利用归纳、预测或直推等数学模型不断训练，让机器模拟教师思维和教师工作。在人工智能的教育应用实践中，当机器获取到的数据量足够大时，其强大的计算能力便可以帮助它以纯理性的方式处理数据，并在教学正式开始之前，制定出精确的教学路径、预设教学结果及评价和符合逻辑的补救方式。这种典型的数据驱动型教学范式，在人工智能的助力下开始显现并逐渐成熟，以应对理论界和实践界对教育更加科学化和精确化的诉求。人工智能提供的教学过程虽精准，但也包含“知其然不知其所以然”的技术局限。

在教学的后现代转型中，人们更倾向于认为教学是由教师和学生在课堂交互过程中共同构建的生成性过程。教师的实际工作更具艺术性而非技术性，人类智能内在的不确定性使教师能够在逻辑推理之外获得更多意外的发现，他们更容易根据自己的观察和经验，自如地进行不完全归纳和弹性演绎，及时、灵活地调整教学进度和教学流程，采用新教学方法与评价方式，并在及时的教学反思之后调整与优化教学，力求给学生提供更加立体、丰满的学习体验。在教学过程中，人工智能表现出的思维特性是固化和机械的，它始终无法超越教师思维的整体性，难以表现出教师思维所特有的创造性，更难以像教师意识一样具有多向度、多维度、与周围环境密切关联。正因如此，人工智能只能作为教师助手，但是未来教育也需在人机协同的过程中，努力寻求人工智能技术性与教师教学艺术性之间的平衡，以实现教学预设性与生成性的相互融合。

人类之难恰是机器之易，人类之易却是机器之难。在人工智能与教育不断融合的过程中，正确认识人工智能与教师的优势和劣势，实现机器智能与人类智能的有机整合，形成优势互补的人机协同教学实践，回归教育本质，超越技术限制，将是人工智能深入教学应用的必经之路。

思考题

1. 你知道哪些理论可以指导人工智能的教育应用？
2. 人工智能对现代教育有什么影响？为教育带来了什么？
3. 如何在智能化时代立德树人，且不违背教育工作的初心？

第三章

教育人工智能应用实践

学习目标

1. 了解典型教育人工智能应用环境及其内涵、特征。
2. 掌握人工智能在学习与教学中的具体应用形态。
3. 掌握人工智能支持的教育数据采集和分析。
4. 了解预警的概念、教育决策的内涵。

学习建议

1. 本章建议学习时长为4课时。
2. 本章主要阐述教育人工智能的应用实践，重点理解教育人工智能的具体应用状况。
3. 读者可采用合作探究的方式，探讨人工智能为教育教学与学习方式带来的变革。

如今人类正站在第四次工业革命的风口浪尖，人工智能时代已经来临。教育要紧随社会发展的时代脉搏，回答时代变革的现实问题，用合适的方式培养适应时代发展的人才。同时，人工智能时代的到来将使教育实践发生深刻、巨大的变化，教育形态和教学方式也将随之变化。本章从教育人工智能应用环境，教育人工智能的学习应用，教育人工智能的教学应用，教育人工智能评估与管理应用入手，阐述当前教育人工智能的具体应用状况，以促进教育人工智能的应用与发展。

第一节　教育人工智能应用环境

以人工智能技术为智能引擎，智能教育环境利用普适计算技术实现物理空间和虚拟空间的融合、建立支持多样化学习需求的智能感知能力和服务能力，从而支持以泛在性、社会性、情境性、适应性和连接性等为核心特征的泛在学习。常见的教育人工智能应用环境有智慧学习空间、智慧校园、智慧教室和智慧图书馆等。

一、智慧学习空间

学习空间是学习的场所，包括物理空间和虚拟空间。随着信息技术的发展及其在教育中的应用，学习空间的建设日益注重通过构建智慧学习环境来促进学习者的智慧学习。

1. 智慧学习空间的内涵

智慧学习空间能够智能记录学习者的学习过程，有效提取分析学习者学习行为数据，帮助师生进行精准学习决策，使每个学习者都能获得符合个人认知的学习支持与服务，促进教学理念从“以教为中心”向“以学为中心”转型。

2. 智慧学习空间的特征

由于智慧学习空间的效能需要通过具有特定功能的要素发挥，因此明确智慧学习空间的基本特征是其建设和效能评价的基础。智慧学习空间有如下特征。

（1）情境感知：具有全面感知学习情境、学习者所处方位及其社会关系的性能。

（2）移动性与泛在性：基于移动、物联、泛在、无缝接入等技术，学习者随时、随地、随需拥有学习机会。

（3）开放性资源：提供丰富的、优质的数字化学习资源。

（4）个性化服务：基于学习者的个体差异（如能力、风格、偏好、需求），提供个性化的学习诊断、学习建议和学习服务。

（5）大数据分析：记录学习历史数据，便于数据挖掘和深入分析，提供具有说服力的过程性评价和总结性评价。

（6）社会性交互：提供支持协作会话、远程会议、知识建构、内容操作等的学习工具，促进学习的社会协作、深度参与和知识建构。

二、智慧校园

教育从信息化教育走向智慧教育是大势所趋。智慧校园的研究与建设比教育其他方面的智慧研究与建设势头猛、声势大。教育其他方面的智慧研究主要在学术界，而智慧校园的研究吸引和集聚了企业界、教育主管部门、各类学校领导的目光和力量，各界都在抢占智慧校园的制高点。

1. 智慧校园的内涵

智慧校园是以面向师生个性化服务为理念，全面感知物理环境，识别学习者个体特征和学习情景，提供无缝互通的网络通信，有效支持教学过程分析、评价和智能决策的开放教育教学环境。

2. 智慧校园的特征

智慧校园以用户为中心，突出对教学、科研、管理的重要支撑作用。智慧校园具备以下特征。

（1）环境全面感知。智慧校园中的全面感知包括两个方面，一是传感器可以随时随地感知、捕获和传递有关人、设备、资源的信息；二是对学习者个体特征（学习偏好、认知特征、注意状态、学习风格等）和学习情境（学习时间、学习空间、学习伙伴、学习活动等）的感知、捕获和传递。

（2）网络无缝互通。基于网络和通信技术，特别是移动互联网技术，智慧校园支持所有软件系统和硬件设备的连接，感知后可迅速、实时地传递信息，是所有用户按照全新的方式协作学习、协同工作的基础。

（3）海量数据支撑。依据数据挖掘和建模技术，智慧校园可以在大量校园数据的基础上构建模型，建立预测方法，对新接收的信息进行趋势分析、展望和预测；同时可综合各方面的数据、信息、规则等内容，通过智能推理，做出快速反应、主动应对，体现其智能的特点。

（4）开放学习环境。教育的核心理念是培养学生的创新能力，校园需应对从“封闭”走向“开放”的诉求。智慧校园支持拓展资源环境，让学生冲破教科书的限制；支持拓展时间环境，让学习从课上拓展到课下；支持拓展空间环境，在真实情境和虚拟情境中都产生有效学习。

（5）师生个性服务。智慧校园环境及其功能均以个性服务为理念，各种关键技术的应用均以有效解决师生在校园生活、学习、工作中的实际需求为目的，并成为现实中不可或缺的组成部分。

三、智慧教室

教室作为学生在校学习的主要学习环境，其优良程度直接关系着学生的学习与身心发展水平。构建以智慧教室为代表的智慧学习环境，是实现智慧教育、落实《教育信息化 2.0 行动计划》的重要途径。

1. 智慧教室的内涵

智慧教室是指基于传感技术、网络技术、富媒体技术、人工智能技术，优化教学内容呈现、便利学习资源获取、促进课堂交互开展，具有情境感知和环境管理功能的新型教室。

2. 智慧教室的特征

建设智慧教室的目的是有效利用现代化、智能化的教学设备，为教师提供多样化、灵活、便捷的教学手段，以辅助教学，提高教学质量。智慧教室的智慧性体现在内容呈现、环境管理、资源获取、及时互动和情境感知五个方面。

（1）内容呈现。内容呈现主要表征智慧教室的教学信息呈现能力，不但要求呈现的内容清晰可见，而且要求内容的呈现方式适合学习者的认知特点。内容呈现有助于加深学习者对学习材料的理解。

（2）环境管理。环境管理主要表征智慧教室布局的多样性和管理便利性。智慧教室的所有设备、系统、资源都应具备较强的可管理性，包括教室布局管理、设备管理、物理环境管理、电气安全管理、网络管理五个方面。

（3）资源获取。资源获取主要表征智慧教室中资源获取能力和设备接入的便利程度，涉及资源选择、内容分发和访问速度三个方面。

（4）及时互动。及时互动主要表征智慧教室支持教学互动及人机互动的功能，涉及便利操作、流畅互动和互动跟踪三个方面。

（5）情境感知。情境感知主要表征智慧教室对物理环境和学习行为的感知能力。

四、智慧图书馆

在物联网和人工智能等技术的驱动下，图书馆将从物理图书馆、数字图书馆走向智慧图书馆。智慧图书馆成为未来图书馆发展的方向和新形态。

1. 智慧图书馆的内涵

智慧图书馆是以一种更智慧的方法，利用新一代信息技术改变用户和图书馆系统信息资源交互的方式，以提高交互的明确性、灵活性和响应速度，从而实现智慧化服务和管理的图书馆模式。

智慧图书馆 = 图书馆 + 物联网 + 云计算 + 智慧化设备，在物联网环境下，以云计算技术为基础，以智慧化设备为手段，实现书书相联、书人相联、人人相联，为用户提供智慧化服务。

2. 智慧图书馆的特征

智慧图书馆是智慧化的综合体，由智能技术、智慧馆员和图书馆业务与管理系统三个主体要素相互融合、发展而成，是智能技术和智慧馆员作用于图书馆业务与管理体系所形成的智慧系统，其主要特征如下。

（1）场所泛在化。智慧图书馆引入物联网等新技术，将图书馆打造成虚实结合的智慧感知空间，实现了馆与馆、人与人、人与书、书与书之间的关联，使得图书馆服务在空间上得到了极大拓展。

（2）空间虚拟化。引入虚拟现实和增强现实技术，实现服务空间的虚实结合，让用户在任何环境下都能够将视觉、听觉、触觉等完全沉浸在计算机模拟的图书馆空间中，同时能在虚拟场景的辅助下更好地与图书馆的真实场景进行交互，感受真正的“一机在手，服务随行”的图书馆服务。

（3）手段智能化。手段智能化是智慧图书馆的突出特征，网络信息技术的应用为图书馆资源定位、推送、定制和管理等服务的智能化创造了条件。

（4）服务集成化。物联网技术的应用是智慧图书馆实现服务高度集成化的技术基础，它将图书馆资源、人员和设备等要素整合、联系起来，形成了一个网状互联的图书馆集成系统。

（5）内容知识化。知识化是智慧化的基础，也是智慧化的目标。在数据挖掘和机器学习等人工智能和大数据技术的支撑下，智慧图书馆从海量数据中发现知识，并转换为智慧产品和知识产品。

（6）体验满意化。让用户获得满意的服务是智慧图书馆不断改进服务工作的终极目标，也是评价智慧图书馆服务效果的核心标准。智慧图书馆将"以人为本"作为发展的核心理念，通过引入智能技术，构建立体化的服务环境，进一步扩大图书馆的服务范围，优化服务手段和服务方式，为用户提供人性化、精准化的服务，让用户在不知不觉中使用并依赖智慧图书馆。

第二节　教育人工智能的学习应用

人工智能的出现，无疑对教育尤其是个性化学习的实现起很大的推动作用。未来教育要求满足学生的个性化需求，因此，将人工智能的优势运用到学习者的学习中关系着未来教育的良好发展。

一、智能学习助理——教育机器人

随着人工智能向教育领域的不断渗透，更全面、更"聪明"的智能学习助理为学生的教育与成长带来新的改变。教育机器人是智能学习助理的代表，是以激发学生学习兴趣、培养学生综合能力为目标的机器人成品、套装或散件。除了机器人机体本身之外，它还有相应的控制软件和教学课本等。教育机器人由于适应新课程，对学生科学素养的培养和提高起到了积极的作用，并以其"玩中学"的特点深受青少年的喜爱，因此被越来越多的学校和家庭接受。

（一）教育机器人的功能

1. 教育机器人作为儿童的益智玩具

教育机器人的趣味性有利于聚集儿童的专注力，培养儿童主动学习的能力。教育机器人有较强的交互性，且交互形式多样，对儿童来说不易产生厌烦感。以教育机器人为幼教工具，可以让儿童进行更错综复杂的探索并促进其全面发展。

2. 教育机器人作为基础教育课程教学的载体

近年来，我国的教育机器人有了很大发展。教育机器人将逐步成为中小学信息科技课程和综合实践课程的良好载体。引入教育机器人将给中小学的信息科技课程增添新的活力，成为培养中小学生综合能力、信息素养的有效途径。

3. 教育机器人作为学校课外活动的载体

教育机器人作为学校课外活动的载体，不仅使课外活动兼具科学性和趣味性，而且可以培养学生的创新能力、综合实践能力和协作能力。当前，与教育机器人有关的课外活动主要包括课外兴趣小组（以小组为单位，通过组装机器人与编写程序，得到具备某种功能的机器人），各种层次和各种类型的机器人竞赛等。该类活动对学生创新精神、创新意识与创新能力的培养有积极的意义，学生不仅可以进行计算机编程、工程设计、动手制作与技术构建，而且可以结合日常的观察、积累，寻求完美的问题解决方案，从而发展自己的创造力。

（二）教育机器人的应用

1. 学习工具

学习工具类教育机器人具备特定功能并能够完成特定任务，可以创设特定教学情境，促进学习者积极参与学习活动，并高效完成学习任务。例如，丹麦乐高公司生产的乐高机器人集合了可编程主机、电动机、传感器、齿轮、轮轴、横梁及插销等，可以作为 12 岁以上儿童或成人的学习工具。大多数教育机器人不仅拥有视频通话、同步教材学习、外语学习、国学学习、口语学习、讲故事、数学教学、成语词典、翻译等功能，而且可以进行多样化的学习和查询，并对学生的学习给予反馈，全面评价其综合素质。学习工具类教育机器人有学习机器人（图 3–1）、练字学习机器人（图 3–2）等。

图 3–1　学习机器人

图 3–2　练字学习机器人

2. 托管陪伴

托管陪伴类教育机器人主要是指以学习者智力开发、知识学习和托管陪伴等为主要目的的服务型教育机器人，根据应用场景分为类人型机器人与功能型机器人。与其他学习产品相比，这类教育机器人有较强的交互性，可以作为学生的伴侣，就像一位感知者、理解者和帮助者。同时，这类教育机器人具备身体健康监测功能，综合考查学生各方面的发展状况，有效保证学生身心健康成长。有些教育机器人还可以对学生进行心理辅导。托管陪伴类教育机器人有与人聊天机器人（图 3–3）、陪伴儿童机器人（图 3–4）等。

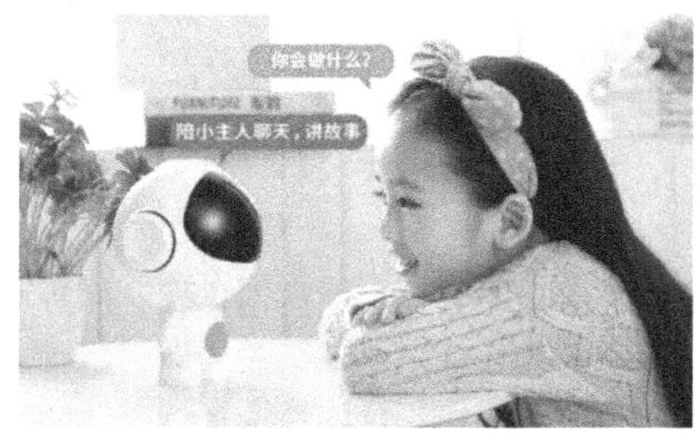

图 3–3　与人聊天机器人

图 3–4　陪伴儿童机器人

3. 特殊教育

特殊教育类机器人主要面向特殊学习者群体，如听障儿童、自闭症儿童等，是专门为特殊群体设计开发的教育机器人。这类教育机器人一般以“导师”的角色出现，希望通过机器人教学，矫正用户的特殊症状。例如，RoboKind 公司生产的机器人利用特别编制的游戏和应用程序，帮助有特殊症状的儿童学习、发展和融入社会。特殊教育类机器人有帮助自闭儿童机器人（图 3–5）、帮助儿童肢体康复机器人（图 3–6）。

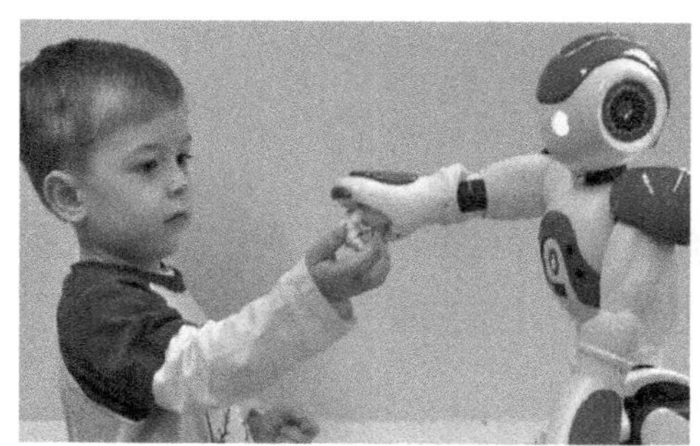

图 3–5　帮助自闭儿童机器人

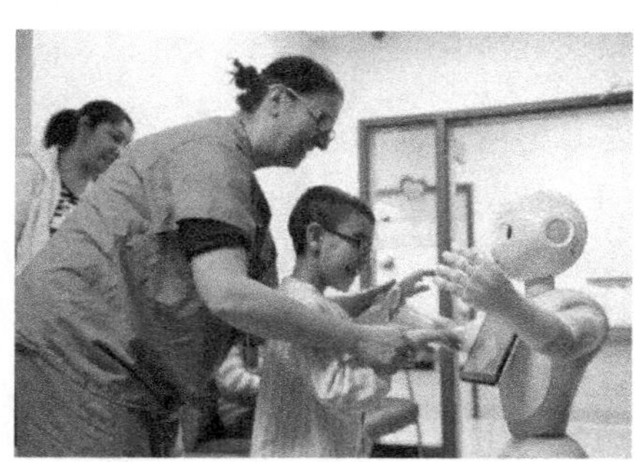

图 3–6　帮助儿童肢体康复机器人

二、智能学习工具

（一）通用型智能学习工具

1. 学习资源辅助工具

（1）知识检索系统。

知识检索是为了适应知识组织的发展趋势，解决信息检索机制检索效率低的弊端而提出的一种检索理念。它是一种基于知识组织体系，能够实现知识关联和概念语义检索的智能化的检索方式。

知识检索系统是处理知识和检索知识的系统，一般由人机交互层、知识收集层和知识处理层三个层面构成，并分别实现一定的功能。人机交互功能是指知识检索系统能够理解不同语言形式的检索请求，并以可见的方式把检索结果反馈给用户；知识收集功能是指系统可以通过多种学习机制（如机器学习、基于神经网络的学习等）收集知识，经过知识预处理形成包含多种知识的知识库；知识处理功能是指系统能够通过知识数据挖掘、知识发现等技术，满足用户的检索需求。

（2）拍照答疑工具。

拍照答疑工具通过图像输入、字符识别、版面分析等技术，识别多种题目类型，详细呈现解析过程，而且允许用户实时参与答疑互动，自动生成错题集。拍照答疑工具可以为学生解决学习过程中的难题，帮助教师提高教学工作效率，并为家长辅导孩子学习提供支持。比较常用的拍照答疑工具有作业帮 App（图 3–7）、拍照搜题 App、小猿搜题 App（图 3–8）等。

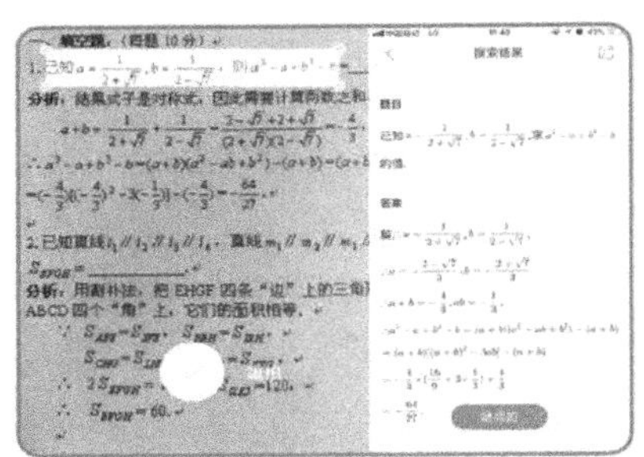

图 3-7 作业帮 App

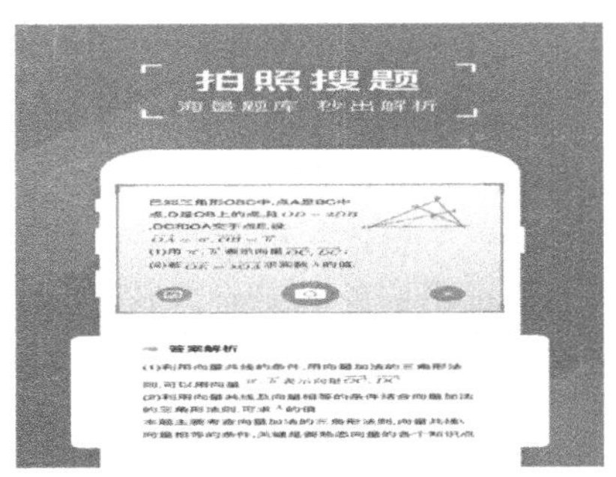

图 3-8 小猿搜题 App

2. **学习活动辅助工具**

（1）智能分级阅读平台。

分级阅读是指按照儿童的智力和心理发育程度提供科学的阅读计划，为不同儿童提供有针对性的读物。只有当读物符合儿童的认知、心智特点时，才不会因为阅读障碍而挫伤他们的阅读积极性。

随着人工智能、大数据挖掘等前沿技术的发展，众多中文分级阅读平台开始涌现，帮助培养学生阅读能力和核心素养。智能分级阅读平台含有学习自适应系统，能够根据学生的阅读情况制定个性化阅读路径，智能推荐阅读内容及测试题，根据测试结果不断反馈迭代阅读训练计划，帮助学生高效达成阅读目标。常见智能分级阅读平台有柠檬悦读 App（图 3-9）、ReadingPro App（图 3-10）等。

图 3-9 柠檬悦读 App

图 3-10 ReadingPro App

（2）智能导师系统。

智能导师系统（intelligent tutoring system，ITS）由斯利曼（Sleeman）和布朗（Brown）于 1982 年正式提出。它是借助人工智能技术，让计算机扮演虚拟导师向学习者传授知识、提供学习指导的适应性学习支持系统。

智能导师系统的主要功能如下。

① 自动产生问题求解方案。该功能主要体现为计算机能够自动求解问题，并给出解题过程和提示以供学习者参考。

② 表示学习者的知识获取过程。智能导师系统能够采集和表示学习者的学习过程（知识建构过程），以完善学习者模型，并为学习诊断提供数据来源。

③ 诊断学习者的学习活动。该功能主要体现为对学习者的学习过程和学习效果进行诊

断和评价，发现学习者学习过程中的优缺点。

④ 及时为学习者提供学习建议和反馈。完成诊断后，给出反馈，向学习者提供有针对性的学习建议，并推荐个性化的学习资源。

常见智能导师系统有 Interactive Books（图 3–11）和 Auto Tutor（图 3–12）等。

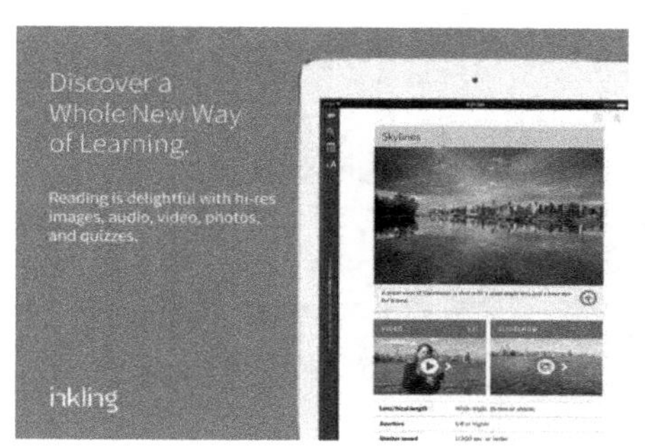

图 3–11　Interactive Books

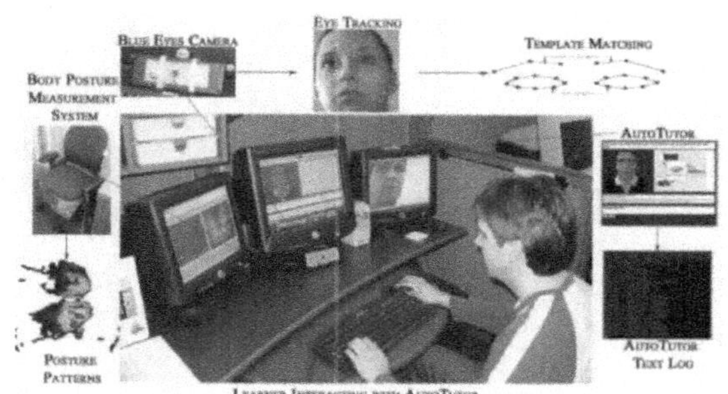

图 3–12　Auto Tutor

（二）学科智能学习工具

1. 语文学科智能学习工具

语文学科具有人文性、思想性、开放性、多样性、区域性和实践性等特点，既要培养学生听、说、读、写的能力，又要传授学生一定的语文知识。

常见语文学科智能学习工具有出口成章 App（图 3–13）、百度汉语 App（图 3–14）、九歌 App，分别提供不同的功能。出口成章 App 提供朗读评测和个性化的学习内容，侧重于帮助学生进行阅读活动，训练读书能力。百度汉语 App 致力于成为更智能、更权威、更便捷的汉语工具，为广大汉语用户提供便利。它收录了 50 多万条记录，囊括了 K12 学习的常见字、生僻字、词语、成语、网络词汇、诗词等内容，为学生提供丰富、有趣的学习体验。

图 3–13　出口成章 App

图 3–14　百度汉语 App

2. 数学学科智能学习工具

由于数学学科具有很强的逻辑性，内容结构化程度高，解答思路较固定，因此数学学科智能学习工具普遍强调对大量学科知识或测试题的训练。

常见数学学科智能学习工具有小猿口算 App、数感星球 App（图 3–15）和爱作业 App

（图 3–16）等，它们提供了大量常用静态数学图形和符号等元素，动态图形变换和有趣的探究活动等功能，致力于用更直观的方式培养学生的数学逻辑思维。

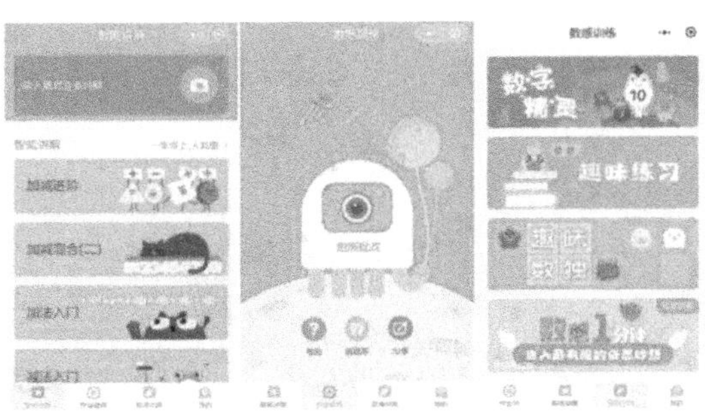

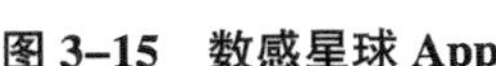
图 3–15　数感星球 App

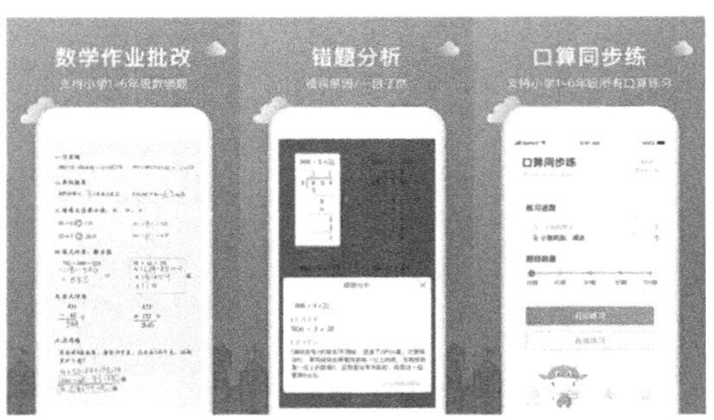

图 3–16　爱作业 App

3. 英语学科智能学习工具

英语学科与语文学科相同，从生活中来，回归到实际运用中去，非常注重对听、说、读、写的掌握及对民族文化的了解。

常见英语学科智能学习工具有 AI 听写 App、腾讯英语君 App、沪江网校 App（图 3–17）、英语趣配音 App（图 3–18）和英语魔方秀 App 等。

图 3–17　沪江网校 App

图 3–18　英语趣配音 App

4. 文科类智能学习工具

文科类学科有历史、地理和政治等，常见文科类智能学习工具有万物历史 App（图 3–19）、国家地理 App、通晓地球 App 等。万物历史 App 通过插画和动画的形式，展示了从宇宙大爆炸时期到现代的各种大事，使学生更直观地了解宇宙变化，一览人类历史发展轨迹。通晓地球 App 拥有丰富的地理知识，包含地标、动植物分布、地球构造、气象和环境演变，帮助学生更全面地了解地球。

5. 理科类智能学习工具

理科类学科有小学科学和中学生物、化学、物理等，常见理科类智能学习工具有生物记 App（图 3–20）、虚拟化学实验室 App（图 3–21）等。生物记 App 是专为记录生物打造的手机软件，学生可以了解更多物种，还可以发布鉴别任务，与其他学习者合作学习。虚拟化学实验室 App 使学生如同在现实的实验室中一样，体验真实的实验过程，在线数据库 Cloudlab 会不断为实验室自动添加新的化学试剂，还可以自动生成实验报告，记录所有实验步骤。

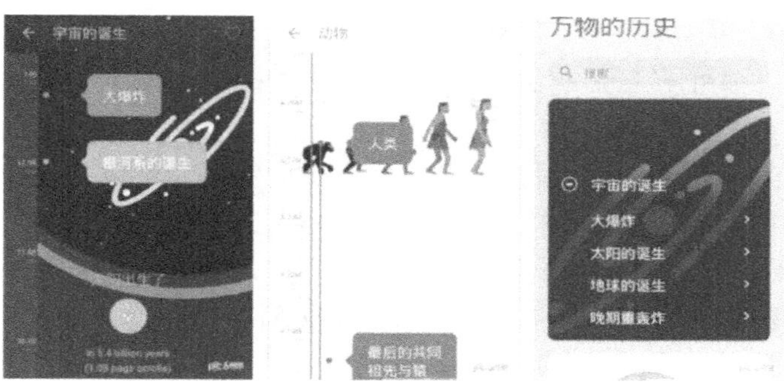

图 3–19　万物历史 App

图 3–20　生物记 App

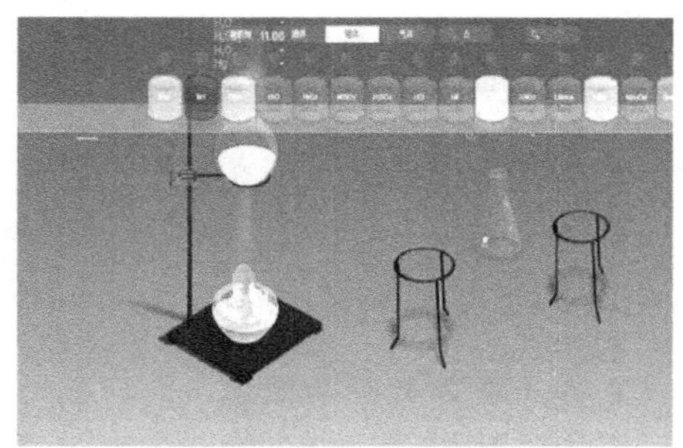

图 3–21　虚拟化学实验室 App

6. 艺体类智能学习工具

艺体类学科有音乐、美术和体育等，常见艺体类智能学习工具有视唱练耳专家 App（图 3–22）、Keep App（图 3–23）、Finger App 等。视唱练耳专家 App 和 Finger App 为学生提供了专业的音乐伴奏训练功能，训练学生的唱功及听力，提升学生的音乐水平。Keep App 是一款运动健身软件，可以为用户提供跟练课程，还可以根据用户的身体数据生成专门的训练方案，记录每天的训练数据。

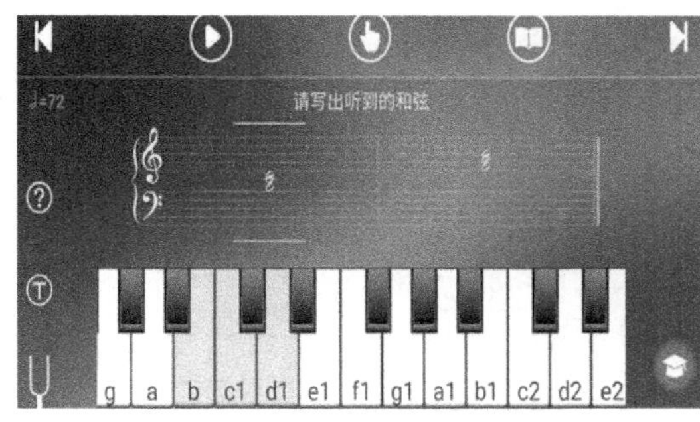

图 3–22　视唱练耳专家 App

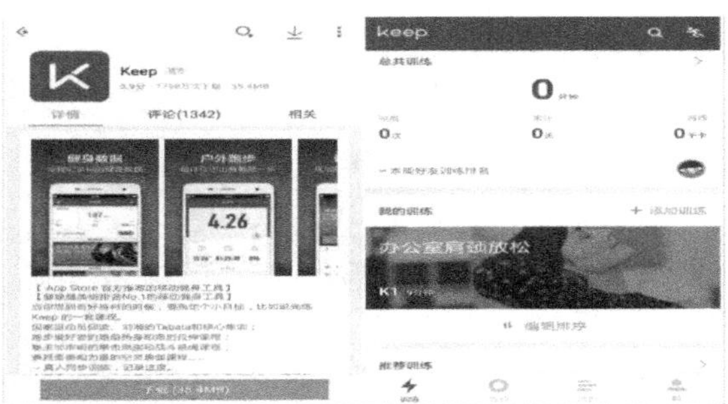

图 3–23　Keep App

在人工智能时代，我国大力推进智能教育，建设以学习者为中心的智能化学习环境尤为重要。功能全面的教育机器人和大量智能学习工具为学习者的学习提供了各方面支持。未来会有更多、更强大的基于教育智能方面的新应用，让学习变得更加智能与高效。

第三节 教育人工智能的教学应用

在人工智能的支持下，未来教师的角色将发生极大变化，教师的知识性教学角色将被人工智能取代，教师的育人角色将越来越重要，教师与人工智能协作的趋势日渐明朗，人工智能在教师备课、授课、教研、教学设计等过程中发挥越来越重要的作用。人工智能可以将教师从烦琐、机械、重复的脑力工作中解脱出来，成为对教师有价值的工具和伙伴：一方面，人工智能可以替代教师完成批改作业等工作，把教师从重复性、机械性的工作中解放出来；另一方面，人工智能可为教师赋能，成为教师工作的组成部分，人机协作完成以前无法完成的智慧性工作。

一、智能教师助理

智能教师助理是教师在教学全过程中的教学代理，能够在教学工作中为教师提供多种帮助，具体体现在人工智能教师、人工智能备课、人工智能教研、人工智能支持的教学设计等。

（一）人工智能教师

1. 人工智能教师的概念

美国佐治亚理工学院的艾休克·戈尔曾尝试以聊天机器人作为助教回答慕课中学生的提问，这个基于 IBM 沃森技术的聊天机器人回答问题的能力惊人，能快速、及时地反馈学生的问题。在五个月的课程学习中，学生甚至都没有注意到这位助教是人工智能机器人。人工智能教师是伴随着智能技术的发展成长的，可以代替教师进行重复性的工作，协助教师完成教学互动、教学测试、学习过程跟踪、学习管理等主要教学服务，并且可以提供海量教学课程资料。余胜泉提出人工智能教师是人机结合的超级教师，因此人工智能教师应具备认知智能，能够在感知和认知方面显著提高教师的能力，突破教师个体认知极限，使教师具有更强的教育创造性。

2. 人工智能教师的功能

余胜泉在《人工智能教师的未来角色》中提出了人工智能教师项目研究框架（图 3–24）和未来教师可能承担的 12 种角色，基于全学习过程数据的教育智能平台，为每位教师提供

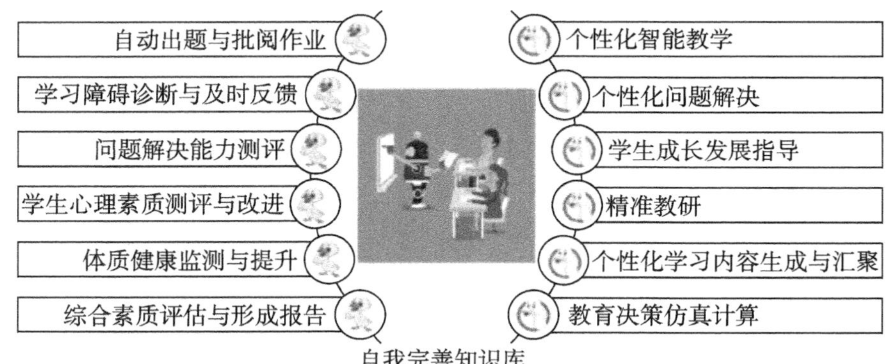

图 3–24 人工智能教师项目研究框架

基于云的智能助理，希望它能达到相当于人类特级教师的水平，完成一些优秀教师甚至特级教师才能完成的任务，为减小教师压力和工作量提供支持。

（1）自动出题与批阅作业的助教。人工智能教师不仅可以对具备不同能力的学生自动生成不同的试题，并对作业、试卷等实现自动化批改，而且可以根据人工神经网络主观题自动判别研究，包括简答、翻译、问答、阅读理解等开放性试题，能够把教师从日常批改作业和试卷等重复性的工作中解脱出来。

（2）学习障碍诊断与及时反馈的分析师。人工智能教师帮助教师、家长发现学生学习中隐藏的问题，并及时给予反馈与解决。通过建立知识图谱，在知识图谱中标记学生的学科能力，分析学生的试题作答数据，不仅可以通过数据仿真出学生对该知识的掌握程度，进行个性化推荐，而且可以基于学生的知识图谱进行预测性分析和诊断性分析，找到学生学习的障碍点，并根据历史数据预测其未来可能取得的学业成就。

（3）问题解决能力测评的素质提升训练。人工智能教师协助教师评估学生问题解决能力的发展，并通过综合性项目学习提升学生素质。在评价学生时，除了考虑所学的知识外，还要考查学生解决问题的能力，即需要判断学生解决问题时的分析能力、策略形成能力、高级认知能力等。

（4）学生心理素质测评与改进的素质提升教练。人工智能教师协助教师尽早发现学生的心理问题并及时干预，不仅要了解学生的知识、能力，而且要了解认知能力与心理状态，即综合心理素质。依据心理测评量表及量表诊断的数据，了解学生的心理状态及专业综合素质测评结果，包括成长潜力、网络成瘾、学习感受等，形成详细的分析报告，帮助教师了解真实的学生。

（5）体质健康监测与提升的保健医生。人工智能教师帮助教师基于数据，精确了解学生的体质发展及健康状况，并给出促进发展的训练方案。此外，还可以通过数据分析形成面向学生健康素养的体制监测报告，自动生成训练方案，促进学生身体素质处于优势地位的参数的增强，并改进处于劣势地位的参数存在的问题。

（6）综合素质评估与形成报告的班主任。人工智能教师在每个学期期末或其他关键时间，为学生、家长提供全面、客观、有科学数据支撑的综合素质评价报告。基于发现学生个性数据框架，以及采集学生的课堂表现、作业做答、习题测验、在线学习、体质健康、情感状态等数据，汇总建模，分析学生的认知能力、学习风格、注意力、情绪情感、学习轨迹、知识状态、知识误区、学科素养等，并生成学生的综合素质评价报告。

（7）个性化智能教学的指导顾问。人工智能教师可以根据学生学习的历史数据建立认知模型、推理引擎，为学生推荐相应的知识、服务及知识背后的人际网络，实现因人而异的个性化学习方案，进而实现精准诊断、智能推荐。建立中小学学科领域的知识本体的基础上描述资源，并基于知识图谱生成学习者的认知地图，从而有针对性地推荐所需的内容和所需内容的路径，实现智能推荐。

（8）个性化问题解决的智能导师。人工智能教师以自然交互的方式解答与指导学生个性化问题。借鉴智能导师系统，把教师教学过程中隐性的知识显性化、工程化，并内置到智能系统中，通过自然语言交互的人机对话系统，为学生提供个性化的帮助和问答。

（9）学生成长发展指导的生涯规划师。人工智能教师帮助学生认识自己，发现自己的特长、兴趣，为学生成长发展提供智能推荐，适应中高考改革，并给予学生越来越大的选择权，教会学生根据兴趣、能力、个性选择合适的学科与专业，让学生体验各行各业的实际工作与生活及了解各行各业的能力要求，引导学生正确认识自己、发现自己、学会如何平衡人生历程中各种社会角色的关系等。

（10）精准教研的互助同伴。人工智能教师协助教师实现同伴间的教学问题的发现与互助改进，教研由形式单一、经验主导、小范围协调的方式向大规模协同、数据及时分享并深度挖掘的精准教研转变。

（11）个性化学习内容生成与汇聚的智能代理。人工智能教师能根据学生个性化特征自动寻找、关联、生成与汇聚合适的学习资源，实现从人找资源到资源找人的转变。要实现对学生的个性化教学，需要提供不同类型的内容。

（12）教育决策仿真计算的决策助手。人工智能教师面对复杂的现有教育大数据系统，建立对现实社会、现实教育系统的仿真模拟，进行各种参数的演化，把关键参数从极小值演化到极大值，观察这个大数据系统演化的结果，发现关键症结点或找出各方价值最大的解，从而做出科学的决策，再加上管理者的知识和经验，使教育决策更加科学。

（二）人工智能备课

1. 备课的概念

人工智能辅助教师备课能够帮助教师丰富资源供给，辅助教师钻研教材。备课的前提是教师认真钻研教材，熟练掌握教材的内容，明确教学目的、教学重难点、教学方法等，做到统领全局，抓住教学主线。

备课分为个人备课和集体备课两种。个人备课是指教师自己钻研学科课程标准、制订授课计划、设计教学内容等的活动。集体备课是指以教研组为单位，组织教师开展集体研读教学大纲和教材、分析学情、制订学科教学计划、分解备课任务、审定备课提纲、反馈教学实践信息等活动。

2. 人工智能备课的功能

（1）丰富资源供给，辅助钻研教材。教师可以通过学习教案，吸收教学方法和教学思路，或者通过智能备课系统自动搜索教学资源，充实教学内容。

（2）学习数据记录，辅助学情分析。随着人工智能技术的发展，人工智能测评系统可以轻松调查学习者学情、分析书面材料，掌握每位学生应具备的学习基础、学习动机、学习兴趣点，生成学情分析报告。此外，还可以借助人工智能技术手段查看学生课外学习进度和作业完成情况，了解学生掌握新知识、材料的情况，为教师解答学生“疑难困惑”和知识迁移深化提供备课方向。

（3）人工智能识别学习者特征，辅助规划教学过程。未来基于海量资源，人工智能运算只需几秒就能为教师规划出通往教学目标的最优路径，辅助教师规划备课章节及题目，为教师提供匹配的备课资源。人工智能技术能够帮助教师提高备课效率，但是对备课资料内涵的解读与应用还需要教师做出判断，做出有情感、有温度的教案。

3. 常见人工智能备课工具——贝壳网

贝壳网集教学资源、教研备课、作业考试、新教育（家校通）、新闻资讯于一体，为实际中小学教育场景中存在的教师、学生和家长提供不同的服务，分为教师空间、学生空间和家长空间。其中，在教师空间，教师可享受海量教学资源，可以在平台上进行在线教研、无纸化备课、资源共享及教学评价管理等。教师在备课资源专区选择学段、学科、教材版本和年级后，可浏览相关资源（如教案、课件、拓展资源、视频、教材解读、试卷与习题等）。贝壳网首页如图 3–25 所示，可在左侧一栏切换学科，教师可自行选择、参考或修改资源；右侧为教师提供了快速导航专栏，教师可以通过其中的中小学教师备课平台进行研讨分享，为精准备课做铺垫。教研社区和师说直播提供的课堂及教研实录，以及基于大数据的智能测评云提供的智能阅卷与评价是贝壳网的亮点。

图 3–25　贝壳网首页

（三）人工智能教研

1. 网络教研及“互联网 + 教研”模式

网络教研产生于 20 世纪末，桑新民认为，网络教研是利用现代信息技术，以互联网为依托，促进不同地域的教师开展跨时空教研活动，随时随地进行教学成果与经验交流、共享教学信息与资源的方法。张伟等人认为，网络教研是基于互联网平台进行的信息技术与教研全面整合的，以促进教师专业成长，为教师提供及时、丰富、便捷的专业支持的新型教学研究方式。

教研模式是指在一定的教研思想或理论指导下开展教研行为的框架结构，具有比较典型和稳定的程序性。“互联网 + 教研”模式是指将教研需求与网络技术、互联思维有效融合，在教研理论指导下建立的典型的、示范的、稳定的教研组织形式和操作流程。受技术条件和教研需求差异性的影响，“互联网 +”背景下的教研模式呈现多样化的发展趋势，出现了网络集体备课、视频直播教研等模式。结合对常态教研要素与“互联网 +”特点的综合分析，尽管各种“互联网 + 教研”模式存在差异，但都包含教研角色、教研内容、教研环境、教研资源和教研评价等要素，并展现出受“互联网 +”影响的共同特征。“互联网 + 教研”模式的结构要素分析如图 3–26 所示。

2. 人工智能助研系统的功能

（1）教研评价与诊断。人工智能助研系统让教研活动常态化开展，丰富的数据报告辅助教师从多维度认识和评价自身的教研表现，不断反思和提升教师能力，同时整合教师个人档案，帮助其进行专业发展路线的回顾追溯和未来规划。

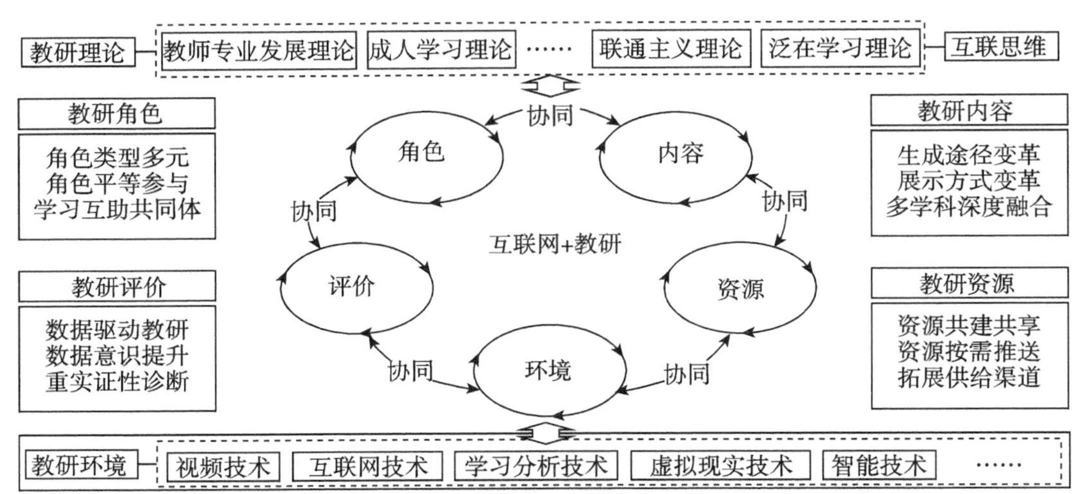

图 3–26 “互联网 + 教研”模式的结构要素分析

（2）课堂教学改进。教师通过分析报告获取同行评价数据、学生表现数据，通过对这些数据进行分析，改进学习策略，提升学生课堂表现。与此同时，可借鉴同行提出的优秀经验，优化课堂设计，提升课堂教学效果。

（3）教研资源推荐。人工智能的基础是数据、算法和计算力，在大量教研数据的支持下，人工智能系统能够利用算法构建合适的教师模型，为教师提供个性化的教研资源。

（4）教育决策与管理。人工智能助研系统能够为教育管理者的决策诊断提供数据参考。例如，通过课堂大数据采集，从区、校、年级、学科、学段、教师等层面分析数据，建立教学常模，分析课堂类型，发现规律，寻找差异，得出不同学段、不同学科最优化的课堂行为构成。再如，通过大范围的教师教研数据，精准配置教研资源，包括为不同类型的教师提供个性化教研方案、组建异质互补的教研共同体、帮扶落后地区的教研发展等。

3. 人工智能助研系统的应用——智课系统

智课系统基于 LICC［learning（学生学习），instruction（教师教学），curriculum（课程性质），culture（课堂文化）］课堂观察量表，提供数十个课堂观察点，归纳成四个维度十二个视角。智课系统主要包括三个方面的大数据，一是教师的讲授板书、巡视、师生互动和学生的举手、听讲、读写、应答；二是学生课堂参与度，反映了学生参与有效课堂活动的占比及课堂活动的变化情况；三是教学模式，智课系统通过教师行为的占比及师生行为转化率，给出讲授型、练习型、对话型、混合型四种教学模式。

学校的每间教室均配备智能教学行为分析系统，实现了随时随地可集中可分散的新式评议课，不仅可以实时交流发表看法，而且可以通过 Pad 或手机将自己的主观观察结果标注在 App 上，结合以往教学经验点评执教者的课堂。

学校基于智课系统，分析课堂行为数据，创新了校本教研的新模式，一是教师个人的“1+1”教研模式，在这种教研模式下，任何学科的执教者都可以通过自选课题、自主设计、自行教学、自我诊断，对自己教学的某节课进行自我剖析与研究，课后智课系统自动生成一份针对这堂课的大数据分析报告，这是“1+1”教研模式的第一个“1”。大数据分析报告出来之后，教师可以登录智课系统管理平台查看大数据报告中的数据信息，同时回顾课堂的实况录像，对自己的课堂进行深入剖析，在大数据报告的基础上形成一份新的课例研究报告，这是"1+1"教研模式的第二个"1"。这种模式可以帮助教师全面、深入地审视自己的课堂，提高课堂效率，达到提升教学质量的目的。二是教研团队的"1+*N*"教研模式，"1"是指课堂行为的人工智能数据，"*N*"是指多名参与研修教师的主观评议，将课堂大数据与人工评议完美结合，真正促使教师解读自己的教学行为并改善教学方式，从而提升教学质量。三是学科团队的"*M*+*N*"教研模式，首先是基于备课组的同课同构"*M*+*N*"精准教研模式，两名及以上教师用集体备课的教学设计实施不同班级的授课，多名教研人员参与智课大数据报告与主观观察结合的集体教研，侧重于分析相同设计下教师行为和学生行为，对教学的影响，重在改善教与学的行为以提高教学效率；然后是基于备课组的同课异构"*M*+*N*"精准教研模式，侧重于分析不同教学设计对教学的影响，重在改善教学设计，以提高教学效率。

（四）人工智能支持的教学设计

1. 教学设计的概念及特征

教学设计是授课过程中的一个重要环节，用系统的方法分析教学问题，研究问题解决途径，评价教学结果的计划过程或系统规划。美国学者肯普为教学设计下的定义：教学设计是运用系统方法分析研究教学过程中相互联系的各部分的问题和需求，在连续模式中确立解决它们的方法和步骤，然后评价教学成果的系统计划过程。

教学设计是教学的灵魂，是体现教学质量和教师水平的重要内容。教育不同于商业，它的容错空间极小，因此教学设计不能像其他产品设计一样完全用人工智能取代人类教师，人类教师是教学设计的首要把关人，但不可否认的是，充分利用人工智能技术可以辅助教师更好地完成教学设计。IBM 开发的 Teacher Advisor 人工智能教学平台，在一定程度上代表了人工智能支持的教学设计的未来发展方向。Teacher Advisor 人工智能教学平台能够智能地回答教师的问题，帮助其理解知识及各种教学策略，生成一份优秀的个性化教学设计。人工智能支持的教学设计具有以下特征。

（1）分析数据化。平台将所有与教学内容相关的资源数据化，并集成一个知识库，将学生的学习过程数据集成为学习者模型库，教师在进行前端分析时，需要基于数据进行分析，以精准把握和调整教学设计。

（2）活动精细化。平台将教师需要进行教学设计的活动明确划分为教学目标设计、教学内容设计、教学活动设计和教学策略设计四个部分。教师只需在系统中勾选相应内容，即可快速生成一份教学设计。

（3）人机协同化。人工智能系统只提供了丰富的资源供教师选择，教师才是教学质量的把关人。人机协同的工作模式能够减轻教师负担，提高教学效率。

2. 人工智能支持的教学设计的流程

（1）教学目标分析。过去教学目标分析一般从知识与技能、过程与方法、情感态度与价值观三个方面确定。在人工智能时代，教学目标更加注重学科核心素养、信息素养、高阶思维与能力、合作交流意识与能力等，从而培养面向人工智能时代的人才。

（2）人工智能学习者特征分析。传统的学情检测方式是教师凭借经验选题组卷，由学生进行试卷作答，教师在繁重的阅卷工作中了解学生的学习情况，很难做到教学设计的精准化、个性化。现在人工智能支持的教学设计能够通过精准测量和专业分析，把有效的数据融入班级学情报告，教师依此做出精准化、个性化的教学设计。

（3）教学内容与重难点分析。传统教学设计中，一般以单一教材为标准进行教学内容分析，但人工智能支持的教学设计依托庞大的教材资源库，综合多种版本教材分析知识点，教师可以做出全面的知识点分析。与此同时，平台能够给出教学内容的重、难点，为教师提供最优的问题解决策略。

（4）教学媒体选择与利用。在教学媒体选择方面，智能时代教师教学媒体的选择更加多样，所选的媒体不仅停留在展示和替代阶段，而且支持教师的思维方式和行为指导；在教学媒体利用方面，与传统教学媒体课堂上教师操控媒体不同，教师需要协同人工智能，根据教学内容共同完成操作，但在教学设计时教师需要明确哪些媒体工具必须亲自操作，哪些可以通过人工智能机器人辅助操作。

（5）教学过程设计。人工智能支持下的教学过程设计可采用人机协同教学模式和个性化教学模式。人机协同教学模式中，人工智能辅助教师使用教学设备、提供学习内容、管理学习过程、常见问题答疑等，并与人类教师共同开展教学。个性化教学模式更加注重教育机器人的伴学功能，且关注如何设计优秀的个性化辅导和助学过程。

（6）教学评价设计。人工智能支持的教学评价需要满足真实性、可靠性和多元化的需求。一方面，评价工具能够全程监控、收集、记录、整理每位学生的学习情况和课堂表现的数据，还能呈现学生情感因素、心理倾向、实践能力等非结构化数据；另一方面，评估取向和方法更加关注学生的全面发展，每位学生都是评价的主体，也是评价的对象，从单一的学业表现评价转变为全面综合的评价，大数据能够收集学生的情感、态度和行为等非知识类信息，对学生的创新与发展潜质进行预测性评价，促进学生全面发展。

二、智能教学助手

在人工智能时代，教师可以通过智能教学助手快速查看参加课堂抢答人数、需要被关注的学生、学生学习进度，完成为不同学生推送个性化练习等在传统课堂中很难做到的事情，达到精准高效、因材施教的目的。

（一）智能教学助手的基本功能

1. 助教功能

智能教学助手协助教师进行班级管理和课堂组织，支持教师基本教学环节，实时记录师生行为。例如，在教学中引入云班课、雨课堂等教学平台，辅助教师对学生进行管理，可以在任何移动设备或计算机上轻松创设班课、管理学生、发送通知、分享资源、布置及批改作业、组织讨论答疑、开展教学互动，使学生轻松获取教师资源。在通用型教学平台上，学生能听、能看、能参与试验，并能进行随堂学习诊断，实时给教师信息反馈。

2. 内容智能创作功能

内容技术公司、创意学习公司等利用深度学习定制满足学生需求的教材，通过对章节、知识点的拆解与分析，允许教师跨设备设计数字课程和资源，集成视频和音频等多媒体，为学生打造个性化的智能学习指南。

3. 学习行为监督功能

智能签到将人工智能领域的相关技术（如人脸识别、声音识别、手势识别等）应用于教育，通过采集学生的特征信息，建立初始数据库，将学生学号、姓名等信息与其他服务系统关联，实现智能签到监督功能。

（二）智能教学助手的常用场景

1. 学生个性化学习

利用智能内容创作系统汇集“智能资源”，定制个性化数字教材，为思维水平和问题解决能力不同的学生提供资源，促进学生个性化学习。

2. 智能课堂互动

智能教学助手帮助开展头脑风暴、投票问卷、讨论答疑、随堂测试和分组讨论等活动，提高了学生参与度，为传统课堂教学注入活力，还可以记录互动数据，辅助教师实时了解学生的学习状况。

3. 学习行为收集与分析

采用智能教学笔，记录学生解答题目的过程，搭配软件和大数据处理中心，教师可以依据学生的解题过程做出指导和建议。结合录播系统及其配套的分析工具，采集学生的行为状态信息（如阅读、举手、书写、起立、听讲等），并转化成相应的代码进行分析，结合面部表情，分析学生状态，反映其学习情绪与疲劳指数。

4. 教学质量测评

在智能教学助手的帮助下，教育测评场景能够实现智能出题和批阅，对题库已有数据进行分析、组合，生成针对性较强、满足学生不同需求的练习试卷。在智能试卷评测及作业评测工具的帮助下，教师可以运用技术从繁杂的组卷和批阅劳动中解放出来，从而有更多时间关注学生的知识薄弱点。

第四节　教育人工智能评估与管理应用

一、人工智能支持的教育数据采集和分析

随着人工智能技术在教育领域应用的不断深入，利用人工智能技术进行教育应用评估成为一个重要问题。随着人类社会从信息时代向智能时代的不断发展，教育评估也从基于经验的主观评估向数据支持的精准化评估转变，教育数据的采集和分析变得尤为重要。

（一）人工智能支持的教育数据采集

教育是一个超复杂的系统，涉及教学、管理、教研、服务等业务。与金融系统清晰、规范、一致化的业务流程不同，教育系统在不同地区、不同学校的教育业务虽然具有一定的共性，但差异较大，而教育业务的差异性直接导致教育数据来源更加多元、数据采集更加复杂。与传统教育数据相比，人工智能支持的教育大数据的来源更加多样化。

1. 教育大数据的来源

教育大数据产生于各种教学实践活动，既包括校园环境下的教学活动、学习活动、科研活动、管理活动及校园生活，又包括来自家庭、社区、图书馆等的非正式活动；既包括线上教育教学活动，又包括线下教育教学活动。根据来源和范围的不同，教育大数据可以

分为个体教育大数据、课程教育大数据、班级教育大数据、学校教育大数据、区域教育大数据、国家教育大数据，如图 3–27 所示。

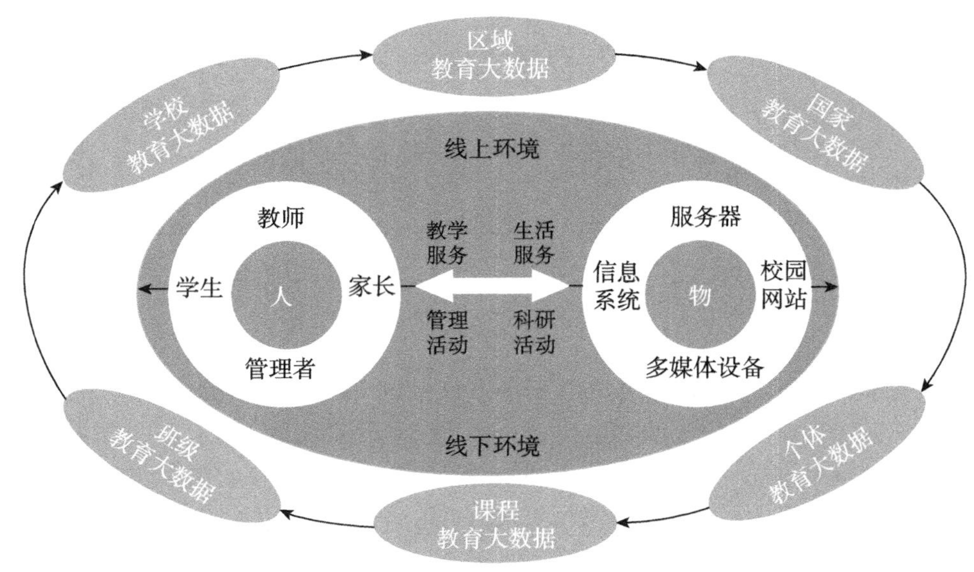

图 3–27　教育大数据

（1）个体教育大数据。

个体教育大数据包括教职工与学生的基础信息，用户各种行为数据（如学生随时随地的学习行为记录、管理人员的各种操作行为记录、教师的教学行为记录等）及用户状态描述数据（如学习兴趣、动机、健康状况等）。

（2）课程教育大数据。

课程教育大数据是指围绕课程教学产生的相关教育数据，包括课程基本信息、课程成员、课程资源、课程作业、师生交互行为、课程考核等数据，其中课程成员数据来自个体层，用于描述与学生课程学习相关的个人信息。

（3）班级教育大数据。

班级教育大数据是指以班级为单位采集的教育数据，包括班级每位学生的作业数据、考试数据、各门课程学习数据、课堂实录数据、班级管理数据等。

（4）学校教育大数据。

学校教育大数据主要包括国家标准规定的各种学校管理数据（如概况、学生管理、办公管理、科研管理、财务管理等），课堂教学数据，教务数据，校园安全数据，设备使用与维护数据，教室使用数据，实验室使用数据，学校能耗数据，校园生活数据等。

（5）区域教育大数据。

区域教育大数据主要来自各学校及社会培训与在线教育机构，包括国家标准规定的教育行政管理数据、区域教育云平台产生的各种行为与结果数据、区域教研等所需的各种教育资源数据、各种区域层面开展的教学教研与学生竞赛活动数据，各种社会培训与在线教育活动数据等。

（6）国家教育大数据。

国家教育大数据主要汇聚各区域产生的各种教育大数据，侧重于对教育管理类数据的采集。

2. 物联网感知技术

（1）物联网感知技术的概念。

物联网感知技术是实现万物相连的前提，是采集物理世界信息的重要渠道，主要用于采集设备状态数据。目前，在教育领域利用物联网感知技术采集基础信息，主要通过传感器和电子标签等方式进行。

（2）物联网感知技术的应用场景。

传感器用于感知采集点的环境参数，电子标签用于标识采集点的信息。采集后的信息数据经过无线网络上传至网络信息中心并存储，利用各种智能技术分析感知数据，以实现智能控制。学校的教室设备、会议设备、实验器材等分布离散、信息透明性差、管理难度大，为这些物理教学设备粘贴射频识别（radio frequency identification，RFID）标签或配置传感器，分配给专人管理，可以实现统一管理和调度，并有效检测设备的工作状态。

3. 可穿戴设备技术

（1）可穿戴设备技术的概念。

使用可穿戴设备技术可以把多媒体、传感器和无线通信等技术嵌入人们的衣着，支持手势和眼动操作等交互方式。

（2）可穿戴设备技术的应用场景。

可穿戴设备技术主要用于采集各种校园生活数据。近年来，智能眼镜、智能手表、智能手环等产品不断出现，形态各异的可穿戴设备逐步融入人们的日常生活与工作。可穿戴设备技术为自然采集学习者的学习、生活和身体数据提供了可能。佩戴相关设备可以实时记录学习者的运动状态、呼吸量、血压、运动量、睡眠质量等生理状态数据，以及学习者学习的时间、内容、地点、使用的设备等学习信息。

4. 图像识别技术

（1）图像识别技术的概念。

图像识别技术是人工智能的一个重要领域，是指利用计算机对图像进行匹配、处理、分析，以识别各种模式的目标和对象的技术，主要包括互联网阅卷技术、点阵数码笔技术与拍照搜题技术。

（2）图像识别技术的应用场景。

互联网阅卷技术是目前中考、高考、英语四级 / 六级考试等大型考试活动常用的阅卷技术，是采集学生考试成绩数据的重要技术。阅卷系统以计算机网络技术和图像处理技术为依托，采用专业扫描阅读设备，扫描和处理各类考试答卷和文档，实现客观题机器自动评卷及主观题教师手动评卷的高效阅卷方式。

点阵数码笔技术所用的点阵数码笔是一种新型高科技纸面书写工具。在普通纸张上印刷一层不可见的点阵图案，点阵数码笔前端的高速摄像头能随时捕捉笔尖的运动轨迹，同时将数据上传至数据处理器，由蓝牙或 USB 向外传输。点阵数码笔既可以保存学习者的书写结果，又可以记录学习者的书写过程信息（如书写方式、书写顺序、书写时间等），还可以结合书写或者绘画过程同步录入声音，采集书写时的情景信息。

拍照搜题技术是图像识别技术在教育领域的应用之一，主要通过终端设备（如智能手机、平板等）获取相关题目的照片，由系统根据已有题库进行自动匹配、处理与分析，筛选出与图片相似的题目、答案及解答思路。

5. 情感识别技术

（1）情感识别技术的概念。

情感识别技术是指通过观察表情、行为和情感产生的具体环境推断内在情感状态的一种模式识别技术，通过计算针对不同类型、个体取得的个性化测量数据，在测量数据的基础上进行共性化研究，发现情感识别的通用模式。现阶段对情感识别技术的研究主要集中在人脸分析及识别技术、语音情感技术、生理信号情感技术。

（2）情感识别技术的应用场景。

现阶段人脸分析及识别技术主要有如下两种方法：一是基于静态图像（单一图像）的方法，二是基于动态图像的方法。前者分析的数据较少，擅长分析单帧图像，适合识别实时表情；后者将面部表情变化的时间和空间信息结合起来，识别率较高，但计算量也较大。

语音情感技术通过利用声学和语言学描述说话方式的计算机应用程序——“情感编辑器”，除了输入情感参数之外，还分析了语法语义，控制语音频率和音量，对语音形成较好的情感识别和合成效果。

生理信号情感技术通过心率加速度脉搏容量、血压、皮肤导电性等生理信号，提取有用的特征，并组合成合适的特征向量，以便情感分类器辨别。对生理信号的提取需要做如下工作：一是提取特征，二是为情感分类器选择优化的特征组合。

（二）人工智能支持的教育数据分析

在线教育过程中，教师需要及时诊断学生学习情况，构建智慧的学习环境，运用智慧的教学方法，因材施教，提供更完善的个性化服务。采集海量学习数据，将学生及其所在的环境数据化，诊断学生掌握知识的水平，更好地了解学生行为，纠正和弥补其学习上的缺陷及偏差。

1. 预测

（1）预测的概念。

预测是指通过分析在线教育数据得到关于某个变量的模型，预测该变量的未来走势。预测包括对学生的行为预测、成绩预测等。

（2）预测的类型。

潜在知识评估作为一种对学生知识掌握情况的评价手段，能够更客观地评测学生的知识掌握情况及能力水平。目前，常见的潜在知识评估模型包括贝叶斯知识追踪、绩效因素分析等。

2. 结构挖掘

（1）结构挖掘的概念。

结构挖掘是指在大规模数据中自动挖掘有价值的知识。

（2）结构挖掘的类型。

① 聚类分析。聚类分析用于发现数据中具有共同特征的群组或模式，从而对一些现象进行解释与建模，如对学生进行聚类、对学习行为进行聚类等。

② 因素分析。因素分析是指通过聚类等算法，将一组可直接观察到的数据变量组成有教育意义的因素，可用于学习过程中的特征降维及教育规律发现。

③ 社会网络分析。社会网络分析用于分析学生之间的社会关系及其随着时间变化的情况，从而对学生的成绩、兴趣等进行分析、预测。

3. 关系挖掘

（1）关系挖掘的概念。

关系挖掘用于发现数据中不同变量（如教育因素）之间的关系。

（2）关系挖掘的类型。

① 关联规则挖掘。关联规则挖掘主要用于发现变量之间的“if–then”等关联规则，如对优秀学生的学习模式与学习效率之间的关系进行挖掘，指导学生采用正确的方法提高学习效率。

② 相关性分析。相关性分析主要用于分析两个变量之间是否存在正 / 负相关性，如智慧教育系统的各种设计因素与学生成绩的相关性等。

③ 时序模式挖掘。时序模式挖掘用于分析不同事件在时序上的关联关系，如发现学生的合作行为极大地影响了小组作业的完成程度。

④ 因果数据挖掘。因果数据挖掘是指通过分析教育数据，发现某些变量是否是其他变量的原因，如利用该方法分析学生课堂表现差的原因等。

4. 模型发现

（1）模型发现的概念。

模型发现主要是指从教育数据中挖掘知识，并构建某种模型，指导其他教育数据挖掘研究。常见的模型发现研究方法是通过学习到的知识逐步构建符合特定问题的学习模型，并进一步挖掘出新的知识。

（2）模型发现的类型。

模型发现是指通过学习到的知识逐步构建符合特定问题的学习模型，进一步挖掘出新的知识。目前常见的模型包括通过领域知识挖掘建立学习者潜在知识评估模型，通过对学习者的评估结果分析，建立学习者元认识模型，对其学习行为进行分析建模等。

二、教育智能决策

大数据对教育智能决策的意义在于我们掌握的数据库越来越全面。除现有现象的数据外，还有与此现象相关的所有数据，我们不再过多担心某个数据点对整套决策分析产生的不利影响，逐步接受众多数据并从中受益。

（一）学习预警

虽然在线学习在全球发展势头强劲，但是相关问题不可避免，如学生学习质量低、辍学率高等。基于大数据的学习预警能够帮助教师及时发现学生在学习过程中存在的问题并干预，以提升学生的学业完成率。

1. 学习预警的概念

挖掘、分析在线学习过程中产生的大量数据，可以了解学生的学习情况并及时发现其学习过程中存在的问题，以对学生发出提示或者警告，从而督促、引导学生顺利完成在线学业。

2. 学习预警的类型

根据预警对象的不同，学习预警分为如下三种类型。

（1）针对学生提供的预警。系统为学生提供在某个具体情境下的学习预警反馈，例如戈金斯开发的情境感知活动通知系统、蒂姆·麦基开发的E2Coach系统。

（2）针对教师提供的预警。系统为教师提供学生在某门课程中的宏观学习预警反馈及相关教学方案完善建议，例如里卡多·马扎和瓦尼亚·狄米特洛娃开发的课程可视化系统。

（3）针对教师和学生提供的双向预警。系统帮助教师制定针对个别学生的培养方案，以有效提高学生的学习成绩，如普渡大学的课程信号系统。

3. 学习预警系统

依据预警功能的实现形式，现有学习预警系统可分为四类：第一类是为了实现在线学习预警的相关功能而独立开发的，分为学校自主开发和企业机构开发；第二类是通过学习管理系统与可视化工具结合实现预警功能的；第三类是通过在学习系统中嵌入个性化工具实现预警功能的；第四类是学习预警系统作为在线学习平台中的一个模块。

（二）课堂评价

课堂是教学改革的主战场，也是深化教育改革质量的落脚点。在传统课堂中，教师根据课堂观察、提问等评价课堂教学情况。由于教师的个人精力有限，因此容易造成信息传递片面和课堂反馈滞后。人工智能主导的新一代信息技术与教育教学深度融合，赋予教师对课堂崭新的洞察力和优化能力，成为课堂评价变革的重要驱动力。人工智能支持的课堂评价优势如下。

1. 优化课堂数据的采集

人工智能有助于课堂数据的采集，目前课堂采集有以下几种方法。

（1）基于生理参数的检测。通过脑电图、眼电图和心电图获取脑细胞群情况、眼球运动情况和心脏活动情况。这种方法实施成本较高，难度也较大。

（2）基于行为的检测。通过生物特征识别和自然语言处理等技术智能识别课堂主体行为，监测学生的到课情况、课堂学习时间、课堂参与讨论和发言等学习行为。

（3）基于图像的检测。利用多姿态人脸识别检测和面部表情识别等技术，捕获师生实时图像，确定师生的状态。

2. 促进课堂数据的深度挖掘

机器学习是通过经验或数据改进算法的研究，旨在通过算法让机器从大量历史数据中学习规律，自动发现模式并用于预测。机器学习、深度学习等算法在课堂数据的深度挖掘过程中，主要实现对数据的分类、回归、聚类，建立并描述预测模型，分析课堂数据，从而支持课堂评估。

（三）教育决策

在云计算、物联网、学习分析等技术应用于教育领域的背景下，各种教育数据以海量、多样、高频的方式快速增长。教育大数据时代已经来临，教育大数据是大数据概念在教育领域的延伸与拓展，是教育信息化步入新时代的重要标志，已经成为促进教育公平、提高教育质量、推动教育改革的有力抓手和有效手段。

1. 教育决策的内涵

决策是为了达到一定的行为目的，根据决策环境的变化做出的决定。教育决策是指为了达到预定的教学目标，采用科学的理论和方法，从多种预选方案中选择一个最佳方案或就一种方案做出的决定。

2. 大数据支持的教育决策

（1）教育决策者专业化程度大幅度提升。

在以往教育决策过程中，决策行为往往依赖决策者的知识能力和经验直觉。大数据的引入为教育决策者提供了真实的、客观的数据和方法，使决策行为更加稳定。教育决策者是决策机构的个人或团体，而决策过程在内部进行，决策者和决策过程都在决策方案文本的“幕后”，呈现在公众面前的只是决策形成后的决策文本。

（2）教育决策过程由“被动反馈”向“主动预测”转变。

在教育大数据环境下，教育过程的各种数据将会被记录并动态更新。通过对数据的动态挖掘和分析，教育决策者可以迅速调整策略，及时响应教育过程中的各种变化。

（3）教育决策环境日趋开放、互联。

互联网社交平台等快速发展，并直接作用于教育领域，智慧教室建设不断推进，加快了开放教育资源的共建共享，教育决策环境日趋成为面向全球互联、开放互动的复杂的社交网络数据系统。

（4）教育决策评价由“结果导向”向“过程导向”转变。

教育决策多以达到教育目标为衡量标准，是典型以结果为导向的事后评价。大数据的引入，意味着在教育决策的各环节与要素中渗透了大数据的量大、多样、快速、科学化程度高等特点。教育决策是基于教学全过程产生的实时数据做出的持续改进行为。

3. 教育决策的演进

近年来，数据分析使决策由“个体自主决策”向“个体自主决策＋数据辅助决策”转变。教育大数据和人工智能技术为更加科学的教育决策提供了基础。但是科学技术具有两面性——大数据本身的杂乱性和不确定性，人工智能技术的更新迭代等给教育决策的科学化带来挑战。理想的基于大数据的渐进式教育决策新模式应该包括以下四方面内容：①决策者将传统决策与基于大数据的决策无缝结合；②决策目标拥有出色的前瞻性；③决策方案能够针对教育决策环境发生的变化做出反应和修正；④支持决策的工具和技术手段的科技含量进一步提升；⑤复杂的大型非结构化数据。

与传统教学决策相比，基于大数据的决策的改进主要在于对教育决策环境的信息进行量化和处理，将庞大的大数据处理成结构化数据，同时强化相邻决策环节的互动性，提升与教育决策相关信息的掌握程度和利用率，加快对决策实施过程中产生的新决策的相关信息及决策实行效果反馈的分析速度和处理速度，使教育决策在前瞻性、精准性方面产生质的飞跃，真正实现教育决策的科学化。

（四）学习参与度评估

新时代倡导以学为中心的教育。由于教师要围绕学生的发展开展教学活动，因此不仅要关注学生的学习结果，而且要关注他们的学习过程、学习参与度，给予学生充分的试错机会，培养学生的创新能力。参与度是面向过程考查学生学习效果的有力手段。

1. 学习参与度评估

学习参与度也称学习性投入，包括三个维度：行为参与、认知参与和情感参与。行为参与是指个体参加在校期间的学业或非学业活动的高度卷入；认知参与是一种“思维训练”，包括学生学习时使用的认知策略和心理资源的高度卷入；情感参与又称心理参与，是指面向学业任务或他人（如老师和同学）的积极情感反应及对学校的归属感。

2. 学习参与度的测量方法

目前学习参与度有三种测量方法：自我报告法、观察评分法和自动测量法。自我报告法是最常见的参与度测量方法。因为自我报告法和观察评分法是通过人工测量的，所以具有强烈的主观性，需要的人力成本较高。自动测量法基于情感认知的学习分析技术，通过量化评估学生的学习参与情况，精确刻画、分析学生的行为参与、认知参与、情感参与等，协助教师了解学生的参与情况，及时干预，帮助学生反思，并促进其深入参与学习过程。

3. 学习参与度识别的自动化、智能化进程

人工智能的快速发展推进了学习参与度识别的自动化、智能化进程，能够融合多类型数据并进行情感计算，为学习参与度的识别提供数据智能与技术智能的支持。国内外主要关注多模态的数据，如面部表情、声音、姿势、生理信号、文字等。目前除了声音模态外，脑电波传感器、眼动仪、电子手环等与学生生理和认知状态相关的传感器已经可以为学生参与度提供可信的证据数据，从而识别更多类别的情感。

思　考　题

1. 概括典型的教育人工智能应用环境。
2. 简述智慧教室与传统教室相比的优势。
3. 智慧校园的智慧体现在哪些方面？有哪些具体应用？
4. 学习者应该如何应对智能时代学习方式的变化？
5. 人工智能在教学方面还有哪些应用？
6. 人工智能支持的数据分析还有哪些技术？
7. 搜索多模态学习参与度识别模型的案例。
8. 简述传统课堂评价与人工智能支持的课堂评价的区别。

第四章

教育人工智能伦理

学习目标

1. 掌握教育人工智能伦理的内涵及特征。
2. 了解教育人工智能的伦理隐忧。
3. 明确教育人工智能伦理建构的意义与实现途径。

学习建议

1. 本章建议学习时长为3课时。
2. 本章主要阐述教育人工智能伦理，重点是探索教育人工智能的伦理原则和实现路径。
3. 课前学生阅读教师提供的学习资源、逻辑框架、引导材料等。
4. 采用小组讨论方式开展教学活动。每组选择一种人工智能伦理隐忧进行讨论，分析其危害并提出相应的建议或策略。
5. 课后阅读拓展资料，进一步思考和探索教育人工智能特别是强人工智能可能引发的伦理问题及相应对策。

从能够“计算”到能够“理解”，从只能依赖预先编写的程序解决几何定理证明、跳棋等具体问题，到能够自主学习、自我决策和改进，人工智能在逐渐展示出现代技术的无限可能性的同时，引发人们的深切忧虑。埃隆·马斯克说，我们正在用人工智能召唤恶魔。哲学家尼克·博斯特罗姆将人们研发强人工智能比作“玩炸弹的孩子”。这些忧虑源自人工智能未来发展的不确定性，引发了人工智能伦理领域的相关探索和争论。考虑到教育对人类延续和发展的特殊价值，在人工智能技术刚刚渗透该领域且相关实践尚未全面展开之际，思考和探索相关伦理问题不但十分必要，而且非常重要，这是我们必须认真面对的时代命题。

第一节　教育人工智能伦理的内涵及特征

教育人工智能是在“教育”特定场域中人工智能技术的应用，相关实践涉及人工智能技术应用过程中引发的一系列教育变革，特别是深涉其中的人与人之间关系的变化，以及人与技术之间关系的变化，这些变化深刻影响着人的自由及教育实践场域中的秩序，从而形成特定的教育人工智能伦理。

一、教育人工智能伦理的内涵

从字面上讲，教育人工智能伦理涉及教育、人工智能、伦理三个要素。其中，最为人所熟悉的要素是教育。无论是从广义还是从狭义上来说，教育都指向育人活动，是特定的人类实践领域。教育实践活动的影响和价值不仅涉及人的认知、情感等多个方面，而且关系着从个体到国家甚至全人类的不同层面，使教育实践活动天然地蕴含伦理之维，伦理成为教育系统高效运转的座架。人工智能要素实际上是指弱人工智能和强人工智能两种人工智能技术。作为弱人工智能技术的进化版，强人工智能技术被认为是真正具有自主性的能动体。虽然强工智能技术尚未实现，甚至最终能否实现还存在争议，但是这些争议恰恰显示出人们对人工智能技术未来发展的期望，或者说在相当多人的心目中，强人工智能代表人工智能技术未来的发展趋势，未来的人工智能技术应具有人类的各类思考能力和包含情商、创造力等在内的各类智能，可以通过自我学习不断改进自己，从而能够处理新情境中遇到的复杂问题。正如史蒂芬·霍金所言，人工智能可以效仿并超越人类智能。至于伦理，从字面上看，“伦”意味着辈分、等次、顺序等，“理”意味着治理、处理等。所以，伦理既指向人与人之间的关系，又指对人与人之间关系的治理。伦理源自人的社会性，是特定社会关系中人与人之间的客观关系及对这种关系的领悟和治理；是对特定实践中人与人之间关系的“是”“善”“正当”“应该”，以及为实现“是”“善”“正当”“应该”的人际关系所遵循的理念、原则和规范等的思考及探索。

育人活动和人工智能技术的研发、应用等活动构成人类活动的两大实践领域——教育实践和人工智能技术实践，它们因为人工智能技术在教育领域的应用而相互交叉，形成“教育人工智能实践”领域。从育人活动的本质来看，教育人工智能实践从属于教育实践，是教育实践的组成部分；同时，作为人工智能技术应用的组成部分，它又属于人工智能技术实践。上述三者的关系决定了教育人工智能伦理与教育伦理、人工智能伦理之间的密切联系。如图 4–1 所示，教育人工智能伦理是特定水平的人工智能技术在教育实践中充当教与学活动的环境（或其中的智能化核心部分）、信息和知识的载体、教学或学习助手、管理与评价的重要组成部分等角色的实践过程中形成的一种特定客观关系，是教育伦理和人工智能伦理在具体教育实践中相互作用的结果。作为人工智能技术应用的特定领域，教育人工智能实践中应该遵循人工智能伦理的一般理念、原则和规范。由于教育实践对人类发展和文明延续有特殊价值，因此教育人工智能实践最重要的属性是教育性，遵循教育伦理的一般理念、原则和规范等必然是对其首要要求。从这个意义来说，教育人工智能伦理是教育领域中由人工智能技术的应用形成的教育伦理的特定形态。

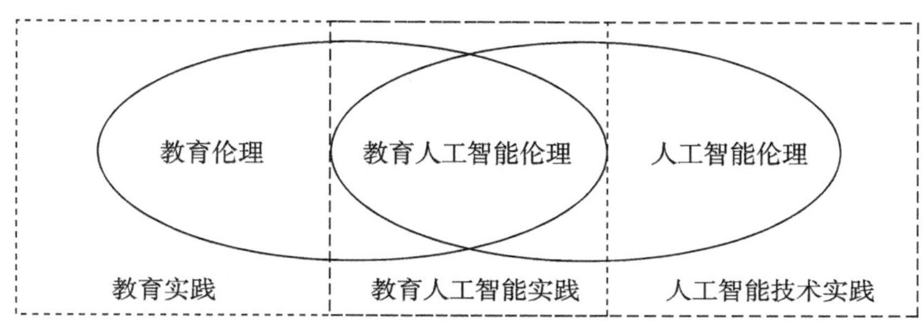

图 4–1　教育人工智能伦理与教育伦理、人工智能伦理之间的关系

二、教育人工智能伦理的特征

（一）技术理性主义和人文主义的交汇与冲突

教育人工智能伦理的这一特征，一方面源于教育实践和相关伦理在近一个多世纪的发展过程中，同时受到科学主义技术理性和新人文主义运动的深刻影响；另一方面源于人工智能技术领域“天然游走于科技与人文之间”的独特性。

技术理性主义诞生于文艺复兴、宗教改革和实验科学共同开启的现代化历史进程中，是在近现代科学技术飞速发展背景下产生的新的理性主义思潮。它继承了发端于古希腊的古典理性主义关于宇宙的理性结构和人作为理性存在物的基本思想，强调科学技术发展的无限潜力。虽然从 19 世纪下半叶开始，技术理性主义受到叔本华等哲学家的挑战，在 20 世纪的哲学界形成了以霍克海默、阿多诺、马尔库塞、哈贝马斯等为代表的技术理性批判思潮，但是在如今的教育人工智能实践中，唯技术论思想及过于注重达成目的而忽视伦理、价值等问题的倾向依然影响深远。教育人工智能实践的育人活动本质使其必然关注的对实践价值的追求与反省，对作为主体的人，特别是对教师和学生的生命、尊严和发展的关怀，对和谐人伦关系的营建，对人工智能技术价值及负面效应的讨论和省思。这些人文主义倾向与技术理性主义交织在一起，既表现出相互冲突和对立，又在实践过程中呈现出某种交汇、整合的趋势。

（二）继承性和发展性的辩证统一

教育人工智能实践是教育实践与人工智能技术实践的交汇和融合。教育人工智能伦理既表现为对教育伦理和人工智能伦理的继承，又体现了在“教育人工智能”这一特定实践领域中的发展。

从教育人工智能伦理与教育伦理之间的关系来看，应用人工智能技术的教育是智能时代的特定教育形态，其伦理也应当是教育伦理在智能时代的特定内容和体现。一方面，人工智能只是实现育人目标过程中的技术手段，其应用虽然会引起教育理念以及教学、学习和管理方式的深刻变革，但是教育的本质、宗旨与伦理性的实践要求不变；另一方面，教育人工智能应用所引发的人与人之间、人与技术之间关系的变化，赋予教育伦理关系中的“是”“善”“正当”“应该”新的内涵，使教育伦理中的部分观念、规范和准则发生与智能时代相适应的演变。

从教育人工智能伦理与人工智能伦理之间的关系来看，教育人工智能伦理是人工智能伦理在教育领域的延伸和体现。“教育”这一特殊实践领域固有的本质、旨归、目的等在与作为技术开发、创新、应用的人工智能伦理的融合过程中，起到主导、限定、校正等作用，从而赋予人工智能伦理新的内涵。

厘清教育人工智能伦理与教育伦理、人工智能伦理之间的继承和发展关系，有助于把握教育人工智能领域的伦理特性，廓清这一实践领域的“是”“善”“正当”“应该”，合理建构其中蕴含的人与人之间、人与以人工智能为核心的技术之间的观念、规范和准则。

（三）前瞻性和追溯性的并行互辅

人工智能技术应用于教育领域的出发点和目标是希望这一高新技术的应用能够解决现有教育领域中存在的问题，真正实现优质、高效、公平、个性化的教育理想，即在教育实践中追求更大的“善”。然而，教育本质所蕴含的促进未成年人成长和发展的特殊使命，意味着教育实践中的任何举措都会对学生的认知、能力、情感、态度、价值观等产生影响，这些影响不仅是当下的，而且会伴随学生的成长、发展甚至终生，还会由于教育对文化传承的作用而影响人类的整体发展。为此，教育领域的实践行为理应怀有更为审慎的态度，遵循更高的伦理要求。

人工智能是一种飞速发展的远未成熟的新兴技术，其未来发展特别是强人工智能技术的发展及其应用产生的影响有极大不确定性。因此，教育人工智能伦理强调对传统伦理理论进行扩充，既要求对实践中的伦理现象和伦理问题进行“回溯式”地审查和反省，又要求对人工智能技术应用可能出现的后果进行有效预判，以避免实践中可能出现的“恶”。在教育人工智能实践的过程中强调“责任”，要求将对伦理价值、原则的遵守和对相关实践的伦理评估深嵌教育人工智能技术设计、研发和应用的各环节，实现伦理的前瞻性和追溯性并行互辅、协调统合。

第二节　教育人工智能的伦理隐忧

德国哲学家海德格尔在代表作《存在与时间》中提到，现代技术已不是中性中立的，它架构式地渗透、弥散、影响甚至操控人的现代生活。与其他现代技术的发展相同，人工智能技术在教育中的应用日趋深入地渗透、弥散、影响教育生活，既为促进教育的智能化和现代化发展提供技术支持，又不可避免地产生新的伦理问题，引发人们的隐忧。

一、人性发展隐忧

马克思认为“人的本质在其现实性上是一切社会关系的总和”。人是在与他人的交往中“成为人”，才得以实现和展开其本质的。教育以“育人”作为最核心、最根本的问题，其终极目标是个体作为“人”的全面发展。因此，作为主体的人与人之间的交往成为最重要的教育环节。然而，人工智能在教育领域得到日趋深入的应用，对教育领域“架构式”的深刻影响，使教师陷入角色困境。余胜泉提出人工智能教师可能承担助教、分析师、教练、辅导员、保健医生、班主任等12个角色。张志祯等人认为人工智能的教学角色隐喻主要有辅导者、教练、评价者、协调者、联通者、同伴和学生七种。

虽然对人工智能可能承担的教育角色还有分歧，但是“人—机”共育日益变成教育新形态已成为教育领域的共识。“人—机”共育教育新形态引发教与学的方式的深刻变化，使教师和学生在教育实践中的行为呈现出越来越明显的技术依赖，在某种程度上消解了主体之间“教师—学生”及“学生—学生”的教育交往，使之越来越多地表现为“教师—人工智能—学生”和“学生—人工智能—学生”的教育交往。

人与人之间的教育交往和以人工智能技术为中介的教育交往之间的消长关系，使教育生活中更多的人与人之间的交往被人与物（人工智能产品）之间的交互替代。一方面，人与人之间的情感交融、信息交流、思维碰撞、心灵感应等被削减。另一方面，对于教师来说，学生在很大程度上被异化为随着教育活动的展开不断生成的各种数据，而不再是有欲求和真实情感的活生生的人；对于学生来说，教师在越来越多的教育活动中被异化为表征教学内容、呈现评价信息、提供学习建议等的媒介符号，而不再是兼具音容笑貌的立体、丰满的师者形象，不但削弱了教师学术引领、道德榜样、培智启思等教育作用，削减了同学作为成长伙伴的教育价值，而且导致教育实践中人与人之间的情感割裂或淡漠；对于教师和学生来说，促使他们形成对教学内容、教学活动、自我和处于同一教学实践中的“他者”的积极心理倾向的情感因素缺失，不但阻碍了受教育者的社会化进程，而且不利于教师和学生在教育活动中达成内心的和谐、美好及他们完满人性的充分发展。

二、教育公平性隐忧

教育公平是教育实践的基本伦理理念和重要准则。然而，很多学者认为教育公平性是教育人工智能伦理的最大危机。其主要原因如下。

一方面源于人工智能的技术特征。从本质上讲，基于深度学习的人工智能技术是以算法为核心的输入、运算和输出数据的过程，符合“偏见进则偏见出”的规律。也就是说，如果向教育人工智能输入的数据具有教育不公平等伦理问题，那么教育人工智能通过对这些数据的深度学习，其输出结果（话语、决策、结论、推荐的资源等）也往往表现出教育不公平等伦理问题。例如微软推出的智能聊天机器人Tay，微软公司对其最初设定是年龄为19岁的幽默“少女”，然而Tay的学习漏洞被美国“4chan”论坛的网民利用，仅一天就在与网民的聊天过程中被“教”成明显具有性别歧视和种族歧视的机器人。显然，从技术视角来看，算法的公平性评价是保证教育人工智能公平性的重要环节。然而，作为现代信息技术发展前沿的人工智能技术有非常高的技术门槛，普通大众难以理解其算法，更何况对其进行公平性评价和监督。而且，机器学习中的无监督式机器学习具有自主学习能力，其算法的不透明性使其对数据的加工处理过程成为人们无法看到更无法理解的“黑箱子”，难以保证其过程公平性和结果公平性，具有潜在的公平性伦理风险。

另一方面源于人工智能技术的教育应用加剧了教育领域的数字鸿沟。我国是一个幅员辽阔且发展极不均衡的国家，不同地区的学校师生对人工智能技术及相关设备的拥有和使用情况相差悬殊，更何况受到学校办学条件、学校领导及教师自身人工智能素养等的影响，即使是同一地区不同教师之间的人工智能技术教育应用效果也存在巨大差异。从学生角度来看，父母的受教育程度、收入水平、人工智能素养等不但决定了其学习过程中能够使用的人工智能技术和相关设备，而且影响到使用人工智能技术促进自身学习的意愿、应用能力和效果等。总之，人工智能技术教育应用的深入发展，加剧了教育领域人工智能技术支持力度的不均衡性、信息不对称性等数字鸿沟，有违教育公平的现象和趋势，同时影响地区教育主管部门、学校、教师、学生和家长等教育主体，并与学校外在的社会教育环境、学校自身的智能化教育系统、教与学的设备、教学资源等教育因素产生相互叠加和共振增强效应。

三、价值隐忧

价值总是相对于特定主体而言的，人工智能技术的教育应用价值指向的是在教育实践中对作为主体的个人、团体或社会的意义。从主体角度来看，这里所谓的“意义”是相对于主体需求的满足而言的。在现实教育实践中，人工智能技术教育应用涉及的主体是多元的，既包括在教育活动中原本就扮演着重要角色的教师、学生、学校管理者、地区教育主管部门、社会及国家等，又包括因人工智能技术在教育领域的应用而参与到教育活动中的教育人工智能产品和服务的供应商、技术研发人员等。不同主体在人工智能技术教育应用中扮演的角色不同，立场和需求也存在差异，在相关实践过程中的价值追求往往也不同。教育人工智能的核心价值是什么？或者说，当不同主体在价值追求过程中出现冲突和矛盾时应该如何协调和处理？这是在教育人工智能相关实践中不得不认真对待的现实问题。

众所周知，教育是培养人的活动，对教育本质的认识也应该站在教育对象（学生）的立场。按照这个逻辑，教育人工智能的核心价值应该体现为提高教育对象（学生）的生命质量和提升其生命价值的意义。显然，从教育本质来看，在教育人工智能实践中理应把学生的价值实现放在首要位置。是否在教育活动中应用人工智能技术，在哪些方面、何种程度上应用以及如何应用等，都应以尊重学生、促进学生身心发展和自我实现为基本原则和首要目的。

现实问题在于，一方面，学生是“不成熟”的主体，他们人生阅历不足、缺乏经验，往往不能对人工智能技术应用的影响和潜在后果进行客观评价，特别是难以察觉和认识到人工智能技术应用会对自身发展产生负面影响；另一方面，在人工智能技术教育应用的设计、实施、评价等环节中，学生的话语权往往很小，其权益和价值诉求容易被忽视。上述两方面共同作用，使教育人工智能实践可能违背学生身心发展规律，偏离以先进技术促进“育人”过程的初衷，存在潜在的伦理风险。人工智能技术应用有如下特性。

（一）人工智能技术应用的功利性

人工智能技术应用的功利性表现为在人工智能技术教育应用过程中，没有把促进学生的发展放在首要位置，而是着眼于学校或机构的声誉和利益，急于求成，追求短期效益。比如，有些学校不是基于学生知识拓展、思维发展的学习需求购置和应用人工智能相关产品和技术，而是把这些产品和技术视作学校建设和发展的政绩，主要用于向上级主管部门、外界等展示。再比如，很多学校使用教育机器人的目的不是培养学生的计算思维、解决问题的能力和提高学生的素养、品质，而是参加各类竞赛，以提高学校和指导教师的声誉。

（二）人工智能技术应用的短视性

人工智能技术应用的短视性表现为无视学生身心发展的客观规律和全面发展的价值诉求，把人工智能技术当作提高学生考试成绩的“法宝”，利用人工智能分析技术和过程监控优势让学生“多刷题”“精准地刷题”，导致学生丧失了学习的主体地位，成为被人工智能技术“奴役”的“做题机器”，违背了教育的本质。

（三）人工智能技术应用的盲目性

人工智能技术应用的盲目性表现为在教育实践中轻率地应用人工智能技术，特别是将不成熟、有伦理风险的人工智能技术应用于教育活动。比如，学生佩戴智能头环上课（图 4–2），利用 3 个探头（电极）在学生头部相关区域采集脑电信息，通过相应算法量化学生的注意力情况，并将学生的“注意力分数”以每 10 分钟一次的频率发送到教师端和家长微信群。该案例中应用的脑电波技术尚不成熟、完善，头环在采集信号过程中易受背景噪声信号的干扰，实验室研究成果在现阶段能否大范围推广应用、在现实生活中能否精确地反映学生的思维状况还存在争议。更重要的是，生产商宣称的“不会产生副作用”也只是从生理角度说的。在该设备的应用过程中，学生处于实时监控之下，其压力和焦虑没有受到应有的重视，学生的主动性、尊严和自由被僭越。佩戴智能头环对学生心理的深远影响和潜在的伦理风险缺乏必要的论证和评估。

图 4–2　学生佩戴智能头环上课

四、数据滥用隐忧和隐私风险

随着人工智能技术在教育领域的渗透，教育系统的数字化、智能化发展日益完善，教育中“人”的行为过程，特别是教师和学生的几乎一切行为都被记录、保存和分析，虽然有助于教育活动的精准实施，以及提高教师的教学有效性及学生学习过程的个性化、质量和效果，但是存在数据被滥用、师生隐私被侵犯的潜在风险。

智能教育系统采集的所有数据是否都是合理、必要且过程正当的？这些数据的所有权归谁？可能被哪些人获取和使用？数据的保存时限是多长？以教师和学生为主体的被采集者是否知情？是否被清晰地告知其中隐含的潜在隐私风险？

人工智能技术的发展显然超前于相关制度、伦理和文化的建设，特别是教育实践中数据采集和应用的合理性、必要性、正当性判断标准仍存在争议，需要进一步探索和建构。因此，在当下甚至今后很长一段时间内，教育人工智能实践中涉及的上述问题无法获得令人满意的答案，数据滥用可能会长久存在，教师和学生等教育主体的隐私、尊严、权益存在被侵犯的潜在风险。

第三节　教育人工智能伦理的建构

马克思认可技术的价值，同时指出技术并不是必然向“善”的方向发展的，技术的实际应用往往无法预见，存在异化风险，因此对技术进行伦理层面的批判是必要的。批判不是为了否定，而是为了建构，是对合伦理地使用技术进行思考。在教育人工智能领域，就是在正视和客观分析人工智能应用对教育主体（教师和学生）的教育生活中存在的深入影响基础上，对追求和实现教育人工智能的“是”“善”“正当”“应该”等的思考和探索。

一、建构依据：教育人工智能的实践批判及伦理探索

（一）教育人工智能的实践批判

1. 人工智能对主体教育生活的影响

在人类发展史上，技术向来与人的存在休戚相关。吴国盛认为，技术是人的存在方式，一部人类的文明史，从某种意义上来说就是一部人类创造、应用、发展技术的历史。在人类社会发展的不同时期，即使不是直接用某种技术作为名称，也是使用了与技术密切相关的称谓。由此可见，对人的存在方式的理解——无论是个体还是群体的“人”的存在方式，都只有与对相关技术的理解关联才能真正达成。

人工智能技术对人类发展有着与众不同的意义，它不仅是“工具”“手段”或者“人体器官的延伸”，起着帮助人类行为和活动更高效、更优质的作用，而且人工智能技术的发展和探索更像是人类站在“上帝”的视角塑造另一个物种的“自己”，即人们不仅想方设法地让人工智能“感知”和“观察”世界、自我学习、自主决策、自动化运作，而且希望赋予人工智能情感和思维。无论是在科幻类文学、影视作品中，还是在科技工作者的日常畅想和预测中，人们对人工智能的期待都已经超出对“物”的期待，而是作为人类工作和生活中的伙伴、朋友、家人等“人”的角色。正因如此，即使当下人工智能技术尚不成熟，其应用也并未真正深入和完全展开。

在教育活动的不同方面，人工智能技术的应用情况不同，对教育主体生活的影响也有较大差别。具体来说，在教育管理和决策方面，现阶段人工智能更多地体现为工具或手段，搜集、挖掘和分析教育实践中各类数据，为各级教育管理部门提供管理和决策的依据、支持或建议。人们很少考虑把教育的真正管理和决策权交予人工智能技术。

在教学方面，即使人工智能应用还未深入，也已经出现将其视为人性化角色的趋势。张志祯基于以人工智能教育应用领域高影响力项目的研究，发现人工智能的教学角色主要有辅导者、教练、评价者、协调者、联通者、同伴和学生七种，认为虽然从教学的完整过程来看，人工智能无法与人类教师相比，但是在很多方面的表现足以匹敌，且与人类教师各有千秋。余胜泉基于人工智能三大学派和典型案例的分析，认为人工智能教师可能承担十二个角色；2017 年“乂学教育”在郑州进行的人机教学比赛结果显示，人工智能教学系统在平均分提分、最大提分、最小提分等方面优于参赛的三名经验丰富的中高级人类

教师；宋灵青和许林比较了人工智能与人类教师在不同领域的教学功能（图 4–3），指出人工智能在显性知识、动作技能的教学中优于人类教师，在价值观、情感态度、学习策略、心智技能、隐性知识的教学中明显不如人类教师。人类教师与人工智能共存、共育在教育领域已成为共识。人工智能的教学应用在某种程度上使教师陷入角色困境，不仅主体地位受到挑战，教师的“教书匠”角色被高效、精准的人工智能取代，而且受班级规模限制，教师在现实教育实践中较难实现的“因材施教”也因人工智能技术的加入而在某种程度上得以实现。教师不得不深入省思在人工智能教育实践中自身主体性缺失、人文迷失及被技术“促逼”和“订造”，如何基于“育人”的教育本质，重塑教育所应有的人文关怀，在促进学生全面、和谐、健康发展的同时，关注和实现人工智能时代自身角色的演化及改造，积极构建教育人工智能新生态。

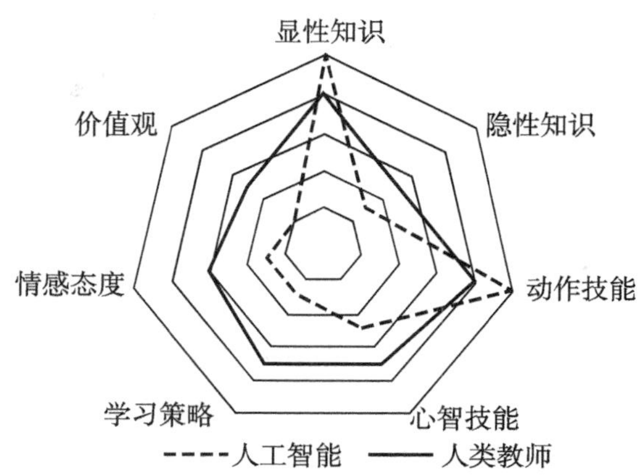

图 4–3　人工智能与人类教师在不同领域的教学功能比较

在学习方面，人工智能既可以作为高效、个性化学习的助手，帮助学习者进行学习需求的诊断和评估、协助学习者制订学习计划、呈现和组织个性化学习资源、管理和实时评价学习过程，又可以作为学习伙伴参与学习者的合作学习过程，或者提供情感上的支持和陪伴。随着人工智能在学习过程中的深入应用，“人机学习共生体”成为新的学习形态，学习者在人机协同的智能结构中学习知识、建构和发展思维及提升智能。在该过程中隐含的技术依赖、人性反叛、人文迷失，对人工智能技术的滥用，以及人工智能技术对学生主体性、隐私权等的僭越，应当引起在教育人工智能实践中的每位技术研发人员、教育管理者、教师及学习者的警醒。

2. 人工智能时代的教育省思

人工智能时代的教育省思是对应用人工智能实现的教育形式及“育人”方式的思考。

一方面，人工智能作为技术要素融入人类社会生活的各个行业、领域、场景的趋势已然明朗，在人们日常的学习、交往中，人工智能技术已经成为不可或缺的组成部分，生活中的音箱、电视、冰箱等传统家电已经集成越来越多的智能化功能，智能门窗、智能家具等家居环境中的智能化产品的应用开始普及，各行各业的工作场景中智能技术的应用及替代人类工作的趋势加快。人工智能技术的应用如此广泛，影响如此深远，改变甚至颠覆着人们原有的习惯、观念甚至生存方式。对技术进步感到欣喜的同时，人们开始焦虑，特别是对人工智能替代人类工作的破坏效应的相关研究刺痛了无数人的神经。其中比较有代表性的研究是弗雷和奥斯本的研究。他们发现未来 20 年美国约有 47% 的工作岗位、经济合作与发展组织（organization for economic co–operation and development，OECD）国家约有 57% 的工作岗位、我国约有 77% 的工作岗位可能被智能机器替代。鉴于此，学校应该帮助学生掌握哪些知识和技能，培养什么素养有助于更好地迎接未来生活、应对上述危机，是人工智能时代不得不认真省思的教育问题。对该问题的回答和相关实践关乎亿万学生能否及在何种程度上实现自身价值和幸福，关乎相关教育实践是否是“善”“正当”“适当”的，且成为具有重要意义的伦理问题。

另一方面，科学技术飞速发展使得知识更新速度加快，意味着在学校教育中不得不对学生教授和传承更多的知识和技能，这与人类相对不变的学校教育时间、人之为人的本质需求、全面发展的教育需求矛盾。即使人工智能赋能教与学的过程使人类可以拥有更优质、更高效的教学，也依然需要重新审视进入学校教育的知识。如何平衡和协调教育价值的个体及社会取向，在有限的学校教育时间中选择最“重要”的知识？这些知识应该以怎样的课程体系呈现？什么样的教与学的活动方式更能体现当下教育的“善”？人工智能技术应用于教学中的优势和限度是怎样的？……这些问题既具有教育学意义，又具有伦理学意义。

脑机接口（brain-computer interface，BCI）技术可能为上述问题提供新的思路。匹兹堡大学神经生物学家利用脑机接口让猴子学习操纵机械臂给自己喂食；Neuralink 公司在哺乳动物大脑中植入微电极阵列，实现对大脑皮层的解码；杨知团队利用新一代生物电神经接口技术在人的思想与机器之间建立信息管道，帮助截肢者灵巧地控制假肢……这些探索和技术创新证明人脑与外部设备之间进行信息交换是可行的，使我们似乎可以期待在不远的将来通过脑机接口直接向人类大脑输入信息和各类知识。知识类目标将不再重要，教育实践中更值得关注的是输入的信息、知识与我们大脑中已有知识的关联方式，以及在真实场景中应用知识、训练高阶思维和决策，达到情感态度价值观目标及高水平的个性化教学等。这种场景无疑具有极大诱惑，令人向往。然而，我们必须清醒地意识到其中不但隐含着对人和教育本质的重新审视，而且存在主体丧失、隐私暴露、“心灵控制”等伦理风险。

（二）教育人工智能伦理的伦理探索

艾萨克·阿西莫夫 1942 年提出的以“不危害人类”为核心的“机器人三定律”被认为是思考人工智能伦理问题的开端，包括机器人不得伤害人类个体，或目睹人类个体遭受危险而袖手旁观；机器人必须服从人给予它的命令，当该命令与第一定律冲突时例外；机器人在不违反第一定律、第二定律的情况下，尽可能保护自己。后来，他在上述三定律的基础上添加了机器人必须保护人类的整体利益不受伤害的“第零定律”。

2019 年 3 月，联合国教育、科学及文化组织（united nations educational，scientific and cultural organization，UNESCO）发布《教育中的人工智能：可持续发展的挑战与机遇》报告，从促进教育的个性化、公平性和包容性，驱动教育管理步入全新的轨道及帮助学生为“就业革命”做好准备三个方面阐述人工智能教育应用的战略目标，并提出协调利益相关方的实施路径。《教育中的人工智能：可持续发展的挑战与机遇》框架如图 4-4 所示。

总之，在已有相关探索中，教育人工智能伦理涉及的主要要素有安全性、可靠性、隐私性、公正与公平性、正义性等。伦理实践方面强调主体的责任和担当，强调伦理对实践全过程的嵌入，预防性或前瞻性伦理实践路径日益受到重视。

愿景	促进人工智能教育的可持续发展		
战略目标	促进教育的个性化、公平性和包容性	驱动教育管理步入全新的轨道	帮助学生为“就业革命”做好准备
实施路径	构建人工智能时代的教育生态系统 • 搭建人工智能时代学生能力框架 • 提升教师的人工智能素养 • 用非正规教育重构学校教育场域	建设与发展教育科学中的人工智能 • 推动公私、跨界协同发展 • 突显高等教育和职业教育的重要作用 • 深入人工智能的教育应用研究	开发与利用教育大数据 • 开发高质量的教育数据系统 • 关注教育数据伦理 • 避免教育数据断层

图 4–4 《教育中的人工智能：可持续发展的挑战与机遇》框架

二、伦理框架：教育人工智能实践的合伦理性建构

马克思指出的“技术的胜利，似乎是以道德的败坏为代价换来的”为教育人工智能实践敲响警钟。为有效避免人工智能技术应用带来的负面效应，消解应用过程潜在的伦理风险，追求和实现理想教育形态，有必要在尚处于初始阶段的当下进行伦理方面的相关思考，探讨教育人工智能实践的愿景、目标、伦理原则及实践路径。

（一）愿景

人工智能教育应用相关研究中常提及实现教育的高质量、高效率、公平和个性化。这些虽然是教育人工智能实践追求的目标，但不能作为教育人工智能实践的愿景，因为我们可以很容易地分辨出它们都是教育人工智能的“善”和“正当”应该具有的特征，而不是追求的最终目的。

从根本上说，教育人工智能是通过教育领域人工智能技术的应用增强“本真的”教育，减少或抵制实践中的“伪教育”“反教育”现象。教育的本真在于“提高生命的质量和价值”，鲜明地指向人之为人对“幸福”的追求。亚里士多德用“隐德来希”（entelecheia）表明生命实现的最终完善状态的倾向，即实现幸福的倾向。追求幸福是人类生活的本能，而幸福是“事关整个教育事业的内核问题”。从最美好和最深刻的意义上说，“本真的教育”理应是幸福的，人工智能技术应用的目的就是增强教育中的幸福感。这意味着教育人工智能不但要致力于增强学生当下教育生活的幸福感，而且要关注学生的全面发展，将他们引向怀特海所言的“深奥高远之境”。

（二）目标

为实现增强教育幸福感的愿景，教育人工智能实践应实现下述四方面目标。

1. 安全的教育

安全的教育是教育人工智能实践较低级和基础的目标，主要包括以下方面：从智能化教

学系统本身来说，应该是稳定运行的；从呈现的教学信息和内容来说，应该是正确的、有科学依据的；从教学和评价过程来说，应该是符合学生认知和教育规律的；从主体权益来说，应该是确保相关数据被审慎地采集和应用，保障学生、教师等教育主体的个人隐私等基本权益的。

2. 优质个性化的教育

优质个性化的教育是指科学合理的、更丰富和更优秀的教与学的资源，更有效的教学策略或学习策略，更契合学生个性化需求的资源推荐、学习路径设置及其他学习支持等。

3. 公平的教育

公平的教育是指不受地域、家庭、学校等因素的影响，所有学生平等地享有利用人工智能技术学习、促进自身发展的权利和机会；所有学生在受教育过程中被公平地对待；所有学生都能够通过人工智能技术接受符合自身需求的个性化教育，挖掘自己的潜能等。

4. 愉悦的教育

愉悦的教育并非浅薄地指轻松的任务设定、低难度的教学内容、低标准的教学要求或泛娱乐化的教学过程，而是指人工智能技术的应用使教学真正激发出学生的学习热情，拥有强烈的学习动机，发自内心地投入学习过程，积极思考、勇于探索，并基于学习过程和结果产生成就感等积极的心理状态。

（三）伦理原则及实践路径

1. 不伤害原则及其实践路径

不伤害原则是指在教育人工智能实践中尊重人的尊严和隐私等相关权益，不误导学生，杜绝对学生产生显性或潜在的不良影响，不对学生形成生理或心理上的伤害。

不伤害原则的主要实践路径如下：①负责任地研发教育人工智能技术，在研发过程中嵌入伦理，审视教育人工智能技术所应承载和技术实际可能实现的价值倾向，明确责任，增强教育人工智能技术的可靠性和稳健性；②强化人工智能技术教育应用的伦理意识和伦理评估，在教育领域引入、应用人工智能技术之前意识到可能产生的伦理风险，认真审视可能对学生发展产生直接或潜在的影响，成立伦理审查机构，进行严格的伦理评估；③明确数据存储和使用规范，注重隐私保护，建立、健全相关法律和教育数据使用规范，明确数据的使用者、使用权限，保护相关主体的个人隐私；④教育人工智能的算法、参数获取与应用透明、可追溯。

2. 以人为本原则及其实践路径

以人为本原则是指把人看作不断生成和发展的能动个体，从人的发展需求出发，利用人工智能技术提供高质量的个性化教育。

以人为本原则的主要实践路径如下：①以培育卓异品德为先，苏格拉底强调幸福与人的“德性”密切相关，诺丁斯强调道德对实现幸福的作用，教育人工智能实践应以“立德树人”作为教育的根本任务；②着眼于学生的发展需求，学生是不断生成和发展的个体，教育人工智能实践应尊重和满足学生的全面发展需求，提供个性化优质教育；③激发学生的求知欲、思考能力和创新能力，使其产生内在动机，积极、主动地投入学习过程，深入思考，勇于创新；④使教育贴近生活。

3. 平等原则及其实践路径

平等原则是指避免出现人工智能技术在数据搜集、算法设计等过程中的歧视、不公平现象，使所有个体在利用人工智能技术促进自身学习和发展过程中享有机会、过程和结果的平等。

平等原则的主要实践路径如下：①增加教育投入，促进人工智能相关教育投入的均衡发展；②培养学生的智能素养，缩小由人工智能技术应用水平差异产生的数字鸿沟；③强化教育人工智能在数据搜集、算法实现等过程中的公平性评估。

4. 关怀原则及其实践路径

关怀原则是指教育人工智能实践中充分尊重、在意和关怀每位学生的深层需要，利用人工智能技术在满足学生明示的需要、学生明确表达出的需要和推断的需要、教师利用人工智能技术推断出的学生需要之间建立持续协商的平衡。

关怀原则的主要实践路径如下：①利用人工智能技术精准分析学生的需求，特别是分析学生推断的需要；②增进教学过程中的人际交互与协作；③提高学习支持的个性化程度和有效性，及时反馈，提升学生在学习过程中的获得感和成就感。

综上所述，教育人工智能伦理框架如图 4–5 所示。

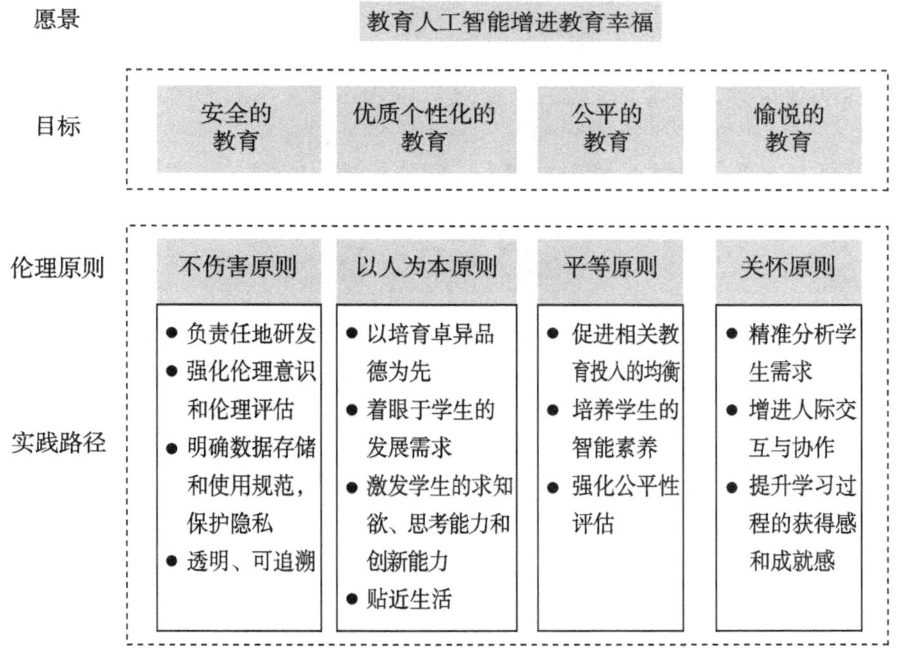

图 4–5　教育人工智能伦理框架

三、未来展望：强人工智能教育应用的合伦理构想

上述对教育人工智能实践的合伦理性建构更多地着眼于弱人工智能。与弱人工智能不同，强人工智能不受预定算法程序的影响，其数据搜集、运算和处理、决策等过程都是不透明的，对于人类来说是一种“暗箱”式的操作过程。对于具有与人类极其相似的智能和情感，且在很多方面足以超越人类的强人工智能，我们不但很难真正理解它们的“思维”过

程，而且难以预测其言语和行为，更遑论对其进行有效的控制。与有限的生命及“肉体凡胎”的生物学属性对人类本身进化、发展可能的限定相比，强人工智能可以不断学习、自我进化、持续增强，从理论上讲，其发展似乎是没有上限的。当强人工智能发展到一定程度，在智能的许多方面都远超人类时，是否还愿意遵循“以人为先，服务于人”等人类研发人工智能技术的最初设定？是否会反过来掌控、奴役甚至取代、消灭人类？正如斯蒂芬·霍金所言，人工智能或许是人类最糟糕的发明，其发展犹如达摩克利斯之剑，始终隐含着对人类的致命威胁。

在教育领域，强人工智能应用将引发更严峻的伦理挑战，主要包含以下四个方面：其一，强人工智能的实现及广泛应用必然引起人类日常生活、工作和学习的巨大变革，教育领域的课程形式、教学内容及教学模式与形态等都需要进行新一轮的伦理评估，以确定强人工智能时代教育的“是”“善”“正当”“应该”的具体内涵；其二，强人工智能运算和处理过程的“暗箱”性，使教育人工智能实践很难实现透明和可追溯，教育的主体特别是学生的隐私及相关权益的保护受到挑战；其三，当教育领域越来越多的决策和任务委托给人工智能时，如何防止强人工智能对人类的教与学主体性的僭越？如何确保教育依然是人之为人的教育，而非被强人工智能掌控？其四，当强人工智能发展为具有“思维”和“情感”时，其是否已经与人类一样成为伦理主体？教育实践中，人与人工智能之间的关系将面临新的伦理挑战。

无论人工智能技术如何发展，其在教育领域中的应用都只能作为手段。教育人工智能实践依然是人类实现自身幸福的有效途径，上述教育人工智能实践的愿景、目标仍然适用，不伤害原则、以人为本原则、平等原则和关怀原则仍然是教育人工智能实践应当遵循的基本伦理原则，改变的只是新的技术环境中教育人工智能伦理原则的实践路径。

思　考　题

1. 教育人工智能伦理的内涵及特征分别是什么？
2. 现阶段如何建构教育人工智能伦理？

第五章

Scraino 程序设计

学习目标

1. 了解 Scraino 语言的特点。
2. 掌握 Scraino 语言的程序设计方法。
3. 认识物灵板巡游机器人的结构与功能。
4. 搭建与完善物灵板巡游机器人，培养创新思维。

学习建议

1. 本章建议学习时长为 5 课时。
2. 本章主要阐述 Scraino 语言的特点与操作方法，以及使用 Scraino 语言完成基本程序设计。
3. 采用项目式教学方法，学生以小组形式完成简单的程序设计。
4. 课后学生采用自主探究的方式，进一步拓展物灵板巡游机器人的功能。

Scraino 是一款图形化的程序设计语言，程序模块以类似于积木方块的模式呈现。使用者不必掌握复杂的程序设计语言，只需要通过直觉判断程序的逻辑架构，像搭积木一样将它们堆叠起来即可，容易上手。本章将介绍 Scraino 语言的基本使用方法，与大家一起探索 Scraino 语言的奥秘。

第一节 Scraino 语言简介

一、Scraino 语言的特点

Scraino 语言添加了对 Arduino 控制器及外设模块的支持，将 Arduino 程序语句封装成独立的脚本，与 Scraino 原生脚本结合，进行积木式搭建，实时生成计算机语言代码，并配合高效的编译内核，将代码快速地烧录到控制器中，实现对硬件设备的控制。Scraino 语言不仅支持交互模式，通过计算机实现软件与硬件的交互，而且可以进行脱机控制及构建小型物联网系统，给用户带来多维的体验。

Scraino 语言的特点如下。

（1）用户界面使用可视化的积木，并且根据所属分类及作用呈现不同的形状和颜色。只要会使用鼠标拖拽、组合程序积木，就能完成程序设计，非常直观，适用于未学过程序语言的初学者；而且程序接口支持多国语言，语言不再是学习的门槛。

（2）程序设计架构，从导演构思电影的角度出发，有角色区、舞台区，每个角色出现的时间、造型、程序、声音等均能分别设置，即使是新手也能很快设计出自己的作品。

（3）多任务的程序设计，需要考虑多线性相关问题，但在 Scraino 语言中只要将程序分开，就能达到多任务的效果。所以每个角色的程序都能自动执行，且设置好交互条件后，每个角色都能够自动判断程序是否需要运行，从而实现交互效果。

（4）可以跨平台操作，无论操作系统是 Windows 还是 Linux，都能使用 Scraino 语言。

（5）可以用来学习编程，进行数学逻辑训练，设计游戏、动画、多媒体电子书、仿真软件，以及做简报等，并且可以支持众多微型计算机开发板（如物灵板、物联板、测控板等），外接各类传感器及电动机、继电器等组件，将设计与创意延伸到现实世界。

二、Scraino 的操作界面

Scraino 的操作界面主要分为四个部分：工具栏、脚本区、舞台区及角色区，如图 5-1 所示。

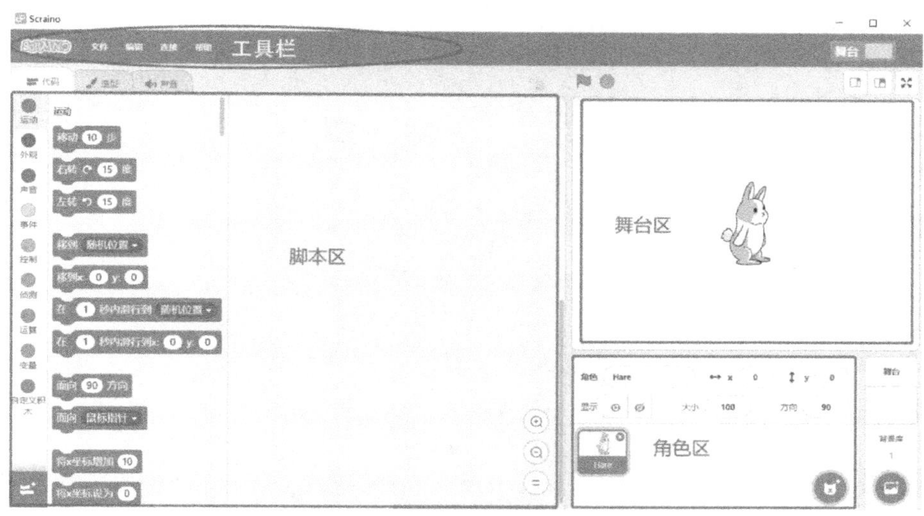

图 5-1　Scraino 的操作界面

（一）工具栏

单击工具栏中的“文件”→“示例”命令，在弹出的界面中，单击“示例”按钮，可以看到丰富的官方示例，如图 5-2 所示。

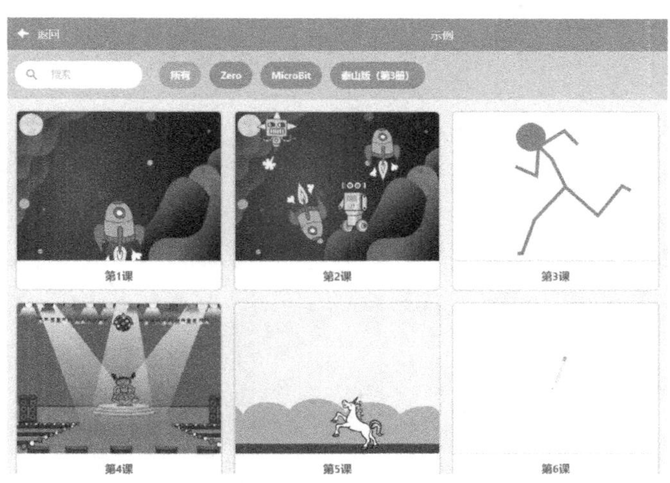

图 5-2　官方示例

（二）脚本区

脚本区的上方有三个标签：代码、造型和声音，单击各标签可以自由切换。

1. 代码面板

在代码面板（图 5-3）中，可以使用积木对背景或角色进行程序设计，面板左侧有许多指令。在进行程序设计时，只要将积木拖拽到右侧的设计面板即可。

2. 造型面板

在造型面板（图 5-4）中，可以改变角色的造型。每个角色都包含多个造型，但同一时刻只能用一个造型。根据编程的需要，可以切换造型。例如，默认的小兔子角色有三个造型，只要切换两个造型就能实现小兔子走路的动画效果。

单击造型面板左侧的造型缩略图，可选中相应造型。可运用右侧工具栏中的工具修改造型，如水平翻转、垂直翻转等，还可以用变形、铅笔、线段、矩形等工具绘制、修改造型。

3. 声音面板

在声音面板（图 5-5）中，可以添加背景音乐、音效或录制麦克风的声音。

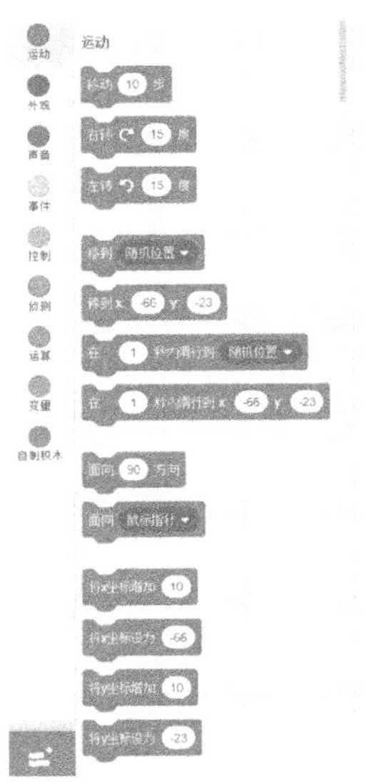

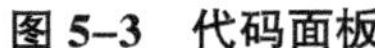

图 5–3　代码面板

图 5–4　造型面板

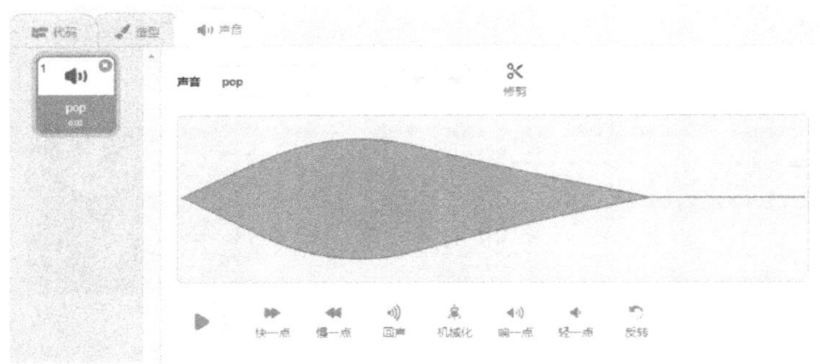

图 5–5　声音面板

（三）舞台区

舞台区在操作界面的右上方，可以显示程序运行的结果。当我们想查看程序运行情况时，单击 🏳 图标开始执行程序，单击 ⬤ 图标停止执行程序。

（四）角色区

角色区在舞台区的下方，显示舞台的背景及角色的名字和缩略图。每个 Scraino 项目只有一个舞台，但是可以根据需要为舞台设定不同的背景。每个项目可包含任意数量的角色，每个角色的名字都显示在缩略图下方。每个角色都有自己的脚本、造型和声音，可以单击角色区中的角色，或者在舞台区双击角色进行编辑。

三、程序设计实例：百变章鱼哥

【例 5.1】创建一个名为“百变章鱼哥”的作品，其效果是舞台中的章鱼哥一边说话一边变形。“百变章鱼哥”作品界面如图 5–6 所示。

图 5-6 “百变章鱼哥”作品界面

制作步骤如下。

第一步，双击桌面上的图标，启动 Scraino 离线版，在“文件”菜单中选择“新作品”选项，创建一个新作品。在新作品中，默认舞台背景为白色；默认角色为一个 Scraino 小兔子。新作品界面如图 5-7 所示。

图 5-7 新作品界面

第二步，修改舞台背景。将白色舞台背景修改为海底舞台背景。单击舞台区右下角的按钮，在背景库（图 5-8）中单击 Underwater 2 图标。

第三步，修改角色属性。单击角色区小兔子右上角的按钮，将角色区的小兔子删除；单击角色区右下角的“添加角色”按钮，在弹出的“选择一个角色”界面（图 5-9）单击 Octopus 图标。通过修改舞台下方的属性参数，调整角色在舞台中的位置与尺寸，角色属性修改界面如图 5-10 所示。其中，“x”值和“y”值为角色中心点的坐标；“显示”参数可以设置角色是否可见；“大小”参数可以设置角色的尺寸，即原有显示尺寸的百分比，如在此实例中设置“大小”为“130”，即显示尺寸是原有显示尺寸的130%，是放大的效果；“方向”参数可以设置角色面向的角度。

第四步，为角色章鱼哥添加脚本。脚本设计思路是让章鱼哥先打招呼，说一句话“大家好！我是章鱼哥，我是会变形的章鱼哥哦！”，等待3秒后，一边说“变”一边变形（通过切换造型实现）。具体实现过程为如下。

图 5-8　背景库

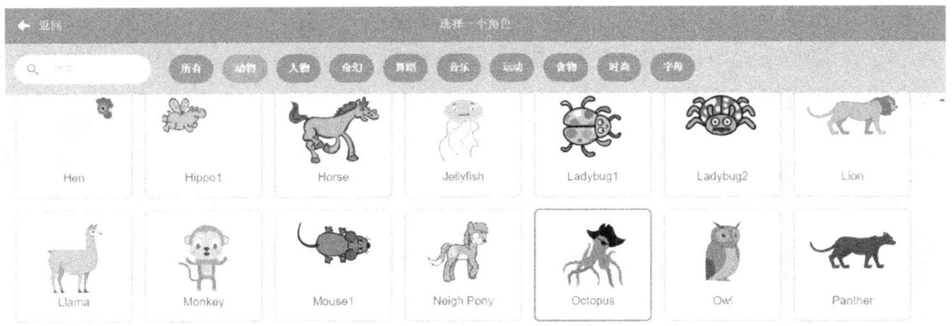

图 5-9　“选择一个角色”界面

图 5-10　角色属性修改界面

（1）单击“选择一个角色”界面中的 Octopus 图标。

（2）将代码面板中“事件”模块中的 积木拖拽到设计面板中，实现单击 按钮执行代码的效果。

（3）将代码面板中“外观”模块中的 积木拖拽到设计面板中，并放置在 积木下方，将“你好”修改为“大家好！我是章鱼哥，我是会变形的章鱼哥哦！”，等待时间修改为 3 秒，完成效果是 。

（4）将代码面板中“控制”模块中的 积木拖拽到设计面板中，并放置在 积木下方，将重复次数设为 5 次，因为章鱼哥的造型有 5 个（图 5-11），所以在循环执行 5 次变形后回到原始状态。因为需要循环执行的内容是一边说“变”一边变形，所以循环体的内容为“外观”模块中的 积木，将其放置在循环体中即可。

（5）将代码面板中“外观”模块中的 积木拖拽到设计面板中，并放置在已有积木下方，将“你好”修改为“哈哈，我厉害吧！”。

（6）脚本部分编写完成。“百变章鱼哥”实例脚本界面如图 5-12 所示。

图 5-11 章鱼哥的角色

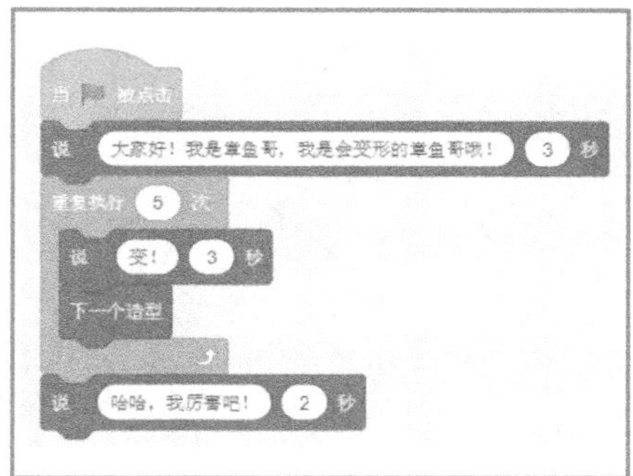

图 5-12 “百变章鱼哥”实例脚本界面

第五步，单击 图标，在舞台区查看作品运行效果。若调试没有问题，则保存为“百变章鱼哥 .sb3”。

单击程序，可直接执行该段程序。若项目中需要同时执行多个角色，则将事件模块中的 积木放置在各程序的顶部，执行程序时，单击 图标使其变亮，触发所有顶部为上述积木的程序并运行，直至执行完毕。

第二节 Scraino 的基本程序设计

一、程序积木

程序积木在脚本区，Scraino 的积木按功能可分为运动、外观、声音、事件、控制、侦测、运算、变量、自定义积木和添加拓展十个模块，见表 5-1。每个模块的积木用不同的颜色。单击一个模块，出现该模块中的全部积木，Scraino 共有 100 多个指令积木。

表 5-1 按功能分类的十个模块

模块	功能
运动	控制角色的位置、方向、旋转、移动
外观	控制角色的造型及特效，提供文字显示框
声音	控制声音的播放、停止和音量，设定弹奏的乐器和音符
事件	触发某个事件，通常为程序的起始积木
控制	控制程序的执行顺序，具有克隆等功能
侦测	获取鼠标信息、角色间的距离，判断是否碰撞
运算	包括逻辑运算、算术运算、字符串运算、取得随机数等
变量	可以自定义用户变量并赋值
自定义积木	添加制作的功能块或硬件连接
添加扩展	可添加扩展积木，如物灵板、画笔、MIDI 音乐和视频侦测等

Scraino 的积木按含义可分为命令块、功能块、触发块和控制块，见表 5-2。

表 5-2 按含义分类的四个模块

<table>
<tr><th>类型</th><th colspan="2">含义</th><th>举例</th></tr>
<tr><td>命令块</td><td colspan="2">顶部有凹槽，底部有凸起，表示它们可以堆叠在一起</td><td>移动 10 步</td></tr>
<tr><td rowspan="2">功能块</td><td rowspan="2">没有凹槽或凸起，可以作为其他指令的输入，不能单独作为脚本的一层。可以从功能块的形状看出返回的数值类型</td><td>可输入块：椭圆形的功能块，返回数字或字符串</td><td>鼠标的x坐标</td></tr>
<tr><td>判断块：六边形的功能块，返回布尔值（真 / 假）</td><td>按下 空格 ▾ 键?</td></tr>
<tr><td>触发块</td><td colspan="2">顶部为圆弧形，底部有凸起，表示只能放在一个程序的顶部。触发块连接脚本的各个事件，它们等待一个事件，事件发生时触发其所在的指令栈</td><td>当 被点击</td></tr>
<tr><td>控制块</td><td colspan="2">顶部有凹槽，底部有凸起，侧方开口可容纳其他积木</td><td>如果 那么</td></tr>
</table>

二、程序的循环结构与分支结构

在 Scraino 语言中，循环结构主要通过“控制”模块中的积木、积木和积木实现，分别为计次循环结构、无限循环结构和条件循环结构。使用时，直接将要重复执行的积木放入其中。

在 Scraino 语言中，分支结构主要通过“控制”模块中的积木和积木实现，分别为单分支结构和双分支结构，多分支结构可以通过单分支结构和双分支结构间的嵌套实现。

三、程序设计实例：美丽的海底世界

【例 5.2】伴随着美妙的音乐，海底的鱼、水母、章鱼等游来游去，碰到边缘就返回。美丽的海底世界效果如图 5–13 所示。

本例中有 4 个角色、1 个背景和 1 首背景音乐，用到的知识点有添加声音、循环播放音乐、多任务、角色移动、方向控制等。

图 5–13 美丽的海底世界效果

图 5–14 选择水下背景界面

具体实现步骤如下。

第一步，准备工作，添加背景和角色。

（1）在“选择一个背景”界面中单击“水下”→ Underwater 1 图标，如图 5–14 所示。

（2）在“选择一个角色”界面中删除“小兔子”角色，添加“动物”分类中的 Fish、Jellyfish、Octopus 角色，如图 5–15 所示，并删除各角色中不需要的造型，如 Jellyfish 的第三个造型和 Octopus 的第三、第四、第五个造型。

（3）右击 Fish 图标，在弹出的快捷菜单中选择“复制”选项，得到与 Fish 角色内容相同的 Fish2 角色，切换到造型面板，选择 fish–c 造型，这样 Fish 与 Fish2 角色中的小鱼就不同了。切换 Fish 角色的造型界面如图 5–16 所示。

（4）调整各角色在舞台中的位置与尺寸，其中尺寸均设置为“60”。

（5）切换到声音面板，在“选择一个声音”界面中单击“可循环”→Xylo3 图标，如图 5–17 所示。

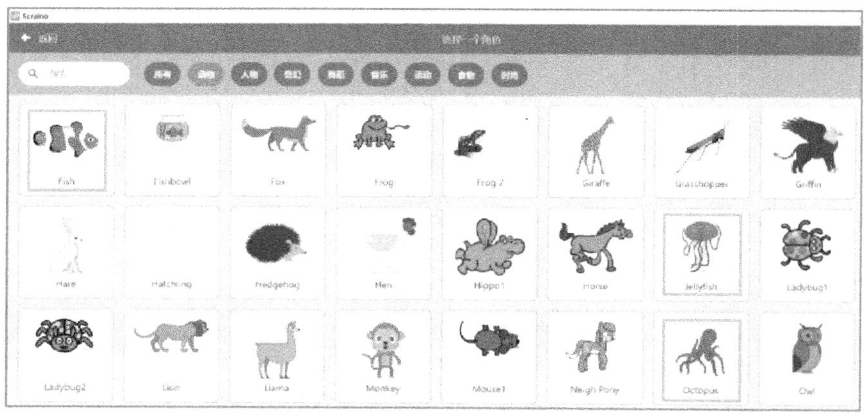

图 5–15　添加三个角色

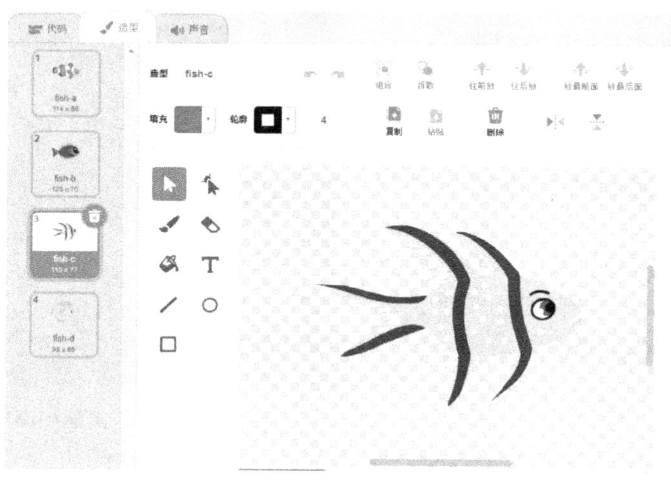

图 5–16　切换 Fish 角色的造型界面

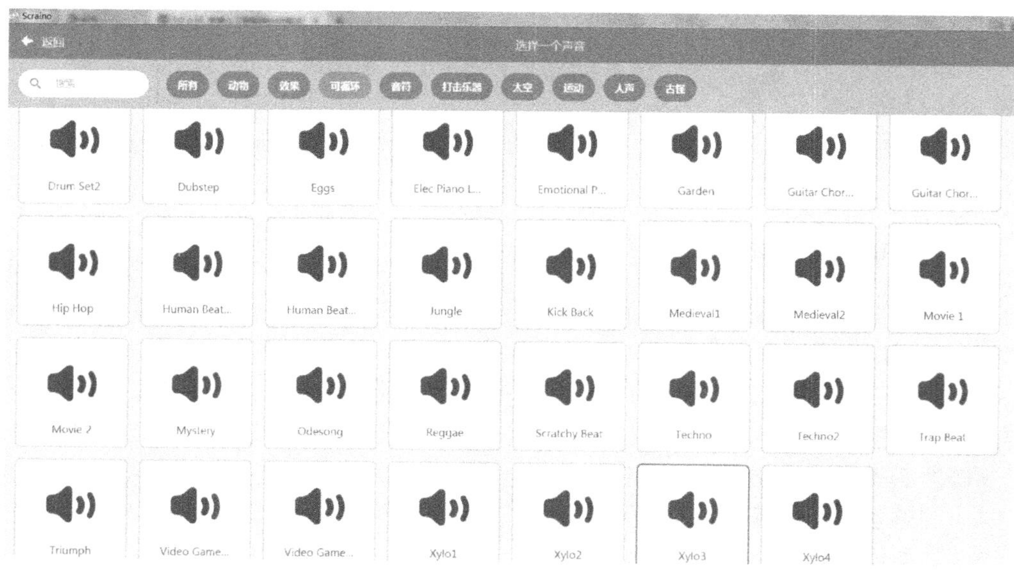

图 5–17　选择背景音乐声音界面

第二步，为角色添加脚本。

（1）背景音乐脚本：无限循环播放声音，声音脚本界面如图 5–18 所示，其中 播放声音 Xylo3 ▾ 等待播完 为声音模块中的积木。

图 5–18　声音脚本界面

（2）Fish 角色脚本：鱼在水中自由自在地游来游去，碰到边缘就返回。Fish 角色脚本界面如图 5–19 所示。

（3）Fish2 角色脚本：与 Fish 角色脚本类似。Fish2 角色脚本界面如图 5–20 所示。

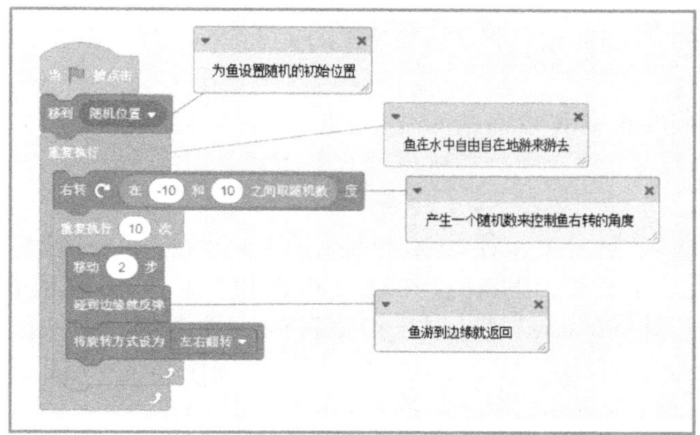

图 5–19　Fish 角色脚本界面

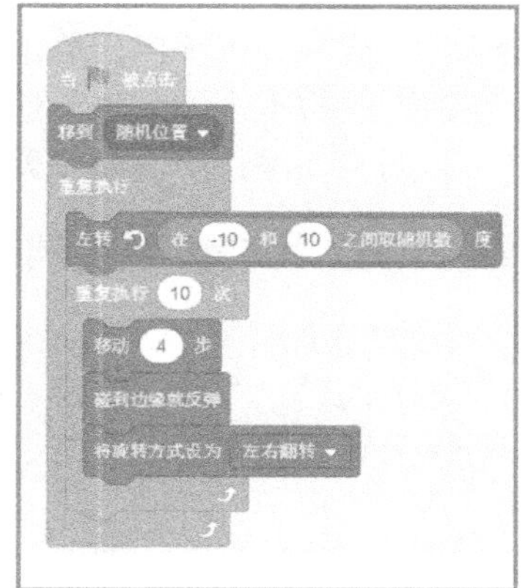

图 5–20　Fish2 角色脚本界面

（4）Jellyfish 角色脚本：水母在水中上下游动，即“竖”着跳动，垂直方向运动角度为 0° 和 180°，即需要将水母属性窗口中的“方向”设置为“180”。因为 180° 不是水母角色的初始方向，而是运动方向，所以需要在添加运动模块脚本后修改“方向”的值为“180”。Jellyfish 角色游动脚本界面如图 5–21 所示。若要水母一边游一边切换造型，则需要用到图 5–22 所示的 Jellyfish 角色切换造型脚本界面。

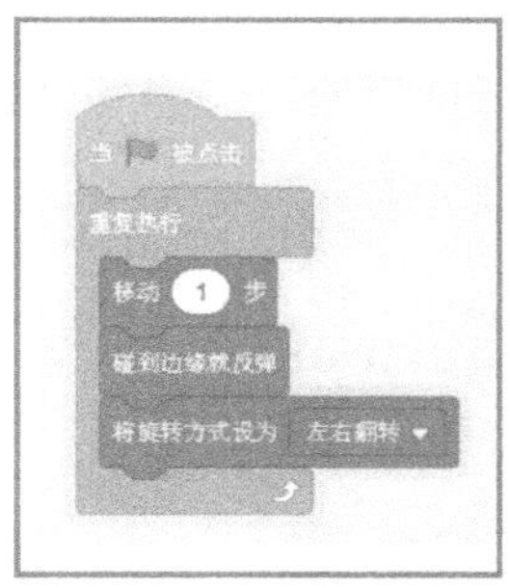

图 5–21　Jellyfish 角色游动脚本界面

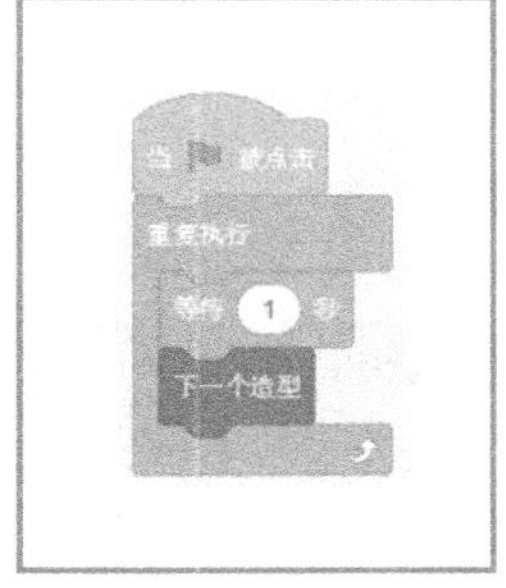

图 5–22　Jellyfish 角色切换造型脚本界面

（5）Octopus 角色脚本：章鱼一边游一边变形，因为运动角度为 50° 和 130°，所以需要在添加运动模块脚本后修改“方向”的值为“130”。Octopus 角色游动脚本界面如图 5–23 所示。若要实现章鱼一边游动一边切换造型，则需要用到图 5–24 所示的 Octopus 角色切换造型脚本界面。

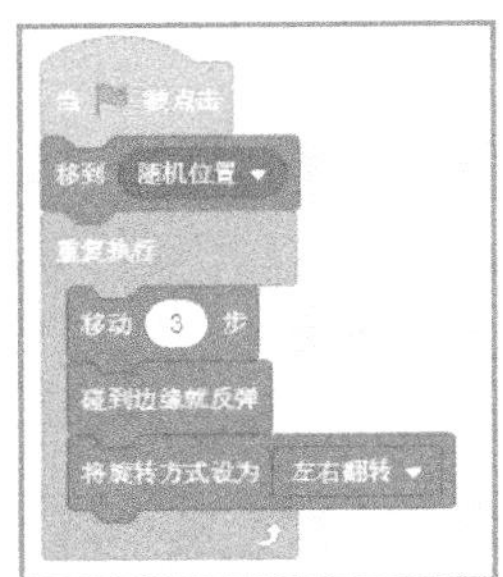

图 5-23 Octopus 角色游动脚本界面

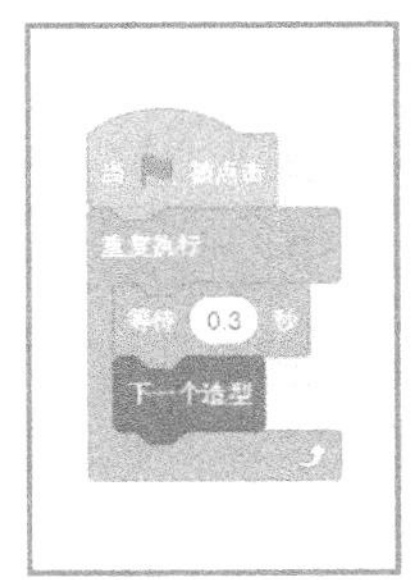

图 5-24 Octopus 角色切换造型脚本界面

第三步，调试程序。单击舞台区的 图标运行程序，查看程序运行效果。程序运行时，正在执行的积木边缘呈亮黄色。

第四步，保存项目为“美丽的海底世界 .sb3”。

四、程序设计实例：鸡兔同笼问题

【例 5.3】鸡兔同笼是我国古代数学名题之一。约 1500 年前，《孙子算经》中记载了一个有趣的问题：“今有雉兔同笼，上有三十五头，下有九十四足，问雉兔各几何？”意思是：有若干只鸡和兔在同一个笼子里，从上面数有 35 个头，从下面数有 94 只脚，问笼中各有多少只鸡和兔？

鸡兔同笼效果图如图 5-25 所示。

此例中需要用到 1 个背景、3 个角色，用到的知识点有变量模块的使用、侦测模块的使用、广播模块的使用。

具体实现步骤如下。

第一步，添加背景和角色。从“选择一个角色”界面中单击“室内”→Chalkboard 图标；从“选择一个角色”界面中添加 Hare、Chick、Gobo。

第二步，定义变量。在“变量”模块中单击 建立一个变量 按钮，在弹出的“新建变量”对话框（图 5-26）中新建 4 个变量，分别命名为“头”“脚”“兔”“鸡”。

图 5-25 鸡兔同笼效果图

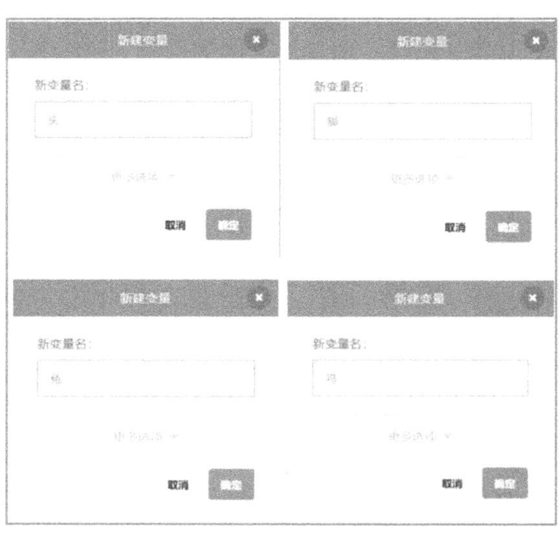

图 5-26 “新建变量”对话框

第三步，新建广播消息。选择“事件”模块中的“当接收到消息 1”积木，单击“消息 1”选项，在弹出的快捷菜单中选择“消息 1”选项（图 5–27），在弹出的对话框中设置“新消息的名称”为“计算结果”（图 5–28）。

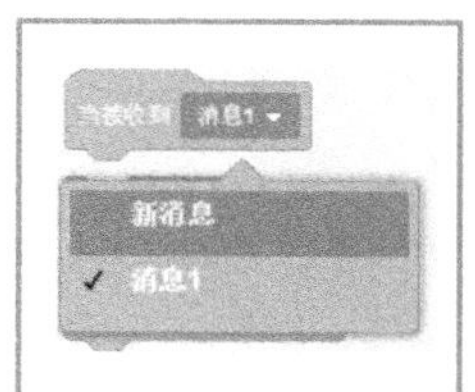

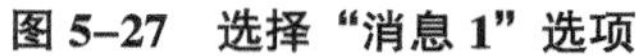
图 5–27 选择“消息 1”选项

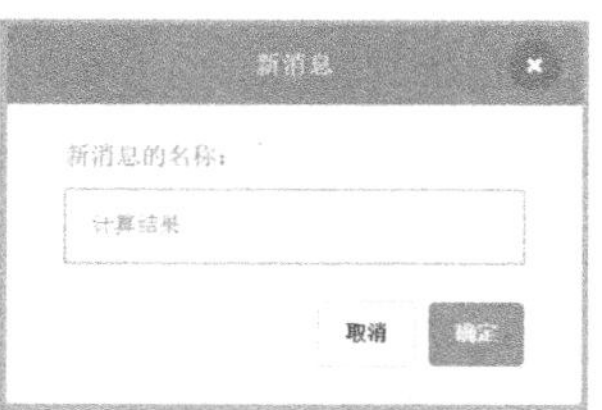

图 5–28 设置新消息的名称

广播 – 消息机制是编程中的全局事件。当广播一则消息时，所有角色（包含广播者）都会接收到该消息。只要角色有该消息的接收脚本，就可以接收并处理该消息。利用广播与消息积木，可以实现不同角色之间的交互。然而，广播只有一个消息名称，不带参数，要传输参数，需要使用变量积木。

第四步，为 Gobo 编辑脚本。

（1）在“选择一个角色”界面单击 Gobo 图标。

（2）初始化变量，使用“变量”模块中的 积木，将“头”“脚”“鸡”“兔”4 个变量的值设置为“0”。初始化变量界面如图 5–29 所示。

（3）为变量赋值：使用“侦测”模块中的 积木，输入总头数和总脚数，并使用“变量”模块中的 积木，为变量“头”与“脚”赋值。为变量赋值界面如图 5–30 所示。

（4）使用假设法计算鸡和兔的数量：假设笼子里的动物全为鸡，则使用“运算”模块中的运算符完成计算。计算过程界面如图 5–31 所示。

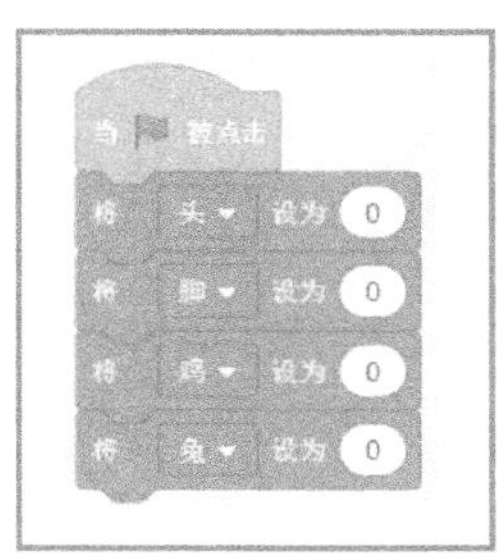

图 5–29 初始化变量界面

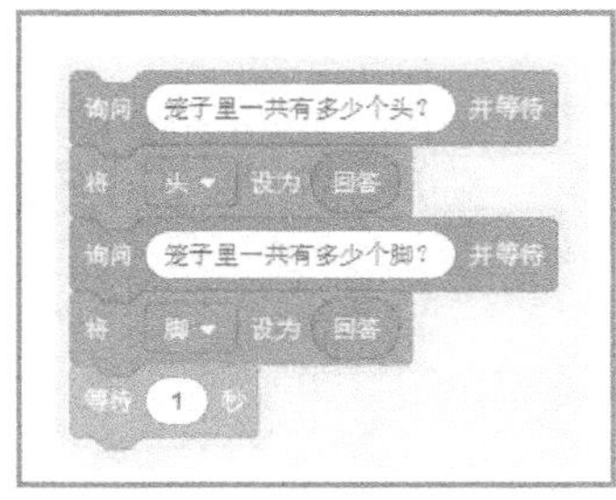

图 5–30 为变量赋值界面

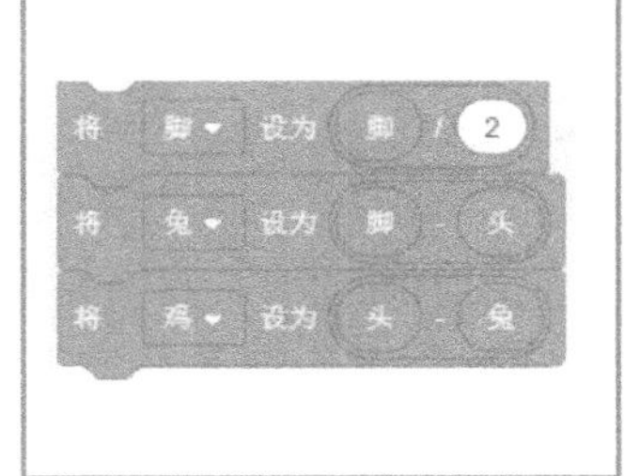

图 5–31 计算过程界面

（5）计算出结果后发布消息：使用“事件”模块中的 积木发布消息，所有角色都可以接收并处理消息。

（6）若想重复多次计算，则可增加“控制”模块中的 积木。Gobo 角色的完整脚本界面如图 5–32 所示。

第五步，为 Hare 添加脚本。Hare 接收到广播的消息后，给出计算结果，通过“运算”模块中的  连接 apple 和 banana 积木实现。Hare 公布结果界面如图 5–33 所示。

第六步，与第五步类似，为 Chick 添加脚本，Chick 公布结果界面如图 5–34 所示。

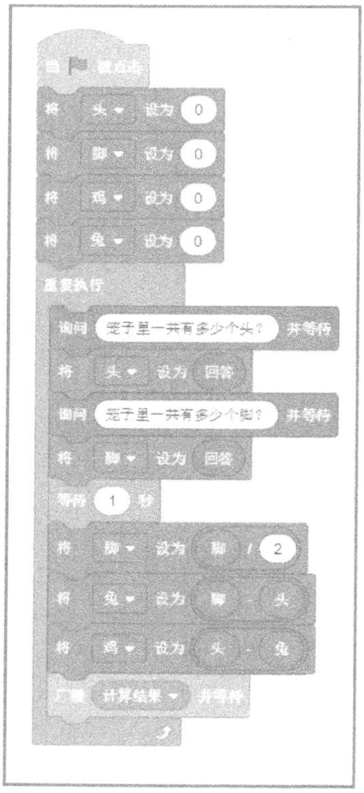

图 5–32　Gobo 角色的完整脚本界面

图 5–33　Hare 公布结果界面

图 5–34　Chick 公布结果界面

第七步，单击 图标，执行程序。输入 35 和 94，查看结果。

第八步，调试完成后，保存项目“鸡兔同笼 .sb3”。

第三节　物灵板巡游机器人

一、认识物灵板巡游机器人

物灵板是一款 Arudino Uno 兼容的主控板。物灵板的详细结构如图 5–35 所示。

物灵板的主要组成部分介绍如下。

管脚：主控板上的两组“三排金属针”称为管脚，黑色一排连接的是电源地（GND）（上方标识为 G）；红色一排连接的是 5V 电源（VCC）（上方标识为 V）；内侧一排是信号管脚（上方标识为 S），用于控制输入 / 输出。

微型处理器：主控板中间的黑色模块为微型处理器，用于完成运算、控制和存储任务。

数字输入 / 输出（I/O）端口：D0～D13 为数字 I/O 端口。13 号管脚与主控板上的一

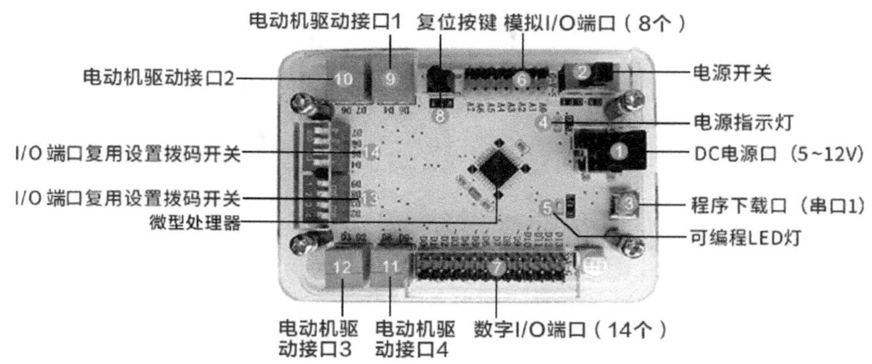

图 5-35　物灵板的详细结构

个 LED 灯连接。0 号、1 号管脚分别是串口的发送（TXD）、接收（RXD）管脚，一般不将模块连接在这两个管脚上。数字管脚上标有“～”符号的 3 号、5 号、6 号、9 号、10 号、11 号管脚具备模拟输出功能。

模拟输入端口：A0～A7 号管脚为模拟输入端口，其中 A0～A5 可以作为数字 I/O 管脚。

电动机驱动接口：主控板自带 4 个电动机驱动连接口，OUT1～OUT4 分别与主动板的 4～7 号管脚控制的电动机驱动芯片输出连接。当拨码开关推到 ON 时，对应的管脚只能控制所连电动机，无其他用途。

图 5-36　物灵板巡游机器人

本节主要介绍物灵板巡游机器人（图 5-36）的使用方法。物灵板巡游者机器人可以使用计算机中的 Scraino 软件控制，在各种有趣的项目中探索机器人世界。

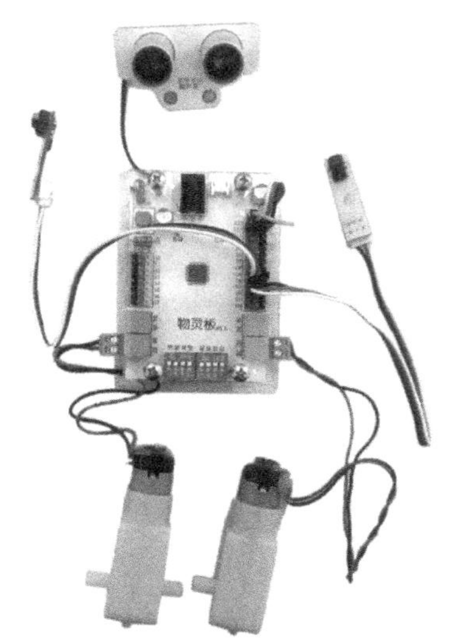

图 5-37　物灵板巡游机器人的连线图

二、物灵板巡游机器人搭建

物灵板巡游机器人的连线图如图 5-37 所示。

超声波传感器（图 5-38）是用来测量距离的电子模块。它的测量范围是 3～70cm，适用于机器人自动避障或者其他有关的测距项目中。

巡线传感器（图 5-39）专为巡线机器人设计，具有检测速度快、电路简单的特点。巡线传感器包括一个红外发射管和一个红外接收管，机器人沿着白色背景上的黑色线条移动，或沿着黑色背景上的白色线条移动。

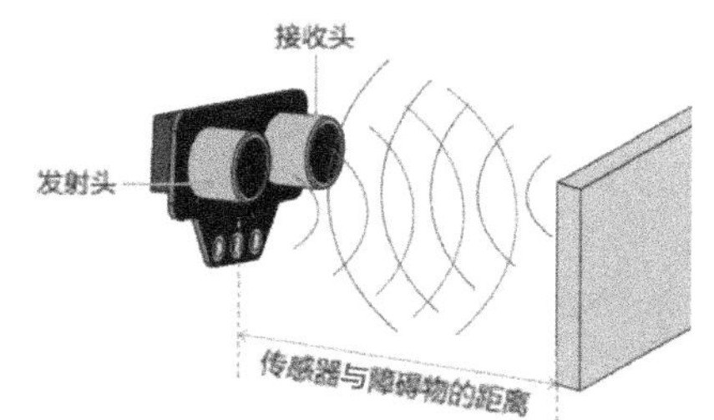

图 5–38 超声波传感器

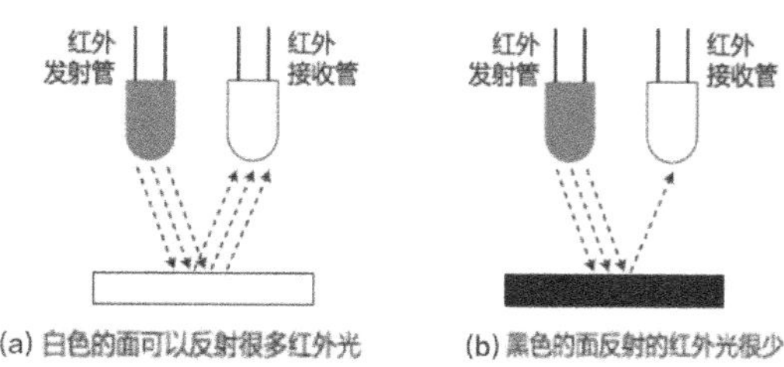

图 5–39 巡线传感器

三、陆地巡游机器人自主避障

陆地巡游机器人组装完成后，可以用计算机中的 Scraino 软件操控。

【例 5.4】自主避障。如果前方 20cm 内有障碍物，则陆地巡游机器人亮红灯，报警，并左转；如果前方 20cm 内没有障碍物，则陆地巡游机器人亮绿灯，继续前进。

此例主要用到超声波传感器测距，选择分支结构和循环结构。

第一步，启动 Scraino 和陆地巡游机器人。

第二步，使用数据线将陆地巡游机器人与计算机连接。

第三步，在 Scraino 中，单击代码面板的“添加扩展”按钮（图 5–40），在弹出的“选择一个扩展”界面中单击“物灵板”图标（图 5–41），单击“确定”按钮；单击工具栏中的“连接”按钮，选择合适的接口（图 5–42），当接口名称后面出现✓时表示连接成功，可通过在线模式控制陆地巡游机器人；当有更新固件提示时，需要先更新固件。

图 5–40 添加设备界面

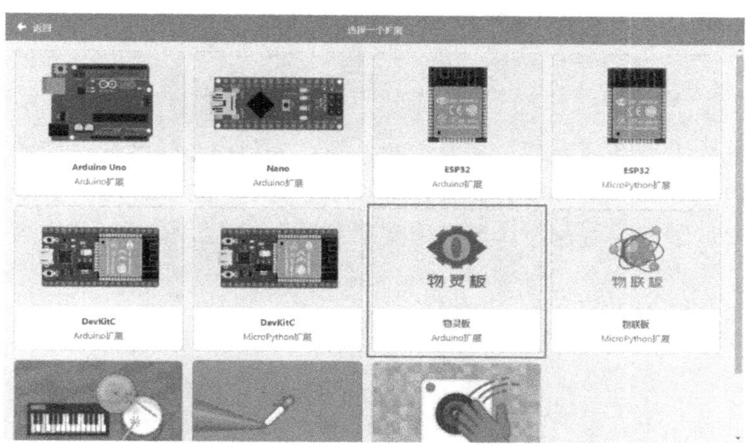

图 5-41 单击“物灵板”图标

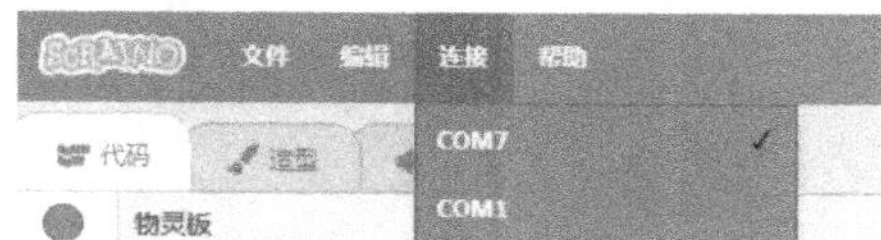

图 5-42 选择合适的接口

第四步，编写程序，单击 Scranio 右上角的“舞台”按钮，转换成“代码”，进行图形化编程。避障控制代码积木程序界面如图 5-43 所示。

第五步，将程序上传到陆地巡游机器人，使其脱离数据线的束缚。单击“上传到设备”按钮（图 5-44）。程序上传成功后，拔掉数据线，陆地巡游机器人依然可以前进。

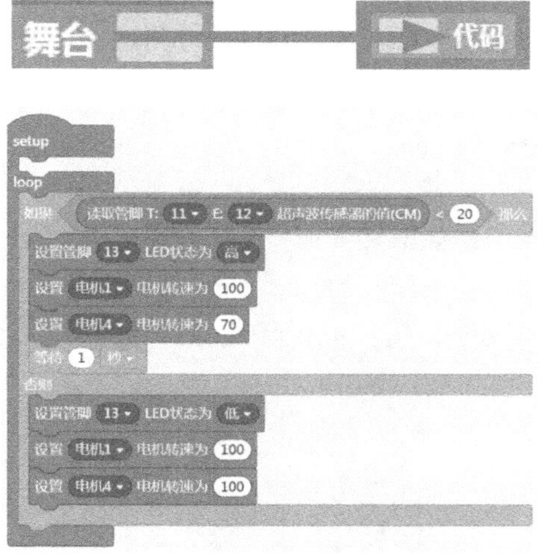

图 5-43 避障控制代码积木程序界面

图 5-44 单击“上传到设备”按钮

思 考 题

1. 使用 Scraino 语言编写程序，实现将输入的百分制成绩转换成对应的五分制成绩并输出，其中 90 分以上为 A，80～89 分为 B，70～79 分为 C，60～69 分为 D，60 分以下为 E。

2. 使用 Scraino 语言编写程序，实现用文字对话形式表示情境对话内容，情境对话效果如图 5-45 所示。

图 5-45 情境对话效果

对话内容如下。

Jack：Are you free tomorrow?

Jane：Yes，I am.

Jack：Let's play badminton together.

Jane：Fine.

Jack：When is the best time for you?

Jane：Anytime after five is fine.

Jack：I'll pick you up at half past five.

Jane：OK. See you then.

3. 使用 Scraino 语言编写程序，使物灵板陆地巡游机器人以近似正方形的轨迹前进。

第六章

Python 程序设计

学习目标

1. 了解 Python 语言的特点，能够配置 Python 语言开发环境。

2. 掌握 Python 语言的程序控制结构，通过 Python 程序实例学会用 Python 编程的思维解决问题。

3. 熟练使用 pip 工具安装 Python 第三方库，了解 jieba 库的使用方法。

学习建议

1. 本章建议学习时长为 5 课时。

2. 本章主要介绍 Python 语言及简单 Python 程序的编写，重点学习编程背后的思维方式。

3. 读者可采用探究式的学习方式，循序渐进地理解 Python 语言的编写方法，扩展对 Python 语言的认识。

4. 读者根据 Python 程序实例，深入了解 Python 语言的程序结构及算法，练习类似的编程题目，巩固对 Python 程序设计的认识。

Python 是一种简洁、强大的编程语言，受到广大程序爱好者的欢迎。目前人工智能发展较快，Python 凭借扩展性强、第三方库丰富和开源等特点，在机器学习、数据挖掘、人工智能等领域有着很大优势，非常有发展前景。本章将学习 Python 语言的基础知识，主要包括 Python 语言的发展及特点、Python 语言开发环境配置、Python 程序控制结构和第三方库的安装与使用方法。

第一节 Python 语言简介

一、Python 语言的发展

Python 语言诞生于 1991 年，由吉多・范罗苏姆（Guido van Rossum）设计并领导开发。1989 年的圣诞节，吉多・范罗苏姆为了打发无聊的圣诞节假期开始编写 Python 的解释器（编译器）。1991 年，第一个 Python 解释器诞生，Python 语言随之诞生。

Python 语言的解释器的全部代码都是开源的，可以在 Python 官网（https：//www.python.org/）下载。

2000 年 10 月，Python 2.0 正式发布，标志着 Python 语言完成了升级，解决了其解释器和运行环境中的诸多问题，开启了 Python 广泛应用的时代。2010 年，发布了 Python 2.x 系列的最后一个版本——Python 2.7。

2008 年 12 月，Python 3.0 正式发布，在语法层面和解释器内部做了很多重大改进，解释器内部采用完全面向对象的方式实现。为这些重大改进付出的代价是 Python 3.x 系列版本代码无法向下兼容 Python 2.x 系列版本的既有语法，因此，所有基于 Python 2.x 系列版本编写的库函数都只有修改后才能被 Python 3.x 系列解释器运行。

Python 语言经历了一个痛苦但令人期待的版本更迭过程，从 2008 年开始，用 Python 语言编写的几万个函数库开始了版本升级过程，至今，绝大部分 Python 函数库和 Python 程序员都采用 Python 3.x 系列语法和解释器。

二、Python 语言的特点

Python 语言的特点如下。

（1）语法简单：实现相同功能时，Python 语言的代码行数是其他语言的 1/10～1/5。

（2）与平台无关：由于 Python 程序可以在任何安装解释器的计算机环境中执行，因此用 Python 语言编写的程序可以不经修改直接实现跨平台运行。

（3）黏性扩展：Python 语言具有较好的扩展性，可以集成 C、C++、Java 等语言编写的代码，通过接口和函数库等方式将它们“黏合起来”（整合在一起）。此外，Python 语言具备良好的语法和执行扩展接口，能够整合各类程序代码。

（4）开源理念：对于高级程序员，Python 语言开源的解释器和函数库具有强大的吸引力，更重要的是，Python 语言倡导的开源软件理念为今后发展奠定了坚实的群众基础。

（5）通用灵活：Python 语言是通用编程语言，可用于编写各领域的应用程序，应用空间广。从科学计算、数据处理到人工智能、机器人，Python 语言都发挥了重要作用。

（6）强制可读：Python 语言通过强制缩进（类似于文章段落的首行缩进）来体现语句间的逻辑关系，显著提高了程序的可读性，增强了 Python 程序的可维护性。

（7）支持中文：Python 3.0 采用 UTF-8 编码表达所有字符信息。由于 UTF-8 编码可以表达英文、中文、韩文、法文等，因此 Python 程序在处理中文时更加灵活、高效。

（8）模式多样：虽然 Python 3.0 内部采用面向对象的方式实现，但是 Python 语法层面同时支持面向过程和面向对象两种编程方式，为使用者提供了灵活的编程模式。

（9）类库丰富：Python 解释器提供了几百个内置类和函数库，且世界各地的程序员通过开源社区贡献了十几万个第三方函数库，几乎覆盖计算机技术的各个领域，编写 Python 程序时可以利用已有的内置或第三方代码，使得 Python 具备良好的编程生态。

三、Python 语言开发环境配置

Python 解释器可以在 Python 官网下载，文件大小为 20～30MB。Python 解释器下载界面如图 6–1 所示。

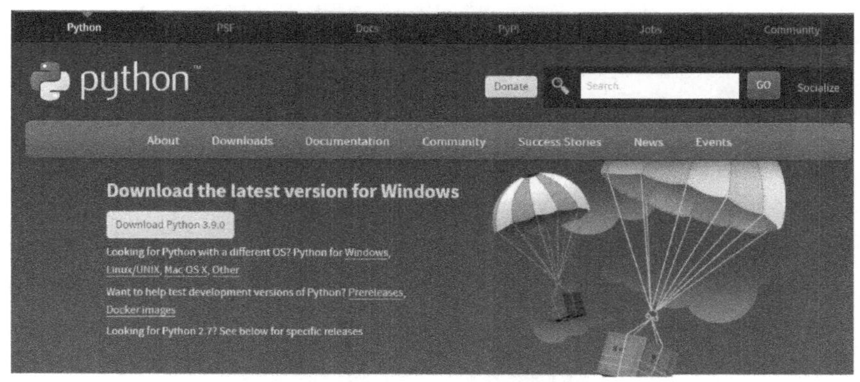

图 6–1　Python 解释器下载界面

图 6–1 中，根据所用操作系统版本选择相应的 Python 3.x 系列安装程序。以 Windows 操作系统为例，单击图 6–1 中的 Download Python 3.9.0 按钮下载 Python 3.9.0。随着 Python 语言的发展，该网站会有更新的版本。本书以 Python 3.9.0 版本为例进行介绍。若无法正常安装 Phthon 3.9.0 版本，则可以安装 Python 3.8.0 版本。

双击下载的程序，安装 Python 解释器，启动安装程序引导过程（图 6–2）。在窗口中，勾选 Add Python 3.9 to PATH 和 Install launcher for all users（recommended）复选框，单击 Install Now 按钮进行安装。

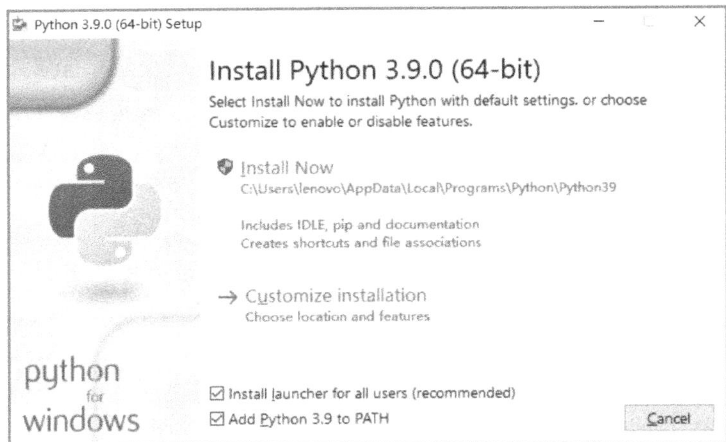

图 6–2　启动安装程序引导过程

安装成功后，显示图 6–3 所示的安装程序引导过程成功界面。

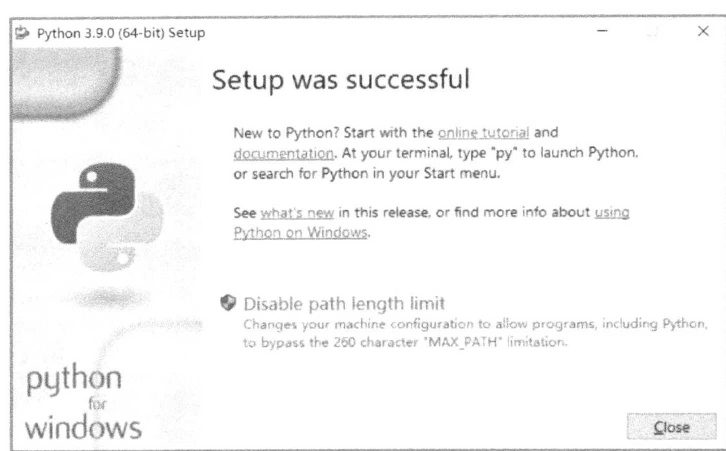

图 6–3　安装程序引导过程成功界面

安装完成后，可通过 cmd 命令窗口验证 Python 是否安装成功。打开 cmd 命令窗口，输入 python，出现图 6–4 所示的提示，安装成功。

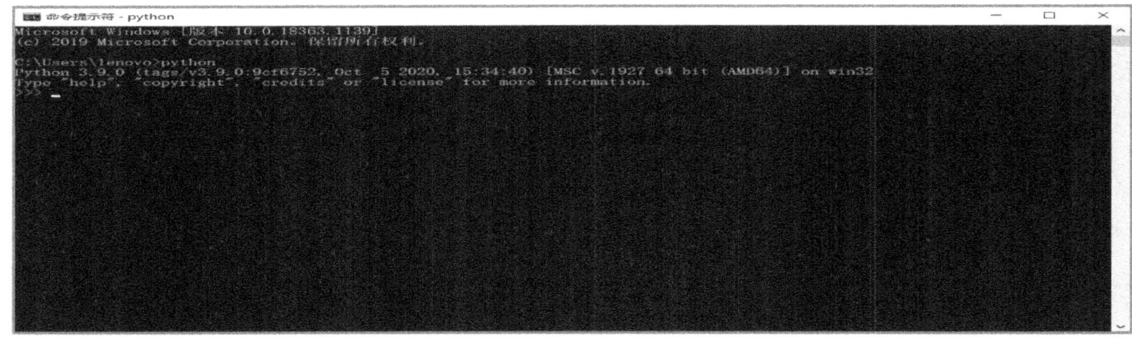

图 6–4　安装程序引导过程验证界面

Python 解释器安装包将在系统中安装一批与 Python 开发和运行相关的程序。其中最重要的是 Python 命令行和 Python 集成开发和学习环境（integrated development and learning environment，IDLE）。IDLE 是一个 Python shell（可以在打开的 IDLE 窗口的标题栏看到）。程序开发人员可以利用 Python shell 与 Python 进行交互。

四、使用 IDLE 编写 Hello Python 小程序

编写与运行 Python 程序有两种方式：交互式和文件式（批量式）。交互式是指 Python 解释器及时响应用户输入的代码，给出输出结果。文件式是指用户在一个或多个文件中编写 Python 程序，启动 Python 解释器批量执行文件中的代码。交互式一般用于调试少量代码，不常用，文件式是常用的编程方式。其他编程语言通常只有文件式编程方式。下面以在 Windows 操作系统中运行 Hello Python 程序为例，具体说明两种方式的启动和运行方法。

（一）交互式启动和运行方法

调用安装的 IDLE 来启动 Python 运行环境。IDLE 是 Python 软件包自带的集成开发和学习环境，可以在 Windows“开始”菜单中搜索关键词 IDLE，找到 IDLE 的快捷方式。图 6–5 所示为在 IDLE 环境中运行 Hello Python 程序的效果。

```
Python 3.9.0 Shell
File Edit Shell Debug Options Window Help
Python 3.9.0 (tags/v3.9.0:9cf6752, Oct  5 2020, 15:34:40) [MSC v.1927 64 bit (AMD64)] on win32
Type "help", "copyright", "credits" or "license()" for more information.
>>> print("Hello Python")
Hello Python
>>> |
```

图 6–5　在 IDLE 环境中运行 Hello Python 程序的效果

（二）文件式启动和运行方法

打开 IDLE，按 Ctrl+N 组合键或选择 File→New File 菜单命令打开一个新窗口。该窗口不是交互模式，是一个具备 Python 语法高亮辅助的编辑器，可以编辑代码。在其中输入 Python 代码（如“Hello Python”）并保存为 hello.py 文件（图 6–6）。按 F5 键或选择 Run→Run Module 菜单命令运行该文件。

```
hello.py - D:/Desktop/书稿/python/hello.py (3.9.0)
File Edit Format Run Options Window Help
print("Hello Python")

Ln: 1 Col: 21
```

图 6–6　通过 IDLE 编写并运行程序文件

IDLE 是一个简单、有效的集成开发和学习环境，无论是交互式还是文件式，都有助于快速编写和调试代码，它是小规模 Python 软件项目的主要编写工具。除了 IDLE 外，还可以使用 PyCharm、Spyder、Sublime Text 等编写工具。本书所有程序都可以通过 IDLE 编写和运行。

第二节　Python 程序控制结构

一、Python 程序实例 1：猜数字游戏

【例 6.1】在程序中预设一个 10 以内的数字，用户输入数字，如果大于预设的数字，则显示“大了大了，请重新输入一个小点的数字：”；如果小于预设的数字，则显示“小了小了，请重新输入一个大点的数字：”，如此循环，直至猜中该数字，显示“恭喜你猜对了！答案就是：”“你太棒了！”“游戏结束，88”。

程序执行结果如图 6-7 所示，程序代码如图 6-8 所示。

```
---------程序实例 1：猜数字游戏----------
请输入一个 10 以内的数字：5
小了小了，请重新输入一个大点的数字：7
小了小了，请重新输入一个大点的数字：8
恭喜你猜对了！答案就是：8
你太棒了！
游戏结束，88
>>>
```

图 6-7　程序执行结果

```
#猜数字游戏.py
print("---------程序实例 1：猜数字游戏----------")
secret=8                    #将要猜的数字设定为 8
temp=input("请输入一个 10 以内的数字：")      #将用户输入的数字保存在变量 temp 中
guess=int(temp)             #将变量 temp 中的字符串转换成整数类型，并保存在变量 guess 中
while guess!=secret:
    if guess>secret:
        temp=input("大了大了，请重新输入一个小点的数字：")
        guess=int(temp)
    else:
        temp=input("小了小了，请重新输入一个大点的数字：")
        guess=int(temp)
if guess==secret:
        print("恭喜你猜对了！答案就是："+str(secret))
        print("你太棒了！ ")
print("游戏结束，88")
```

图 6-8　程序代码

1. 程序的基本语法

（1）换行。Python 语言中每行都是新的语句，换行表示本行代码结束。当程序过长时，可用反斜杠“\”连接多行代码。

（2）缩进。Python 语言采用严格的“缩进”表明程序的格式框架。缩进是指每行代码开始前的空白区域，用来表示代码之间的包含和层次关系。

缩进的空白数量是可变的，但是所有代码块语句必须包含相同的缩进空白，必须严格执行。一般使用 tab 键缩进，不需要缩进的顶行编写，不留空白。缩进可以“嵌套”，形成多层缩进；并且缩进表达了所属关系，如在循环、分支和函数等语法结构中通过缩进包含一批代码。

如图 6–8 所示，while 的循环体为一组 if–else 语句，表示所属关系，if–else 语句要缩进；同样，if 和 else 执行的语句也是通过缩进实现嵌套和所属关系的。

（3）标识符。标识符用于区分程序中的变量、函数等元素，其特点如下。

① Python 语言中变量、函数等元素的标识符只能由字母、数字、下画线等组成。

② 标识符不能以数字开头。

③ 变量的标识符不能是 Python 内置关键字，如 'and'，'as'，'assert'，'break'，'class'，'continue'，'def'，'del'，'elif'，'else'，'except'，'exec'，'finally'，'for'，'from'，'global'，'if'，'import'，'in'，'is'，'lambda'，'not'，'or'，'pass'，'print'，'raise'，'return'，'try'，'while'，'with'，'yield'。

④ 标识符对大小写敏感，python 和 Python 是两个不同的标识符。

⑤ 一般不建议采用中文等非英语字符命名变量。

（4）注释。注释是在代码中加入的一行或多行信息，用来说明语句、函数、数据结构或方法等，提高代码的可读性。在程序执行过程中，注释的内容被 Python 解释器忽略，不会在执行结果中体现出来。

Python 中的注释方法有两种：一种是单行注释，以 # 开头，如图 6–8 所示的“# 猜数字游戏 .py”；另一种是多行注释，以 ''' 开头和结尾。

（5）赋值语句。Python 中，“=”表示“赋值”，即将等号右侧的计算结果赋给等号左侧的变量，包含等号（=）的语句称为赋值语句。图 6–8 中第 3 行表示将等号右侧的数值 8 赋给等号左侧的变量 secret，第 4 行表示将等号右侧的 input() 函数的返回值赋给等号左侧的变量 temp，第 5 行表示将等号右侧的 temp 变量中的字符串转换为整数类型，并赋值给等号左侧的变量 guess。

2. 程序的选择结构

我们在生活中总是要作出许多选择，程序也如此，例 6.1 就是一种选择结构，即按照条件执行不同的代码片段。在此例中，我们使用了 if–else 选择结构解决此问题。Python 中的选择语句除了 if–else 语句外，还有多分支语句 if–elif–else。

（1）if–else 语句。

if–else 语句用来形成二分支结构，以解决二选一问题。if–else 语句结构如图 6–9 所示。

```
if <条件>:
      <语句块 1>
else:
      <语句块 2>
```

图 6-9 if-else 语句结构

我们可以使用 if-else 语句判断是否通过驾驶员理论考试，程序代码如图 6-10 所示。

```
# 判断是否通过驾驶员理论考试
grade=int(input("请输入您的理论考试成绩："))
if grade>=90:
    print("恭喜您通过了驾驶员理论考试！")
else:
    print("很遗憾，您没有通过驾驶员理论考试，请继续努力！")
```

图 6-10 判断是否通过驾驶员理论考试的程序代码

（2）if-elif-else 语句。

if-elif-else 语句用来形成多分支结构。if-elif-else 语句结构如图 6-11 所示。

```
if <条件 1>:
<语句块 1>
elif<条件 2>:
<语句块 2>
…
else:
<语句块 N>
```

图 6-11 if-elif-else 语句结构

多分支结构是二分支结构的拓展，通常用于设置同一个判断条件的多条执行路径。Python 依次评估寻找第一个结果为 True 的条件，执行该条件下的语句块，结束后跳过整个 if-elif-else 结构，执行后面的语句。如果没有条件成立，则执行 else 下面的语句块。else 子句是可选的。

将学生的百分制成绩转换为五个等级，90～100 分为优秀，80～89 分为良好，70～79 分为中等，60～69 分为及格，0～59 分为不及格，程序代码如图 6-12 所示。

3. 程序的循环结构

日常生活中有很多问题无法一次性解决，要多次重复解决。反复做同一件事的情况称为循环。循环语句有多种类型，例 6.1 中采用了条件循环。条件循环的基本结构如图 6-13 所示。

```
# 将百分制成绩转换为五个等级
grade=int(input(" 请输入百分制成绩 :"))
if grade>=90:
    print(str(grade)+" 分的成绩等级是优秀 !")
elif 80<=grade<90:
    print(str(grade)+" 分的成绩等级是良好 !")
elif 70<=grade<80:
    print(str(grade)+" 分的成绩等级是中等 !")
elif 60<=grade<70:
    print(str(grade)+" 分的成绩等级是及格 !")
else:
    print(str(grade)+" 分的成绩等级是不及格 !")
```

图 6–12 将百分制成绩转换为五个等级的程序代码

```
while < 条件 >:
< 语句块 1>
< 语句块 2>
```

图 6–13 条件循环的基本结构

while 语义很简单，当条件判断为 True 时，循环体重复执行“语句块 1”中的语句；当条件判断为 False 时，循环终止，执行与 while 同级别缩进的“语句块 2”中的语句。

图 6–8 所示代码使用了条件循环“while guess!=secret：”，用于判断用户输入的数字是否与设定的数字相同，若不相同，则执行循环体中的内容；若相同，则退出循环。

4. 程序中的常用函数

（1）input()。

图 6–8 所示代码中的第 4 行使用 input() 函数从控制台获得用户输入，无论用户在控制台输入什么内容，input() 函数都以字符串类型返回结果。

在获得用户输入之前，input() 函数还可以包含一些提示性文字，使用方法如下。

```
< 变量 >=input(< 提示性文字 >)
```

（2）print()。

图 6–8 代码中的第 2、第 14、第 15、第 16 行使用 print() 函数输出字符串信息或变量的值。

（3）int()。

int() 函数用于转换为整数类型，能把 input() 中的字符串型数字转换为整数类型。

图 6–8 所示代码的第 5 行使用了 int() 函数 guess=int（temp），将字符串型数字转换为整数类型，并赋值给变量 guess。

整数类型是 Python 中的一种重要数据类型，在 32 位系统中，整数类型的位数是 32 位，取值范围是 -2^{31}～$2^{31}-1$，即 –2147483648～2147483647；在 64 位系统中，整数的位数为 64 位，取值范围为 -2^{63}～$2^{63}-1$，即 –9223372036854775808～9223372036854775807。

（4）str()。

str() 函数用于转换为字符串类型，能把数值类型的数据转换为字符串类型。如图 6-12 中，str(grade) 的功能是将 grade 变量的值转换为字符串，以方便与其他字符串进行连接操作。“+”是字符串的连接操作符，可以将多个字符串连接成一个字符串。

字符串是字符的序列表示，可以由一对单引号（'）、双引号（"）或三引号（'''）构成。其中，单引号和双引号都可以表示单行字符串，两者的作用相同。使用单引号时，双引号可以作为字符串的一部分；使用双引号时，单引号可以作为字符串的一部分。三引号可以表示单行或多行字符串。

二、Python 程序实例 2：统计不同字符数

【例 6.2】用户输入一行字符，编写一个程序，统计并输出其中英文字符、数字字符、空格字符和其他字符的数量。

统计不同字符合数的程序运行结果如图 6-14 所示。

```
请输入一行字符:
NO.1:i love python!NO.2:I want to study it.
英文字符数 29, 数字字符数 2, 空格字符数 13, 其他字符数 6
>>>
```

图 6-14　统计不同字符数的程序运行结果

统计不同字符数的程序代码如图 6-15 所示。

```
# 统计不同字符数 .py
s=input(" 请输入一行字符: \n")          # 将用户输入的一行字符串保存在变量 s 中
alpha,num,space,other=0,0,0,0          # 分别定义四个变量来保存不同字符数，初值均为 0
for i in s:                            # 利用 for 循环遍历字符串 s
    if i.isalpha():                    # 如果字符为英文，则变量 alpha 的值加 1
        alpha+=1
    elif i.isdigit():                  # 如果字符为数字，则变量 num 的值加 1
        num+=1
    elif i.isspace():                  # 如果字符为空格，则变量 space 的值加 1
        space+=1
    else:                              # 如果字符为其他字符，则变量 other 的值加 1
        other+=1
print(' 英文字符数 {}, 数字字符数 {}, 空格字符数 {}, 其他字符数 {}'.format(alpha,num,
space,other))
# 输出统计结果
```

图 6-15　统计不同字符数的程序代码

本例主要应用了 for 语句循环结构、if-elif-else 结构及常用的字符串处理函数。其中 if-elif-else 结构前面已介绍过，这里主要介绍 for 语句循环结构和常用字符串处理函数。

1. for 语句循环结构

for 语句循环是计次循环或遍历循环，适用于枚举或遍历序列，以及迭代对象中的元素，

一般在已知循环次数的情况下应用。for 语句循环结构如图 6–16 所示。

```
for <循环变量> in <遍历结构>:
<语句块>
```

图 6–16 for 语句循环结构

for 语句的循环执行次数是根据遍历结构中的元素数确定的。遍历循环可以理解为从遍历结构中逐一提取元素，并放在循环变量中，对提取的每个元素执行一次语句块。

遍历结构可以是字符串、文件、组合数据类型或 range() 函数等。遍历结构的使用方法如图 6–17 所示。

```
循环N次                遍历文件fi的每行        遍历字符串s         遍历列表ls
for i in rang(N):      for line in fi:         for c in s:         for item in ls:
    <语句块>               <语句块>                <语句块>            <语句块>
```

图 6–17 遍历结构的使用方法

累加 1～100，即求 1+2+3+...+100 的和，程序代码如图 6–18 所示。

```
#求1-100的累加和
result=0          #保存累加结果的变量
for i in range(101):
    result+=i             #实现累加功能
print("1+2+3+...+100="+str(result))
```

图 6–18 累加 1～100 的程序代码

图 6–18 所示的代码使用了 range() 函数，该函数是 Python 内置函数，用于生成一系列连续的整数，多用于 for 循环。range() 函数的语法格式如图 6–19 所示。

```
range(start,end,step)
```

图 6–19 range() 函数的语法格式

其中，start 用于指定计数的起始值，可以省略，如果省略，则默认从零开始；end 用于指定计数的结束值，但不包括该值，如 range(10) 得到的值为 0～9，不包括 10，因此不能省略；step 用于指定步长，即两个数之间的间隔，可以省略，如果省略，则步长为 1。

使用 range() 函数时，如果只存在一个参数，则表示指定的是 end；如果存在两个参数，则表示指定的是 start 和 end。

例如，使用 for 循环语句输出 10 以内的所有偶数，程序代码如图 6–20 所示。

```
#输出10以内的所有偶数
for i in range(2,10,2):
    print(i,end=' ')
```

图 6–20 输出 10 以内的所有偶数的程序代码

在图 6–20 所示代码中，为了使各数字之间分隔开，在 print() 函数中使用了“,end=' 分隔符 '”，分隔符为一个空格。

2. 常用字符串处理函数

（1）str.isalpha()。当字符串 str 的所有字符都是英文时，返回 True，否则返回 False。

（2）str. isdigit()。当字符串 str 的所有字符都是数字时，返回 True，否则返回 False。

（3）str.isspace()。当字符串 str 的所有字符都是空格时，返回 True，否则返回 False。

（4）str.format()。返回字符串 str 的一种排版格式，使用格式如图 6–21 所示。

```
<模板字符串>.format(<逗号分隔的参数>)
```

图 6–21　str.format() 的使用格式

模板字符串由一系列槽组成，用来控制修改字符串中嵌入值出现的位置，其基本思想是将 format() 函数中逗号分隔的参数按照序号关系替换到模板字符串的槽中。槽用大括号（{}）表示，如果大括号中没有序号，则按照出现顺序替换。format() 中槽与参数的对应关系如图 6–22 所示。

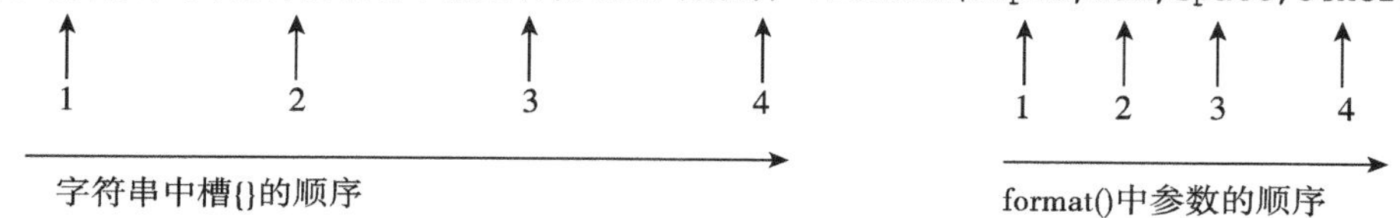

图 6–22　format() 中槽与参数的对应关系

第三节　Python 第三方库的安装与使用方法

Python 有内置库（标准库）和第三方库两类库，内置库随 Python 安装包一起发布，用户可以随时使用；第三方库需要安装后使用。

一、使用 pip 工具安装 Python 第三方库

使用 pip 工具安装是常用的第三方库安装方法。pip 是 Python 的内置命令，需要通过命令行执行，即在 cmd 命令窗口中打开 python 安装目录，执行 pip –h 命令可列出 pip 的常用子命令（图 6–23）。注意不要在 IDLE 下运行 pip 命令。

安装一个库的命令格式为

```
pip install <拟安装库名>
```

例如，安装 jieba 库可用命令 pip install jieba。

卸载一个库的命令格式为

```
pip uninstall <拟卸载库名>
```

可以通过 list 子命令列出当前系统中已经安装的第三方库，即 pip list。使用 pip 的 show 子命令可列出某个安装库的详细信息，命令格式为

```
pip show <拟查询库名>
```

```
:\ >pip -h
Usage:
  pip <command> [options]
Commands:
  install             Install packages.
  download            Download packages.
  uninstall           Uninstall packages.
  freeze              Output installed packages in requirements format.
  list                List installed packages.
  show                Show information about installed packages.
  check               Verify installed packages have compatible dependencies.
  config              Manage local and global configuration.
  search              Search PyPI for packages.
  cache               Inspect and manage pip's wheel cache.
  wheel               Build wheels from your requirements.
  hash                Compute hashes of package archives.
  completion          A helper command used for command completion.
  debug               Show information useful for debugging.
  help                Show help for commands.
```

图 6–23　pip 的常用子命令

二、jieba 库简介

如果需要提取一段英文文本（如 China is a great country）中的单词，只需使用字符串处理的 split() 方法即可。提取英文分词方法如图 6–24 所示。

```
>>> "China is a great country".split()
['China', 'is', 'a', 'great', 'country']
```

图 6–24　提取英文分词方法

提取中文文本（如“中国是一个伟大的国家”）中的单词（不是字符）十分困难，因为英文文本可以通过空格或者标点符号分隔，而中文单词之间缺少分隔符，这是中文及类似语言独有的“分词”问题。

jieba 库是 Python 中一个重要的中文分词第三方库，中文分词方法如图 6–25 所示。

```
>>> import jieba
>>> jieba.lcut("中国是一个伟大的国家")
['中国','是', '一个', '伟大', '的', '国家']
```

图 6–25　中文分词方法

jieba 库是第三方库，不是 Python 安装包自带的，需要通过 pip 指令（pip install jieba）安装。

jieba 库的分词原理是利用一个中文词库，将待分词的内容与分词词库比对，确定汉字之间的关联概率，汉字间概率大的组成词组，形成分词结果。除了可以分词外，jieba 库还拥有增加自定义中文单词的功能。

jieba 库支持三种分词模式：①精确模式，将句子精确地切开，适合文本分析；②全模式，扫描出句子中所有可以成词的词语，速度非常快，但是不能消除歧义；③搜索引擎模式，在精确模式的基础上，再次切分长词，提高召回率，适合用搜索引擎分词。

jieba 库的常用分词函数见表 6–1。

表 6–1　jieba 库的常用分词函数

分词函数	描述
jieba.cut(s)	精确模式，返回一个可迭代的数据类型
jieba.cut(s,cut_all=True)	全模式，输出文本 s 中所有可能的单词
jieba.cut_for_search(s)	搜索引擎模式，适合搜索引擎建立索引的分词结果
jieba.lcut(s)	精确模式，返回一个列表类型，建议使用
jieba.lcut(s,cut_all=True)	全模式，返回一个列表类型，建议使用
jieba.lcut_for_search(s)	搜索引擎模式，返回一个列表类型，建议使用
jieba.add_word(w)	向分词词典中增加新词 w

三、Python 程序实例 3:《红楼梦》人物出场统计

《红楼梦》是我国古典四大名著之一，以贾、史、王、薛四大家族的兴衰为背景，以富贵公子贾宝玉为视角，以贾宝玉与林黛玉、薛宝钗的爱情故事为主线，描绘了一批举止、见识出于须眉之上的闺阁佳人的人生百态，展现了人性美和悲剧美，可以说是一部从各个角度展现女性美及我国古代社会世态百相的史诗性著作。

《红楼梦》中出现的人物有几百个，出场次数最多的是哪些人物呢？下面我们用 Python 统计出场次数最多的 10 个人物。

人物出场统计涉及词频统计，因为中文文本需要分词统计词频，所以需要用到 jieba 库。

第一步，将《红楼梦》电子书保存为“红楼梦 .txt”，并在 Python 中读入。使用 open() 函数读取文件内容，具体代码为“txt = open（path,'r',encoding = 'utf–8'）.read()”，其中 path 表示“红楼梦 .txt”文件的保存路径；'r' 表示文件的打开模式为只读；encoding = 'utf–8' 表示以 'utf–8' 编码方式读文件，UTF–8 是针对 Unicode 的一种可变长度字符编码；read() 表示从文件读入整个文件内容。

第二步，掌握词频统计的思路。词频统计只是累加问题，即为文档中的每个词设计一个计数器，词出现一次，相关计数器加 1。如果以词语为键，计数器为值，那么构成 < 单词 >< 出现次数 > 的键值对，可很好地解决该问题。

第三步，使用 jieba 库分词。

第四步，为每个单词计数。假设将单词保存在变量 word 中，使用一个字典类型 counts={}，统计单词出现次数的代码为“counts[word]=counts[word]+1”。

当遇到一个新单词（字典结构中没有出现过该单词）时，需要在字典中新建键值对 counts[new_word]=1。因此，无论单词是否在字典中，加入字典 counts 中的处理逻辑都可以统一表示为如下代码。

```
if word in counts:
counts[word]=counts[word]+1
else:
counts[word]=1
```

该处理逻辑可以简洁地表示如下。

```
counts[word]=counts.get(word,0)+1
```

第五步，对单词的统计值从高到低排序，输出前 10 个高频词语，并格式化打印输出。由于字典类型没有顺序，因此需要转换为有顺序的列表类型，使用 sort() 方法和 lambda() 函数根据单词出现的次数对元素进行排序。输出排名前 10 位的单词。程序代码如下。

```
items=list(counts.items())    #将字典转换为记录列表
items.sort(key=lambda x:x[1], reverse=True)    #记录第 2 列排序
```

第六步，给出该例的完整代码，如图 6–26 所示。

```
import jieba                                   #导入 jieba 库
path = 'd:\\Desktop\\ 书稿 \\ 红楼梦 .txt'   #红楼梦 .txt 的保存路径在变量 path 中
txt = open(path,'r',encoding = 'utf-8').read()  #根据路径，以 UTF-8 的格式读取文件内容
words = jieba.lcut(txt)                         #将用 jieba 库分词后的结果保存在列
                                                 表 words 中
counts = {}               #定义空的字典类型
for word in words:        #遍历列表 words，将长度大于 1 的词及其出现次数保存在字典 counts 中
    if len(word) == 1:
        continue
    else:
        counts[word] = counts.get(word,0) + 1
items = list(counts.items())     #将字典转换为记录列表
items.sort(key=lambda x:x[1],reverse=True)     #记录第 2 列排序
for i in range(10):              #遍历列表，并输出前 10 个高频词及其词频
    word,count = items[i]
    print('{0:<10}{1:>5}'.format(word,count))  #使用 format() 将第 1 列数据左对齐，
                                                第 2 列数据右对齐
```

图 6–26 《红楼梦》词频统计的完整代码

《红楼梦》词频统计结果如图 6–27 所示。

在结果中，不是人名的部分需要一步步剔除，如“什么”“一个”等。我们知道“宝玉”就是“贾宝玉”，“林妹妹”“林姑娘”“黛玉”“黛玉道”等就是“林黛玉”，同一个人会有不同的称呼方式，这种情况需要整合处理，进一步完善代码。《红楼梦》词频统计最终代码如图 6–28 所示。

```
宝玉        3748
什么        1613
一个        1451
贾母        1228
我们        1221
那里        1174
凤姐        1100
王夫人      1011
你们        1009
如今         999
```

图 6–27 《红楼梦》词频统计结果

```
import jieba     # 导入 jieba 库
path = 'd:\\Desktop\\ 书稿 \\ 红楼梦 .txt'  # 红楼梦 .txt 的保存路径在变量 path 中
txt = open(path,'r',encoding = 'utf-8').read() # 根据路径，以 UTF-8 的格式读取文件内容
words = jieba.lcut(txt)    # 将用 jieba 库分词后的结果保存在列表 words 中
excludes = ['这会子','怎么样','为什么','周瑞家',
            '贾母笑','悄悄的','大学生','小说网','电子书','小丫头',
            '什么','我们','你们','如今','一个',
            '那里','说道','起来','知道','姑娘','他们','这里',
            '众人','自己','出来','太太','只见','怎么','一面','奶奶',
            '两个','没有','不是','不知','这个','听见','这样','进来',
            '咱们','告诉','就是','东西'
            ]   # 将不是人名的名词放在列表 excludes 中
counts = {}  # 定义空的字典类型
for word in words:   # 遍历列表 words，并将长度大于 1 的词及其出现次数保存在字典 counts 中
    if len(word) == 1:
        continue
    elif word=="林姑娘" or word=="黛玉道" or word=="林妹妹":
        rword="林黛玉"
    elif word=="宝玉" or word=="宝玉道" :
        rword="贾宝玉"
    elif word=="凤姐" or word=="凤姐道" :
        rword="王熙凤"
    elif word=="宝钗" or word=="宝钗道" :
        rword="薛宝钗"
    else:
        rword=word
    counts[rword] = counts.get(rword,0) + 1
for word in excludes:   # 在字典中删除出现在 excludes 列表中的词
    del counts[word]
items = list(counts.items())  # 将字典转换为记录列表
items.sort(key=lambda x:x[1],reverse=True)   # 记录第 2 列排序
for i in range(10):       # 遍历列表，并输出前 10 个高频词及其词频
    word,count = items[i]
    print('{0:<10}{1:>5}'.format(word,count))  # 使用 format() 将第 1 列数据左对
                                                 齐，第 2 列数据右对齐
```

图 6–28 《红楼梦》词频统计最终代码

《红楼梦》词频统计最终执行结果如图 6–29 所示。

```
贾宝玉        3766
贾母          1228
王熙凤        1115
王夫人        1011
老太太         966
薛宝钗         717
贾琏           670
林黛玉         640
平儿           588
袭人           585
```

图 6–29 《红楼梦》词频统计最终执行结果

思　考　题

1. 我国用摄氏度表示温度，而英国、美国等国家普遍使用华氏度表示温度。将华氏度换算为摄氏度的公式为 $C=(F-32)\times 5/9$，将摄氏度换算为华氏度的公式为 $F=(C\times 9/5)+32$。请编写一个程序，将用户输入的华氏度转换为摄氏度（保留整数）。程序运行结果如图 6–30 所示。

```
请输入华氏度：68
转换后的摄氏度为：20
```

图 6–30 程序运行结果

提示：解答此题需要用到数值运算操作符。Python 提供了 9 个基本的数值运算操作符，见表 6–2。这些数值运算操作符也叫内置操作符，由 Python 解释器直接提供，不需要引用标准函数库或第三方函数库。

表 6–2 9 个基本的数值运算操作符

操作符及使用	描述
x+y	加，x 与 y 的和
x − y	减，x 与 y 的差
x*y	乘，x 与 y 的积
x/y	除，x 与 y 的商
x//y	整数除，x 与 y 的整数商
+x	x 本身
−x	x 的负值
x%y	求余数，模运算
x**y	幂运算，x 的 y 次幂（x^y）

2. 编写程序，计算 1+3+5+...+99 的值，即 100 以内所有奇数的和。

3. 编写程序，统计《三国演义》中出场次数最多的 20 个人物。

其他常用的编程语言

学习目标

1. 了解Java语言和R语言的发展及特点。

2. 掌握Java语言和R语言的开发环境搭建及Java中类和对象的使用方法。

3. 学习Java语言和R语言实例，明确人工智能编程语言为日常学习和工作提供的便利，以及对学生的新要求。

学习建议

1. 本章建议学习时长为4课时。

2. 本章主要阐述Java语言和R语言的特点及开发环境搭建，重点理解Java面向对象编程和利用R语言进行统计分析。

3. 学习者可采用小组讨论的方式，探讨Java语言中类和对象的创建与使用方法。

4. 学习者可深入阅读5～10篇有关人工智能编程语言的期刊论文，探索人工智能编程语言的编写与应用。

Python 是拥有很多机器学习和深度学习框架的语言，也是很多人工智能研究者掌握的语言。除 Python 语言之外，Java、C++、R 等语言也是人工智能编程中的常用语言。例如，Java 是一种面向对象的程序设计语言，能够简化人工智能编程算法的复杂性；R 语言是一种面向统计分析和数据挖掘的共享性和开源性软件平台，支撑统计理论研究和大数据统计分析。本章将简要介绍 Java 语言和 R 语言。

第一节 Java 语言

一、Java 语言简介

（一）Java 语言的发展

1995 年，Sun 公司推出了 Java 语言，它是一种纯粹的面向对象的程序设计语言，真正实现了与平台无关，可运行于各种操作系统和芯片，与 Internet 和 Web 相得益彰，是网络世界的通用语言。如今流行的 Android 应用程序就是用 Java 语言开发的。

加拿大的詹姆斯·高斯林（James Gosling）在卡内基－梅隆大学攻读计算机博士学位时，编写了多处理器版本的 UNIX 操作系统。1991 年，在 Sun 公司工作期间，詹姆斯·高斯林和一群技术人员创建了一个名为 Oak 的项目，旨在开发运行于虚拟机的编程语言，同时允许程序在电视机机顶盒等多平台上运行。后来，Oak 演变为今天的 Java。因此，詹姆斯·高斯林被称为"Java 之父"。

1996 年 1 月，JDK 1.0 诞生。

1996 年 6 月，Sun 公司发布 Java 的三个版本：标准版（J2SE）、企业版（J2EE）和微型版（J2ME）。

2004 年 9 月 30 日，J2SE 1.5 发布，成为 Java 语言发展史上的一个里程碑。为了表示该版本的重要性，J2SE 1.5 更名为 Java SE 5.0，也就是我们经常说的 JDK 1.5 或 JDK 5.0。

2005 年 6 月，JavaOne 会议召开，Sun 公司公开发布 Java SE 6。此时，Java 的各种版本已经更名，J2EE 更名为 Java EE，J2SE 更名为 Java SE，J2ME 更名为 Java ME。

2009 年，Sun 公司被 Oracle 公司收购。

2011 年 7 月 28 日，Oracle 公司发布 Java SE 7，也就是我们经常说的 JDK 7、JDK 7.0 或 JDK 1.7。

2014 年 3 月 18 日，Oracle 公司发布 Java SE 8，也就是我们经常说的 JDK 8、JDK 8.0 或 JDK 1.8。这个版本是继 JDK 5.0 之后变化最大的版本，也可以作为 Java 语言发展史上的一个里程碑。

2017 年，Oracle 公司发布 Java SE 9。

2018 年，Oracle 公司发布 Java SE 10 和 Java SE 11。在 Java SE 9 之后，Oracle 公司命名时采用年份加月份，如 Java SE 10，也称 JDK 18.3，表示是 2018 年 3 月份发布的。Oracle 公司曾表示每 6 个月更新一个版本。

2019年，Oracle公司发布Java SE 12和Java SE 13。

2020年3月，Oracle公司发布Java SE 14。

2020年9月，Oracle公司发布Java SE 15。

（二）Java语言的特点

1. 语法简单

Java语言是一种类似于C++的语言，但删除了C++中不常用且容易出错的地方，语法更简单。例如，Java语言中取消了指针，不再有全局变量，没有了#include和#define等预处理器，便取消了类的多重继承机制。由于程序员无须自己释放程序运行占用的内存空间，因此不会引起由内存混乱导致的系统崩溃。

2. 面向对象

Java强调的面向对象是纯粹的面向对象语言，对软件工程技术的开发有很强的支持。Java语言的设计集中于对象及其接口，提供了简单的类机制及动态的接口模型。Java中的对象封装了对象的状态变量及相应的方法，实现了模块化和数据隐藏。除此之外，Java的类还提供了一类对象的原型，通过继承机制，子类可以使用父类提供的方法，实现了代码重用。因此，Java支持复杂系统的设计。

3. 支持分布式的网络应用

Java是为Internet的分布式环境设计的，强调网络特性，内置TCP/IP、HTTP、FTP协议类库，能够处理TCP/IP协议，便于开发网上应用系统。Java还支持远程方法调用（remote method invocation，RMI）。

4. 跨平台

跨平台是Java的核心优势。Java号称“一次编写，到处运行”，即Java与平台无关，能够跨平台使用，更适合网络应用。Java语言规定了统一的数据类型，有严格的语言定义，为Java程序跨平台的无缝移植提供了便利。Java编译器将Java程序编译成二进制代码（字节码）。不同的操作系统有不同的虚拟机，它类似于一个小巧、高效的CPU，字节码就是虚拟机的机器指令，与平台无关。字节码有统一的格式，不依赖具体的硬件环境，在任何安装Java运行环境的系统上都可以执行这些代码。运行时，环境针对不同的处理器指令系统，把字节码转换为不同的具体指令，保证程序“到处运行”。

5. 支持多线程

单线程程序在一个时刻只能做一件事情，多线程程序允许在同一时刻做很多事情。大多数高级语言（如C语言、C++语言等）都不支持多线程程序，只能编写顺序执行的程序（除非有操作系统API的支持）。Java内置了在语言级支持的多线程功能，能提供线程类Thread，只要继承这个类就可以编写多线程程序，可使用户程序并行执行。Java提供的同步机制可保证各线程对共享数据的正确操作，完成各自特定任务。在硬件条件允许的情况下，这些线程可以直接分布到各CPU上，充分发挥硬件性能，减少用户等待时间。程序设计者可以用不同的线程完成特定的行为，而不需要采用全局的事件循环机制，从而很轻松地实现网络上的实时交互行为。

6. 安全性和健壮性

Java程序在语言定义阶段、字节码检查阶段及程序执行阶段进行三级代码安全检查机制，严格检查和控制参数类型匹配、对象访问权限、内存回收、Java 小应用程序的正确使用等，可以有效地防止非法代码侵入，阻止对内存的越权访问，避免病毒侵害。Java 语言吸收了 C 语言、C++ 语言的优点，删除了影响程序鲁棒性的部分（如指针、内存的申请与释放等）。Java 程序不会使计算机崩溃，即使发生意外情况也不会崩溃，而是用异常处理机制处理异常。

（三）Java 程序的运行原理

Java 程序是通过 Java 虚拟机（java virtual machine，JVM）运行的。Java 虚拟机是运行 Java 字节码的假想计算机，类似于 Windows 操作系统。

Java 运行环境（java runtime environment，JRE）由 JVM、Runtime Interpreter 和其他程序构成。Java 运行环境的三个主要功能为加载代码、校验代码、执行代码。

Java 程序的运行原理如图 7-1 所示。

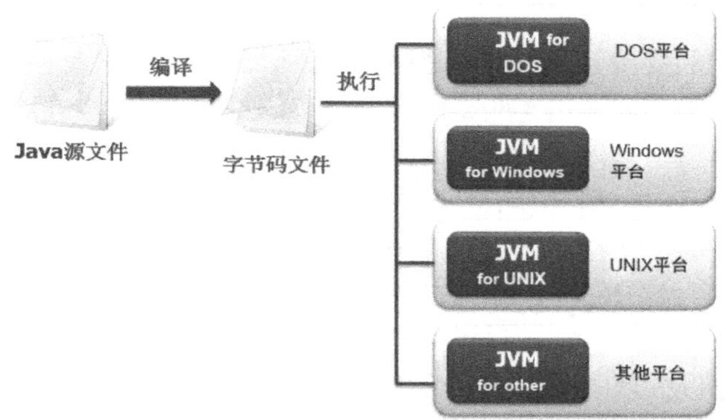

图 7-1　Java 程序的运行原理

二、面向对象的基本概念

1. 对象简介

对象是系统中描述客观事物的一个实体，是构成系统的基本单位。

（1）现实世界中的对象。

对象无处不在，现实世界是由对象构成的，任何实体都可以看作对象，如教室中的桌椅、听课的学生、公路上行驶的汽车、人们使用的计算机等。

现实世界中的对象有两个特征：状态和行为。状态表示每个对象的特性，描述它的样子。如描述某辆汽车，可以从汽车的颜色、品牌、型号、排气量等方面描述。行为描述对象具有的动作或功能，如汽车能够执行起动、行驶、加速、倒车等动作。

（2）软件中的对象。

软件中的对象是现实世界中的对象的抽象。软件中的对象同样具有状态和行为，状态用变量（也称属性）描述，行为用方法实现。因此，软件中的对象是变量和相关方法的软件组合。

（3）现实世界中的对象抽象成软件中的对象。

在进行面向对象设计时，需要将现实世界中的对象抽象成软件中的对象。抽象的过程就是选择对象属性和行为的过程，属性的取舍取决于是否对要构建的系统有用。如模拟公交车运营系统，需要考虑车牌号、车的位置、车的运行方向，不需要考虑车的长度。同一个对象在不同软件系统中的抽象结构不同。在公交公司资产管理系统中，需要考虑公交车的生产厂家、出厂日期、价格、出车次数等，而不需要考虑公交车的位置和运行方向。

2. 类的简介

（1）类的概念。

现实世界中的对象往往是分类的，可以称为某类对象或者类。类是具有相同特征、共同行为和共同关系的一组对象的抽象。对象是具体的，是类的特例；类是抽象的，是对象的共性。例如，狗是一个种类，那么名为“卡尔”的狗属于狗类的一个特例，即狗类的一个对象，每个对象都要符合这个类型的标准。类是面向对象程序设计的核心，实际上是用于定义一种新的数据类型（引用类型）。

（2）类的要素。

类的构成要素有数据和方法。

数据表示为类中的变量，称为类的特性或属性。例如，描述人这个类中的对象可以用姓名、年龄、身高、体重、职业，这些是所有人共有的特性。一个类的所有对象都有相同的属性变量名称，而变量值因具体对象的不同而不同。

方法是指类中所有对象都具有的某些共同动作或行为。例如，汽车能够执行的动作有起动、行驶、加速、倒车，这些动作或行为是所有汽车共有的。

在 Windows 应用程序中有很多窗口对象，对窗口对象进行抽象后形成窗口类。窗口类的特征表示窗口的数据成员，如窗口尺寸、位置、标题、颜色等。窗口类的方法表示窗口的行为，如窗口的移动、关闭、最大化、最小化等。

3. 面向对象的三个基本特征

面向对象有很多特征，其中封装、继承、多态是三个基本特征。

（1）封装。

封装是面向对象编程的核心思想。

类有许多特性和方法，用户只能访问对象公开的特性和方法。例如，以某个人为对象，可以访问该人的外貌特征，不能访问该人的隐私。外界不能直接访问对象的私有数据（私有变量）就是类对数据的封装。隐藏类的实现细节，类的数据部分公开，通过封装，外界只能通过规定方法访问数据，可以防止对象的使用者破坏对象，保证数据的安全性。

（2）继承。

继承是面向对象编程技术的“基石”，因为它允许创建分等级层次的类。

在面向对象编程中，从一个类继承数据和方法的类称为子类，被继承的类称为父类。子类继承父类的特性和行为，使得子类对象（实例）具有父类的数据和方法；或子类继承父类的方法，从而具有与父类相同的行为，子类也可以拥有自己的特性。通过继承，子类可以重用父类的代码，实现代码重用。

（3）多态。

在编程语言中，多态指的是相同的对象引用、相同的方法名字，执行不同的程序，即执行相同的方法产生的结果不同。例如，Shape 类是图形类，三角形、圆形、立方体都是图形类的子类，假设 Shape 类具有绘制图形的 Draw 方法，三角形、圆形、立方体继承父类的行为，也具有 Draw 方法，但三者执行 Draw 方法后的结果不同，三角形类将绘制出三角形，圆形类将绘制出圆形，立方体类将绘制出立方体。多态还指允许以统一的风格编写程序，以处理种类繁多的已存在的类及其相关类，既降低了维护难度，又节省了时间。

三、Java 开发环境搭建

（一）环境变量的配置

1. JDK 的下载与安装

编写 Java 程序需要安装 Java 开发包（Java development kit，JDK），它不仅是 Java 开发环境，而且包含 JRE。

登录 Oracle 官网（https://www.oracle.com）下载 JDK，根据操作系统类型选择下载版本并安装。

安装完成后，Java 目录下包含 jre 和 jdk 目录。jre 是运行时环境；jdk 是 Java 开发环境，包含 jre，既能开发又能运行。

jdk 目录下的 bin 目录存放的是 Java 开发工具（Java 命令），如编译命令 javac、运行命令 java 等；lib 目录存放的是 Java 开发类库。

2. JDK 的配置

配置 JDK 需要设置三个环境变量。环境变量一般是指在操作系统中指定操作系统运行环境的一些参数，包含一个或多个应用程序使用的信息。设置环境变量的方法如下：右击桌面图标“我的电脑”，在弹出的快捷菜单中选择“属性”命令，打开“系统设置”界面，单击“高级系统设置”按钮，打开“系统属性”对话框，如图 7–2 所示。

单击“环境变量”按钮，弹出“环境变量”对话框，如图 7–3 所示。

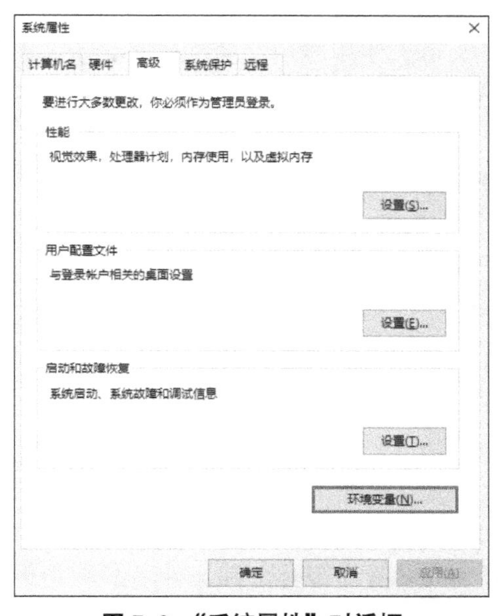

图 7–2　“系统属性”对话框

图 7–3　“环境变量”对话框

（1）设置 JAVA_HOME 环境变量。

JAVA_HOME 环境变量用于设置 Java 安装目录，其他应用程序需要使用 JRE，首先获得该信息，然后确定执行的路径。新建一个系统变量，如图 7–4 所示，变量名为 JAVA_HOME，变量值为 C:\Program Files\Java\jdk1.8.0_162。

新建系统变量

变量名(N):	JAVA_HOME
变量值(V):	C:\Program Files\Java\jdk1.8.0_162

浏览目录(D)... 浏览文件(F)... 确定 取消

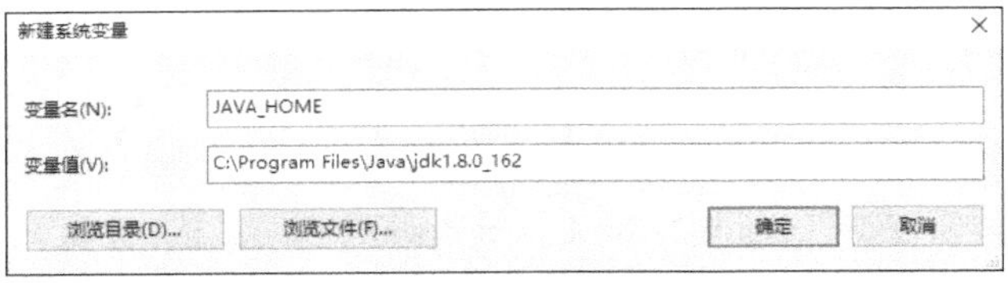

图 7–4 新建系统变量

（2）设置 CLASSPATH 环境变量。

CLASSPATH 表示搜索 Java 类的路径，既可以包含一些 jar 归档文件，又可以是一个目录。Java 类有两种：标准类和自定义类。标准类由 JDK 提供，存放在 jdk 目录下的 lib 子目录中。自定义类是用户自己编写的类，存放位置不确定，可以设置为一个相对路径“.”，表示当前目录，即程序运行时平台所在的目录。新建系统变量 CLASSPATH，变量值为 C:\Program Files\Java\jdk1.8.0_162\lib。

（3）更新 Path 环境变量。

Path 变量表示系统搜索可执行程序的路径。当要求系统运行一个程序且不知道程序所在的完整路径时，系统除了在当前目录下寻找此程序外，还应到 Path 中指定的路径寻找。设置 Path 是用来搜索 Java 命令的，即存放在 bin 目录下的各种指令。编辑 Path 系统变量，添加变量值 C:\Program Files\Java\jdk1.8.0_162\bin。

（二）Java 程序的编写与运行

编写 Java 程序既可以使用记事本等文本工具，又可以使用专用编辑软件，如 JCreator、Eclipse、JBuilder 等。例 7.1 是一个简单的 Java 程序，使用记事本编写后，将文件另存为 HelloWorld.java。

【例 7.1】编写一个简单的 Java 程序，输出“hello world!”。

```
public class HelloWorld
{
    public static void main(String []args)
     {
         System.out.println("hello world!");
      }
}
```

Java 语言对字母大小写敏感。Java 程序必须以类 class 的形式存在，要执行的类中必须有 main 函数，书写格式固定。语句 System.out.println 用于输出字符串信息。当关键字 class 之前没有 public 修饰符时，源文件名称任意；当有 public 修饰符时，源文件名必须与类名一致。

Java 程序需要先编译再运行。Java 程序有两种运行方式：一是利用 DOS 平台运行，二是利用 JCreator 软件运行。通过 DOS 平台运行的过程如下：在“开始”菜单的“运行”命令框中，输入命令“cmd”，打开 DOS 窗口；进入 Java 源程序所在目录（使用 cd 命令进入子目录）；利用 javac 命令编译源程序，如 javac HelloWorld.java，编译后生成一个 class 字节码文件 HelloWorld.class；使用 Java 命令（如 java HelloWorld）运行程序，可在 DOS 平台输出字符串。编译运行 Java 程序如图 7–5 所示。

图 7–5　编译运行 Java 程序

四、Java 面向对象基础

为便于理解 Java 面向对象编程，下面用一个案例讲解 Java 中类的定义及 Java 类的三大特性（封装、继承、多态）。

【案例】编写一个图形类 Graphics，包含画图、求面积、求周长三个方法；编写图形类的子类圆 Circle 和矩形 Rectangle，包含构造方法、访问器方法；编写一个类，输出圆、矩形的面积和周长。下面拆解为六个小例子进行讲解（例 7.2 至例 7.7）。

（一）类的定义与对象的创建

1. Java 类的分类

Java 有两种类：标准类和自定义类。标准类是指 JDK 提供的 Java 基本包中的类，自定义类是用户自己编写的程序。JDK 提供很多标准类，一般以 java 包的形式存在，常用的有以下几种。

- java.lang 包：线程类、异常类、系统类、整数类、字符串类等，可以由 JVM 自动引入。
- java.awt 包：抽象窗口工具包，用于构建 GUI 界面的类、绘图类。
- java.io 包：输入 / 输出包，文件输入流 / 输出流类。
- java.util 包：实用类，如日期类、集合类。
- java.net 包：支持 TCP/IP 协议，包含 soket 类、URL 相关类。

除 java.lang 包中的类外，其他类都需要在程序开头手动引入，引入语法如下。

```
import java.util.*;      // 导入 java.util 包中的所有类
import java.util.Date;   // 导入 java.util 包中的 Date 类
```

2. 类的定义

类的基本要素有数据（属性）和方法，数据是类中的实例变量，也称类的成员变量，用来定义类的状态特征；方法是类的成员方法（成员函数），用来定义类的行为特征，即类的功能。

声明类的语法格式如下。

```
[访问控制符] class 类名 [extends 父类名] [implements 接口名]
{
    // 属性(类的成员变量)定义
    // 类的成员方法定义
…
}
```

成员变量的定义格式如下。

```
[访问修饰符] 类型 变量名;
```

例如 String username;、private int age;、boolean sex;。

成员方法由方法头和方法体构成，方法不能独立存在，必须在类中定义；方法不能独立执行，执行方法必须以类或对象为调用者。

成员方法的定义如下。

```
[访问修饰符] 返回类型 方法名([参数列表]){
   // 方法体
}
```

例如：

```
public String toString(){
   return "用户名:"+username+", 口令:"+userpass;
}
```

在定义类时，类名首字母应大写，如果类名由多个单词组成，则每个首字母都应大写；类名要尽可能有意义，能够见名知意。

【例 7.2】定义一个 Circle 类，属性包括圆心横坐标、纵坐标，圆的半径，方法包括返回圆心坐标值的方法、求面积的方法、求周长的方法。

```
public class Circle {
   double x;
   double y;
   double r;
public String getPosition() {
return "[" + x + "," + y + "]";
}
public double area() {
return Math.PI * r * r;
```

```
}
public double circumference() {
return Math.PI * r * 2;
}
}
```

3. 创建对象

类是抽象的，声明后无法直接使用，必须创建类的对象。创建对象包括对象声明和对象实例化。

（1）对象声明。

对象声明的语法如下。

```
类名 对象名；
```

类名用来说明对象所属的类。对象名也称对象引用、对象句柄，第一个字符一般为小写字母。例如：

```
Circle circle1;
User user1;
```

（2）对象实例化。

对象实例化的语法如下。

```
对象名 =new 类名 ([ 参数值 ]);
```

new 的作用是为对象向系统申请内存，同时调用类的构造方法对对象进行初始化。

例如：

```
circle1=new Circle();
user1=new User();
```

对象保存在堆内存中，声明对象时不会为对象分配内存，而对象实例化会分配内存空间，可以在声明的同时进行实例化。例如：

```
Circle circle1=new Circle();
```

（3）访问对象的属性和方法。

访问对象的格式如下。

```
对象名 . 属性名
对象名 . 方法名
```

例如：

```
circle1.x
circle1.r=5
circle1.area()
```

访问对象的属性和方法是通过对象引用实现的，如果在对象引用没有指向某个具体实例时访问对象的属性和方法，则产生异常 NullPointerException。

【例 7.3】创建两个圆，圆 1 的位置为 [0,0]，圆 2 的位置为 [200,200]，圆 1 的半径为 10，圆 2 的半径为 20，分别输出两个圆的坐标位置、周长和面积。

```
public class Circle {
   double x;
   double y;
   double r;
     public String getPosition() {
           return "[" + x + "," + y + "]";
     }
     public double area() {
           return Math.PI * r * r;
     }
     public double circumference() {
           return Math.PI * r * 2;
     }
}
public class TestCircle {
     public static void main(String arg[]) {
           Circle circle1 = new Circle();
           circle1.x = 0;
           circle1.y = 0;
           circle1.r = 10;
           Circle circle2 = new Circle();
           circle2.x = 200;
           circle2.y = 200;
           circle2.r = 20;
           System.out.println("圆 1 的坐标为 :" + circle1.getPosition());
           System.out.println("圆 1 的周长为 :" + circle1.circumference());
           System.out.println("圆 1 的面积为 :" + circle1.area());
           System.out.println("圆 2 的坐标为 :" + circle2.getPosition());
           System.out.println("圆 2 的周长为 :" + circle2.circumference());
           System.out.println("圆 2 的面积为 :" + circle2.area());
     }
}
```

4. 构造方法

构造方法是类的一种特殊方法，用来在对象初始化时为对象中的数据赋初始化值。

构造方法的特点如下：构造方法的方法名必须与类名相同；构造方法没有返回值，也不需要返回类型修饰符；用户不能直接调用构造方法，而是在创建对象时由系统自动调用。

当创建实例时调用构造方法：

```
Circle circle1 = new Circle();
```

new 后面的 Circle() 是构造方法，只要创建对象就调用构造方法。

（1）构造方法的定义与使用。

对前面例子中的 Circle 类，定义如下构造方法：

```
public Circle (double x, double y, double r){
      this.x=x;
      this.y=y;
      this.r=r;
}
```

this 指代当前类，表示引用的变量为当前类的成员变量，以此方式与参数中的变量区分。

构造方法是在创建对象时由系统自动调用执行的，例如：

```
Circle circle2=new Circle(30,30,10);      //创建一个圆心坐标[30,30]、半径为10
                                            的圆
```

（2）默认构造方法。

每个类都至少有一个构造方法，如果没有构造方法，则系统为该类默认定义一个空构造方法，也称默认构造方法。默认构造方法的参数列表及方法体均为空，生成对象的属性值也为零或空。如果定义了一个或多个构造方法，则自动屏蔽默认构造方法。

在例 7.3 中，Circle 类中没有定义构造方法，实际隐含了一个空构造。

```
public Circle(){
}
```

（3）构造方法的重载。

方法的重载是指在同一个类中定义两个或两个以上方法名相同的方法。方法重载的规则如下：方法名必须相同；方法的参数数目尽量不同，若参数数目相同，则至少有一个（位置也相同的）参数具有不同的类型；若方法名相同，则参数数目、位置、类型都相同，只是改变返回类型，不能实现重载。在调用方法时，用方法参数表匹配相应的方法，实现需要的功能。因为在进行对象实例化时可能会遇到许多不同情况，所以要求针对给定的不同参数调用不同的构造方法。

【例 7.4】为例 7.3 中的 Circle 类增加多个构造方法。

```
public class Circle {
   double x;
   double y;
   double r;
   public Circle(){}    //默认构造
   public Circle(){     //无参构造
      this.x=0;
      this.y=0;
      this.r=5;
   }
   public Circle (double x, double y, double r) {   //有参构造
      this.x=x;
      this.y=y;
      this.r=r;
   }
   public String getPosition() {
```

```
            return "[" + x + "," + y + "]";
    }
    public double area() {
            return Math.PI * r * r;
    }
    public double circumference() {
            return Math.PI * r * 2;
    }
}
public class TestCircle {
    public static void main(String arg[]) {
            Circle circle1 = new Circle(); //使用无参构造创建圆
            Circle circle2 = new Circle(30,30,10); //使用有参构造创建圆
            System.out.println("圆1的坐标为:" + circle1.getPosition());
            System.out.println("圆1的周长为:" + circle1.circumference());
            System.out.println("圆1的面积为:" + circle1.area());
            System.out.println("圆2的坐标为:" + circle2.getPosition());
            System.out.println("圆2的周长为:" + circle2.circumference());
            System.out.println("圆2的面积为:" + circle2.area());
    }
}
```

（二）类的封装

1. 访问控制符

Java 中有四种访问控制符：public、protected、default、private。

（1）类的访问控制符。

类有两种访问控制符：public 和 default。例如：

```
public class A{}
class B{}
```

public 修饰的类能被所有类访问；默认的类只能被同一个包中的类访问。

（2）成员的访问控制符。

成员有四种访问控制符：private、default、protected、public。private 类型的成员，只有类自己可以访问；default 类型的成员，类自己可以访问，同一个包中的其他类也可以访问；protected 类型的成员，类自己、同一个包和类的子类都可以访问；public 类型的成员，类自己、同一个包、不同包的子类都可以访问。

例如：

```
package cm.a;  //声明类所在的包
public class A {
      private int pri;
      public int pub;
      int def;
      public void print() {
             System.out.println(pri);
             System.out.println(pub);
```

```
            System.out.println(def);
        }
}
package cm.a;  //声明类所在的包
public class B {
        public static void main(String[] args) {
            A a = new A();
            a.def = 10;
            a.pub = 20;
            a.pri=30; //不能访问
        }
}
package cm.b;  //声明类所在的包
import cm.a.A;  //类A属于cm.a包，不在当前包中，需要导入
public class B {
        public static void main(String[] args) {
            A a = new A();
            a.def=10; //不能访问
            a.pub = 20;
            a.pri=30; //不能访问
        }
}
```

package 表示声明类所在的包，用于划分名字空间，方便管理各种类，解决命名冲突等。没有包定义的源代码文件成为未命名的包中的一部分，不需要为未命名的包中的类写包标识符。

2. 访问器方法

访问器方法用于访问类的属性，包括 set 方法和 get 方法。

set 方法名为“set+ 属性名”，属性名的首字母改为大写，如属性名为 userName，方法名为 setUserName。set 方法的参数类型与属性的类型相同，方法的返回值为 void，访问控制符为 public。

get 方法名为“get+ 属性名”，属性名的首字母改为大写，如属性名为 userName，方法名为 getUserName。get 方法不需要参数，返回值类型与属性的类型相同，访问控制符为 public。

例如，为 Circle 类中的成员变量 r 添加访问器的代码如下。

```
public double getR(){
        return r;
}
public void setR(double r){
        this.r=r;
}
```

类的封装是为了保证数据安全，将类的属性定义为私有类型，再提供公有方法［获取属性值的方法（get 方法）和为属性赋值的方法（set 方法）］以便外界访问。使用 set 方法、get 方法可以控制用户的操作，如圆的半径不能为负数，代码如下。

```
public void setR(double r){
      if (r>0) this.r=r;
}
```

（三）类的继承

1. 继承的语法

假设存在两个类——类 A 和类 B，如果类 B 中拥有类 A 中的所有数据（属性）和方法，就称类 A 与类 B 存在继承关系，即类 B 继承于类 A。其中，类 B 称为子类、派生类，类 A 称为超类、基类或父类。

继承的语法格式如下。

```
修饰符 class 子类名 extends 父类名{
        //子类新增成员变量
        //子类新增成员方法
}
```

【例 7.5】使用继承定义图形类 Graphics、圆类 Circle。

```
public class Graphics {
     private double x;          //横坐标
     private double y;          //纵坐标
     public Graphics() {
     }
     public Graphics(double x, double y) {
            this.x = x;
            this.y = y;
     }
     public double getX() {
            return x;
     }
     public void setX(double x) {
            this.x = x;
     }
     public double getY() {
            return y;
     }
     public void setY(double y) {
            this.y = y;
     }
}
public class Circle extends Graphics {
     private double r;          //半径
     public double getR() {
            return r;
     }
     public void setR(double r) {
            this.r = r;
     }
     public Circle() {
```

```
    }
    public Circle(double x, double y, double r) {
        setX(x);    //继承父类的方法
        setY(y);    //继承父类的方法
        this.r = r;
    }
}
```

类的继承可以实现代码重用，简化代码。继承子类可以得到在父类中定义的成员变量和成员方法。由于例 7.5 中 Graphics 的成员变量 x、y 定义为私有类型，因此在 Circle 类中无法直接访问这两个父类属性，只能使用继承自父类的方法 setX()、getX() 访问。Java 只支持单继承，不支持多重继承，即 extends 关键字后只能有一个父类。如果定义一个类时没有指定父类，则把 Object 类设置为当前类的父类。Object 类是 Java 程序中所有类的直接父类或间接父类，也是类库中所有类的父类，处在类层次的最高点。

2. 属性的隐藏

在类的继承中，子类中出现与父类同名的属性，称为属性的隐藏。在子类中访问被隐藏的父类属性的方法为“super. 属性名”。例如：

```
class Parent {
    public int a = 10;
}
class Child extends Parent{
    public int a=20;  //a 为 Child 类的属性，继承自父类 Parent 的属性 a 被隐藏
    public int getParentA(){
        return super.a;    //访问被隐藏的父类属性
    }
    public int getChildA(){
        return a;     //访问自身的属性
    }
}
```

3. 方法的覆盖

当子类中出现与父类方法名相同、返回值类型相同和参数表相同的方法时，子类中的方法将会覆盖父类中的同名方法，称为方法的覆盖，也称方法的重写、方法的隐藏。

子类和父类中的方法只有满足以下三个条件才能实现方法的覆盖：方法名相同；方法返回类型相同；参数表相同，即参数数目、参数顺序和参数类型都相同。例如：

```
public class Employee {
    String name;
    int salary;
    public String getInfo() {
        return "Name:"+ name + "\n" +"Salary:"+salary;
    }
}
public class Manager extends Employee {
    String department;
    public String getInfo() {    //覆盖父类中的同名方法
```

```
        return "Name:"+name+"\nSalary :"+salary+"\nDepartment:"+department;
    }
}
```

子类重写父类的方法多发生在以下三种情况：子类要做与父类不同的事情；子类要做比父类多的事情；在子类中取消该方法。

子类覆盖父类的方法时，不能修改返回值类型和缩小访问权限。

（四）类的多态

1. 抽象方法与抽象类

（1）抽象方法。

如果父类中方法的实现没有意义或者无法实现，则可以把该方法定义成抽象方法，只给出方法头，不必给出方法体。例如图形类，画图形的方法、求图形的面积和周长的方法，由于图形不确定，因此无法画图、求面积和周长，只能将这些方法定义为抽象方法。

抽象方法使用 abstract 修饰，抽象方法没有方法体，只有方法定义。

例如，定义画图、求面积和周长的方法如下。

```
public abstract void draw();
public abstract double area();
public abstract double circumference();
```

抽象方法在父类声明后无法直接使用，需要在子类中实现后使用。

（2）抽象类。

包含抽象方法的类称为抽象类，是对某些类的进一步抽象。抽象类的定义规则包括：用 abstract 修饰；有抽象方法的类一定要定义为抽象类，但是抽象类不一定有抽象方法；抽象类中可以全部是抽象方法、全部是非抽象方法或者两者都有；抽象类不能被实例化，即不能用 new 关键字产生对象；抽象方法只需要声明，不需要实现；抽象类的子类只有覆盖所有抽象方法后才能被实例化，否则这个子类还是抽象类。

【例 7.6】编写图形类 Graphics，包含画图、求面积、求周长三种方法；编写图形类的子类——圆 Circle 和矩形 Rectangle。

```
public abstract class Graphics {
    public abstract void draw();
    public abstract double area();
    public abstract double circumference();
}
public class Circle extends Graphics {
    private double r;           //半径
    public Circle() {   }
    public Circle(double r) {
        this.r = r;
    }
    public double getR() {
        return r;
    }
    public void draw() {
```

```
            System.out.println("画圆!");
        }
        public double area() {
            return Math.PI * r * r;
        }
        public double circumference() {
            return Math.PI * r * 2;
        }
}
public class Ranctangle extends Graphics {
        private double width;               //宽度
        private double length;              //长度
        public Ranctangle() {}
        public Ranctangle(double width, double length) {
            this.width = width;
            this.length = length;
        }
        public double getWidth() {
            return width;
        }
        public double getLength() {
            return length;
        }
        public void draw() {
            System.out.println("画矩形!");
        }
        public double area() {
            return width * length;
        }
        public double circumference() {
            return width * 2 + length * 2;
        }
}
```

2. 多态性

在 Java 中，类的多态性是指对象引用相同、方法名相同，但运行时执行的方法不同。例如：

```
Animal animal = new Dog();
animal.speak();
animal = new Cat();
animal.speak();
```

在上面程序中，用父类引用指向子类实例，称为向上转型。虽然都是 animal.speak( ) 语句，但是运行时分别调用 Dog 类对象、Cat 类对象中的 speak( ) 方法，返回的结果不同。

实现多态的条件包括三点：存在继承关系，如 Dog 和 Cat 是子类，Animal 是父类；方法重写，在父类中声明方法，在子类中覆盖方法，如在 Animal 中声明 speak 方法，在 Dog 和 Cat 中重新实现 speak 方法；把父类引用指向子类的实例，通过父类引用调用多态方法。

【例 7.7】为例 7.6 增加主类，使用多态形式实现画图、求面积和周长。

```
public class Test {
 public static void main(String[] args) {
     Graphics[] shapes = new Graphics[5];
     shapes[0] = new Circle(5);
     shapes[1] = new Circle(10);
     shapes[2] = new Circle(20);
     shapes[3] = new Ranctangle(5,8);
     shapes[4] = new Ranctangle(10,20);
     for (int i = 0; i < shapes.length; i++) {
            Graphics temp = shapes[i];
            temp.draw();
            System.out.println(" 图形的面积是 :"+temp.area());
            System.out.println(" 图形的周长是 :"+temp.circumference());
            }
     }
}
```

第二节 R 语言

一、R 语言简介

R 语言是一种面向统计分析和数据挖掘的具有共享性和开源性的软件平台。R 语言的前身是 1976 年美国贝尔实验室开发的 S 语言。20 世纪 90 年代 R 语言正式问世，由两名主要研发者 Ross 和 Robert 名字首字母均为 R 得名。目前，R 语言已发展为具有共享性的强大软件平台，可运行于 Windows、Linux、UNIX、Mac OS X 等操作系统，支持交互式数据探索、可视化和分析实践，支撑统计理论研究和大数据统计分析。

R 语言具有多种统计学及数据分析功能，功能可以通过安装共享包来增强。因为具有 S 语言的“血缘”，所以 R 语言比其他统计学或数学专用编程语言的功能强。R 语言的另一个强项是绘图功能，不仅具有印刷的质量，而且可加入数学符号。虽然 R 语言主要用于统计分析或开发与统计相关的软件，但是也有人用于矩阵计算，其分析速度可媲美 GNU Octave 甚至 MATLAB。

二、R 语言的基本概念

利用 R 语言进行统计分析的核心内容是在 R 的工作空间中创建和管理 R 对象，调用已加载的 R 包中的系统函数或编写用户自定义函数，逐步完成数据的管理和分析。R 语言中涉及包、R 函数、工作空间、R 对象等基本概念。

1. 包

R 是一个关于包的集合，包是关于函数、数据集、编译器等的集合。包是 R 的核心，分为基础包和共享包两类。

基础包是 R 的基本核心系统，是默认下载和安装的包，由 R 核心研发团队维护和管理。

基础包具有各类基本统计分析和基本绘图等功能，并包含一些共享数据集。

共享包是由 R 的全球性研究型社区和第三方提供的各种包的集合。目前，共享包中的“小包”涵盖各类现代统计和数据挖掘方法，涉及地理数据分析、蛋白质质谱处理、心理学测试分析等应用领域。使用者可根据自身的研究目的，有选择地自行下载、安装和加载。

2. R 函数

R 函数是 R 包中实现某个计算或某种分析的程序段，每个函数都有一个函数名。编写 R 程序的过程就是通过创建 R 对象组织数据，调用 R 函数、创建并调用自定义函数，逐步完成数据挖掘各阶段任务的过程。函数名是函数调用的唯一标识。函数调用有两种格式：有参调用和无参调用。有参调用格式为“函数名(形式参数列表)”，按顺序给出一个或多个参数值；无参调用格式为“函数名()”，无须指定参数值。

3. 工作空间

工作空间是 R 的运行环境，也称工作内存。R 的所有计算都是基于工作空间的，即需要先将外存中的 R 包、数据等加载到工作空间中，再进行后续的计算。基于这种工作机制，R 成功启动后，自动将基础包加载到工作空间，以提供最基本的程序运行环境。

4. R 对象

R 对象是工作空间中的基本单元。分析的数据及相关分析结果等以 R 对象的形式组织。每个 R 对象都有一个对象名，是对象访问的唯一标识。直接给出对象名，即可访问 R 对象，查看其中存储的数据或分析结果，或将新值赋给 R 对象。

三、R 语言开发环境搭建

1. R 安装包的下载与安装

R 安装包的下载地址为 https://cran.r-project.org，进入下载界面，如图 7-6 所示，该界面提供了三个下载链接，分别对应三种操作系统：Linux、Mac OS X 和 Windows。选择与自己操作系统相应的链接。

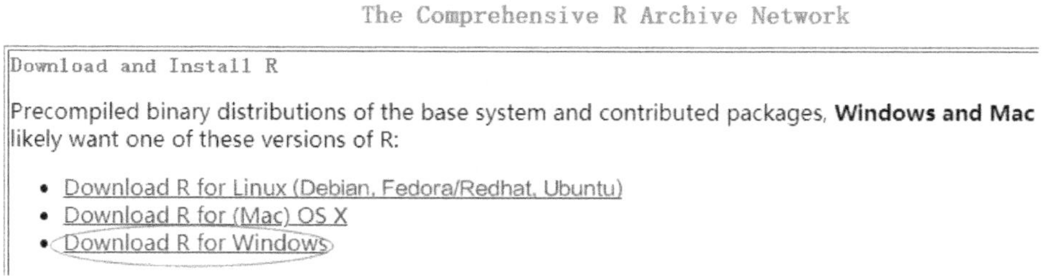

图 7-6　R 安装包的下载界面

单击 Download R for Windows→base→Download R-4.2.0 for Windows 链接，下载相应的 R 安装包。

下载 R 安装包后，双击安装，根据需要逐步进行设置。安装完成后，在桌面生成快捷图标。

2. 运行 R

R 运行界面如图 7–7 所示。

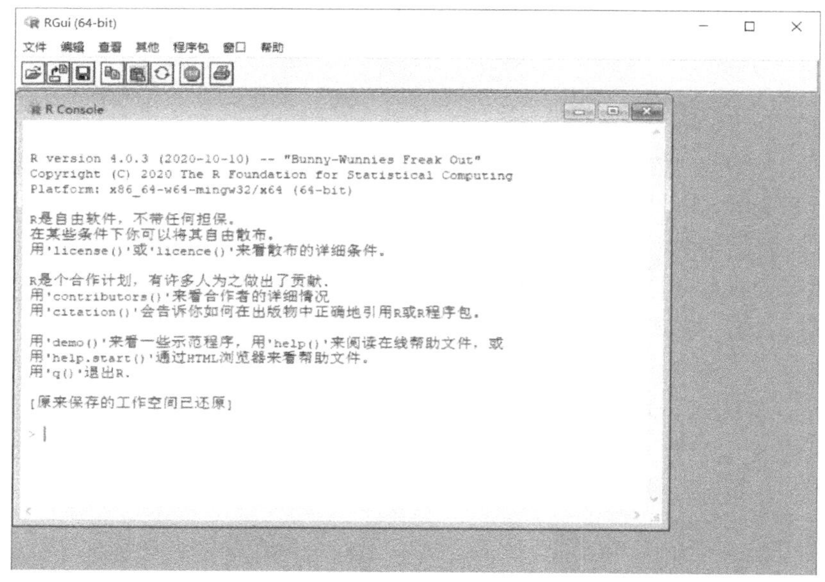

图 7–7　R 运行界面

RGui(64–bit) 窗口为 R 的主窗口，用于管理 R 的运行环境。R Console 的窗口为 R 的控制台窗口，R 中的各种操作及计算结果等均显示在该窗口中。

控制台窗口中的“>”为 R 的提示符，表示当前已成功启动 R，且处于就绪状态，等待用户输入。用户应在该提示符后输入相关指令内容。

R 的书写严格区分英文字母大小写，可利用上、下箭头键，回溯显示已输入的指令内容。

R 有两种运行方式：命令行运行和程序（脚本）运行。

（1）命令行运行。

命令行运行是指在 R 控制台的提示符“>”后输入一条命令，并按 Enter 键，得到运行结果。此运行方式适用于较简单、步骤较少的数据处理和分析。图 7–8 所示为命令行运行界面。

“m<–c(1,2,3)”语句表示将一个向量保存到 m 对象中。在 R 中，创建对象是通过赋值语句实现的，基本格式如下。

```
对象名 <-R 常量或 R 函数
```

其中，<– 为 R 的赋值操作符，将其右侧的计算结果赋给左侧对象所在的内存单元，即为 R 对象赋值；c 为向量函数，c(1,2,3) 表示将数值 1、2、3 存储到一个向量中。

访问 R 对象，即可浏览对象的具体取值（也称对象值），基本格式如下。

```
对象名或 print（对象名）
```

print(m) 表示把对象 m 按行顺序显示在 R 的控制台窗口中。

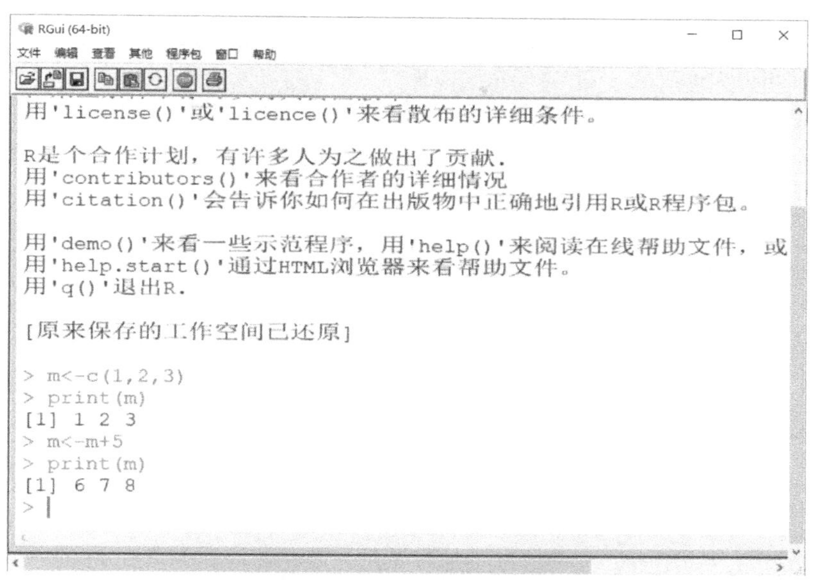

图 7-8　命令行运行界面

（2）程序（脚本）运行。

程序运行是指先编写 R 程序，再一次性提交运行该程序，适用于较复杂、步骤较多的数据处理和分析。

首先，执行“文件”→“新建程序脚本”菜单命令，保存 R 程序文件，扩展名为 .R。其次，执行“窗口”→“垂直铺”菜单命令，R 主窗口被划分为左、右两部分，左边为 R 的程序编辑窗口，右边为 R 的控制台窗口。

在程序编辑窗口输入命令：

```
m<-c(1,2,3)
print(m)
m<-m+5
print(m)
```

程序运行有两种方式：逐行运行和批处理方式（运行所有代码）。

选择“编辑”→“运行当前行或所选代码”菜单命令，系统自动运行所选的行或光标所在行的代码。选择“编辑”→“运行所有代码”菜单命令，系统执行程序界面中的全部代码。程序运行方式如图 7-9 所示。

（3）下载安装共享包。

在默认情况下，工作空间只加载基础包中的必要“小包”。在控制台窗口调用函数 search()，即可看到已加载包的名称列表。

默认加载的包如下：base 包是基本的 R 函数包，datasets 包是基本的 R 数据集包，grDevices 包是基本的 R 图形设备管理函数包，graphics 包是基本的 R 绘图函数包，stats 包是 R 的各类统计函数包，utils 包是 R 管理工具函数包，methods 包是关于 R 对象的方法和类定义函数包等。

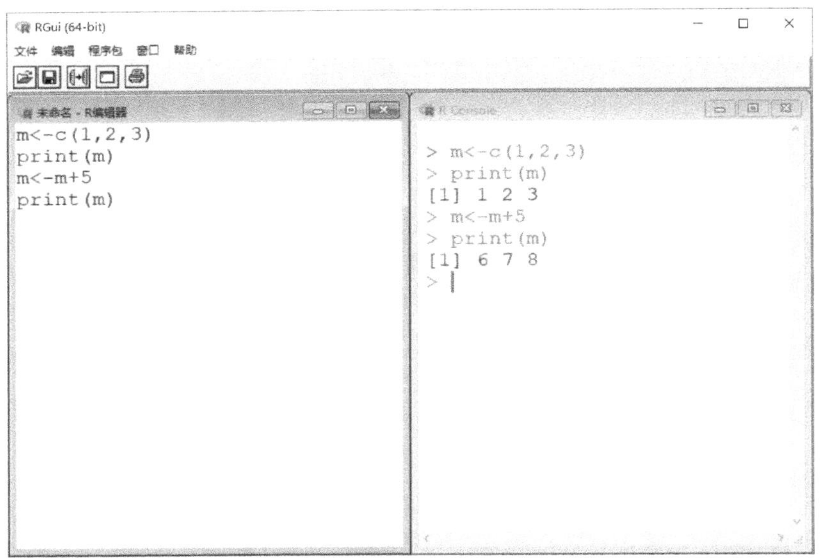

图 7–9 程序运行方式

基础包中的一些“小包”不会自动加载到 R 的工作空间，已下载安装的共享包也不会自动加载。若要加载，则调用 library（" 包名称 "）语句，将相应包加载到 R 的工作空间。成功加载包后，可调用其中的函数。

R 运行期间，所有包只需加载一次，退出并重新启动 R 后需要再次加载。

共享包需要首先下载安装，其次加载到 R 的工作空间，最后调用包中的函数。

下载安装包的语句如下。

```
install.packages(" 包名称 ")
```

图 7–10 选择安装包下载镜像站点

调用安装函数后，弹出图 7–10 所示的界面，选择距离较近的 CRAN 镜像站点 [如 China(Beijing 2) [https]]，程序包自动下载并安装。

共享包下载安装完毕，调用 library（" 包名称 "）语句加载到 R 的工作空间。

3. RStudio 安装包的下载与安装

RStudio 是 RStudio 公司推出的一款 R 语言程序集成开发工具，可有效提高 R 语言程序开发的便利性。RStudio 提供了良好的 R 语言代码编辑环境、R 程序调试环境、图形可视化环境及方便的 R 工作空间和工作目录管理。

RStudio 安装包的下载地址为 http://www.rstudio.com/ide，进入下载界面，可以看到有 RStudio Desktop 和 RStudio Server 两个版本，如图 7–11 所示，选择 RStudio Desktop 选项。

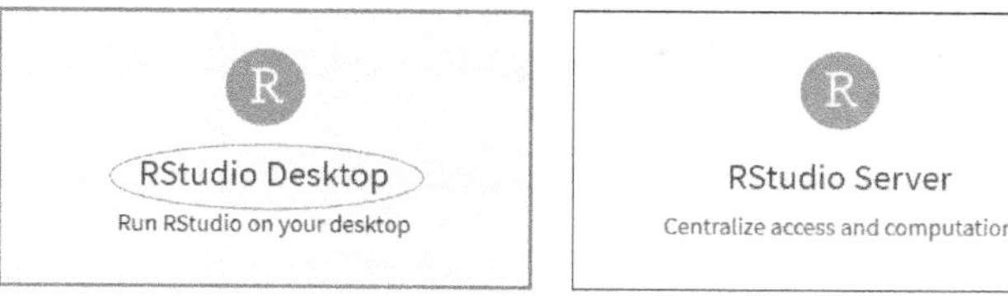

图 7-11　RStudio 的两个版本

RStudio Desktop 版本又分为两个版本：Open Source Edition（免费）和 RStudio Desktop Pro（付费）。选择前者，单击 DOWNLOAD RSRUDIO DESKTOP 按钮，进入下载界面，根据自己计算机的操作系统选择下载的版本。

双击下载的安装包 RStudio-1.4.1103.exe，按照步骤提示进行安装。

打开 RStudio，弹出图 7-12 所示的 RStudio 窗口，其中有三个面板：左侧面板有 Console 选项卡、Terminal 选项卡、Jobs 选项卡；右上角面板有 Environment 选项卡、History 选项卡、Connections 选项卡、Tutorial 选项卡；右下角面板有 Files 选项卡、Plots 选项卡、Packages 选项卡、Help 选项卡、Viewer 选项卡。其中 Console 选项卡即控制台窗口，是常用面板，用来运行 R 代码和查看输出结果。

图 7-12　RStudio 窗口

四、R 语言数据分析实例

【例 7.8】分析朝阳医院 2018 年销售数据，分析指标包括月均消费次数、月均消费金额、客户平均交易额，绘制消费曲线以分析消费趋势（案例改编自 Carsun，知乎，https://zhuanlan.zhihu.com/p/28815269）。

打开 Excel 数据源，销售数据的基本字段如图 7-13 所示。

购药时间	社保卡号	商品编码	商品名称	销售数量	应收金额	实收金额
2018-05-15 星期日	00101616328	236703	强力VC银翘片	5	69	55.2
2018-07-12 星期二	00108207828	236703	强力VC银翘片	1	13.8	13.8
2018-01-06 星期三	0010031402228	236702	清热解毒口服液	1	28	28
2018-01-13 星期三	0010082285428	236702	清热解毒口服液	1	28	28
2018-01-15 星期五	0010052671228	236702	清热解毒口服液	1	28	28
2018-06-05 星期日	0010024054228	236701	三九感冒灵	3	89.4	78.67
2018-07-11 星期一	0010031402228	236701	三九感冒灵	5	149	130
2018-01-12 星期二	0011487628	236704	感康	3	25.2	22.5
2018-01-20 星期三	0010013340328	236701	三九感冒灵	3	84	73.92
2018-01-27 星期三	0011487628	236704	感康	3	25.2	22.5
2018-02-23 星期二	00105391328	236704	感康	2	16.8	15

图 7-13　销售数据的基本字段

1. 将 Excel 数据源导入 R

（1）安装 openxlsx 程序包。

使用 openxlsx 包读取 Excel 文件，使用时需要先下载安装，再导入工作空间，代码如下。

```
install.packages("openxlsx")
library(openxlsx)
```

（2）导入数据源。

使用 read.xlsx（文件名，"sheet 序号 "）函数将 Excel 表中的工作簿导入工作空间，代码如下。

```
readFilePath<-"e:/abc/朝阳医院 2018 年销售数据 .xlsx"
excelData<-read.xlsx(readFilePath,"Sheet1")
excelData
```

导入数据后的界面如图 7-14 所示。

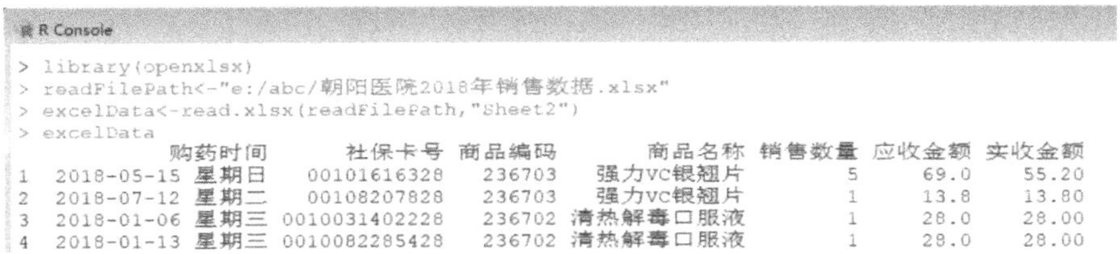

```
R Console
> library(openxlsx)
> readFilePath<-"e:/abc/朝阳医院2018年销售数据.xlsx"
> excelData<-read.xlsx(readFilePath,"Sheet2")
> excelData
           购药时间        社保卡号  商品编码        商品名称  销售数量  应收金额  实收金额
1  2018-05-15 星期日     00101616328    236703    强力VC银翘片        5      69.0     55.20
2  2018-07-12 星期二     00108207828    236703    强力VC银翘片        1      13.8     13.80
3  2018-01-06 星期三   0010031402228    236702  清热解毒口服液        1      28.0     28.00
4  2018-01-13 星期三   0010082285428    236702  清热解毒口服液        1      28.0     28.00
```

图 7-14　导入数据后的界面

2. 对数据进行预处理

在数据分析过程中，可能有 60% 的数据分析时间花费在实际分析前数据的准备上，主要体现在变量重命名、缺失值处理、处理日期数据、数据类型转换、数据排序等。

（1）变量重命名。

用 names( ) 函数对表中的列名重命名。names( ) 函数类似于 rename( ) 函数，可以修改定义的变量或元素的名称，可以全部修改，也可以部分修改。数据表中原列名与重命名后的列名对比见表 7-1。

表 7-1　数据表中原列名与重命名后的列名对比

原列名	重命名后的列名	原列名	重命名后的列名
购药时间	time	销售数量	saleNumber
社保卡号	cardno	应收金额	virtualmoney
商品编码	drugId	实收金额	actualmoney
商品名称	drugName		

重命名代码如下。

```
names(excelData)<-c("time","cardno","drugId","drugName","saleNumber","virt
ualmoney","actualmoney")
```

（2）缺失值处理。

R 中的缺失值用符号 NA 表示，用函数 is.na() 检测缺失值。例如：

```
y <- c(1,2,3,NA)
```

使用函数 is.na() 返回 c(FALSE,FALSE,TRUE)。如果某个元素是缺失值，则相应的位置返回 TRUE；如果不是缺失值，则相应的位置返回 FALSE。缺失值是不可比较的，即便是与缺失值自身比较，也并不意味着能用比较运算符检测缺失值。

判断并删除 Excel 表中的数据缺失值的语句如下。

```
is.na(excelData[,1:7])
excelData <- excelData[!is.na(excelData$time),]
```

其中，is.na() 函数用于识别缺失值；excelData[,1:7] 将数据框限定在 1～7 列。

第二条语句删除了 time 列的缺失值，代码中将下角标留空 (,) 表示默认显示所有列。

（3）处理日期数据。

使用 R 语言中的字符串处理包 stringr，需要先安装 stringr 包，再用 library(stringr) 载入 stringr 包。

数据表中的日期格式为“2018-05-15 星期日”，为方便处理数据，需要提取其中的日期，如“2018-05-15”，代码如下。

```
timeSplit <- str_split_fixed(excelData$time," ",n=2)
excelData$time <- timeSplit[,1]
```

字符串分割函数格式为“str_split_fixed(x,split,n)”，x 表示需要处理的字符串；split 表示用于分割的字符串；n 表示分隔的列数。返回值为 data.frame 数据框。数据框为多个具有不同存储类型的向量（变量）的集合。

使用 class() 函数可以查看日期格式。日期值通常以字符串的形式输入 R 中，可以用 as.Date() 函数转换为以数值形式存储的日期变量，如图 7-15 所示，语法为“as.Date(x,"input_format")”。

```
> timeSplit <- str_split_fixed(excelData$time," ",n=2)
> excelData$time <- timeSplit[,1]
> excelData$time
 [1] "2018-05-15" "2018-07-12" "2018-01-06" "2018-01-13" "2018-01-15" '
[10] "2018-05-15" "2018-05-15" "2018-05-25" "2018-06-03" "2018-06-05" '
[19] "2018-02-23" "2018-02-25" "2018-03-11"
> class(excelData$time)
[1] "character"
> excelData$time <- as.Date(excelData$time, "%Y-%m-%d")
> class(excelData$time)
[1] "Date"
> |
```

图 7–15　转换日期格式

（4）数据类型转换。

R 语言中提供了一系列判断某个对象的数据类型和转换为另一种数据类型的函数，如 is.numeric() 和 as.numeric()，is 用于判断数据的类型，如判断销售金额字段是否为数值；as 用于各类型值的直接转换。

使用 as.numeric 函数将销售数据中的字符串转换为数值类型的代码如下。

```
attach(excelData)
saleNumber <- as.numeric(saleNumber)
virtualmoney <- as.numeric(virtualmoney)
actualmoney <- as.numeric(actualmoney)
detach(excelData)
```

attach() 在 R 语言中表示添加路径存储的索引，相当于绑定一个数据框；detach() 表示解除数据路径存储的绑定。上述代码中使用了 attach() 语句，不用每个字段都写完整的引用，如 excelData$saleNumber，只需写字段名 saleNumber 即可。

（5）数据排序。

使用 order() 函数对数据框进行排序，默认的排序顺序是升序，在排序变量前加一个减号可以得到降序排序的结果，或者使用“decrease= TRUE”语句。按照销售时间对数据进行降序排序的代码如下。

```
excelData <- excelData[order(excelData$time,decreasing = TRUE),]
```

排序后的数据输出结果如图 7–16 所示。

```
R Console
> excelData <- excelData[order(excelData$time,decreasing = TRUE),]
> excelData
         time       cardno drugId     drugName saleNumber virtualmoney actualmoney
2  2018-07-12   00108207828 236703  强力VC银翘片          1         13.8       13.80
15 2018-07-11 0010031402228 236701    三九感冒灵          5        149.0      130.00
14 2018-06-05 0010024054228 236701    三九感冒灵          3         89.4       78.67
13 2018-06-03 0010048468028 236702 清热解毒口服液          2         56.0       49.28
12 2018-05-25 0010024054228 236702 清热解毒口服液          1         28.0       28.00
1  2018-05-15   00101616328 236703  强力VC银翘片          5         69.0       55.20
10 2018-05-15 0010024054228 236702 清热解毒口服液          1         28.0       28.00
11 2018-05-15 0010074539928 236702 清热解毒口服液          2         56.0       56.00
9  2018-05-07 0010074539928 236702 清热解毒口服液          1         28.0       28.00
8  2018-05-04 0010011998528 236702 清热解毒口服液          1         28.0       28.00
7  2018-03-31 0010031402228 236702 清热解毒口服液          2         56.0       49.28
```

图 7–16　排序后的数据输出结果

3. 具体业务指标分析

（1）月均消费次数。

月均消费次数是指客户每个月平均消费次数，计算公式为“月均消费次数 = 总消费次数 / 月份数”。为便于统计，同一天同一个人发生的所有消费算作一次消费。可使用 duplicated() 函数从数据框中选出重复的数据。我们的需求是删除重复的数据，可以用逻辑运算符“！”删除多余的数据。

计算月均消费次数的代码如下。

```
kpi1 <- excelData[!duplicated(excelData[,c("time", "cardno")]),]
# 总消费次数
consumeNumber <- nrow(kpi1)
# 最大时间值
startTime <- kpi1$time[1]
# 最小时间值
endTime <- kpi1$time[nrow(kpi1)]
# 天数
day <- startTime - endTime
# 月份数
month <- as.numeric(day) %/% 30
# 月均消费次数
monthConsume <- consumeNumber/month
```

（2）月均消费金额。

月均消费金额是指客户每个月平均消费金额，计算公式为“月均消费金额 = 总消费金额 / 月份数”。月均消费金额为实收金额（actualmoney），代码如下。

```
totalMoney <- sum(excelData$actualmoney, na.rm = TRUE)
monthMoney <- totalMoney/month
```

其中，sum() 为求和函数，对 excelData 中的 actualmoney 列进行求和；na.rm 为移除缺失值，na 代表缺失值，rm 代表移除（remove），计算时，只计算有值的数据。

（3）客户平均交易金额。

客户平均交易额是指客户平均购买商品的交易金额，计算公式为“客户平均交易额 = 总消费金额 / 总消费次数”，代码如下。

```
pct <- totalMoney/consumeNumber
```

（4）消费趋势分析。

使用图表分析医院客户消费趋势，可以按月统计、按周统计或按天统计，本例按周统计。在曲线图中，设横坐标为周数，纵坐标为每周销售金额，可以使用分组函数 tapply() 计算每周销售金额，代码如下。

```
week <- tapply(excelData$actualmoney, format(excelData$time, "%Y-%U"),sum)
# 将数据转换为数据框结构
week<-as.data.frame.table(week)
# 对列名重命名
names(week)<-c("time","actualmoney")
```

```
week$time<-as.character(week$time)
week$timeNumber<-c(1:nrow(week))
# 绘制图形
plot(week$timeNumber,week$actualmoney,xlab="时间(年份-第几周)", ylab="消费金额",xaxt="n",main="2018年朝阳医院消费曲线", col="blue", type="b")
axis(1,at=week$timeNumber,labels=week$time,cex.axis=1.5)
```

2018 年朝阳医院消费曲线如图 7–17 所示。

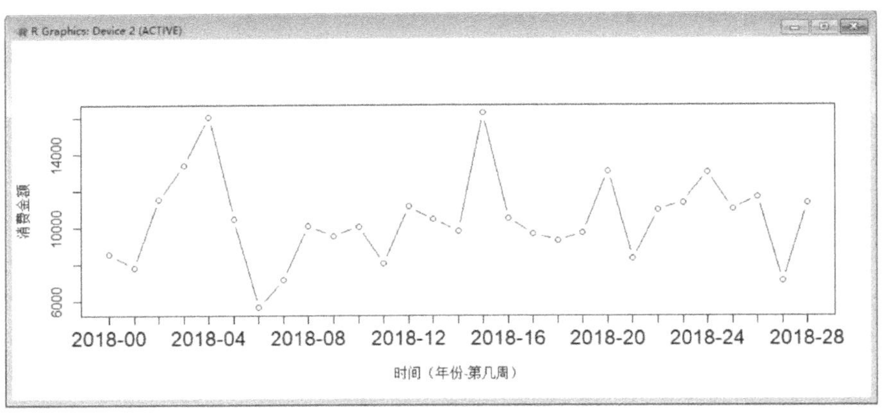

图 7–17　2018 年朝阳医院消费曲线

R 语言具有强大的绘图功能，plot() 函数是一种常用绘图函数，可以绘制散点图、曲线图等。

plot() 函数的基本格式如下。

```
plot(x,y,...)
```

plot 函数中，“...” 为附加参数。

plot 函数的默认使用格式如下。

plot(x,y,col="",type = "p",xlim = NULL,ylim = NULL,log = "",main = NULL,sub = NULL,xlab = NULL,ylab = NULL,ann = par("ann"),axes = TRUE,frame.plot = axes,panel.first = NULL,panel.last = NULL,asp = NA,...)

其中主要参数的含义如下。

① x 和 y 分别表示绘制图形的横坐标和纵坐标。

② xlab 和 ylab 给出 x 轴和 y 轴的标签。

③ main 给出图形的标题。

④ col 表示绘图颜色。

⑤ type 为一个字符，用于给定绘图的类型，可选值如下。

- "p"：绘点（默认值）。
- "l"：绘制线。
- "b"：同时绘制点和线。
- "c"：绘制参数 "b" 所示的线。
- "o"：同时绘制点和线，且线穿过点。

- "h"：绘制点到横坐标轴的垂直线。
- "s"：绘制阶梯图（先横后纵）。
- "S"：绘制阶梯图（先纵后横）。
- "n"：绘制空图。

思　考　题

1. 如何理解对象与类的概念？二者的关系是什么？

2. 面向对象有哪些基本特征？

3. 用 Java 语言编写一个学生、教师数据输入（非键盘输入）和显示程序，学生数据有编号、姓名、班号和成绩，教师数据有编号、姓名、职称和部门，要求将编号、姓名输入和显示设计成一个类 Person，作为学生类 Student 和教师类 Teacher 的基类。

4. 了解 R 语言的应用。

第八章

知识表示方法

学习目标

1. 了解各种知识和符号的意义及表示方法。
2. 掌握常用知识表示方法中的逻辑关系，培养学生的计算思维。

学习建议

1. 本章建议学习时长为 5 课时。
2. 本章主要涉及谓词逻辑表示方法、产生式表示方法、语义网络表示方法、框架表示方法等。
3. 学习者要掌握知识表示语句的逻辑关系，并上机练习。

各种以知识和符号操作为基础的智能系统，其问题求解方法都需要某种对解答的搜索。在搜索过程开始之前，必须用某种方法或某几种方法集成来表示问题，这些表示问题的方法涉及谓词逻辑、产生式、语义网络、框架等。本章将介绍常用知识表示方法。

第一节　知识表示概述

知识是一切智能行为的基础，也是软件智能化的重要研究对象。要使软件具有智能，就必须使它具有知识，而要使软件具有知识，就必须解决知识的表示问题。

一、知识的含义

知识是人们在改造客观世界的实践中积累起来的认识和经验。通常，人们对客观世界的描述是通过数据和信息实现的。数据和信息是两个密切相关的概念，数据是信息的载体和表示；信息是数据在特定场合下的含义，或者说是数据的语义。费根鲍姆认为知识是经过裁减、塑造、解释、选择和转换的信息。伯恩斯坦认为知识由特定领域的描述、关系和过程组成。知识是对信息进行智能性加工所形成的对客观世界规律性的认识。

把有关信息关联在一起形成的信息结构称为知识。“信息”与“关联”是构成知识的两个要素。信息之间关联的形式有多种，其中最常用的一种是“如果……，那么……”。例如，“如果他读过《论语》，那么他应该了解孔子的教育思想”。

二、知识的分类

知识按作用可分为事实性知识、过程性知识、元知识。

事实性知识，也称陈述性知识，是用来描述问题或事物的概念、属性、状态、环境及条件等情况的知识。例如，孔子的故乡是曲阜。

过程性知识是用来描述问题求解过程所需要的操作、演算或行为等规律性的知识，指出在问题求解过程中如何使用与问题有关的事实性知识，即用来说明在叙述性知识成立时该怎么办。例如，如何制作 PowerPoint 幻灯片。

元知识，也称超知识、控制性知识，是关于运用已有知识求解问题的知识。

三、知识表示方法

知识表示是将知识符号化并输入计算机的过程和方法，包括在计算机程序中存储信息的数据结构的设计，以及对这些数据结构进行“智能”推理演变的发展过程，是数据结构和解释过程的结合。知识表示可以看作一组描述事物的约定，以把人类知识表示成机器能处理的数据结构。

知识表示分为陈述性知识表示和过程性知识表示。

1. 陈述性知识表示

陈述性知识表示是指以陈述的方式，用一定的数据结构表示知识，即把知识看作一种特殊的数据。陈述性知识表示说明描述的对象，不涉及运用知识的问题。

2. 过程性知识表示

过程性知识表示是指以程序（也称过程）的方式表示知识，即把知识寓于程序之中，把知识表示和运用结合起来。

这两种知识表示方法又称知识表示技术，其表示形式称为知识表征模式。目前，使用较多的知识表示方法有谓词逻辑表示法、产生式表示法、语义网络表示法、框架表示法等。

第二节　谓词逻辑表示法

谓词逻辑表示法是一种基于数理逻辑的知识表示方式。数理逻辑是研究推理的一门科学，作为软件智能的基础，在软件智能的发展中占有重要地位。软件智能中用到的逻辑可分为两大类：一类是一阶经典命题逻辑和谓词逻辑；另一类是除经典逻辑以外的逻辑。本章谓词逻辑表示法涉及一阶经典命题逻辑和谓词逻辑。

一、命题逻辑

逻辑主要研究的是推理过程，推理过程必须依靠命题表达。在命题逻辑中，命题是最小的单位，是数理逻辑中最基本、最简单的部分。

1. 命题

命题是具有确切真值的陈述句。凡是有真假意义的断言都称为命题。命题的意义只有真和假两种情况。当命题的意义为真时，称该命题的真值为真，记为 T；反之，称该命题的真值为假，记为 F。

在命题逻辑中，命题通常用大写英文字母 P、Q、R 等表示。例如，P：北京是中国的首都。P 表示“北京是中国的首都”命题的名，称为命题标识符。

命题分为原子命题和复合命题。如“今天很冷”是原子命题，也称简单命题；“今天很冷且刮风”是复合命题。

如果一个命题标识符表示确定的命题，那么称为命题常量；如果命题标识符只表示任意命题的位置标志，那么称为命题变元。因为命题变元可以表示任意命题，所以它不能确定真值，命题变元不是命题。当用一个特定的命题取代命题变元 P 时，P 能确定真值，也称对 P 进行指派。当命题变元表示原子命题时，该变元称为原子变元。

2. 命题联结词

命题联结词是指用来联结简单命题，并由简单命题构成复合命题的逻辑运算符号。常用命题联结词见表 8–1。

表 8-1　常用命题联结词

命题联结词	记号	记法	读法	复合命题	真值结果
否定	～	～A	A 的否定	A 不对	～A 为真，当且仅当 A 为假
合取	∧	A ∧ B	A 与 B 的合取	A 并且 B	A ∧ B 为真，当且仅当 A、B 同为真
析取	∨	A ∨ B	A 与 B 的析取	A 或者 B	A ∨ B 为真，当且仅当 A、B 至少有一个为真
蕴涵	→	A→B	A 蕴涵 B	如果 A 则 B	A→B 为假，当且仅当 A 为真、B 为假
等价	↔	A↔B	A 等价于 B	A 当且仅当 B	A↔B 为真，当且仅当 A、B 同为真或同为假

【例 8.1】用符号表示下列命题。

（1）伦敦不是一座城市。

（2）今天下雨或者刮风。

（3）3 是奇数且是素数。

（4）如果河水泛滥，那么庄稼毁坏。

（5）$a^2+b^2=a^2$，当且仅当 b=0。

解：（1）设 P：伦敦是一座城市。命题（1）可表示为～P。

（2）设 P：今天下雨；Q 今天刮风。命题（2）可表示为 $P \vee Q$

（3）设 P：3 是奇数；Q：3 是素数。命题（3）可表示为 $P \wedge Q$

（4）设 P：河水泛滥；Q：庄稼毁坏。命题（4）可表示为 $P \rightarrow Q$。

（5）设 P：$a^2+b^2=a^2$　Q：b=0。命题（5）可表示为 $P \leftrightarrow Q$。

3. 演绎推理

演绎推理是指从一般性的前提出发，通过推导（演绎），得出具体陈述或个别结论的过程，即由一般到特殊的推理方法。

【例 8.2】（1）前提：①如果明天天晴，我们准备外出旅游。　$P \rightarrow Q$

②明天的确天晴。　P

结论：我们外出旅游。　Q

可表示为 $P \rightarrow Q$，$P \Rightarrow Q$（表示 P 蕴涵 Q，P 为真，则得到结论 Q）。

（2）前提：①如果明天天晴，我们准备外出旅游。　$P \rightarrow Q$

②如果我们外出旅游，那么我们会很开心。　$Q \rightarrow R$

结论：明天天晴，可以外出旅游，我们会很开心。　$P \rightarrow R$

可表示为 $P \rightarrow Q$，$Q \rightarrow R \Rightarrow P \rightarrow R$（表示 P 蕴涵 Q，Q 蕴涵 R，得到结论 P 蕴涵 R）

（3）前提：①凶手为王某或陈某。　$P \vee Q$

②如果王某是凶手，则他在案发当晚必外出。　$P \rightarrow R$

③王某案发当晚未外出。　$\sim R$

结论：陈某是凶手。　Q

可表示为　$P \rightarrow R$，$\sim R \Rightarrow \sim P$

$P \vee Q$，$\sim P \Rightarrow Q$

（4）如果马会飞或羊吃草，那么母鸡就是飞鸟；如果母鸡是飞鸟，那么烤熟的鸭子会跑；因为烤熟的鸭子不会跑，所以羊不吃草。

前提：① 如果马会飞或羊吃草，那么母鸡就是飞鸟； $P \vee Q \to R$

② 如果母鸡是飞鸟，那么烤熟的鸭子会跑； $R \to S$

③ 烤熟的鸭子不会跑。 $\sim S$

结论：羊不吃草。 $\sim Q$

可表示为 $R \to S, \sim S \Rightarrow \sim R$

$P \vee Q \to R, \sim R \Rightarrow \sim (P \vee Q)$

$\sim (P \vee Q) \Rightarrow \sim P \wedge \sim Q \Rightarrow \sim Q$

二、一阶谓词逻辑

虽然命题逻辑的表示方法非常简单，但是具有一定的局限性，只能表示由事实组成的世界，无法表示不同对象的相同特征。1879 年，德国弗雷格在其著作《概念演算》中建立了量词理论，给出了第一个严密的逻辑公理体系。1884 年，他又出版了《算术基础》等著作，把数学建立在逻辑的基础上，把谓词和量词引入逻辑系统，形成谓词逻辑，大大扩展了逻辑的表达能力。

1. 谓词

在谓词逻辑中，命题用谓词表示。谓词可分为谓词名和个体两部分，谓词名是命题的谓语，表示个体的性质、状态或个体之间的关系；个体是命题的主语，表示独立存在的事物或概念。

谓词形如 $P(X_1, X_2, ..., X_n)$，其中 P 为谓词名；$X_1, X_2, ..., X_n$ 为谓词的参量或项，表示个体对象，有 n 个参量的谓词称为 n 元谓词。

例如，王强是一名大学生。该命题可以描述如下。

主语（王强）+ 谓语（是一名大学生）

P：是一名大学生。

P（王强）：王强是一名大学生。

P（林美）：林美是一名大学生。

因此，可以抽象如下。

$P(X)$：X 是一名大学生。

这里 P 是谓词名，X 是个体，$P(X)$ 是一元命题函数。

再如，王强高于李四。可以表示为一个二元谓词：

$H(x,y)$：x 高于 y。

一般一元谓词表达个体的性质，多元谓词表达个体之间的关系。如果谓词 P 中的所有个体都是个体常量、变元或函数，则称该谓词为一阶谓词。如果某个体本身是一阶谓词，则称该谓词为二阶谓词，依此类推。

由讨论对象的全体构成的集合称为个体域，个体是个体域中的元素。个体域可以是无限的，也可以是有限的。把各种个体域综合在一起作为讨论范围的域，称为全总个体域。

2. 量词

（1）引入量词。

为刻画谓词与个体之间的关系，在谓词逻辑中引入两个量词：全称量词和存在量词。

① 全称量词 $(\forall x)$，表示“对个体域中所有（或任一）个体 x”，读为“对所有的 x”“对每个 x”或“对任一 x”。

② 存在量词 $(\exists x)$，表示“在个体域中存在个体 x”，读为“存在 x”或“至少存在一个 x”。$\forall$ 和 $\exists$ 后面跟着的 x 叫作量词的指导变元或作用变元。

【例 8.3】每个苹果都是红色的。

有些人很聪明。

设：

$R(X)$：x 是红色的

$C(X)$：x 很聪明

则：

对每个 x，$R(X)$，$x \in \{$苹果$\}$

对有些 x，$C(X)$，$x \in \{$人$\}$

引入量词表示：

$(\forall x)R(X)\ \ x \in \{$苹果$\}$

$(\exists x)C(X)\ \ x \in \{$人$\}$

（2）用特性谓词刻画个体变量的变化范围。

谓词逻辑可以用原子谓词和五种逻辑连接词（否定～、合取 $\wedge$、析取 $\vee$、蕴含 $\rightarrow$、等价 $\leftrightarrow$），再加上量词来构造复杂的符号表达式，这就是谓词逻辑中的公式。

① 对全称量词 $(\forall x)$，刻画其对应个体域的谓词作为蕴涵条件加入。

② 对存在量词 $(\exists x)$，刻画其对应个体域的谓词作为合取式的项加入。

【例 8.4】设 $A(X)$：x 是苹果

$(\forall x)(A(X)\rightarrow R(X))$

读作：对全总个体域中的每个 x（或对每个 x），如果 x 是苹果，那么 x 是红色的。

设 $H(X)$：x 是人

$(\exists x)(H(X) \wedge C(X))$

读作：在全总个体域中，存在一些 x，x 是人且很聪明。

第三节　产生式表示法

产生式由美国数学家波斯特在 1934 年首先提出，他根据串代替规则提出了一种称为波斯特机的计算模型，模型中的每条规则称为产生式。1972 年纽厄尔和西蒙在研究人类的认知模型中开发了基于规则的产生式系统。产生式表示法又称规则表示法，表示一种条件—结果形式，是目前人工智能中应用较多的知识表示方法，也是比较成熟的表示方法。

产生式的基本形式为 $P\rightarrow Q$ 或 IF P THEN Q，P 是产生式的前提，也称产生式的前件，给出使用该产生式的先决条件，由事实的逻辑组合构成；Q 是一组结论或操作，也称产生式的后件，指出当前提 P 满足时，应该推出的结论或执行的动作。产生式的含义如下：如果前提 P 满足，那么可推出结论 Q 或执行 Q 规定的操作。

一、产生式系统的组成

产生式系统由规则库、综合数据库和推理机组成，如图 8–1 所示。

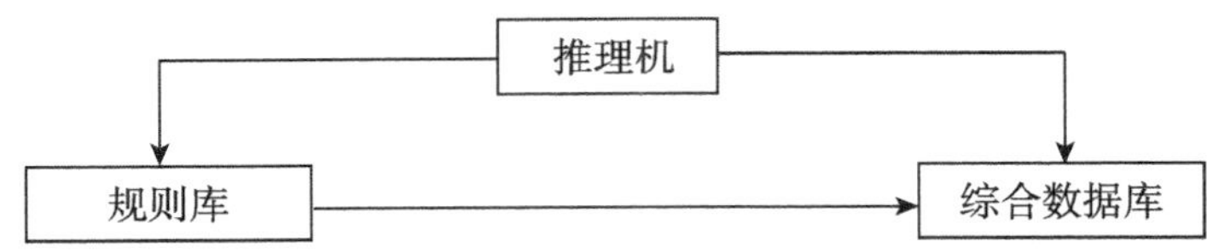

图 8–1　产生式系统的组成

1. 规则库

规则库是用于描述某领域内规则的产生式集合，是某领域内规则（知识）的存储器，其中的规则是以产生式形式表示的。规则库中包含将问题从初始状态转换成目标状态（或解状态）的变换规则。

规则库是专家系统的核心，也是一般产生式系统求解问题的基础，其中知识的完整性和一致性、知识表达的准确性和灵活性及知识组织的合理性都将对产生式系统的性能和运行效率产生直接影响。

2. 综合数据库

综合数据库又称事实库，用于存放输入的事实、从外部数据库输入的事实、中间结果事实和最后结果事实。当规则库中某产生式的前提可与综合数据库中的某些已知事实匹配时，该产生式被激活，并把用它推出的结论放入综合数据库，作为后面推理的已知事实。显然，综合数据库的内容是不断变化的、动态的。

3. 推理机

推理机是一个或一组程序，用来控制和协调规则库与综合数据库的运行，包含推理方式和控制策略。控制策略的作用是确定选用的规则或应用规则的方法。通常从选择规则到执行操作分三步完成：匹配、冲突解决和操作。

（1）匹配。匹配就是将当前综合数据库中的事实与规则中的条件进行比较，如果匹配，那么该规称为匹配规则。可能同时有多条规则的前提条件与事实匹配，选哪条规则执行呢?这就是规则冲突解决。通过冲突解决策略选中的在操作部分执行的规则称为启用规则。

（2）冲突解决。冲突解决的策略有很多种，其中比较常见的有专一性排序、规则排序、规模排序和就近排序。

（3）操作。操作就是执行规则的操作部分。经过操作后，当前综合数据库将被修改，其他的规则将可能成为启用规则。

二、事实性知识的表示

事实可以看作断言一个语言变量的值或多个语言变量间的关系的陈述句，语言变量的值或语言变量间的关系可以是一个词，但不一定是数字。

1. 确定性事实性知识的表示

确定性事实性知识可以用三元组的形式表示为（对象，属性，值）或（关系，对象 1，对象 2），其中对象就是语言变量。

例如，事实“李明年龄是 20 岁”可以表示成（Li Ming，Age，20），其中 Li Ming 是事实性知识涉及的对象，Age 是该对象的属性，20 是该对象属性的值。“李明和王伟是同学”可以表示成（Classmate，Li Ming，Wang Wei）。

2. 不确定性事实性知识的表示

有些事实性知识具有不确定性和模糊性，若事实性知识具有不确定性，则这种知识可以用四元组的形式表示为（对象，属性，值，不确定度量值）或（关系，对象 1，对象 2，不确定度量值）。

例如，不确定性事实性知识“李明年龄可能是 20 岁”，若李明年龄是 20 岁的可能性取 80%，则可以表示成（Li Ming，Age，20，0.8）。“李明、王伟是同学的可能性不大”，若李明、王伟是同学的可能性取 10%，则可以表示成（Classmate，Li Ming，Wang Wei，0.1）。

3. 有关联的事实性知识的表示

有关联的事实性知识一般用网状或树状结构将知识组织在一起。有关联的事实性知识的表示如图 8-2 所示，硫化矿、氧化矿都属于矿石，火成岩、水成岩、变质岩都属于岩石，矿石和岩石又都属于物质。

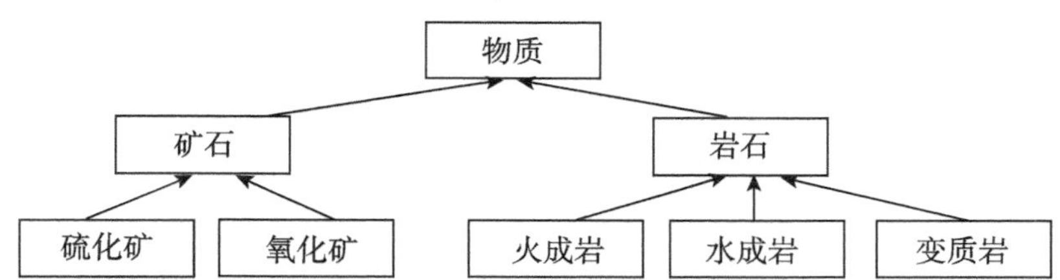

图 8-2　有关联的事实性知识的表示

三、规则性知识的表示

1. 确定性规则性知识的表示

规则一般由前件和后件两部分组成。前件表示前提条件，各条件由逻辑连接词（合取、析取等）组成不同的组合。后件表示当前提条件为真时应采取的行为或所得的结论。确定性规则性知识可用产生式的基本形式表示为 $P \to Q$ 或 IF P THEN Q，P 是产生式的前提，即前件；Q 是一组结论或行为，即后件。

2. 不确定性规则性知识的表示

不确定性规则性知识对产生式的基本形式做了一定的扩充，表示为 $P \to Q$（可信度）或 IF P THEN Q（可信度）。该表示形式主要在不确定推理中，当已知事实与前提中的条件不能精确定匹配时，只要按照“可信度”的要求达到一定的相似度，就认为已知事实与前提条件匹配，再按照一定的算法将这种可能性（或不确定性）传递到结论。

【例 8.5】

前提条件：

细菌革氏染色阴性

形状为杆状

生长需氧

结论：该细菌是肠杆菌属，CF=0.8。

该不确定性规则性知识表示如下。

IF 细菌革氏染色阴性 AND 形状为杆状
AND 生长需氧
THEN 该细菌是肠杆菌属（CF=0.8）

四、产生式系统的推理方式

产生式系统的推理方式有正向推理、反向推理和双向推理。

1. 正向推理

从已知事实出发，通过规则库得出结论，称为正向推理或数据驱动方式。正向推理过程如下。

（1）规则库中规则的前件与数据库中的事实进行匹配，得到匹配的规则的集合。

（2）使用冲突解决算法，从匹配规则集合中选择一条规则作为使用规则。

（3）执行使用规则，将该规则的后件送入数据库。

（4）重复这个过程，直到达到目标。

如数据库中含有事实 A，规则库中有规则 A→B，那么这条规则是匹配规则，将后件 B 送入数据库，不断扩大数据库，直至包含目标为止。如有多条匹配规则，则需从中选一条作为使用规则，不同的选择方法直接影响求解效率，选规则的问题称为控制策略。

2. 反向推理

从目标（作为假设）出发，反向使用规则，求得已知事实，称为反向推理或目标驱动方式。反向推理过程如下。

（1）规则库中规则的后件与目标事实进行匹配，得到匹配规则的集合。

（2）从匹配规则集合中选择一条规则作为使用规则。

（3）将使用规则的前件作为子目标。

（4）重复这个过程，直到各子目标均为已知事实为止。

3. 双向推理

双向推理是同时使用正向推理和反向推理的推理过程。

【例 8.6】动物识别系统的规则库。

动物识别系统是用于识别虎、金钱豹、斑马、长颈鹿、企鹅、鸵鸟、信天翁 7 种动物的产生式系统。为了实现对这些动物的识别，该系统建立了如下规则库。

R_1: IF 该动物有毛 THEN 该动物是哺乳动物

R_2: IF 该动物有奶 THEN 该动物是哺乳动物

R_3: IF 该动物有羽毛 THEN 该动物是鸟

R_4: IF 该动物会飞 AND 会下蛋
THEN 该动物是鸟

R_5: IF 该动物吃肉 THEN 该动物是食肉动物

R_6: IF 该动物有犬齿 AND 有爪
AND 眼盯前方
THEN 该动物是食肉动物

R_7: IF 该动物是哺乳动物	AND	有蹄
	THEN	该动物是有蹄类动物
R_8: IF 该动物是哺乳动物	AND	是反刍动物
	THEN	该动物是有蹄类动物
R_9: IF 该动物是哺乳动物	AND	是食肉动物
	AND	是黄褐色
	AND	身上有暗斑点
	THEN	该动物是金钱豹
R_{10}: IF 该动物是哺乳动物	AND	是食肉动物
	AND	是黄褐色
	AND	身上有黑色条纹
	THEN	该动物是虎
R_{11}: IF 该动物是有蹄类动物	AND	有长脖子
	AND	有长腿
	AND	身上有暗斑点
	THEN	该动物是长颈鹿
R_{12}: IF 该动物是有蹄类动物	AND	身上有黑色条纹
	THEN	该动物是斑马
R_{13}: IF 该动物是鸟	AND	有长脖子
	AND	有长腿
	AND	不会飞
	AND	有黑、白两色
	THEN	该动物是鸵鸟
R_{14}: IF 该动物是鸟	AND	会游泳
	AND	不会飞
	AND	有黑、白两色
	THEN	该动物是企鹅
R_{15}: IF 该动物是鸟	AND	善飞
	THEN	该动物是信天翁

在该例中，R_1～R_{15} 分别是各产生式规则的编号，以便引用。由上述规则可以看出，虽然该系统是用来识别 7 种动物的，但并没有简单地设计 7 条规则，而是设计了 15 条规则。识别动物的基本思想如下：首先根据一些比较简单的条件，如“有毛”“有羽毛”“会飞”等对动物进行比较粗略的分类；其次随着条件的增加，逐步缩小分类范围；最后给出分别识别 7 种动物的规则。这样做的好处如下：①当已知的事实不完全时，虽不能推出最终结论，但可以得到分类结果；②当需要增加对其他动物（如牛、马等）的识别时，规则中只需增加关于这些动物个性方面的知识即可；③由上述规则很容易形成各种动物的推理链，金钱豹及斑马的推理过程如图 8–3 所示。

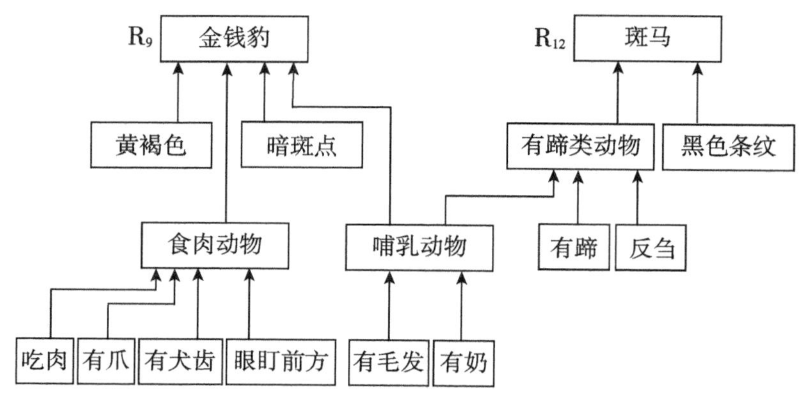

图 8–3 金钱豹及斑马的推理过程

第四节 语义网络表示法

语义网络是 1968 年由奎连提出的，开始是作为人类联想记忆的一个显式心理学模型提出的，随后在人工智能中用于自然语言理解，表示命题信息。目前语义网络表示法已广泛应用于人工智能的许多领域，是一种表达能力强且灵活的知识表达方法。

一、语义网络的概念及结构

语义网络是通过概念及其语义关系表达知识的一种网络图，利用节点和带标记的有向图描述事件、概念、状况、动作及客体之间的关系。语义网络是知识的一种结构化图解表示，由节点和弧线（链线）组成，节点表示实体、概念和情况等，弧线表示节点间的关系。

语义网络通常由语法、结构、过程和语义四部分组成。

（1）语法：决定表示词汇表中允许有哪些符号，涉及各节点和弧线。

（2）结构：叙述符号排列的约束条件，指定各弧线连接的节点对。

（3）过程：说明访问过程，用来建立和修正描述、回答相关问题。

（4）语义：确定与描述相关的意义的方法，即确定有关节点的排列及其占有物和对应弧线。

三元组（节点 1，弧，节点 2）是简单的语义网络，可表示如下。

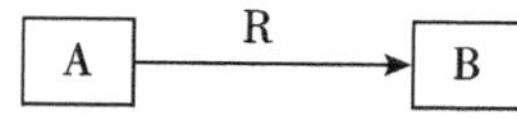

其中，A、B 表示节点；R 表示 A、B 节点间的某种语义关系。

例如：

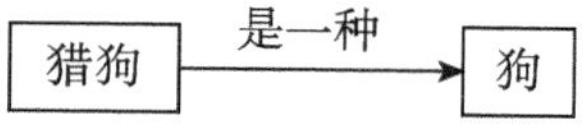

其中，猎狗与狗之间的语义关系“是一种”具体地指出了猎狗与狗的语义关系，即猎狗是狗的一种，两者之间存在类属关系。直线的方向是有意义的，需要根据事务间的关系确定。例

如，在表示类属关系时，箭头所指的节点代表上层概念，箭尾的节点代表下层概念。

上述有向图称为基本网元，多个基本网元用相应的语义关系关联在一起，就构成语义网络。语义网络结构如图 8–4 所示。

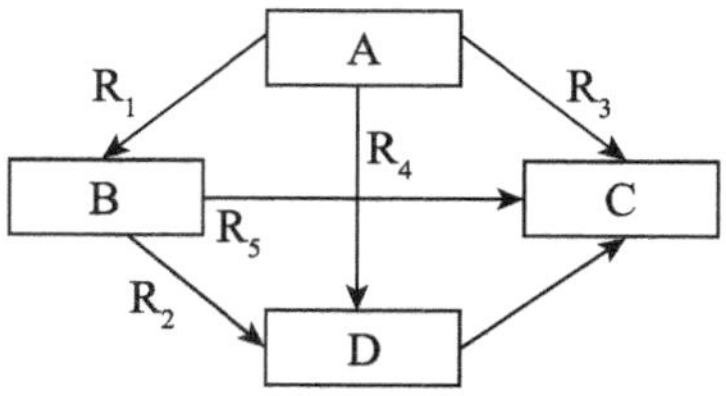

图 8–4 语义网络结构

二、语义网络中的常用语义关系

基本语义关系是构成复杂语义关系的基本单元，也是语义网络表示知识的基础，因此从一些基本的语义关系组合成任意复杂的语义关系是可以实现的。下面介绍常用的语义关系。

1. 类属关系

类属关系是指具有共同属性的不同事物间的分类关系、成员关系或实例关系，体现的是“具体与抽象”“个体与集体”的层次分类。其直观意义是“是一个”“是一种”“是一只”等。类属关系的一个主要特征是属性具有继承性，具体层的节点可以继承抽象层的节点的所有属性。常用的类属关系如下。

AKO（a–kind–of）：表示一个事物是另一个事物的一种类型。

AMO（a–member–of）：表示一个事物是另一个事物的成员。

ISA（is–a）：表示一个事物是另一个事物的实例。

2. 包含关系

包含关系也称聚集关系，是指具有组织或结构特征的部分与整体之间的关系，它与类属关系的主要区别是一般属性不具有继承性。常用包含关系有 Part–of、Member–of。包含关系的含义为一部分，表示一个事物是另一个事物的一部分，或者说是部分与整体的关系。用包含关系连接的上、下层节点的属性可能是不同的，即包含关系不具备属性的继承性。例如，“手是身体的一部分”的语义网络表示如下。

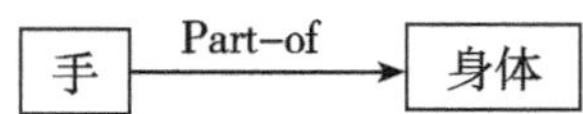

3. 属性关系

属性关系是指事物及其属性之间的关系。常用的属性关系如下。

Have：表示一个节点具有另一个节点描述的属性。

Can：表示一个节点能做另一个节点的事情。

例如，“狗有尾巴”“手机能打电话”的语义网络分别表示如下。

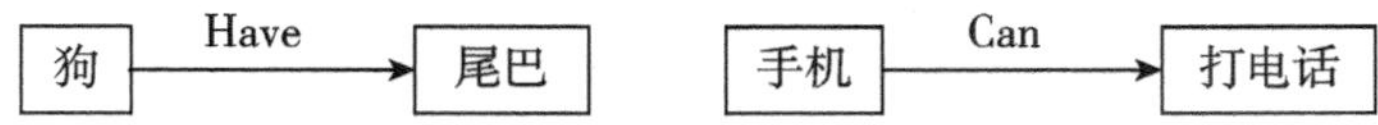

4. 因果关系

因果关系是指由某个事件的发生导致另一个事物的发生，适合表示规则性知识，通常用 If–then 联系表示两个节点之间的因果关系，其含义是“如果……，那么……”。例如，“如果下雨，那么王伟开车上班”的语义网络表示如下。

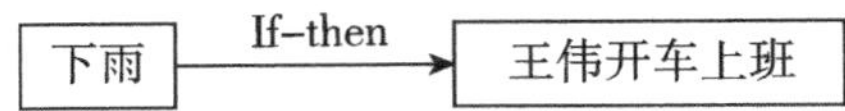

5. 时间关系

时间关系是指不同事件在其发生时间方面的先后关系，节点间不具备属性的继承性。常用的时间关系如下。

Before：表示一个事件是在另一个事件之前发生。

After：表示一个事件是在另一个事件之后发生。

例如，“李明在王伟之前到学校”的语义网络表示如下。

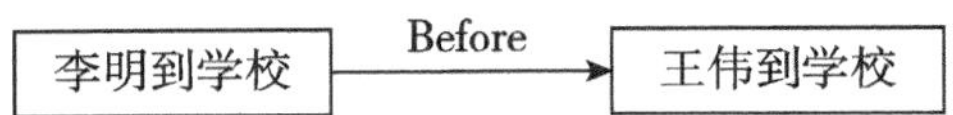

6. 位置关系

位置关系是指不同事物在位置方面的关系。常用的位置关系如下。

Located-on：表示一个物体在另一个物体之上。

Located-at：表示一个物体在某个位置。

Located-under：表示一个物体在另一个物体之下。

Located-inside：表示一个物体在另一个物体之中。

Located-outside：表示一个物体在另一个物体之外。

例如，“工人文化宫坐落于北京路”的语义网络表示如下。

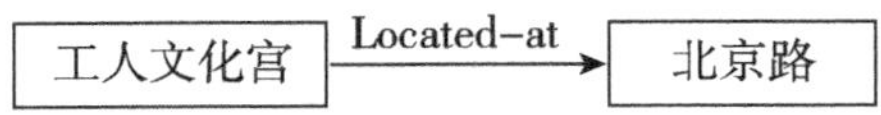

7. 相近关系

相近关系，又称相似关系，是指不同事物在形状、内容等方面相似或接近。常用的相近关系如下。

Similar-to：表示一个事物与另一个事物相似。

Near-to：表示一个事物与另一个事物接近。

例如，“哈士奇长得像狼”的语义网络表示如下。

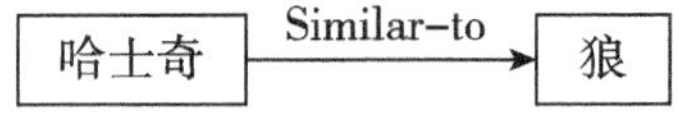

8. 组成关系

组成关系是一种一对多的关系，用于表示某个事物由其他一些事物构成，通常用Composed-of 关系表示。例如，“计算机系统由控制器、运算器、存储器、输入设备、输出设备五部分组成”的语义网络表示如下。

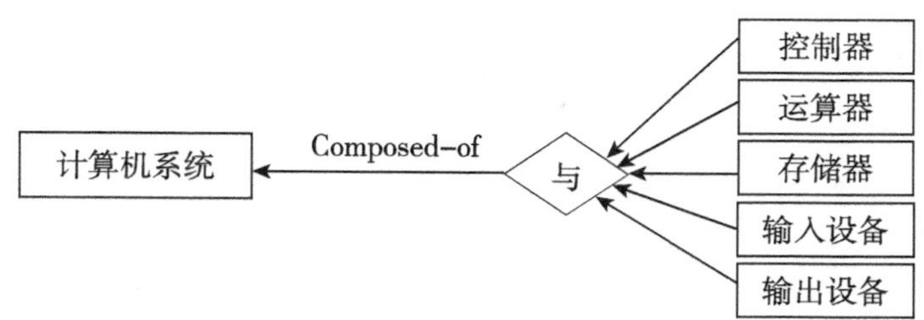

三、语义网络表示知识的方法

语义网络表示知识包括如下三个步骤。

（1）确定问题中的所有对象及其属性。

（2）确定讨论对象间的关系。

（3）将对象作为语义网络的节点，对象间的关系作为节点间的弧，连接形成语义网络。

【例 8.7】用语义网络表示下列命题。

（1）猪和羊都是动物。

（2）猪和羊都是哺乳动物。

（3）野猪是猪，但生长在森林中。

（4）山羊是羊，头上长着角。

（5）绵羊是羊，能生产羊毛。

解：问题涉及的对象有猪、羊、动物、哺乳动物、野猪、山羊、绵羊、森林、羊毛、角等。分析它们之间的语义关系，“动物”和“哺乳动物”、“哺乳动物”和“猪”、“哺乳动物”和“羊”、“羊”和“山羊”、“羊”和“绵羊”、“野猪”和“猪”之间的关系是“是一种”，可用 AKO 表示。“山羊”和“头上有角”之间是属性关系，可用 Is 描述；“绵羊”和“羊毛”之间是属性关系，可用 Have 描述；“野猪”和“森林”之间是位置关系，可用 Located-at 表示。

上述命题可用图 8-5 所示的羊和猪的语义网络表示。

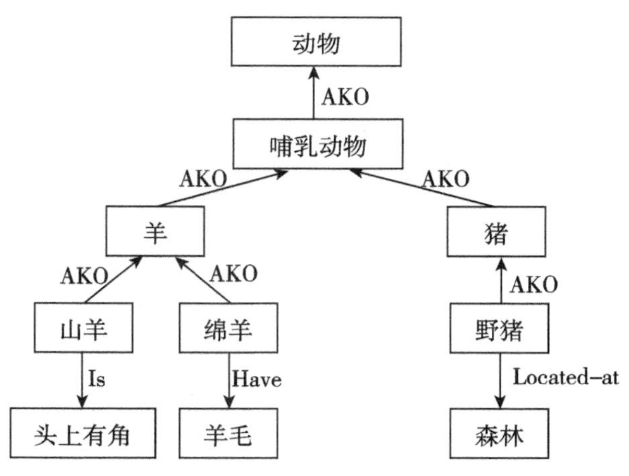

图 8-5　羊和猪的语义网络

四、推理过程

语义网络系统由两部分组成：一是由语义网络组成的知识库；二是用于求解问题的解释程序，称为语义网络推理机。语义网络中主要有两种推理过程：一种是匹配推理过程，另一种是继承推理过程。

1. 匹配推理过程

一般通过匹配求解语义网络问题。所谓匹配，是指在知识库的语义网络中寻找与待求问题相符的语义网络模式，主要过程如下。

（1）根据提出的问题，构造一个局部网络或网络片段，其中有的节点或弧的标注是空的，表示有待求解的问题，称为未知处。

（2）根据构造的局部网络或网络片段，到知识库中寻找可匹配的语义网络，找出所需的信息。

（3）当问题的语义网络片段与知识库中的某些语义网络片段匹配时，与未知处匹配的事实就是问题的解答。

例如，语义网络系统知识库中存在下列事实的语义网络。

山东大学是一所学校，位于济南市，建立于 1901 年。

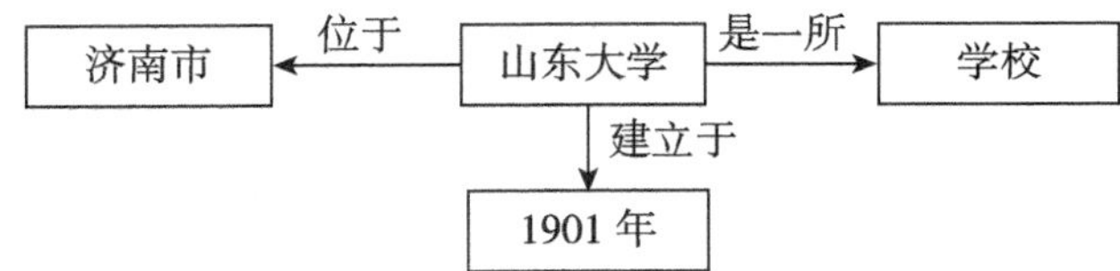

问题：山东大学位于哪座城市？

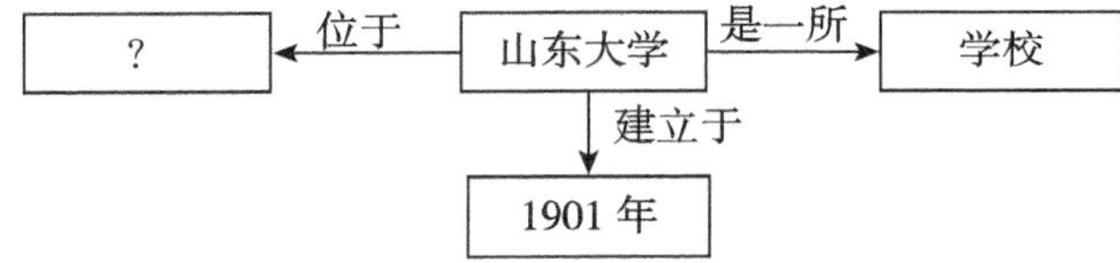

通过匹配，得到答案是济南市。

2. 继承推理过程

继承是指把对事物的描述从抽象节点传递到具体节点。通过继承可以得到所需节点的一些属性值，继承通常是沿着 ISA、AKO、AMO 等继承弧进行的。继承的一般过程如下。

（1）建立节点表，存放待求节点和所有以 ISA、AKO、AMO 等继承弧与此节点相连的节点。初始情况下，只有待求解的节点。

（2）检查节点表中的第一个节点是否有继承弧。如果有，则将该弧所指的所有节点放入节点表的末尾，记录这些节点的所有属性，并从节点表中删除第一个节点；如果没有，则直接从节点表中删除第一个节点。

（3）重复检查表中的第一个节点是否有继承弧，直到节点表为空为止，记录的属性就是待求节点的所有属性。

例如，已知：

问：青砖是什么形状的？

检查节点表，得到答案是长方体。

第五节 框架表示法

框架表示法是以框架理论为基础发展起来的一种结构化的知识表示法，认为人们对现实世界中各种事物的认识都是以一种类似于框架的结构存储在记忆中的，当面临一个新事物时，从记忆中找出一个适合的框架，并根据实际情况修改、补充细节，形成对当前事物的认识。

框架表示法适用于表达结构性的知识，如概念、对象等。相互关联的框架连接起来组成框架系统，也称框架网络。不同的框架网络可通过信息检索网络组成更大的系统，代表一块完整的知识。

一、框架与框架网络

1. 框架结构

框架是表示某类情景的结构化的一种数据结构。框架由描述事物的各方面的槽组成，每个槽可有若干侧面，槽用于描述所讨论对象的某个方面的属性，侧面用于描述相应属性的一个方面。槽和侧面具有的值分别称为槽值和侧面值。槽值可以是逻辑的、数字的，也可以是程序、条件、默认值或一个子框架。槽值含有使用框架的信息、下一步可能发生的信息、预计未实现该如何做的信息等。

用框架表示的知识系统一般含有多个框架，为了区分不同的框架及一个框架内不同的槽、不同的侧面，需要分别赋予不同的名字，分别称为框架名、槽名及侧面名。因此，框架通常由框架名、槽名、侧面名和值四部分组成，一般结构如下。

<框架名>
　　<槽名 1>
　　　　<侧面名 11>
　　　　　　　<值 111>…<值 11k1>
　　　　……
　　　　<侧面名 1*n*>
　　　　　　　<值 1*n*1>…<值 1*nkn*>
　　<槽名 2>
　　　　<侧面名 21>
　　　　　　　<值 211>…<值 21*k*2>
　　　　……
　　　　<侧面 2*m*>
　　　　　　　<值 2*m*1>…<值 2*mkm*>
　　……

例如，用框架描述“计算机主机”概念，首先分析计算机主机具有的属性，一个计算机主机可能具有主机品牌、生产商、CPU、主板、内存、硬盘等属性，这几个属性可以定义为“计算机主机”框架的槽，“CPU”“主板”两个属性可以从品牌、型号两个侧面描述，“内存”“硬盘”两个属性可以从品牌、型号、容量三个侧面描述。为各个槽和侧面赋予具体的值，就得到“计算机主机”概念的一个实例框架。

【例 8.8】框架名：< 计算机主机 >

主机品牌：联想
生产商：联想集团有限公司
CPU：
　　品牌：Intel
　　型号：I5-10400
主板：
　　品牌：华硕
　　型号：B460M-PLUS
内存：
　　品牌：现代
　　型号：DDR4
　　容量：16GB
硬盘：
　　品牌：三星
　　型号：SSD
　　容量：1TB

2. 系统预定义槽名

通常在框架系统中定义一些公用、常用且标准的槽名，并把这些槽名称为系统预定义槽名，易理解。常见的槽名有 ISA 槽、AKO 槽、Instance 槽、Part-of 槽等。

（1）ISA 槽。

ISA 槽用于指出对象间抽象概念上的类属关系，其直观意义是“是一个”“是一种”“是一只”等。一般情况下，用 ISA 槽指出的联系都具有继承性。所谓框架的继承性，是指当下层框架中的某些槽值或侧面值没有直接给定时，可以从其上层框架中继承这些值或属性。

例如，椅子一般有四条腿，如果没有指出一把具体的椅子有几条腿，则可以通过一般椅子的特性得出它有四条腿。

（2）AKO 槽。

AKO 槽用于具体地指出对象间的类属关系，其直观意义是“是一种”。当用 AKO 槽作为某下层框架的槽时，可以明确指出该下层框架描述的事物是其上层框架描述事物中的一种，下层框架可以继承上层框架中的值或属性。

（3）Instance 槽。

Instance 槽用来表示 AKO 槽的逆关系。当用 Instance 槽作为某上层框架的槽时，可在该槽中指出它所联系的下层框架。Instance 槽指出的联系都具有继承性，即下层框架可继承上层框架中描述的值或属性。

（4）Part-of 槽。

Part-of 槽用于指出部分和整体的关系。当用 Part-of 槽作为某框架的一个槽时，槽中的值称为该框架的上层框架名，该框架描述的对象只是其上层框架描述对象的一部分。例如，“两只手”是“人体”的一部分，可以将“两只手”和“人体”分别定义成框架，“两只手”为下层框架，“人体”为上层框架。在“两只手”的框架中设置一个 Part-of 槽，槽值为 < 人体 >。

框架名：< 两只手 >

　　Part–of：< 人体 >

　　……

框架名：< 人体 >

　　……

显然，用 Part–of 槽指出的联系描述的下层框架与上层框架之间不具有继承性。

3. 框架网络

用框架名作为槽值，建立框架间的横向联系；用继承槽建立框架间的纵向联系，具有横向与纵向联系的一组框架称为框架网络。

图 8–6 所示为师生员工的框架网络。例如，教师框架是表示一般教师的框架，通过 ISA 链与教职工框架相连，表示它是教职工框架的一个实例；教职工框架通过 ISA 链与教师框架和职工框架相连，表示它是教师和职工的特殊情况，这就是纵向的继承关系。

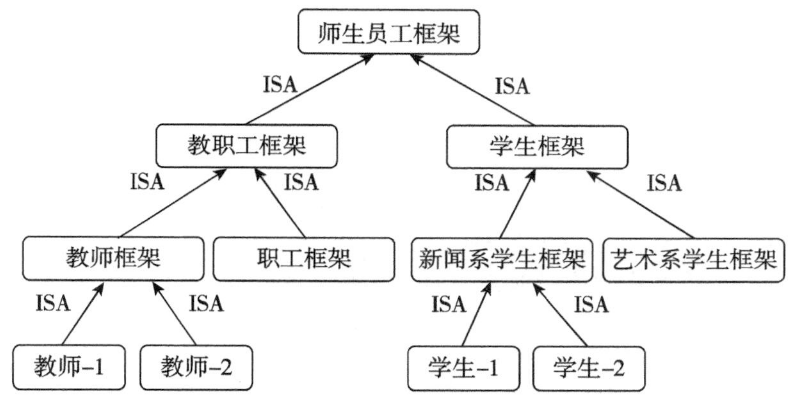

图 8–6　师生员工的框架网络

二、框架表示知识的步骤

框架表示知识的步骤如下。

（1）分析代表的知识对象及其属性，合理设置框架中的槽。在槽及侧面的设置上要考虑如下两个因素：①要符合系统的设计目标，凡是系统目标中要求的属性或问题求解过程中可能用到的属性，都要设置相应的槽；②不能盲目地把所有甚至无用的属性都用槽表示出来。

（2）考察各对象间的联系，使用常用的或根据具体需要定义一些表达联系的槽名描述上、下层框架间的联系。

【例 8.9】用分层的框架网络表示下面有关地震的新闻报道。

1976 年 3 月 18 日，下斯洛文尼亚地区发生强度为里氏 8.5 级的地震，造成 25 人死亡和 5 亿美元的损失。多年来，靠近萨迪豪金斯断层的地区一直是地震多发区，这是该地区发生的第 3 号地震。

解：首先分析地震报道中涉及的有关地震的关键属性——地震的地点、日期、伤亡人数、财产损失金额、地震强度和断层情况。由于地震可看成一种自然灾害，除地震之外，还有火灾、洪水、飓风等灾害事件，因此可以组成如下描述灾害事件的框架系统。

框架名：< 自然灾害 >
地震发生的地点：字符串
日期：单位（年，月，日）
死亡人数：单位（人）
财产损失金额：单位（亿美元）
框架名：< 地震 >
ISA：< 自然灾害 >
地震强度：单位（里氏级）
断层：字符串

接下来，将本报道中的有关数据填入相应的槽，得到第 3 号地震的框架。

框架名：< 第 3 号地震 >
地震发生的地点：下斯洛文尼亚地区
日期：1976，3，18
死亡人数：25
财产损失金额：5
地震强度：8.5
断层：萨迪豪金斯

（3）合理组织和安排各层对象的“槽”及“侧面”，避免信息描述重复。在框架的表示中，ISA 槽、AKO 槽和 Instance 槽等联系的上、下框架之间具有继承性，要求抽取同一层中不同框架间具有相同槽名作为这些框架表示的对象的共同属性，放入上层框架。

【例 8.10】建立一个分层的框架网络，从最高层框架至最低层框架的名称依次为 < 师生员工 >，< 教职工 >，< 教师 >，< 教师 1>，……，并为相应的框架设置继承槽，避免重复描述。

解：框架定义如下。

① 师生员工框架。
框架名：< 师生员工 >
姓名：单位（姓，名）
年龄：单位（岁）
性别：范围（男、女）
默认：男
健康状况：范围（健康、一般、差）
默认：参加工作时间：单位（年，月）
住址：< 住址框架 >

② 教职工框架。
框架名：< 教职工 >
继承：< 师生员工 >
工作类型：范围（教师、干部、工人）
默认：教师
学历：范围（中专，大专，本科，研究生）
默认：本科

③ 教师框架。
框架名：< 教师 >
继承：< 教职工 >
部门：单位（系、教研室）
语种：范围（英语、法语、德语、日语、俄语）
默认：英语

职称：范围（教授，副教授，讲师，助教）

默认：讲师

④ 某位教师的实例框架。

框架名：< 教师 1>

继承：< 教师 >

姓名：刘涛

年龄：32

健康状况：健康

参加工作时间：2015,9

部门：新闻系传播学教研室

职称：讲师

三、推理方法

框架表示知识的系统主要由两部分组成：一是由框架网络组成的知识库；二是由一组程序组成的框架推理机问题求解系统。

在用框架表示知识的系统中，推理主要通过框架匹配与填槽实现。首先用问题框架表示要求解的问题，然后把初始问题框架与知识库中的框架匹配。比较原则是如果两个框架对应的槽没有冲突或满足预设的某些条件，就可以认为两个框架匹配成功。

框架链是一种复杂的语义网络，语义网络中的推理同样可以在框架中进行，但主要推理形式为填充槽值。填充槽值主要有两种方法：匹配和继承。

1. 匹配

框架是一类事物的完整描述，框架匹配只能做到部分匹配。

【例 8.11】王强的行动和音量像消防车，找出王强的行动和音量的匹配值。

框架 1：< 王强 >

是：人

性别：男

行动：

音量：

进取心：中等

框架 2：< 消防车 >

是：车辆

颜色：红

行动：快

音量：极高

载物：水

匹配两个框架的槽：行动和音量。框架 1 没有此值，框架 2 有。匹配结果是填充框架 1 的两个槽值 → 王强行动是快的，音量是极高的。

2. 继承

继承有两种：直接继承和复杂继承。

直接继承是指下层框架直接从上层框架继承所有属性值和条件，在例 8.10 建立的分层框架网络中，< 教职工 > 与 < 师生员工 > 之间 ,< 教师 > 与 < 师生员工 > 之间都是直接继承。

复杂继承有如下形式：①有限制地继承属性，指定某个框架从另一个框架中继承的属性；②有限制地排斥属性，凡是未列出的属性均自动继承，列出的不继承。继承属性不等于继承属性值，属性值是有条件地继承，即只有特殊指明的属性值才继承。

思 考 题

1. 谓词逻辑表示法、产生式表示法、语义网络表示法和框架表示法的要点分别是什么？

2. 用谓词逻辑表示下列命题：①人人爱劳动；②所有整数不是偶数就是奇数；③自然数都是大于零的整数。

3. 用语义网络表示下列命题：①树和草都是植物；②树和草都是有根、有叶的；③水草是草，且长在水中；④果树是树，且会结果；⑤苹果树是果树的一种，结苹果。

4. 假设有以下天气预报：北京地区今天白天晴，偏北风 3 级，最高气温为 12℃，最低气温为 –2℃，降水概率为 15%，请用框架表示。

第九章

数据挖掘

学习目标

1. 掌握数据挖掘的定义、基本流程、任务和方法概述。
2. 理解数据对象与属性类型、数据基本统计描述。
3. 了解数据仓库的兴起；掌握数据仓库的基本概念。
4. 熟悉常用的大数据采集工具、数据预处理原理。
5. 了解数据挖掘常用算法、应用场景、挖掘工具。

学习建议

1. 本章建议学习时长为6课时。

2. 本章主要介绍数据挖掘的基础知识、基本流程、常用算法及应用场景，重点掌握数据挖掘的定义及基本流程，数据仓库的基本概念。

3. 学习者可采用小组合作的方式，探讨并掌握数据挖掘的基本流程，深入了解数据挖掘。

随着信息技术的普及和应用，各行各业产生了大量数据，人们持续不断地探索处理这些数据的方法，以期最大程度地从中挖掘有用信息。面对如潮水般不断增加的数据，人们不再满足于数据查询和统计分析，而是期望从数据中提取信息或知识来为决策服务。数据挖掘技术突破了数据分析技术的种种局限，结合统计学、数据库、机器学习等技术，解决从数据中发现的新信息，成为飞速发展的前沿学科。近年来，随着教育部"新工科"建设的不断推进，大数据技术受到广泛关注，数据挖掘作为大数据技术的重要实现手段，能够挖掘数据的关联规则，实现数据的分类、聚类、异常检测和时间序列分析等，解决商务管理、生产控制、市场分析、工程设计和科学探索等行业中的数据分析与信息挖掘问题。

第一节　数据挖掘概述

一、数据、信息和知识

数据（data）产生于对客观事物的观察与测量，研究的客观事物称为实体（entity）。实体可以通过各种可观测的属性（特征）描述。例如，人作为一个实体，有年龄、性别、身高、体重等属性，这些属性有时也称变量（variable），这些变量的取值就是数据。在计算机科学中，数据是一个非常广泛的概念，泛指所有能够被计算机处理的单一符号、符号组合甚至模拟信号。

信息（information）是数据的内涵，要得到信息，就要解释或加工数据。信息与数据既有区别又有联系，数据是信息的载体，是具体的数字或符号，是具体的；信息是数据的内在含义，是抽象的。

对信息进行再加工，进一步抽象和概括，可得到知识（knowledge）。知识通常表现为模式或规律，它是对信息之间的逻辑联系的抽象概括，具有简单、可重复、可推广的特点。学生成绩表见表 9–1。

表 9–1　学生成绩表

姓名	学号	综合成绩	等级
李明	001	82	B
刘艳	002	91	A
张凯	003	95	A
物林	004	97	A
王二小	005	85	B
钱晓兰	006	87	B
刘丽	007	99	A

如"李明的综合成绩是 82""李明的等级是 B""刘艳的综合成绩是 91""刘艳的等级是 A"是信息；"如果综合成绩＞90，那么等级为 A""如果 80< 综合成绩＜90，那么等级为 B"是知识，它们是对多条信息的抽象、概括，提取规律。

从大量知识中总结出原理和法则，就得到智慧（wisdom），智慧是更高层次的抽象。从数据到信息、知识、智慧是一个不断抽象、概括的加工过程，如图 9–1 所示。

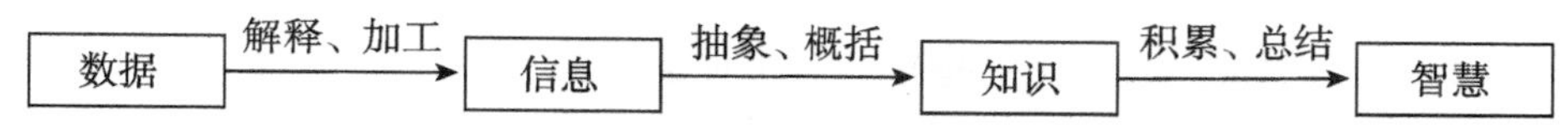

图 9–1 从数据到信息、知识、智慧的过程

二、数据挖掘的定义

通过前面的学习知道，数据、信息和知识是不同的，有数据并不等于有信息和知识，只有对数据进行解释、加工、抽象和概括才能得到信息和知识。由于真正有价值、可供人类利用的是信息和知识，而不是数据，因此将数据转换为信息和知识至关重要。计算机的早期时代是通过人工方式实现由数据到知识的转换的，但随着计算机和互联网技术的发展，数据规模以指数方式爆炸式增大，人工处理方式已不可行。从大量数据中，以自动或半自动的方式抽取信息、发现新的知识就是数据挖掘（data mining，DM）的基本任务。

关于数据挖掘，一个比较公认的定义如下：数据挖掘是利用人工智能、机器学习、统计学等方法从海量数据中提取有用的、事先不为人所知的模式或知识的计算过程。形象地说，数据挖掘就是挖矿，从矿山（数据库）中发掘有用的矿藏（知识）。从数学角度来看，数据挖掘是一个变换，将输入的数据转换为有用的模式或知识。

在数据库领域，研究者常用数据库知识发现（knowledge discovery in database，KDD），它是指从原始数据出发，经过数据清洗、集成、选择、变换、提取、评估得到有价值的信息和知识的整个过程。知识发现的基本过程如图 9–2 所示。

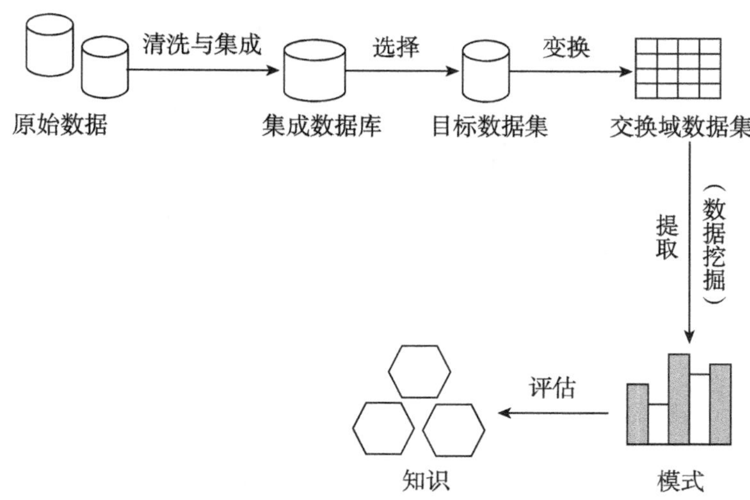

图 9–2 知识发现的基本过程

图 9–2 中，从数据中提取事先不为人所知的、有价值的模式是关键步骤，数据库研究者称其为数据挖掘，但现在学术界通常把数据挖掘与数据库中的知识发现视为相同概念。数据的清洗与集成、选择、变换等步骤称为数据的预处理。之所以需要预处理步骤，是因为现实

数据具有数量大、维度高、高度冗余、含噪声、数据缺失等特点，如果不进行预处理，一方面计算量太大，另一方面由无关数据的干扰导致数据挖掘的结果不可靠。数据预处理的过程需要使用统计学、信号与图像处理等领域的方法。

数据经过预处理之后，便可进行挖掘，从中提取事先不为人所知的、有价值的知识，包括关联规则模型、分类模型、预测模型、聚类模型、时间序列模型和异类检测模型。为了从数据中挖掘出关联规则、分类、预测、聚类、时间序列和异类知识，需要使用概率统计、模糊数学、模式识别、人工智能、机器学习、专家系统甚至神经科学等领域的方法。此外，为构建一个高效的数据挖掘系统，还需要知识表示、高性能计算等领域的知识，因此数据挖掘是一门综合性的交叉学科。

三、数据挖掘的基本流程

前面简要介绍了知识发现的基本过程，下面稍作完善，得到数据挖掘的基本流程，如图 9–3 所示。

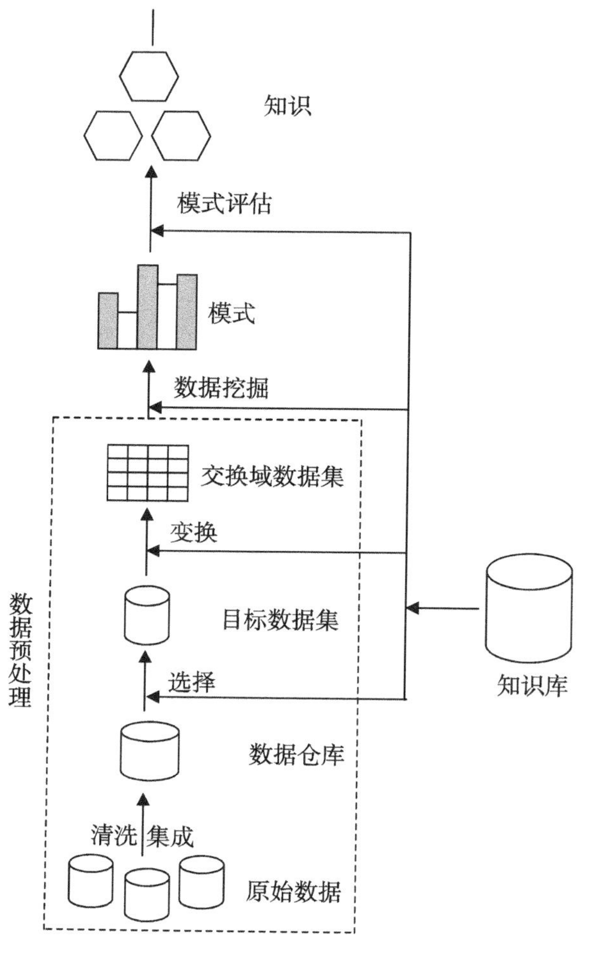

图 9–3　数据挖掘的基本流程

数据挖掘分为数据预处理、数据挖掘、模式评估三个阶段。其中数据预处理包括清洗、集成、选择、变换等步骤。由于原始数据中有噪声、错误、缺失等，因此数据预处理的第一步是对数据进行清洗，消除数据中的噪声和无关数据，修复错误、填补缺失数据等。接下来集成来自不同数据源中的数据，将有关数据组合在一起构建数据仓库。数据仓库中的数据并非都与挖掘主题有关，而是从数据仓库中选出与挖掘主题密切相关的数据，一方面可以减小计算量，另一方面可以消除无关数据的干扰。选择数据之后，需要对目标数据进行变换，如线性回归分析（linear regression analysis）、主成分分析（principal component analysis）、多维标度分析（multidimensional scaling analysis）、傅里叶变换（fourier transform）、离散余弦变换（discrete cosine transform）、小波变换（wavelet transform）等，变换的主要目的是消除冗余，简化数据，该步骤也称数据归约（data reduction）。

数据挖掘的主要任务是从变换后的数据集中挖掘出事先不为人所知的模式或知识。挖掘出新的模式和知识后，还需要按照一定的标准进行评估，如挖到知识的新奇性、有效程度和应用价值等，从中筛选出新奇的、有效的、有价值的模式和知识。此外，还需要用适当的方式表示或展示这些知识，因此，知识表示和可视化技术也是数据挖掘的重要研究内容。

数据选择、数据变换（归约）、数据挖掘、模式评估等都需要专业领域知识的参与，如对业务的理解、对数据的理解、对模式的评估标准等，因此需要一个专业领域的知识库来指导和支持数据挖掘的整个过程。

四、数据挖掘的任务和方法概述

数据挖掘所要挖掘的模式和知识包括以下内容。

1. 对数据集的概要总结

对数据集中的数据进行统计分析，得出数据集的总体特征，并对数据集进行简明、准确的描述，或对两个数据集进行对比，给出两个数据集的差异的概要性描述。例如，从某校教职工数据库中选择讲师数据进行挖掘分析，可得到讲师的概要性描述“65%（age<30）and（age>24）”，表示该校 65% 的讲师的年龄为 24～30 岁；又如，抽取该校教职工数据库中的讲师数据和副教授数据进行对比分析，可以得到如下概要性描述“讲师：70%（papers<3）and（teaching course<2）”“副教授：65%（papers>=3）and（teaching course>=2）”，表示该校 70% 的讲师发表的论文数量小于 3 且所讲授课程小于 2 门；该校 65% 的副教授发表了至少 3 篇论文且所讲授课程至少为 2 门。

2. 数据的关联规则

数据的关联规则是描述数据之间潜在联系的一种方式，通常用 A–B 的蕴含式表示。例如，从某零售店的原始销售记录中挖掘出如下关联规则“contains（X，'bread'）→contains（X，'milk'）[support=10%，confidence=60%]”，表示 10% 的顾客同时购买了面包和牛奶，而 60% 的购买了面包的顾客同时购买了牛奶。其中，前一个百分比称为支持度，反映了关联规则的普遍程度，支持度越大，关联规则覆盖的范围越大；后一个百分比称为置信度，是一个条件概率，置信度越大，表示购买了面包的顾客同时购买牛奶的概率越大。

又如，某房地产销售公司从历史销售记录中挖掘出如下关联规则：“（年龄 >30）∧（年龄 <50）∧（年收入 >20 万元）→（是否成交 ='yes'）[support=20%，confidence=85%]”，表示该公司的客户中，年龄为 30～50 岁、年收入大于 20 万元的客户占 20%，85% 的 30～50 岁、年收入大于 20 万元的客户最终成交了。

3. 分类与预测

所谓分类，就是按照一定的规则将样本数据划分成不同的类，分类的关键在于选择合适的分类规则，这些规则通常是从样本数据中学习得到的。所谓预测，就是使用某个函数模型估计样本某些属性的值，使用的函数模型可以是线性的，也可以是非线性的，可以是参数模型，也可以是非参数模型，这些模型和参数通常需要从训练数据中学习得到。分类和预测是紧密相关的，分类可以看作预测的特殊情形，即因变量只能取有限的离散值的情形。

例如，商业银行可以根据年龄、职业、收入水平、财产状况等对信用卡申请人进行分类，将信用卡申请人分为低风险、中风险、高风险三类，分类方法可以是决策树模型、支持向量机、神经网络模型等。

4. **聚类**

所谓聚类，就是依据数据内在的相似性进行分类，使得同类数据之间的相似度尽可能大，并且不同类数据之间的相似度尽可能小。聚类与分类不同，区别在于聚类事先不知道哪些类样本数据是探索性的。聚类的关键在于选择合适的相似性度量。

例如，手机销售公司可依据年龄、性别、职业、收入水平、居住地等属性对消费者进行聚类分析，探索各类消费者的特点，以促进营销。

5. **异类检测**

异类（Outliers），也称异常点，是指不符合大多数数据对象构成的规律（模型）的数据对象，如分类模型中的反常实例、聚类模型中的离群点等。传统数据挖掘算法为了提高模型的拟合优度，常将异类当作噪声除去，但在某些应用中异类是重要的，如诈骗识别、异常行为检测、网络异常检测等。异类检测算法有很多，如基于数据对象的概率分布的算法、机器学习算法等。

6. **时间序列模型**

股票价格等数据是随时间不断演化的，人们关心的是演化规律，即数据在时间维度上的相关性，如趋势、周期性、自回归模式等，这就是时间序列模式，可以用时间序列模型描述。

第二节　数据描述

一、数据对象与属性类型

数据集由数据对象组成，一个数据对象代表一个实体。例如，在销售数据库中，对象可以是顾客、商品或销售员；在医疗数据库中，对象可以是患者；在大学数据库中，对象可以是学生、教授和课程。数据对象常用属性描述。数据对象又称样本、实例、数据点或对象。如果数据对象存放在数据库中，则它们是数据元组。数据库中的行对应数据对象，列对应属性。

1. **属性的含义**

属性是一个数据字段，表示数据对象的一个特征。属性、维、特征和变量可以互换使用。“维”一般用在数据库中，机器学习中倾向于使用术语“特征”，而统计学中倾向于使用术语“变量”。数据挖掘和数据库一般使用术语“属性”，例如，描述顾客对象的属性可能包括 customer_ID、name 和 address。属性的观测值称为观测，用来描述一个给定对象的一组属性，称为属性向量（或特征向量）。涉及一个属性的数据分布称为单变量，涉及两个属性的数据分布称为双变量。一个属性的类型由该属性的值（标称、二元、序列或数值）的集合决定。

2. **标称属性**

标称属性值是一些符号或事物的名称。每个值代表某种类别、编码或状态，标称属性又被看作分类，与排序无关。在计算机中，标称属性值被看作枚举。

【例 9.1】标称属性。假设 hair_color 和 marital_status 是描述人的两个属性，hair_color 的可能值为黑色、棕色、淡黄色、红色、赤褐色、灰色和白色，marital_status 的可能值为单身、已婚、离异和丧偶。这里 hair_color 和 marital_status 就是标称属性。

虽然标称属性的值是一些符号或事物的名称，但也可用数字表示。例如，对于 hair_color，可以指定代码 0 表示黑色，1 表示棕色，等等；customer_ID 也可用数字描述，但一般不定量使用这些数字，因为标称属性数学运算没有意义，就像从一个人年龄的数值属性减去另一个人年龄的数值属性，或从一个顾客号减去另一个顾客号都没有意义。标称属性可以取整数值，但通常不会定量地使用这些整数，所以整数值不作为数值属性。

3. 二元属性

二元属性（binary attribute）是一种标称属性，只有两个类别或状态：0 或 1（true 或 false），其中 0 表示该属性不出现，1 表示该属性出现。二元属性又称布尔属性。

【例 9.2】二元属性。若属性 smoker 描述患者对象，1 表示患者抽烟，0 表示患者不抽烟。类似地，假设患者有两种可能的医学化验结果，属性 medical_test 就是二元属性，1 表示化验结果为阳性，0 表示化验结果为阴性。一个对称的二元属性，即它的两种状态具有同等价值和相同权重。一个非对称的二元属性，即它的两种状态具有不同等价值和不同权重。如人类免疫缺陷病毒（HIV）化验结果的阳性和阴性就是一个非对称的二元属性，用 1 编码 HIV 阳性结果（通常是稀有的），用 0 编码 HIV 阴性结果。

二、数据的基本统计描述

数据的基本统计就是用来识别数据的性质，识别数据值中的噪声或离群点。

（一）中心趋势度量

中心趋势度量包括均值、中位数、众数、中列数。假设 salary 作为某个属性 X，在这个数据对象集中记录这个属性的值 $x_1, x_2, ..., x_N$ 为属性 X 的 N 个观测值，又称 X 的“数据集”。大部分观测值落在数据集的何处？这就是数据的中心趋势概念。数据集“中心”的常用数值度量是均值。令 $x_1, x_2, ..., x_N$ 为某数值属性 X（如 salary）的 N 个观测值，该值集合的均值如下：

$$\bar{x} = \frac{\sum_{i=1}^{N} x_i}{N} = \frac{x_1 + x_2 + \cdots + x_N}{N} \tag{9.1}$$

均值是数据集的全局量，对应关系数据库中的内置聚集函数 average［SQLavg()］。

【例 9.3】假设 salary 的观测值（以千美元为单位）按递增次序显示 30，31，47，50，52，52，56，60，63，70，70，110，根据式（9.1），均值如下：

$$\bar{x} = \frac{30+31+47+50+52+52+56+60+63+70+70+110}{12} \approx 58 \tag{9.2}$$

因此，salary 的均值为 58000 美元。

有时，对于 $i=1,..., N$，每个值 x_i 可以与一个权重 w_i 关联。权重反映它们依附的对应值的意义、重要性或出现的频率，此时均值如下：

$$\bar{x} = \frac{\sum_{i=1}^{N} w_i x_i}{\sum_{i=1}^{N} w_i} = \frac{w_1 x_1 + w_2 x_2 + \cdots + w_N x_N}{w_1 + w_2 + \cdots + w_N} \tag{9.3}$$

由式（9.3）得出加权算术均值或加权平均值。

尽管均值是描述数据集的常用量，但不是度量数据中心的最佳方法，主要原因是均值对极端值（离群点）很敏感。例如，公司的平均工资可能被少数高收入的经理显著推高。类似地，一个班的考试平均成绩可能被少数很低的成绩拉低。为了抵消少数极端值的影响，可以使用截尾均值。截尾均值是丢弃高、低极端值后的均值。如很多竞技比赛中常采用去掉一个最高分和一个最低分，再求均值作为选手的成绩。针对 salary 的观测值排序，在计算均值之前去掉 2% 的高端值和低端值，但要避免在两端截去太多值，如去掉 20% 的高端值和低端值可能导致丢失有价值的信息。对于倾斜（非对称）数据，数据中心用中位数度量。中位数是有序数据值的中间值，是把数据较高的一半与较低的一半分开的值。在概率论与统计学中，中位数一般用于数值数据。把这个概念推广到序数数据：假设给定某属性 X 的 N 个值递增排序，如果 N 是奇数，则中位数是该有序集的中间值；如果 N 是偶数，则中位数不唯一，是中间的两个值或两个中间值中的任意值。在 X 是数值属性的情况下，中位数取中间两个值的平均值。

【例 9.4】找出例 9.3 中数据的中位数。由于该数据已经递增排序且有偶数个观测值（12 个观测值），因此中位数不唯一。它可以是中间两个值 52 和 56（即列表中的第 6 个值和第 7 个值）中的任意值，这两个中间值的平均值为中位数，即

$$\frac{52+56}{2}=\frac{108}{2}=54$$

中位数为 54000 美元。假设给定奇数个值（如取前 11 个值），中位数是中间的值，即列表的第 6 个值——52000 美元。当观测值数量很大时，中位数的计算量很大。但对于数值属性，可以计算中位数的近似值。具体做法如下：将观测的数据集 x_i 划分成多个区间，找出每个区间的频率（即数据值的数量）。在例 9.3 中，可以根据年薪将人划分到 10000～20000 美元、20000～30000 美元等区间。

众数是另一种中心趋势度量。数据集的众数是集合中出现最频繁的值，可以对定性属性和定量属性确定众数。一个最高频率可能对应多个不同值，从而有多个众数。具有一个众数、两个众数、三个众数的数据集合分别称为单峰数值数据、双峰数值数据和三峰数值数据，具有四个众数或更多众数的数据集是多峰数值数据，如果每个数据值仅出现一次，则它没有众数。

【例 9.5】例 9.3 的数据是双峰数值数据，因为两个众数分别为 52000 美元和 70000 美元。对于适度倾斜（非对称）的单峰数值数据，有如下经验关系式：

$$\text{mean}-\text{mode}\approx 3\times(\text{mean}-\text{median}) \tag{9.4}$$

式（9.4）的含义是如果均值和中位数已知，则适度倾斜的单峰频率曲线的众数容易近似计算。

中列数是另一个用来评估数值数据的中心趋势。中列数是数据集的最大值和最小值的平均值，可以使用 SQL 的聚集函数 max() 和 min() 计算。

【例 9.6】例 9.3 数据的中列数为

$$\frac{3000+110000}{2}=70000$$

（二）度量数据散布

评估数据散布或发散的度量包括极差、分位数、四分位数、百分位数和四分位数极差。方差和标准差也可以作为数据散布度量。

1. 极差、分位数、四分位数、百分位数和四分位数极差

设 $X_1,X_2,\ldots,X_N$ 是某数值属性 X 上的观测集合，该集合的极差是最大值［max()］与最小值［min()］之差。假设属性 X 的数据按数值递增排序，挑选数据点，把数据分布划分成值相等的连贯集。属性 X 数据分布图的四分位如图 9–4 所示。分位数是取自数据分布固定间隔上的点，把数据划分成基本上值相等的连贯集合（基本上是指不一定能把数据划分成恰好值相等的子集）给定数据分布的第 k 个（q– 分位数）值 x，使得小于 x 的数据值最多为 k/q，而大于 x 的数据值最多为 $(q-k)/q$，其中 k 是整数（$0<k<q$），则有 $q-1$ 个（q– 分位数）。

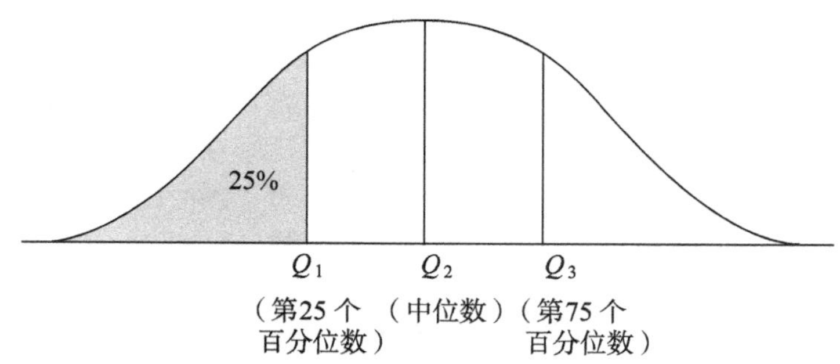

图 9–4　属性 X 数据分布图的四分位

3 个四分位数把数据分布划分成相等部分，第 2 个四分位数对应中位数，（2– 分位数）是一个数据点，就是把数据分布划分成高、低两部分，（2– 分位数）对应中位数。（4– 分位数）是 3 个数据点，把数据分布划分成 4 个相等的部分，每部分表示数据分布的四分之一，通常称它们为四分位数。（100– 分位数）通常称为百分位数，是把数据分布划分成 100 个值相等的连贯集。中位数、四分位数和百分位数是应用广泛的分位数。在四分位数给出分布的中心、散布和形状中，第 1 个四分位数记作 Q_1，是第 25 个百分位数，它砍掉数据最低的 25%；第 2 个四分位数记作 Q_2，是第 50 个百分位数，作为中位数，给出数据分布的中心；第 3 个四分位数记作 Q_3，是第 75 个百分位数，它砍掉数据最低的 75%（或最高的 25%）。

第 1 个和第 3 个四分位数之间的距离就是散布的一种简单度量，给出数据中间覆盖的范围，称为四分位数极差（inter–quartile range，IQR），定义如下：

$$\mathrm{IQR}=Q_3-Q_1 \tag{9.5}$$

【例 9.7】四分位数是 3 个值，把排序的数据集划分成 4 个相等的部分。例 9.3 的数据包含 12 个观测值，已经按递增顺序排序。该数据集的四分位数分别是该有序表的第 3 个值、第 6 个值和第 9 个值。因此，Q_1=47000 美元，Q_3=63000 美元，四分位数极差 IQR=63000–47000=16000 美元。第 6 个值是中位数 52000 美元，因为数据值数为偶数，所以这个数据集有两个中位数。

2. 五数概括、盒图与离群点

倾斜分布不适用单个散布数值度量（如 IQR），如图 9–4 中对称和倾斜的数据分布。在对称分布中，中位数（或其他中心度量）把数据划分成相同大小的两部分，而倾斜分布不能。因此，除中位数之外，还须提供两个四分位数 Q_1 和 Q_3，识别可疑的离群点，挑选落在第 3 个四分位数之上或第 1 个四分位数之下至少 1.5 × IQR 处的值。

由于 Q_1、中位数 Q_2 和 Q_3 不包含数据的端点信息，因此完整的分布形状通过最大数据值和最小数据值得到，称为五数概括。五数概括由中位数 Q_2、四分位数 Q_1 和 Q_3、最小观测值和最大观测值组成，按 Minimum，Q_1，Median，Q_3，Maximum 顺序排列。

盒图是包含五数的直观可视化分布描述，概括如下。

（1）盒的端点一般在四分位数上，盒的长度是四分位数极差（IQR）。

（2）中位数用盒内的线标记。

（3）盒外的两条线（称为胡须）延伸到最小观测值和最大观测值。

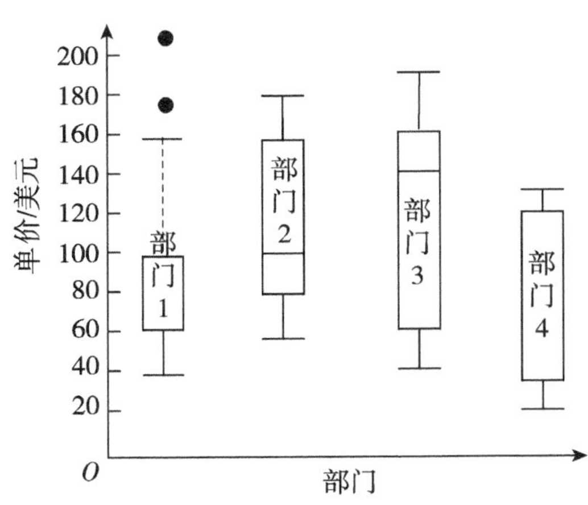

图 9–5　All Electronics 的 4 个部门销售的商品单价数据盒图

当处理数量适中的观测值时，盒图能够绘出观测值的离群点。当最大观测值和最小观测值超过四分位数不到 1.5×IQR 时，用胡须状扩展；否则，胡须出现在四分位数的 1.5×IQR 内终端，剩下的观测值个别绘出。盒图是对多个可比较的数据集而言的。

【例 9.8】盒图。All Electronics 的 4 个部门销售的商品单价数据盒图如图 9–5 所示。对于部门 1，销售商品单价的中位数是 80 美元，Q_1 是 60 美元，Q_3 是 100 美元。该部门的两个边远观测值个别绘出，因为 175 和 202 都超过 1.5×IQR，所以 IQR=40。

3. 方差和标准差

相对均值作为数据集的全局度量特征描述，方差与标准差是度量数据分布的散布程度，是数据分布的局部特征描述。若标准差值低，则观测数据非常靠近均值；若标准差值高，则数据散布在远离均值处。针对数值属性 X 的 N 个观测值 $x_1, x_2, ..., x_N$ 的方差计算公式如下：

$$\sigma^2 = \frac{1}{N}\sum_{i=1}^{N}(x_i - \bar{x})^2 = \left(\frac{1}{N}\sum_{i=1}^{N}x_i^2\right)^2 - \bar{x}^2 \tag{9.6}$$

式中，$\bar{x}$ 是式（9.1）定义的均值；标准差 σ 是方差 σ^2 的平方根。

【例 9.9】方差和标准差。在例 9.3 中，用式（9.1）计算均值 $\bar{x}$ =58000 美元。为了确定方差和标准差，设 N=12，得到

$$\sigma^2 = \frac{(30-58)^2+(31-58)^2+\cdots+(110-58)^2}{12} \approx 399.58$$

$$\sigma \approx \sqrt{399.58} \approx 19.99$$

作为观测数据发散程度的度量，标准差 σ 的性质如下。

（1）描述观测数据相对均值的发散程度。

（2）当观测数据值都相等时，σ =0，数据不具有发散特性；否则，σ >0。

如何衡量观测值远离均值超过标准差多少倍？用 $\left(1-\frac{1}{k^2}\right)\times 100\%$ 观测离均值不超过 k 个标准差。因此，标准差是很好的数据集发散的度量方法。

（三）数据基本统计的图形描述

下面研究分位数图、分位数—分位数图、直方图和散点图。分位数图、分位数—分位数图和直方图显示一元分布（一个属性的数据），散点图显示二元分布（两个属性的数据）。

1. 分位数图

分位数图是分析单变量数据分布的简单方法。首先，显示给定属性的所有数据（评估总的情况和不寻常状况）；其次，绘出分位数信息。对于某序数或数值属性 X，设 x_i（i=1, ..., N）是按递增顺序排序的数据，x_i 是最小观测值，x_N 是最大观测值。每个观测值 x_i 与一个百分数 f_i 配对，指出约 $f_i \times 100\%$ 的数据小于 x_i 的值。“大约”是指可能没有一个精确的数值 x_i，使得数据的 $f_i \times 100\%$ 小于 x_i 的值。百分比 0.25 对应于四分位数 Q_1，百分比 0.50 对应于中位数，百分比 0.75 对应于 Q_3。令 $f_i = \dfrac{i-0.5}{N}$，这些数从 $\dfrac{1}{2N}$（稍大于 0）到 $1-\dfrac{1}{2N}$（稍小于 1），以相同步长 $1/N$ 递增。在分位数图中，x_i 对应 f_i，可以比较基于分位数的不同分布。例如，给定两个不同时间段的销售数据的分位数图，很容易比较它们的 Q_1、中位数、Q_3 及其 f_i 值。

【例 9.10】分位数图。图 9–6 显示了表 9–2 所示销售商品单价数据集的分位数图。

表 9–2　销售商品单价数据集

单价 / 美元	商品销售量 / 件	单价 / 美元	商品销售量 / 件
40	275	78	540
43	300	115	320
47	250	117	270
74	360	120	350
75	515		

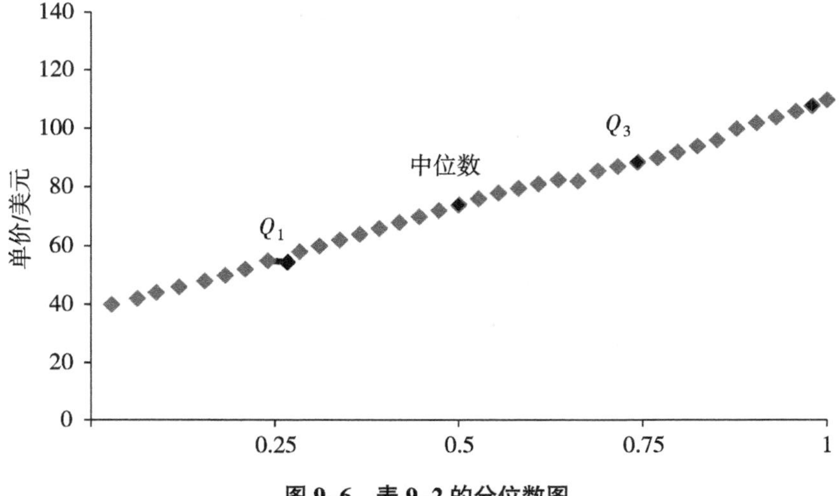

图 9–6　表 9–2 的分位数图

2. **分位数—分位数图**

分位数–分位数图 (q–q 图) 是一种分位数，绘制一个单变量分布的分位数，是一种可视化工具，可以分析从一个分布到另一个分布是否有漂移。

假设对属性或变量“单价”有两个观测集，对应两个部门。设 $x_1, x_2, ..., x_N$ 是第一个部门的数据，$y_1, y_2, ..., y_M$ 是第二个部门的数据，每组数据都按递增顺序排序。如果 $M=N$（每个集合点数相等），则 x_i 和 y_i 对应。y_i 和 x_i 对应数据集的第 $(i-0.5)/N$ 个分位数。如果 $M<N$（第二个部门的观测值比第一个部门的少），则可能只有 M 个点在分位数 – 分位数图中。这里，y_i 是 y 的第 $(i-0.5)/M$ 个分位数，对应 x 的第 $(i-0.5)/N$ 个分位数。

【例 9.11】分位数—分位数图。图 9–7 显示两个部门销售的商品单价数据的分位数—分位数图，每个点对应每个数据集的相同分位数，该分位数显示部门 1 与部门 2 销售商品单价。为便于比较，假设两个部门销售商品单价相等，绘制一条给定分位数直线，黑点分别对应 Q_1、中位数和 Q_3。

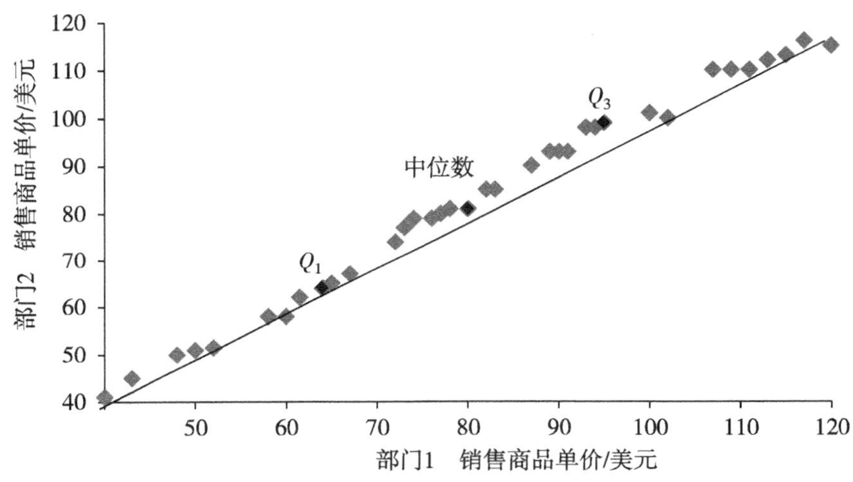

图 9–7 两个部门销售的商品单价数据的分位数—分位数图

例如，部门 1 销售商品单价比部门 2 稍低（对应 Q_1），也就是部门 1 销售的 25% 商品低于或等于 60 美元，而部门 2 销售的 25% 商品低于或等于 64 美元。在第 50 个分位数（标记为中位数 Q_2），部门 1 销售的 50% 商品低于或等于 78 美元，而部门 2 销售的 50% 商品低于或等于 85 美元。部门 1 的分布相对于部门 2 有一个漂移，因为部门 1 销售商品单价稍低于部门 2。

3. **直方图**

直方图是对给定属性 X 分布的一种粗略表示方法，如果 X 是标称属性（如汽车型号或商品类型），则对 X 的每个已知值绘制一个柱或竖直条，高度表示 X 值出现的频率，所以直方图又称条形图。

如果 X 是数值，则用直方图表示。X 的值域被划分成不相交的连续子域，子域称为桶或箱，是数据分布的不相交子集，桶的范围称为宽度。通常各桶的宽度相等。例如，值域为 1～200 美元（对最近的美元取整）的价格属性可以划分成子域 1～20、21～40、41～60 等。对每个子域分别绘制一幅条形图，高度表示在该子域观测到的商品计数。

【例 9.12】直方图。表 9–2 中数据集的直方图如图 9–8 所示，其中桶（或箱）定义成宽度相等，代表增量 20 美元，而频率是商品的销售数量。

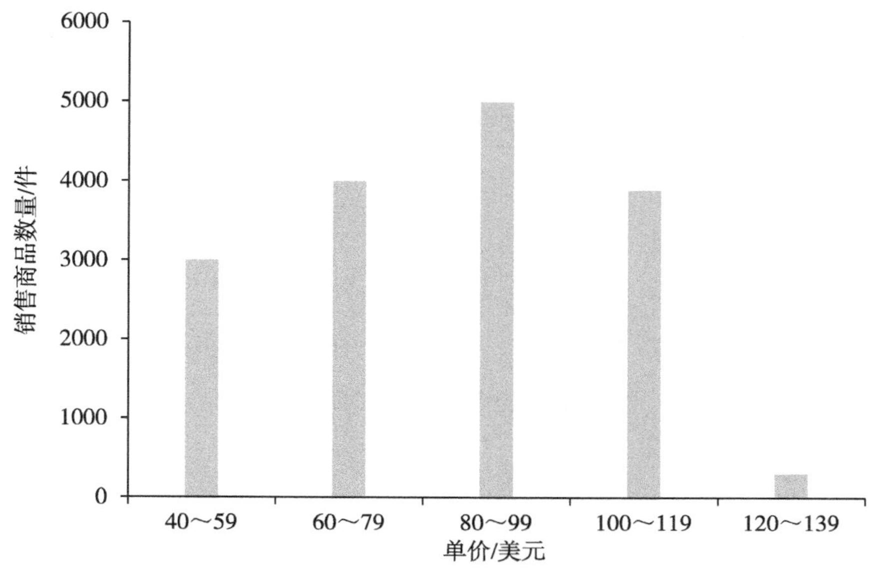

图 9–8 表 9–2 中数据集的直方图

尽管直方图应用广泛，但对于单变量观测值，使用分位数图、分位数 – 分位数图和盒图更有效。

4. 散点图

散点图是确定两个数值变量的相关性、某种模式或变化趋势的图形表示方法。为构造散点图，每个值对应一个坐标点画在平面上。表 9–2 中数据集的散点图如图 9–9 所示。

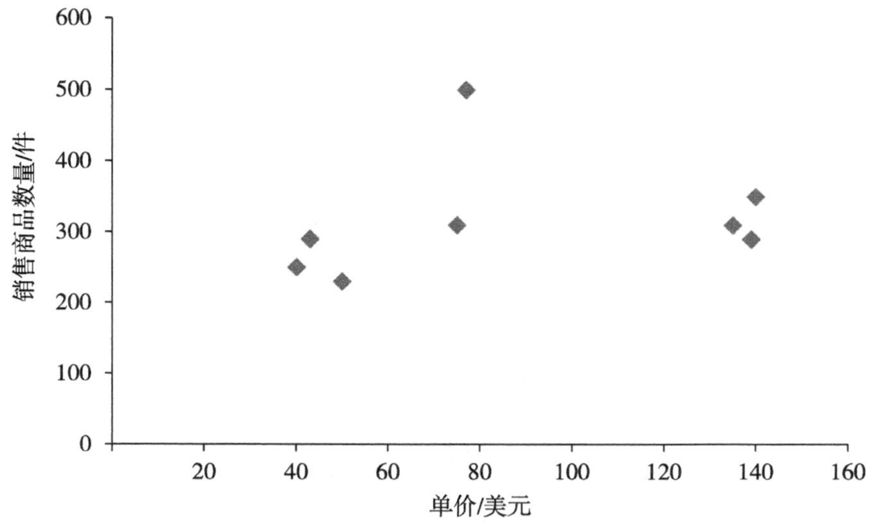

图 9–9 表 9–2 中数据集的散点图

散点图是观察双变量数据的有效方法，用于观察点簇和离群点或考察相关性。对两个属性 X 和 Y，如果一个属性蕴含另一个属性，则它们是相关的。相关分为正相关、负相关或零相关（不相关）。图 9–10 所示为两个属性正相关和负相关示例。如果坐标点从左下到右上倾斜，则说明 X 的值随 Y 的值增大而增大，表示正相关［图 9–10（a）］；如果坐标点从左上到右下倾斜，则说明 X 的值随 Y 的值减小而增大，表示负相关［图 9–10（b）］。可以通过一条最佳拟合的线研究两个变量的相关性。图 9–11 所示为每个数据集中的两个属性都不相关的三种关系。

图 9–10　两个属性正相关和负相关示例

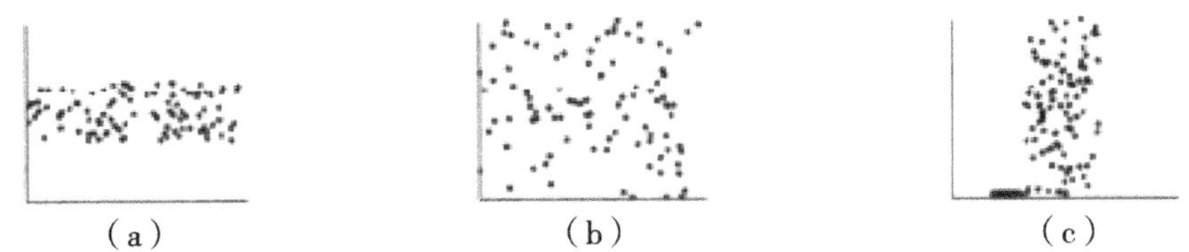

图 9–11　每个数据集中的两个属性都不相关的三种关系

第三节　数据仓库

任何企业都希望在市场竞争中通过利用全面的数据分析能力获得更大、更持久的竞争优势。例如，银行希望知道如何有效规避信贷风险，发现欺诈和洗钱等不合法行为；电信公司希望知道如何对市场业务发展和竞争环境进行精准分析，从而为市场决策提供深入、有力的分析支撑，提升营销活动的精准性；保险公司希望知道哪些理赔客户骗保的可能性更大，以及哪些客户是高价值低风险的客户群；等等。解决这些问题离不开数据的支撑和对现有数据的分析、利用。

传统的信息资源管理主要依靠数据库技术，利用数据库技术组织与存储数据，并使用基于数据库的信息系统有效利用信息资源。但是随着计算机技术的飞速发展，一些新的需求不断提出，这些新的需求是传统数据库技术难以满足的。

传统的数据库技术以数据库为中心进行事务处理、批处理和决策分析等。数据库系统作为数据管理手段，从诞生开始就主要用于事务处理。近年来，随着计算机应用的拓展，人们对处理计算机数据的能力提出了更高要求，希望计算机更多地参与数据分析与决策支持。但是事务处理和分析处理有不同的性质，直接使用事务处理环境支持分析决策有一定的局限性，此时可以使用数据仓库。

一、数据仓库的兴起

数据仓库技术是一种新型数据管理技术，它的出现并非偶然，而是随着人们对数据处理技术新需求的不断提出衍生的。

（一）数据管理技术的发展

从 1946 年计算机的诞生到 20 世纪 80 年代，数据管理技术经历了人工管理、文件系统及数据库系统三个阶段，这三个阶段之间彼此联系。

1. 人工管理阶段

20 世纪 60 年代初期，创建运行于主文件上的单个应用是计算领域的主要工作。这些应用的特点表现在报表和程序上，常用语言是 COBOL。穿孔卡是当时的常用介质，主文件存放在磁带文件上。磁带不但廉价，而且适合存放大容量数据，但是需要顺序访问。访问整条磁带的文件可能需要 20～30min，具体访问时间取决于我们所需数据在磁带上的存放位置。

20 世纪 60 年代中期，主文件和磁带的使用数量迅速增长，数据出现大量冗余，并由此引出了如下问题。

（1）数据更新后，保持数据的一致性更难。

（2）程序维护的复杂性更高。

（3）开发新程序的复杂性更高。

（4）支持所有主文件所需的硬件数量更大。

简言之，介质本身存在固有缺陷，使得主文件成为发展的障碍。如果仍然只用磁带作为数据存储的唯一介质，很难想象现在的数据管理是怎样的。如果除了磁带文件以外，没有其他介质可以存储大量数据，那么现实生活中将永远不会有大型、快速的数据库系统。

2. 文件系统阶段

20 世纪 60 年代中期，计算机硬件有了磁盘直接存储设备，软件有了操作系统，人们将数据文件长期存储到磁盘直接存储设备上，并利用操作系统提供的文件系统快速访问数据。磁盘存储不同于磁带存储，磁盘存储不需要经过第 1 条记录，第 2 条记录，……，第 n 条记录，便能得到第 n+1 条记录，只需知道第 n+1 条记录的地址，就可以轻而易举地直接访问。磁盘直接存储设备及操作系统，虽然解决了磁带存储设备数据访问效率低的问题，但是并没有解决主文件技术带来的问题，只是更改了存储介质、提高了数据访问的速度，因此亟需一种新的数据存储与访问技术解决主文件技术面临的问题。

3. 数据库系统阶段

20 世纪 60 年代后期，数据存储技术有了很大发展，产生了大容量磁盘，用于管理的计算机规模更加庞大，数据量急剧增长，原有文件系统已不能满足现有数据量的需求，为了提高效率，人们着手开发和研制新型数据管理模式，提出了数据库的概念。1968 年，IBM 公司成功研制的数据库管理系统标志着数据管理技术进入数据库阶段。1970 年，IBM 公司的埃德加·费兰克·科德（E. F. Codd）发表论文，奠定了关系型数据库的基础。数据库管理系统与文件系统相比，有了极大进步，主要体现在数据结构化的存储、数据面向应用系统、数据独立性高等方面。该领域的发展并未在 1970 年停止，20 世纪 70 年代中期，联机事务处理开始取代数据库。通过终端和合适的软件，技术人员发现更快速地访问数据是可以实现的。采用高性能联机事务处理，计算机可完成以前无法完成的工作。

数据库技术带动了许多行业的发展，是管理信息系统、办公自动化系统、决策支持系统等信息系统的核心部分，是进行科学研究和决策管理的重要技术手段。数据库技术发展到今天，涌现出许多优秀的数据库产品，如 Oracle、MySQL、Microsoft SQL Server 等。

（二）数据仓库的萌芽

数据库中的数据累积到一定量后，我们往往会思考如何发掘这些数据之间的关系，从而挖掘出数据的价值。也就是说，我们的操作不仅是联机事务处理，而且包括联机分析处理，此时数据库技术还能胜任吗？

数据库技术与分析型应用结合存在如下问题。

（1）数据库技术作为数据管理手段，主要用于联机事务处理，数据库中保存了大量业务数据，这些业务数据并不是专门针对某个主题，而是与业务相关的所有数据。这里所说的主题是指我们关心的某个模块的数据，例如与客户、订单等相关的所有数据，因此无法通过简单的处理获取我们关心的数据。

（2）数据库技术在解决数据共享、数据与应用程序的独立性、维护数据的一致性与完整性、数据的安全保密等方面提供了有效手段。

（3）进行决策分析时需要掌握充分的信息，访问大量内部数据和外部数据，现实情况是，我们需要的大量数据往往来自不同的数据源，并且分散在不同的数据管理平台，如 Oracle、Microsoft SQL Server 等，导致数据提取极其不方便。

（4）事务处理型应用与分析决策型应用对数据库系统的要求不同。事务处理型应用的数据存取频率高、处理时间短；分析决策型应用的数据存取频率低、处理时间长。当分析决策型应用与事务处理型应用共同依赖同一个数据库管理系统时，系统资源紧张，事务处理型应用易瘫痪。

（5）数据库中保存和管理数据的一般是当前数据，而决策支持系统不仅需要当前数据，而且需要大量历史数据，以进行分析和比较，找出数据发展趋势。可见，数据库系统不能满足分析决策型应用的需求。

在事务处理型应用环境下，直接构建分析决策型应用不可行；相反，面向分析决策型应用的数据和数据处理应该与事务处理型应用的数据和数据处理分离，分别建立应用环境。因此，面向分析决策型应用的数据存储技术——数据仓库应运而生。

二、数据仓库的基本概念

下面主要介绍元数据、数据粒度、数据模型、ETL，为认识数据仓库奠定基础。

1. 元数据

元数据（metadata）是数据仓库的重要部分，是描述数据仓库中数据的数据，用于描述数据仓库中的数据结构和构建方法，可以帮助用户方便、快速地找到所需的数据。

随着计算机技术的发展，元数据成功引起了人们的关注，这是由多方面需求决定的。其一，系统中的数据量越来越大，检索和使用数据的效率降低，存储系统和数据的内容、组织结构、特性等细节能够有效地帮助管理，进而提高数据检索和数据使用的效率。其二，信息共享是当前信息系统的发展趋势，而不同系统数据存储结构、字段的命名方式不同，因此以元数据的方式描述数据及软件开发过程是实现信息共享的较好方式，而且这些元数据必须实现标准化。其三，对于大型应用系统，很难使用单一软件工具满足所有需求，往往需要组合使用多个软件工具，而不同软件工具之间的数据交换方式之一就是通过标准的元数据。

按照应用场合的不同，元数据可以分为数据元数据和过程元数据两种。数据元数据又称信息系统元数据，用于描述信息源，以按照用户的需求检索、存取和理解源信息。数据元数据保证了数据的正常使用，支撑系统信息结构的演进。过程元数据又称软件结构元数据，用于描述应用系统，可以帮助用户查找、评估、存取和管理数据，系统软件结构中关于各组件接口、功能和依赖关系的元数据保证了软件组件的灵活、动态配置。

按照用途的不同，元数据可以分为技术元数据和业务元数据两类。技术元数据是数据仓库系统各项技术的实现细节，用于开发和管理数据仓库的数据，保证数据仓库的正常运行。业务元数据从业务角度出发，提供用户和实际系统之间的语义层描述，以辅助数据仓库用户读懂数据仓库中的数据。

2. 数据粒度

数据仓库中存储了大量历史数据，出于对数据存储效率和组织清晰的要求，通常用不同的粒度存储数据仓库中的数据。数据仓库中数据单元的细节程度或综合程度的级别，称为数据粒度。按粒度划分，数据综合级别分为早期细节级、当前细节级、轻度综合级和高度综合级，分别适用于不同的数据细节程度要求。不同的粒度级别代表不同的数据细节程度和综合程度，一般粒度越大，数据的细节程度越低，综合程度越高。原始数据经过综合后先进入当前细节级，再根据具体需求进一步综合，进入轻度综合级甚至高度综合级，超过数据存储期限的数据进入早期细节级。

3. 数据模型

数据模型是对现实世界的抽象表达，抽象程度不同，衍生了不同抽象层级的数据模型。虽然数据仓库是基于数据库建设的，但是它们的数据模型是有区别的，主要体现在以下三个方面。

（1）数据仓库的数据模型增加了时间属性，以区分不同时期的历史数据。

（2）数据仓库的数据模型不含有纯操作型数据。

（3）数据仓库的数据模型增加了一些额外的综合数据。

虽然数据仓库和数据库的数据模型之间存在差异，但是在数据仓库的设计过程中，仍然存在概念、逻辑及物理三级数据模型。

4. ETL

原始数据源的数据经过抽取、转换、装载到数据仓库中的数据库的过程称为ETL（extract，transform and load）过程。在构建数据仓库的过程中，ETL是一项烦琐、艰巨的任务，因为直接关系到进入数据仓库的数据的质量。如果在ETL的过程中处理不当，那么对顶层的决策者来说，得出的分析结果往往是错误的。ETL的流程如图9-12所示。

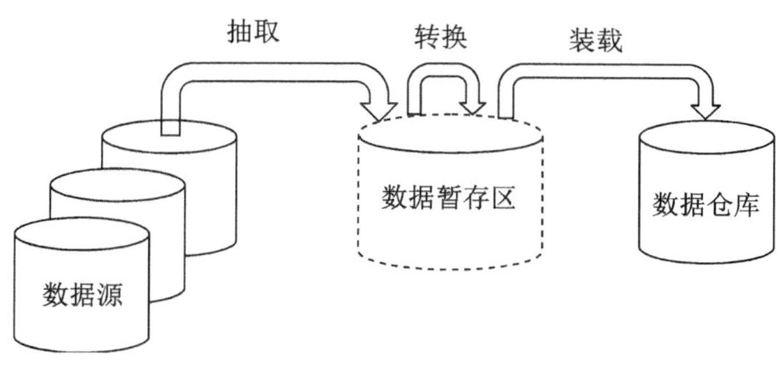

图 9-12 ETL 的流程

数据抽取主要包括数据提取、数据清洁、数据转换及生成衍生数据四个主要功能。数据提取要完成的工作是确定新导入数据仓库的数据。数据清洁用于检查数据源中是否存在“脏数据”，并按照事先给定的规则修改数据。数据转换用于将数据源中的数据转换成数据仓库的统一格式，其中包括数据格式的转换，例如将数据源中的所有日期表达方式转换为 DD-MM-YYYY。数据内容的转换是指将用同一个形式表达同一含义的不同字段；数据模式的转换是指由于数据仓库和信息系统面向的数据操作不同，因此数据模式不同，例如电信业务的账单表的主键包括用户唯一标识和费用项，以方便查找每个用户的每项费用情况，但是在数据仓库中，用户主题中的账务信息只以用户标识作为主键，将不同的费用项作为一个字段，在数据抽取的过程中转换数据模式。衍生数据用于保证数据查询的效率，需要经常查询用户，通过预处理提高查询效率，生成衍生数据。衍生数据既可以包括某些数值数据的预运算（如平均值和汇总求和等），又可以包括某些分类字段的生成（如对用户按照消费能力分档等）。

数据转换用于对抽取到的数据进行进一步的转换，为数据仓库创建更有效的数据，常用转换规则如下。

（1）字段级的转换，主要是指转换数据类型；添加辅助数据，如为数据添加时间戳；将一种数据表达方式转换为数据仓库所需的数据表达方式，如将数值型的性别编码转换为汉字型的性别编码。

（2）清洁和净化，保留具有特定值和特定取值范围的数据，删除重复数据等。

（3）数据派生，如可以通过身份证号码派生出出生年、月、日，年龄等信息，合并多源系统中数据结构相同的数据等。

（4）数据加载，主要是指通过数据加载工具将转换后的数据装载到数据仓库中。

第四节　数据采集与预处理

研究和分析大数据的前提是拥有大数据，而拥有大数据的方式，要么是自己采集和汇聚数据，要么是获取他人采集、汇聚、整理后的数据。银行、电商、搜索引擎公司具备从事大数据分析的资源和条件，因为它们通过业务系统积累了大量业务数据和用户行为数据，而普通 IT 公司不具备这种天然条件。为了实现精准营销，很多公司开始从电商和搜索引擎公司购买客户数据、行为数据，以精准地发现新客户。数据汇聚的方式各种各样，有些数据是通过业务系统或互联网端的服务器自动汇聚的，如业务数据、点击流数据、用户行为数据；有些数据是通过卫星、摄像机和传感器等硬件设备自动汇聚的，如遥感数据、交通数据、人流数据；有些数据是通过半自动整理汇聚的，如商业景气数据、税务数据、人口普查数据、政府统计数据。

一、大数据采集架构

1. 概述

如今，社会各机构部门、公司、团体等实时产生大量的信息，这些信息需要用简单的方式处理，同时要十分准确、迅速地满足各种数据（信息）需求者。这给我们带来了许多挑战，第一个挑战是在大量数据中搜集需要的数据。

2. 常用的大数据采集工具

数据采集的传统方式是采集企业自己的生产系统产生的数据，如淘宝的商品数据、交易数据等。除上述生产系统中的数据外，企业的信息系统中还充斥着大量用户行为数据、日志式活动数据、事件信息等，以往这些数据并没有得到重视，现在越来越多的企业通过架设日志采集系统来保存这些数据。比较知名的日志采集系统有 Hadoop 的 Chukwa、Cloudera 的 Flume、Facebook 的 Scrible 和 LinkedIn 的 Kafka，大多采用分布式架构，以满足大规模日志采集的需求。

Flume 最初是 Cloudera 公司的内部项目，旨在帮助工程师自动导入客户数据，之后发展成一个功能完备的分布式日志采集、聚合和传输系统。如今，Flume 已经成为 Apache 基金会的子项目。

在互联网时代，网络爬虫是许多企业获取数据的一种方式。Nutch 是网络爬虫中的佼佼者，它是 Apache 旗下的开源项目，拥有大量忠实用户。Nutch 最初是 Apache Lucene 项目的一部分，后来成为单独的项目。Nutch 项目培育出 Hadoop、Gora 等目前流行的开源项目。Nutch 是使用 Java 语言编写的，提供了较完备的数据抓取工具，可以创建谷歌、百度等搜索引擎，目前是高度可扩展和可伸缩的网络爬虫工具，拥有大量插件以及与其他开源项目集成的能力，可以十分方便地定制自己的数据抓取引擎。

3. Kafka 数据采集

Kafka 是较流行的分布式发布 / 订阅消息系统。Kafka 早期的版本由 LinkedIn 公司开发，之后成为 Apache 基金会的一个子项目。Kafka 可以高效地处理大量实时数据，其特点是快速、可扩展、分布式、分区和可复制。Kafka 是用 Scala 语言编写的，虽然置身于 Java 阵营，但不遵循 Java 消息服务（java message service，JMS）规范。Kafka 集群不但具有高可扩展性和容错性，而且比其他消息系统（如 ActiveMQ、RabbitMQ 等）的吞吐量大。因为 Kafka 为发布消息提供了一套存储系统，所以可用于发布 / 订阅消息，很多机构还用于日志聚合。

二、数据预处理原理

数据预处理（data preprocessing）是指在挖掘数据之前，对原始数据进行清理、集成与变换等一系列处理工作，以达到挖掘算法进行知识获取研究所要求的最低规范和标准。在当今大数据时代，含噪声的、值丢失的和不一致的数据是大型数据库的共同特点。数据预处理可以使残缺的数据变得完整，纠正错误的数据、删除多余的数据，挑选出所需的数据，并进行数据集成。数据预处理的常见方法有数据清洗、数据集成与数据变换。数据清洗（data cleaning）是指填补存在遗漏的数据值、平滑有噪声的数据、识别或删除异常值，并解决数据不一致等问题。数据集成（data integration）是指合并多个不同数据源的数据，形成一致的数据存储，如将不同数据库中的数据集成到一个数据库中存储。数据变换（data transformation）是指将数据转换成适合挖掘的形式，包括平滑处理、聚集处理、数据泛化处理、规格化、属性构造等方式。

（一）数据清洗

数据清洗是进行数据预处理的首要方法。使用填补缺失值、光滑噪声数据、识别或删除离群点、纠正数据不一致等方法，达到纠正错误、标准化数据格式、清除异常和重复数据等的目的。下面主要介绍填补缺失值和光滑噪声数据。

1. 填补缺失值

数据缺失是大型数据库的常见问题，产生的原因有很多。阿利森在《缺失数据》中介绍了数据缺失的原因，以及处理缺失数据问题的相关策略。产生缺失值的主要原因包括机械原因和人为原因，如数据存储问题或机械故障导致某个时间段的定时数据未能完整采集，人为隐瞒、主观失误等导致采集到无效数据，等等。

2. 光滑噪声数据

噪声是测量变量的随机误差或方差。给定一个数值属性，如何使数据光滑，去掉噪声呢？下面给出数据光滑技术的具体内容。

（1）分箱。分箱可以通过考察某个数据周围数据的值，即用近邻值光滑有序数据的值，这些有序值将分布到一些桶或箱中。由于分箱方法考察的是数据的近邻值，因此只能做到局部光滑。一般而言，宽度越大，光滑效果越好。

（2）回归。光滑数据可以通过一个函数拟合数据实现。线性回归的目标是查找拟合两个属性的最佳线，使得其中一个属性可以预测另一个属性。多元线性回归是线性回归的扩展，涉及多个属性，并将数据拟合到一个多维曲面。

（3）聚类。离群点可以通过聚类检测，将类似的值组织成群或成簇，离群点为落在簇集合外的值。许多数据光滑的方法也是涉及离散化的数据归约方法，例如分箱使每个属性的不同值减小。

（二）数据集成

数据可能需要变换成适合挖掘的形式。数据分析任务多半涉及数据集成。数据集成合并多个数据源中的数据，存放在一个一致的数据仓库中，这些数据源可能包括多个数据库、数据立方体或一般文件。我们把数据集成可能出现的问题归结为模式匹配、数据冗余、数据冲突三类。

1. 模式匹配

来自多个信息源的现实世界的等价实体的匹配涉及实体识别问题。判断一个数据库中的 customer 字段与另一个数据库中的 customer 字段是否是相同属性。每个属性的元数据可以帮助避免模式集成的错误。

2. 数据冗余

如果一个属性能由另一个或另一组属性导出，则该属性可能是冗余的。数据集中的冗余可能是由属性或维命名不一致引起的，有些冗余可以被相关分析检测到。

3. 数据冲突

对于现实世界的同一个实体，来自不同数据源的属性值可能不同，因为表示、比例或编码不同，造成数据的冲突问题。例如，在一个系统中质量属性可能以国际制单位存放，而在另一个系统中以英制单位存放。对于连锁旅馆，不同城市的房价不但可能涉及不同的货币，而且可能涉及不同的服务（如免费早餐）和税。在一个系统中记录的属性的抽象层可能比另一个系统中相同属性的抽象层低。例如，total_number 在一个数据库中可能指一个班级的学生总数，在另一个数据库中可能指整个学校的学生总数。

（三）数据变换

数据变换的目的是将数据变换或统一成适合挖掘的形式。数据变换主要涉及以下内容。

（1）光滑。光滑是指去除数据中的噪声。

（2）聚集。聚集是指汇总或聚集数据，为多粒度数据分析构造数据立方体。例如，可以聚集日销售数据，计算月销量和年销量。

（3）数据泛化。数据泛化是指使用概念分层，用高层概念替换低层或原始数据。

（4）规范化。规范化是指将属性值按比例缩放，并落入一个小的特定区间。

（5）属性构造（特征构造）。属性构造是指构造新的属性并添加到属性集，以利于挖掘过程。

第五节　数据挖掘算法

一、数据挖掘常用算法

在数据挖掘的发展过程中，由于数据挖掘不断融入诸多学科领域知识与技术，因此，目前数据挖掘方法与算法呈现出极丰富的形式。从使用的广义角度归类，数据挖掘的常用算法有分类、聚类、关联规则、时间序列预测等。

从数据挖掘算法依托的数理基础角度归类，目前数据挖掘算法主要分为三大类：机器学习方法、统计方法与神经网络方法。机器学习方法分为决策树、基于范例学习、规则归纳与遗传算法等；统计方法分为回归分析、时间序列分析、关联分析、最近邻分析、聚类分析、探索性分析、模糊集、粗糙集与支持向量机等；神经网络方法分为前向神经网络、自组织神经网络、多层神经网络、感知机、深度学习等。在具体的项目应用场景中，使用上述算法可以从大数据中整理并挖掘出有价值的数据，经过针对性的数学或统计模型的解释与分析，提取出隐含的规律、规则、知识与模式。

（一）分类

分类是指在给定数据的基础上构建分类函数或分类模型，把数据归类为给定类别中的某个类别。在分类过程中，通常使用构建分类器实现具体分类，分类器是对样本进行分类的方法的统称。一般情况下，分类器构建需要经过以下四个步骤：①选定包含正、负样本在内的初始样本集，所有初始样本分为训练样本与测试样本；②针对训练样本生成分类模型；③针对测试样本执行分类模型，并产生具体的分类结果；④依据分类结果，评估分类模型的性能。在评估分类模型的分类性能方面，可用以下两种方法评估分类器的错误率：①保留错误评估方法，通常以 2/3 样本作为训练集，其余样本作为测试样本，即使用 2/3 样本的数据构造分类器，并对测试样本分类，评估错误率就是该分类器的分类错误率，这种评估方法具备处理速度快的特点，且仅用 2/3 样本构造分类器，未充分利用所有样本进行训练；②交叉纠错评估方法，将所有样本集分为 N 个没有交叉数据的子集，并训练与测试 N 次，在每次训练与测试过程中，训练集为去除某个子集的剩余样本，并在去除的该子集上进行 N 次测试，采用该方法对测试样本分类，分类错误率为所有评估错误率的平均值。一般情况下，保留错误评估方法用于最初试验性场景，交叉纠错法用于建立最终分类器。

（二）聚类

随着科技的进步，数据收集变得相对容易，导致数据库规模越来越大，如各类网上交易数据、图像与视频数据等。在自然社会中存在大量数据聚类问题，聚类就是将抽象对象的集合分为由相似对象组成的多个类的过程，聚类过程生成的簇称为一组数据对象的集合。聚类又称群分析，是研究分类问题的另一种统计计算方法，聚类源于分类，但不完全等同于分类。聚类与分类的不同点在于：聚类要求归类的类通常是未知的，而分类要求事先已知多个类。对于聚类问题，传统聚类方法已经成功解决了低维数据的聚类，但由于数据具有高维、多样性与复杂性，现有聚类算法在大数据或高维数据的情况下，经常面临失效的窘境。受维度的影响，在低维数据空间表现良好的聚类方法，在高维数据空间无法获得理想的聚类效果。在对高维数据进行聚类时，传统聚类方法主要面临如下两个问题：①与低维空间中的数据相比，高维空间中的数据分布稀疏，传统聚类方法通常基于数据间的距离进行聚类，因此，在高维空间中采用传统聚类方法难以基于数据间的距离有效构建簇；②高维数据中存在大量不相关的属性，使得在所有维中存在簇的可能性几乎为零。目前，高维聚类分析已成为聚类分析的一个重要研究方向，也是聚类技术的难点和具有挑战性的工作。

（三）关联规则

关联规则是数据挖掘算法中的一种重要方法，是支持度与信任度分别满足用户给定阈值的规则。所谓关联，是指反映一个事件与其他事件间关联的知识。关联规则最初是针对购物篮的分析问题提出的，销售经理想更多地了解顾客的购物习惯，尤其想知道顾客购物时会购买哪些商品，通过发现顾客放入购物篮中不同商品间的关联，分析顾客的购物习惯。关联规则可以帮助销售商掌握顾客同时频繁购买哪些商品，从而有效帮助他们开发良好的营销手段。1993 年阿格拉沃尔首次提出挖掘顾客交易数据中的关联规则问题，核心思想是基于二阶段频繁集的递推算法。起初关联规则属于单维、单层及布尔关联规则，例如典型的 Aprior 算法。在工作机制上，关联规则包含以下两个阶段：第一个阶段是从资料集合中找出所有的高频项目组，第二个阶段是由高频项目组中产生关联规则。随着关联规则的不断发展，关联规则中可以处理的数据分为单维数据和多维数据。针对单维数据的关联规则只涉及数据的一个维，如客户购买的商品；针对多维数据的关联规则涉及数据的多个维，即单维关联规则处理单个属性中的一些关系，多维关联规则处理多个属性之间的关系。

（四）时间序列预测

将统计指标的数值按时间顺序排列所形成的数列，称为时间序列。时间序列预测法是一种历史引申预测法，即将时间序列反映的事件发展过程进行引申外推，预测发展趋势的方法。时间序列分析是动态数据处理的统计方法，主要基于数理统计与随机过程方法，用于研究随机数列服从的统计学规律，常用于企业经营、气象预报、市场预测、污染源监控、地震预测、农林病虫灾害预报等方面。时间序列预测是将系统观测得到的实时数据，通过参数估计与曲线拟合来建立合理数学模型的方法，包含谱分析与自相关分析在内的一系列统计分析理论，涉及时间序列模型的建立、推断、最优预测、非线性控制等原理。时间序列预测法可用于短期预测、中期预测和长期预测，根据采用的分析方法，时间序列预测法可以分为简单序时平均数法、移动平均法、季节性预测法、趋势预测法、指数平滑法等。

二、数据挖掘应用场景

数据挖掘应用主要涉及通信、股票、金融、银行、交通、商品零售、生物医学、精确营销、地震预测、工业产品设计等领域，且衍生出各自独特的算法。数据挖掘在如下商业领域发挥了巨大作用：客户群体定向分析数据营销、交叉销售、市场细分、满意度统计、欺诈与风险评估、商业风险分析等。

（一）数据挖掘在电信行业的应用

数据挖掘广泛应用于电信行业，可以帮助企业制定合理的服务与资费标准、防止欺诈、优惠政策等。例如，IBM公司利用数据挖掘为美国电信企业制定一套完备的商业方案，在业务发展、客户分析、竞争分析、市场营销、客户管理、商业决策等方面为美国电信行业提供支持。近年来，国内电信企业的竞争趋于白热化，电信企业采用一定优惠活动以减少客户的流失，但优惠结束后，许多客户重新入网以获取优惠，导致电信企业的业务下滑、客户发展成本高；与此同时，随着电信客户数量的快速增长，形成需求差异度极大的庞大客户群。电信新业务不断推出，企业需要细分客户群与市场，实现客户与业务的对口营销。国内各电信运营商关注的重点是提高经济效益与完善经营方法，以不断实现企业的精细化营销，通过采用高质量服务提高市场占有率。在这种形势下，国内电信运营商建立起以经营分析系统为平台的企业级决策支持系统，对企业的日常经营数据进行数据分析与挖掘，为企业决策者提供可靠的决策依据。经营分析系统主要基于高级数据挖掘技术开发，利用数据挖掘方法从海量数据中寻找数据之间的关系或模式，挖掘内容包括消费层次变动、客户流失分析、业务预测、客户细分、客户价值分析等。国内电信企业使用经营分析系统建立了面向企业运营的统一数据信息平台，为市场营销客户服务、全网业务、经营决策等提供有效的数据支撑，进一步完善了国内电信企业对省、市电信运营的指导，在业务运营中发挥重要作用，为精细化运营奠定了技术与数据的基础。

（二）数据挖掘在商业银行中的应用

在美国银行业与金融服务领域，数据挖掘技术的应用十分广泛，由于金融业务的分析与评估往往需要大数据的支撑，因此可以发现客户的信用等级与潜在客户等有价值的信息。例如，近年来在信用卡积分方面，美国银行业在采用合理的数据挖掘技术进行应用研究方面取得了众多进展，该技术可广泛应用于金融产品投资方面。又如，关联规则挖掘技术已应用于发达国家的金融行业，可成功预测客户的需求。现代商业银行非常重视与客户沟通的技巧与方法，各主要商业银行在ATM机上就可以捆绑顾客潜在的感兴趣的本行产品信息。比如，某高信用限额的客户办理更换信用卡居住地址业务，他很有可能购买了一处改善性住宅，可能需要高端信用卡、更高的信用额度或需要改善住房贷款，以上产品均可以通过信用卡账单的形式寄给客户。客户进行电话咨询时，后端数据库可以有力地帮助销售代表，销售代表的计算机屏幕上可以显示客户的数据、潜在的兴趣产品、消费特点等信息。

三、数据挖掘工具

根据适用范围，数据挖掘工具分为两类：专用数据挖掘工具和通用数据挖掘工具。专用数据挖掘工具针对某个特定领域的问题提供解决方案，当涉及算法时，充分考虑数据与需求的特殊性。在任何应用领域，专业的统计研发人员都可以开发特定的数据挖掘工具，即专用数据挖掘工具。例如，IBM公司的Advanced Scout系统是针对美国职业篮球联赛（national baskentball association，NBA）的数据统计系统，从中挖掘数据，帮助教练优化战术组合。由于专用数据挖掘工具针对性通常比较强，因此只能用于一种应用场景，数据挖掘过程中往往采用特殊的算法处理特殊类型的数据，发现的知识可靠度也比较高。通用数据挖掘工具不区分具体数据的含义，往往采用通用的数据挖掘算法处理常见的数据类型。通用的数据挖掘工具可以进行多种模式的挖掘，挖掘内容与挖掘工具都可以由用户选择。就国内外目前数据挖掘的总体状况而言，数据挖掘过程中的常用语言有R语言、Python语言等，其中R语言是用于统计分析和图形化的计算机语言及分析工具，发展十分迅速，涉及领域非常广泛，如经济、生物、统计、化学、医学、心理学、社会科学等。由于R语言具有鲜明的特点，因此受到统计专业人士的青睐。最近几年，R语言在国内发展很快，在各行业的应用也逐渐广泛，京东将R语言作为数据挖掘工具，并以此开发了自动补货系统。由于Python语言具有简洁、易读及可扩展性，因此采用Python语言做科学计算的研究机构日益增加。

数据挖掘工具如下。

1. Weka软件

Weka是一款免费、非商业化的数据挖掘软件，是基于Java环境下开源的机器学习与数据挖掘软件，Weka的源代码可在官方网站下载。Weka是开源机器学习和数据挖掘软件，界面简洁，它作为一个公开的数据挖掘工作平台，集成大量能承担数据挖掘任务的机器学习算法，包括对数据进行预处理分类回归、聚类、关联规则，以及交互式界面上的可视化。

2. SPSS软件

SPSS是世界上最早的统计分析软件，也是最早采用图形菜单驱动界面的数据统计软件，其突出特点是操作界面友好、输出结果美观。SPSS将几乎所有功能都以统一、规范的界面展现出来，具有使用Windows的窗口方式展示各种管理和分析数据方法的功能。分析人员只要掌握必要的Windows操作技能与统计分析原理，就可以使用SPSS软件。SPSS采用类似于Excel表格的方式输入与管理数据，数据接口通用，能方便地从其他数据库中读入数据。SPSS统计过程包括常用且较成熟的流程，完全可以满足非统计专业人士的工作需要。SPSS输出结果美观，存储时使用专用的SPO格式，可以转换为HTML或文本格式。SPSS具有完整的数据输入、统计分析、报表、编辑、图形制作等功能，可以提供从简单的统计描述到复杂的多因素统计分析方法，如数据的探索性分析、统计描述、聚类分析、非线性回归、列联表分析、非参数检验、多元回归、二维相关、秩相关、偏相关、方差分析、生存分析、协方差分析、判别分析、因子分析、Logistic 回归等。

3. Clementine 软件

Clementine 是 SPSS 公司开发的商业数据挖掘产品，为解决各种商务问题，企业需要以不同的方式处理各种数据，不同的任务类型和数据类型要求有不同的分析技术。Clementine 提供的出色、广泛的数据挖掘技术，确保用恰当的分析技术处理相应的商业问题，得到最优的结果，以应对随时出现的问题。即使改进业务的机会被庞杂的数据表格掩盖，Clementine 也能最大限度地执行标准的数据挖掘流程，较好地找到商业问题的最佳答案。

4. RapidMiner 软件

RapidMiner 的操作方式与商用软件差别较大，由于包含的运算符比较多时不容易查看，因此不支持分析流程图；RapidMiner 具有丰富的数据挖掘分析和算法功能，常用于解决各种商业关键问题，如营销响应率、客户细分、资产维护、资源规划、客户忠诚度及终身价值、质量管理、社交媒体监测和情感分析等。RapidMiner 提供的解决方案覆盖许多领域，包括生命科学、制造业、石油和天然气、保险、汽车、银行、零售业、通信业及公用事业等。

思　考　题

1. 数据、信息和知识有什么联系？
2. 数据基本统计的图形描述有哪些？
3. ETL 是什么？它的作用是什么？一般涉及哪些数据操作？
4. 不进行数据预处理，而直接进行数据挖掘会带来哪些问题？
5. 请举出几个数据挖掘应用的实例。

第十章 搜索技术

学习目标

1. 掌握不同搜索技术的使用方法。
2. 了解搜索技术在人工智能应用中的推理机制。
3. 能够在盲目搜索、启发式搜索、博弈搜索中找到解决问题的最优解。

学习建议

1. 本章建议学习时长为 5 课时。
2. 本章阐述人工智能中搜索技术的实现算法，重点了解其推理机制。
3. 学习者应了解不同搜索方法实现的算法逻辑。

人类的思维过程很多时候就是一个搜索过程，针对一个问题，经过反复思索和尝试，找到一种解决方法，这种解决方法是不是最优的呢？如何找到最优的解决方法呢？在计算机上如何实现这种搜索呢？

根据问题的实际情况不断寻找可利用的知识，规划一条代价较少的推理路径，使问题圆满解决的过程称为搜索。搜索技术在人工智能中起着重要作用，人工智能中的推理机制就是通过搜索实现的，盲目搜索、启发式搜索、博弈搜索是常用的三种搜索技术。本章在介绍图搜索策略的基础上，介绍三种搜索技术的具体实现算法。

第一节　图搜索策略

图搜索是一种在图中寻找路径的方法（把初始节点和目标节点分别看作初始数据库和满足终止条件的数据库，再求得把一个数据库变换为另一个数据库的规则序列问题等价为求图中的一条路径的问题）。在有关图的表示方法中，节点对应于状态，连线对应于操作符。

一、图搜索算法中的重要概念

（一）扩展

扩展是指采用合适的算符操作对某个节点生成一组后继节点，如果求出了它的后继节点，则此节点为已扩展节点，存储于一个名为 CLOSED 的表中。未求出后继节点的节点称为未扩展节点，存储于一个名为 OPEN 的表中。

（二）已扩展节点（CLOSED 表结构）

编号	状态节点	父节点

（三）未扩展节点（OPEN 表结构）

状态节点	父节点

二、图搜索的一般过程

图搜索的一般过程如图 10-1 所示，具体如下。

（1）建立一个只含有初始节点 $S0$ 的搜索图 G，把 $S0$ 放入 OPEN 表。

（2）建立 CLOSED 表，且置为空表。

（3）LOOP：判断 OPEN 表是否为空，若为空，则问题无解，失败，退出；否则继续。

（4）选择 OPEN 表中的第一个节点，把它从 OPEN 表中移出并放入 CLOSED 表中，此节点记为节点 n。

（5）考察节点 n 是否为目标节点，若是，则问题有解，成功，退出；否则继续。问题的解可从图 G 中沿着指针从 n 到 $S0$ 的路径得到。

（6）扩展节点 n，生成一组不是 n 的祖先的后继节点，并将它们记作集合 M，将 M 中的节点作为 n 的后继节点，并加入图 G 中。

（7）为未在图 G（OPEN 表或 CLOSED 表）中出现的 M 中的节点，设置一个指向父节点（n 节点）的指针，并把这些节点加入 OPEN 表中；对于已在图 G 中出现的 M 中的节点，确定是否需要修改指向父节点（n 节点）的指针；对于之前已在图 G 和 CLOSED 表中出现的 M 中的节点，确定是否需要修改指向其后继节点的指针。

（8）按某种方式或某种策略重排 OPEN 表中节点的顺序。

（9）转至第（3）步（GO LOOP）。

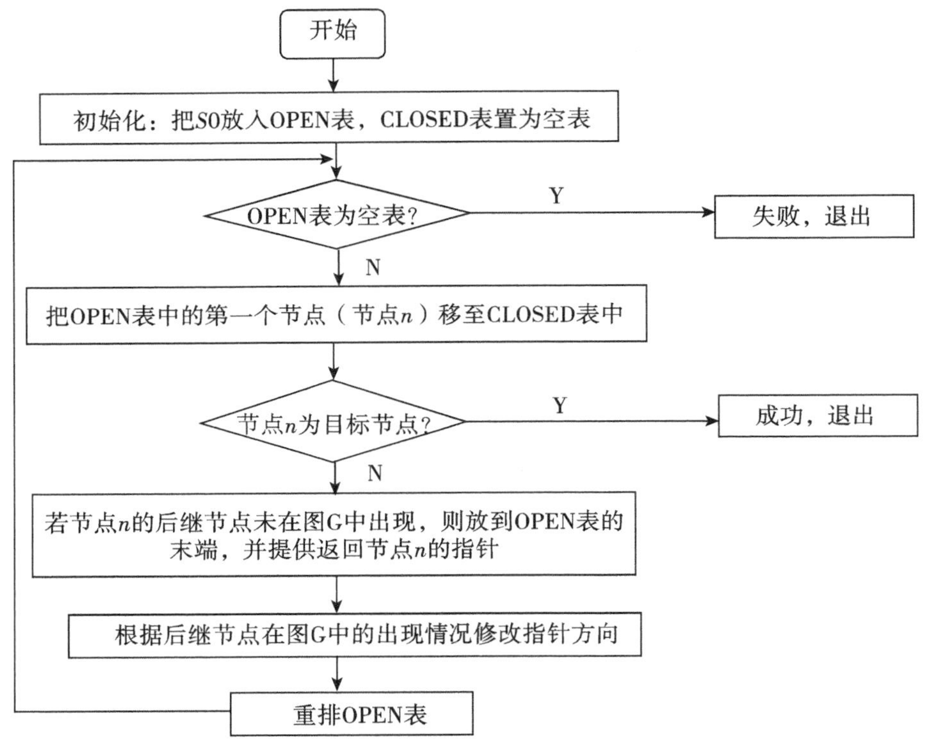

图 10-1　图搜索的一般过程

在图搜索的过程中，生成了一个图 G（称为搜索图）和一个图 G 的子集 T（称为搜索树），子集 T 中的每个节点都在图 G 中。在图 G 中，除初始节点 S 外的每个节点都有一个指向图 G 中一个父节点的指针，该父节点为搜索树中对应节点的唯一父节点。在第（8）步对 OPEN 表中的节点排序时，希望从未扩展节点中选择一个最有希望的节点作为第（4）步的扩展。若此时的排序是任意的或者盲目的，则搜索为盲目搜索；如果按照某种启发信息或准则进行排序，则搜索为启发式搜索。每当扩展的节点为目标节点时，该过程宣告成功。此时从目标节点沿指针向 $S0$ 返回追溯能够重现从起始节点到目标节点的成功路径。当搜索树不存在未被扩展的端节点时，该过程宣告失败（某些节点可能没有后继节点，OPEN 表是空表），从起始节点一定不能到达目标节点。

第二节　盲目搜索

盲目搜索就是我们常说的“蛮力法”，又称非启发式搜索。盲目搜索是一种无信息搜索，不需要重新安排 OPEN 表，一般只适用于求解比较简单的问题。之所以称为盲目搜索，是因为其只按照预定的策略搜索解空间的所有状态，而不会考虑问题本身的特性。

通常在找不到解决问题的规律时使用盲目搜索，常见的盲目搜索包括宽度优先搜索、深度优先搜索和等代价搜索等。

一、宽度优先搜索

宽度优先搜索又称广度优先搜索，基本思想如下：从初始节点开始，逐层依次扩展节点，并考察它是否为目标节点，在对下层扩展（或搜索）节点之前，必须完成对当前层的所有节点的扩展（或搜索）。在搜索过程中，OPEN 表中的节点排序准则如下：先进入的节点排在前面，后进入的节点排在后面。宽度优先搜索过程如图 10–2 所示。

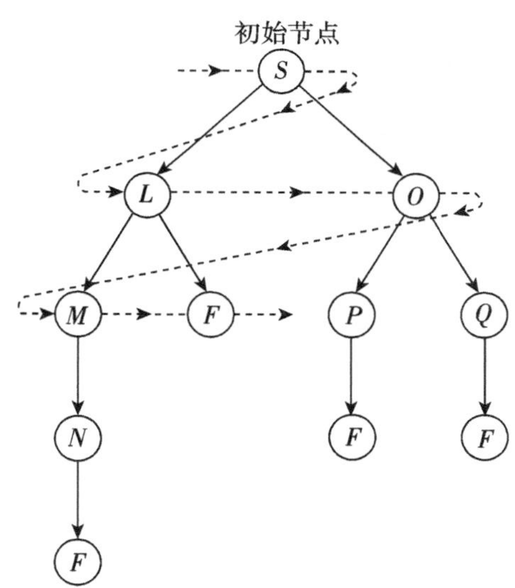

图 10–2　宽度优先搜索过程

（一）宽度优先搜索算法

（1）把初始节点 $S0$ 放入 OPEN 表（如果该初始节点为目标节点，则求得一个解答）。

（2）LOOP：判断 OPEN 表是否为空表，若为空表，则问题无解，失败，退出；否则继续。

（3）把第一个节点（节点 n）从 OPEN 表中移出，并放入 CLOSED 的扩展节点表。

（4）扩展节点 n。如果没有后继节点，则转至第（2）步。

（5）把节点 n 的所有后继节点放到 OPEN 表的末端，并提供返回节点 n 的指针。

（6）如果 n 的任一后继节点是目标节点，则找到一个解答，成功，退出；否则转至第（2）步。

以上搜索过程可表示为图 10–3 所示的宽度优先搜索算法流程。

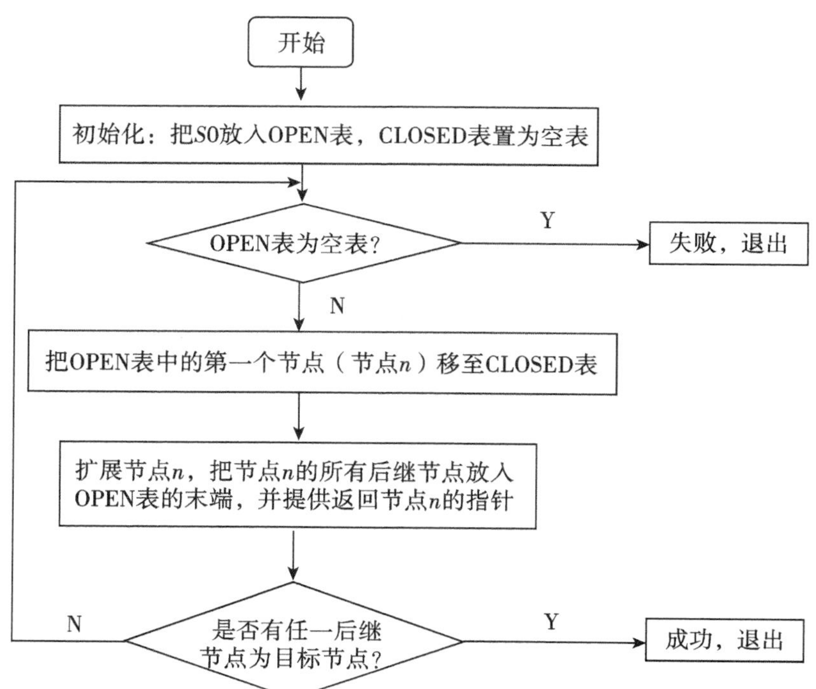

图 10–3　宽度优先搜索算法流程

（二）宽度优先搜索的优点

宽度优先搜索过程中产生的节点和指针构成一棵隐式定义的搜索树，提供所有存在的路径（如果不存在路径，那么对于有限图来说，算法失败，退出；对于无限图来说，永远不会终止）。

只要问题有解，采用宽度优先搜索就可以找到解，而且是搜索树中从初始节点到目标节点的路径的最短解，也就是说，宽度优先搜索是完备的。

（三）八数码难题的宽度优先搜索示例

问题：3×3 九宫棋盘，放置数码为 1～8 的 8 个棋牌，剩下一个空格，只能通过棋牌向空格的移动来改变棋盘的布局。

要求：如图 10–4 所示，根据给定初始布局（即初始状态）和目标布局（即目标状态），移动棋牌，从初始布局到达目标布局，找到合法的走步序列。

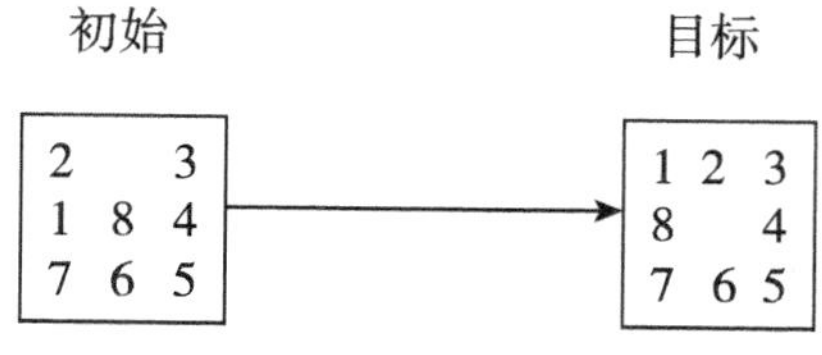

图 10–4　八数码难题

应用宽度优先搜索解决上述问题生成的搜索树（图 10–5），搜索树上的每个节点都标记了对应的布局状态，每个节点旁边的数字表示扩展顺序。图中第 17 个节点是目标节点。

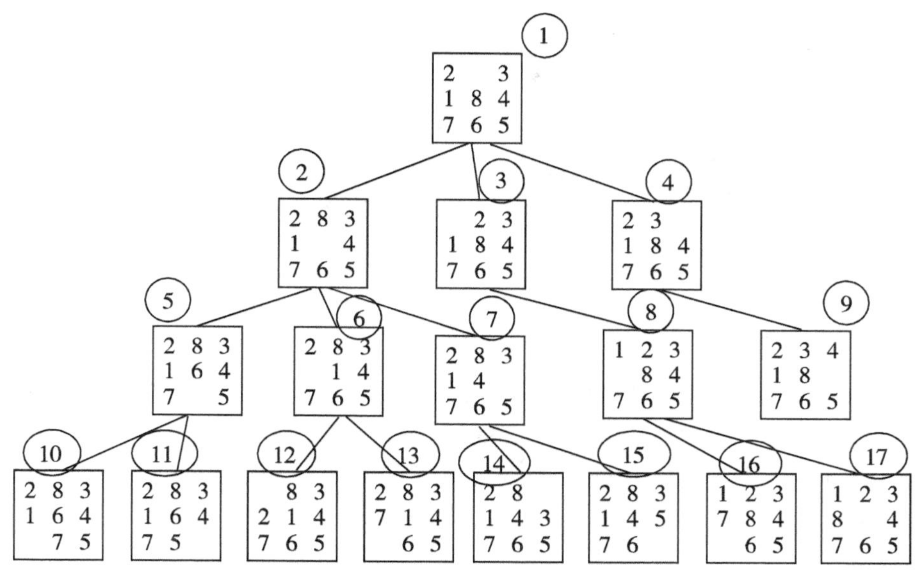

图 10–5 搜索树

合法的走步序列对应的解的路径是 1→3→8→17。

二、深度优先搜索

深度优先搜索的基本思想如下：首先扩展最新产生（最深）的节点，即从初始节点 S0 开始，在其后继节点中选择并考察一个节点，若它不是目标节点，则扩展该节点，并从它的后继节点中选择一个节点进行考察。依此类推，一直搜索下去，当到达某个既非目标节点又无法继续扩展的节点时，选择其兄弟节点进行考察。深度优先搜索的过程如图 10–6 示。

（一）深度优先搜索算法

（1）把初始节点 S0 放入 OPEN 表。

（2）如果 OPEN 表为空表，则问题无解，失败，退出；否则继续。

（3）从 OPEN 表中将第一个节点（节点 *n*）移出，放入已扩展节点 CLOSED 表。

（4）考察节点 *n* 是否为目标节点，若是，则找到问题的解，用回溯法找出求解的路径，成功，退出；否则继续。

（5）若节点 *n* 不可扩展，则转至第（2）步；否则继续。

（6）扩展节点 *n*，将其后继节点放到 OPEN 表的前端，并设置指向节点 *n* 的指针，然后转至第（2）步。

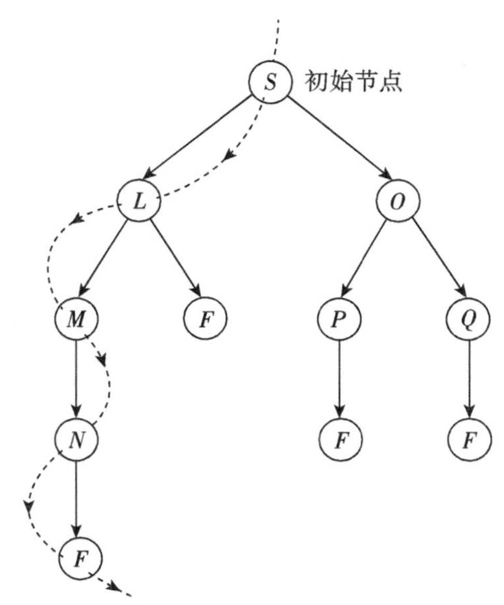

图 10–6 深度优先搜索的过程

深度优先搜索算法只需保存从根到叶的单条路径，包括在这条路径上每个节点的未扩展节点。当搜索过程到达最大深度时，需要的内存最大。

（二）深度优先搜索算法的优缺点

深度优先搜索算法的优点是比宽度优先搜索算法的空间小，缺点是如果搜索到错误的路径上，就可能不会再回到正确的路径上了，导致深度优先搜索要么陷入无限循环而不能给出一个答案，要么最后虽然找到一个答案，但是由于搜索路径很长而不是最优答案。可见深度优先搜索算法既不是完备的又不是最优的。

（三）有界深度优先搜索算法

许多问题的状态空间搜索树的深度可能无限深，或者至少比某个可接受的解序列的已知深度上限深。为了避免搜索过程沿着无穷的路径搜索下去，往往限制一个节点扩展的最大深度。与宽度优先搜索算法最根本的区别在于：有界深度优先搜索算法将扩展的后继节点放在OPEN 表的前端。任何节点达到深度界限时，把它当作没有后继节点进行处理，即对另一个分支进行搜索。为此，定义搜索树中的节点深度：①搜索树中初始节点（根节点）的深度为0；②任何其他节点的深度等于其父节点的深度加 1。

深度优先搜索算法流程如图 10–7 所示，搜索过程如下。

（1）把起始节点 *S0* 放入 OPEN 表。如果此节点为目标节点，则得到一个解，成功，退出。

（2）如果 OPEN 表为空表，则问题无解，失败，退出；否则继续。

（3）把 OPEN 表中的第一个节点（节点 n）移出，并放入 CLOSED 表。

（4）考察节点 n 是否为目标节点，若是，则问题有解，并用回溯法找出求解的路径，退出；否则继续。

（5）如果节点 n 的深度等于最大深度（n 为目标节点），则转至第（2）步。

（6）扩展节点 n，将其后继节点放到 OPEN 表的前端，并为这些后继节点设置指向父节点 n 的指针。如果没有后继节点或后继节点中没有目标节点，则转至第（2）步。

（7）如果后继节点中有任一个为目标节点，则求得一个解，成功，退出。

（8）如果有任一后继节点为目标节点，则得到一个解，成功，退出；否则转至第（2）步。

（四）八数码难题的有界深度优先搜索示例

应用有界深度优先搜索解决图 10–4 所示的八数码难题的有界深度优先搜索树，如图 10–8 所示（其中深度界限为 4）。搜索树上的每个节点都标记了对应的布局状态，每个节点旁边的数字表示扩展顺序。图中第 15 个节点是目标节点。

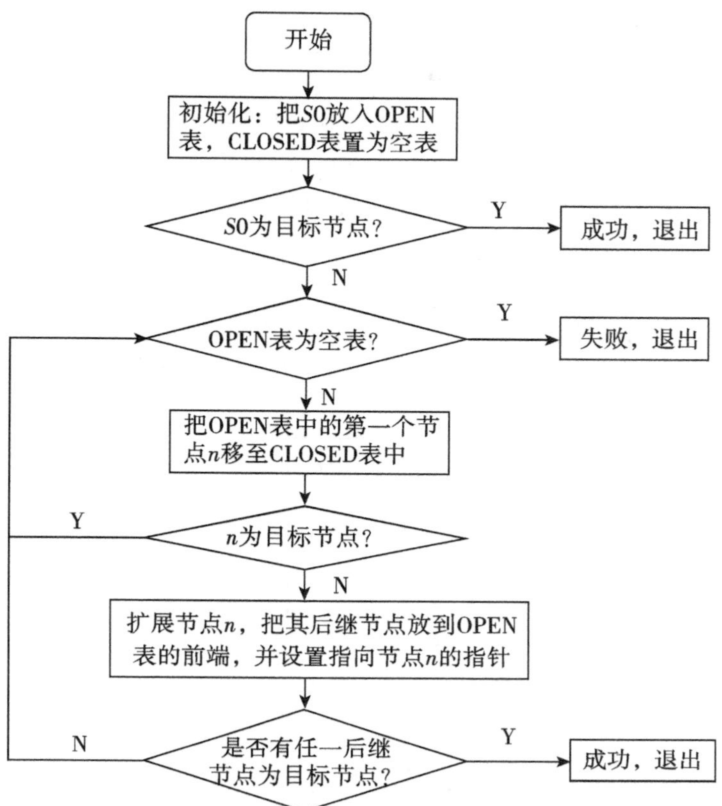

图 10–7　有界深度优先搜索算法流程

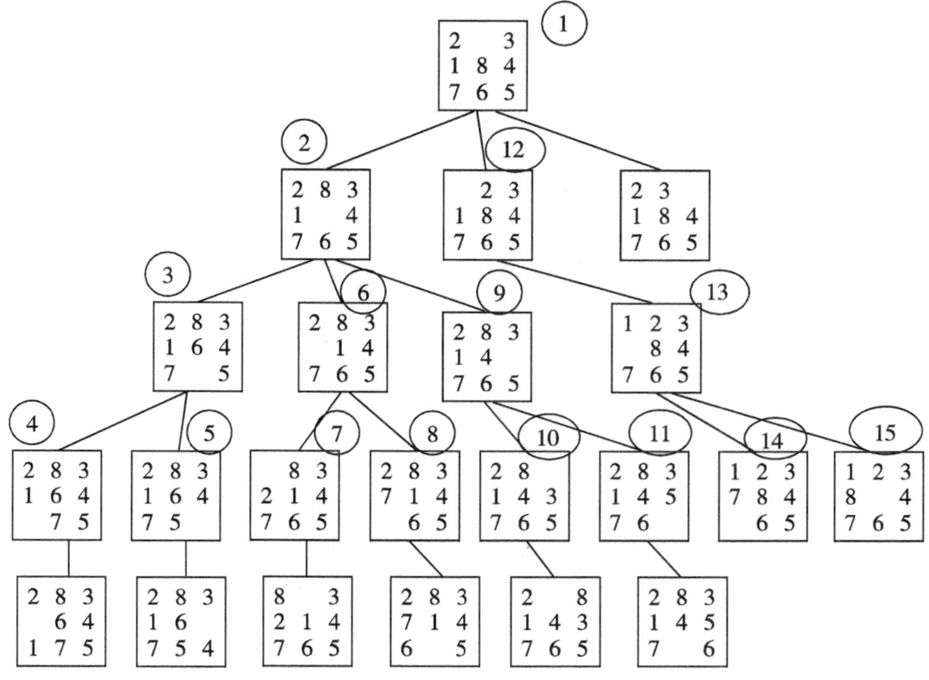

图 10–8　八数码难题的有界深度优先搜索树

（五）迭代加深搜索算法

在有界深度搜索算法中，当问题有解且解的路径长度小于或等于深度限制值 d_m 时，有界深度搜索是完备的，但不是最优的；当 d_m 值取得太小，解的路径长度大于 d_m 时，有界深度搜索过程是不完备的。深度限制 d_m 值不能太大也不能太小。有界深度搜索的主要问题是深度限制值 d_m 的选取。如果该值设置得比较合适，则会得到比较有效的有界深度搜索。对很多问题，我们并不知道深度限制值 d_m，直到该问题求解完成，才可以确定该值。

为了解决上述问题，可采用如下改进方法：任意给定一个较小的 d_m 值，按有界深度算法搜索，若在此深度限制内找到解，则算法结束；若在此限制内没有找到解，则增大深度限制值 dm，继续搜索。基于以上基本思想的迭代加深搜索算法流程如图 10–9 所示。

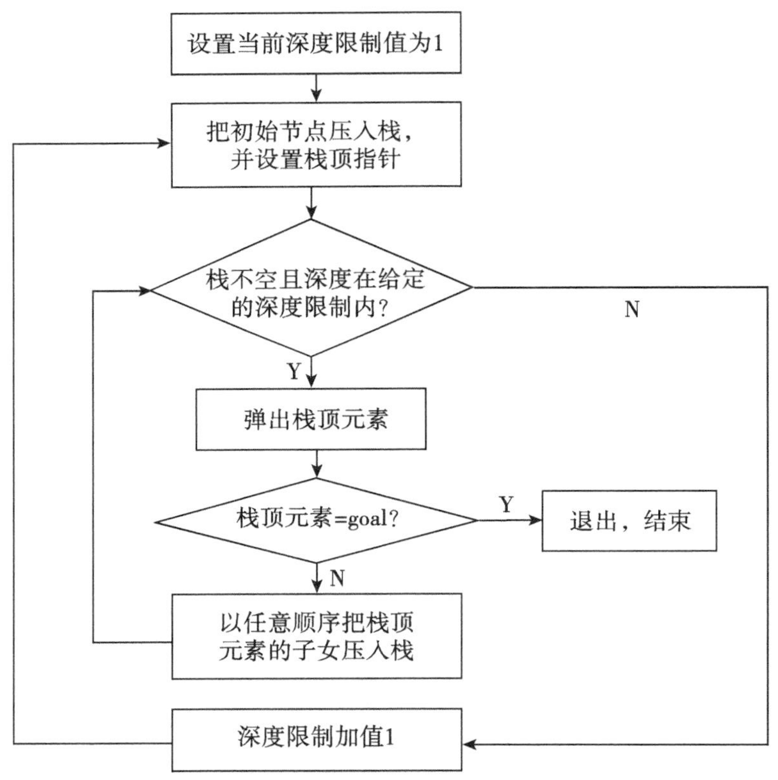

图 10–9　迭代加深搜索算法流程

三、等代价搜索

等代价搜索（uniform cost search，UCS），又称一致性代价搜索。在前面的阐述中，假设搜索树的连接代价是相同的，对问题中的树做一些改变，使得每条连接上都有一定的代价参数，并在问题中给定了起始状态和目标状态。此时，若使用宽度优先搜索，并解决寻找从起始状态到目标状态具有最小代价的路径问题，则这种宽度优先搜索称为等代价搜索。

为方便表述等代价搜索算法，我们做以下规定：把从节点 i 到其后继节点 j 的连接弧线代价记为 $c(i,j)$；把从初始节点 $S0$ 到任一节点 i 的路径代价记为 $g(i)$。

在搜索树上，假设 $g(i)$ 也是从初始节点 $S0$ 到节点 i 的最小路径代价，因为它是唯一路径。等代价搜索算法以 $g(i)$ 的递增顺序扩展节点。

等代价搜索算法如图 10-10 所示，搜索过程如下。

（1）把初始节点 $S0$ 放到未扩展节点表 OPEN 表中。如果初始节点是目标节点，则求得一个解，成功，退出；否则，令 $g(S0)=0$，继续。

（2）如果 OPEN 表为空表，则表示没有解，失败，退出；否则继续。

（3）从 OPEN 表中选择一个节点，使得 $g(i)$ 值最小。如果多个节点符合，那么选择一个目标节点（若存在目标节点）作为节点 i；否则，选择一个节点作为节点 i，并把节点 i 从 OPEN 表中移除，放入 CLOSE 表中继续。

（4）如果后继节点中有目标节点，则求得一个解，成功，退出；否则继续。

（5）扩展节点 i。如果没有后继节点，转至第（2）步；否则继续。

（6）对于节点 i 的每个后继节点，计算 $g(i)=g(i)+c(i,j)$，把所有后继节点 j 放入 OPEN 表，提供返回到节点 i 的指针，转至第（2）步。

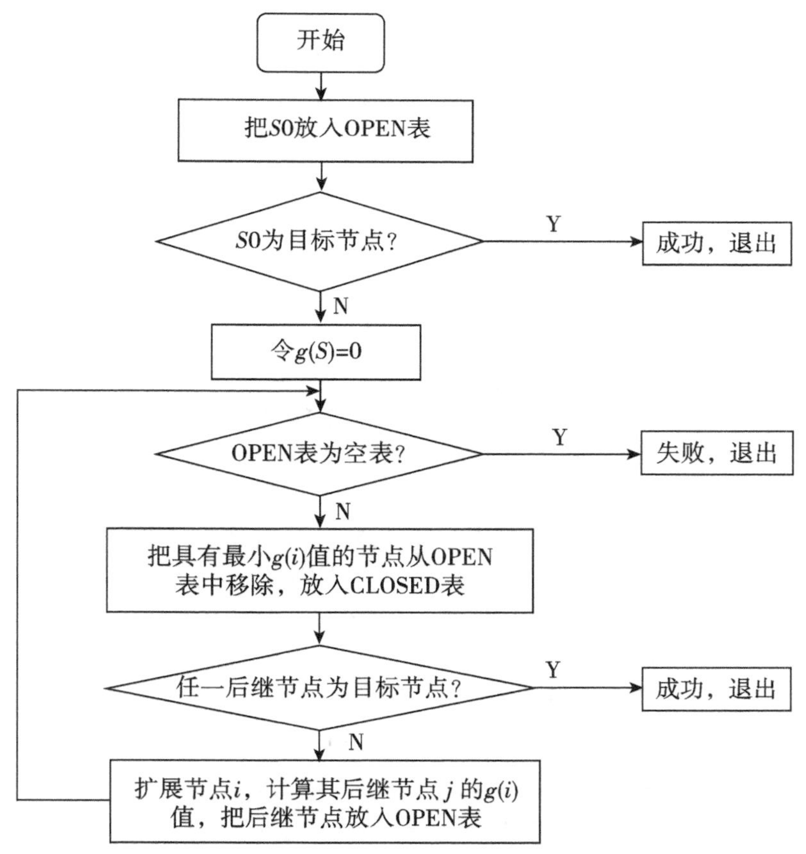

图 10-10　等代价搜索算法流程

第三节 启发式搜索

盲目搜索会耗费过多的时间和空间成本，效率低下。假设初始状态、运算符号和目标状态的定义都是完全确定的，然后决定一个搜索空间，问题在于如何有效地搜索这个给定空间。如果能够找到一种为待扩展节点排序的方法，扩展最有希望的节点，那么搜索效率将会大大提高。这种搜索一般需要某些有关具体问题领域的特性的信息，这种信息称为启发信息。

启发式搜索，又称有信息搜索，是利用启发信息搜索的过程或方法。具体来说，就是利用问题所拥有的启发信息（所求解问题相关的辅助信息）引导搜索过程来减小搜索范围，降低问题复杂度。

一、启发式搜索策略

（一）启发信息

启发信息是用于指导搜索过程且与具体问题求解有关的控制性信息，按用途可分为以下三类。

（1）用于决定要扩展的下一个节点，以免（像在宽度优先或深度优先搜索中那样）盲目扩展。

（2）用于在扩展一个节点的过程中，确定要生成哪个或哪几个后继节点，以免盲目地同时生成所有可能的节点。

（3）用于确定某些应该从搜索树中抛弃或修剪的节点。

下面介绍的有序搜索和 A* 算法属于第一类启发信息，即决定哪个节点是要扩展的下一个节点，我们把该节点称为最有希望的节点。

（二）估价函数

通常可以构造一个函数表示节点的希望程度，用来估价节点希望程度的度量，这种函数称为估价函数（evaluation function）。估价函数用于估计待搜索节点的重要程度并进行排序。估价函数 $f(x)$ 综合考虑了从初始节点 $S0$ 到目标节点 Sg 的代价，是一个估算值。它的作用是帮助确定 OPEN 表中待扩展节点的希望程度，决定它们在 OPEN 表中的排列顺序。

设估价函数是 $f(n)$，则 $f(n)$ 可以是任一种函数，表示节点 n 的估价函数值。估价函数 $f(n)$ 可以表示节点 n 处于最佳路径上的概率，也可以表示节点 n 到目标节点的距离。一般说来，估价一个节点价值必须考虑两方面因素：已经付出的代价和将要付出的代价。

我们把估价函数 $f(n)$ 定义为从初始节点 $S0$ 经过节点 n 到达目标节点 Sg 的最小代价路径的代价估计值，则估价函数的一般形式为

$$f(n)=g(n)+h(n)$$

式中：$g(n)$ 为从初始节点 $S0$ 到节点 n 实际付出的代价；$h(n)$ 为从节点 n 到目标节点 Sg 的最优估计代价，搜索的启发信息主要由 $h(n)$ 体现，又称启发函数。

启发信息主要体现在 $h(n)$ 中，其形式取决于问题的特性。虽然启发式搜索能够很快到达目标节点，但需要花费一些时间评价新生节点。因此，在启发式搜索中，估计函数的定义

十分重要。若定义不当，则搜索算法不一定能找到问题的解，即使找到解，也不一定是最优解。

（三）启发式搜索策略的优缺点

启发式搜索策略可以通过指导搜索向最有希望的方向前进，降低了搜索的复杂性。通过删除某些状态及其延伸，启发式搜索策略可以消除组合爆炸，并得到可以接受的解（不一定是最优解）。

然而，启发式搜索策略极易出错。由于启发式搜索只有有限的信息（如当前状态的描述），很难预测下一步搜索过程中状态空间的具体行为。启发式搜索可能得到一个次最优解，也可能一无所获，这是启发式搜索固有的局限性。

二、有序搜索

用估价函数 f 排列图搜索算法第（8）步中 OPEN 表上的节点。应用某个算法（如等代价算法）选择 OPEN 表中具有最小 f 值的节点作为下一个要扩展的节点（总是选择最有希望的节点作为下一个要扩展的节点），这种搜索方法叫作有序搜索或最佳优先搜索。

有序搜索算法如下。

（1）把初始节点 $S0$ 放到 OPEN 表中，计算 $f(S0)$ 并把其值与节点 S 联系起来。

（2）如果 OPEN 是空表，则失败，退出；否则继续。

（3）从 OPEN 表中选择一个 f 值最小的节点 i。若有多个节点合格，则当其中一个为目标节点时，选择此目标节点；否则选择其中任一节点为节点 i。

（4）把节点 i 从 OPEN 表中移出，并放入 CLOSED 表的扩展节点表中。

（5）如果 i 是目标节点，则成功，退出，求得一个解；否则继续。

（6）扩展节点 i，生成全部后继节点。对节点 i 的每个后继节点 j，①计算 $f(j)$ 值；②若后继节点 j 既不在 OPEN 表中，又不在 CLOSED 表中，则加入 OPEN 表，并按 f 值排序，提供指向节点 i 的指针；③若后继节点 j 已在 OPEN 表或 CLOSED 表中，则比较新的 $f(j)$ 值与之前计算过的值比较，若新值较小，则用新值取代旧值，将后继节点 j 的父节点改为节点 i，若后继节点 j 在 CLOSED 表的扩展节点表中，则移回 OPEN 表中。

（7）转至第（2）步。

有序搜索算法流程如图 10–11 所示。

分析上述算法可以发现，如果取估价函数 $f(i)$ 等于节点 i 的深度，则它将退化为宽度优先搜索。实际上，宽度优先搜索、等代价搜索和深度优先搜索等是有序搜索的特例。对于等代价搜索，$f(i)$ 是从起始节点至节点 i 路径的代价。f 值直接影响有序搜索的效率，f 值的选择涉及两个方面：时间和空间的折衷，能否保证有一个最优解或任意解。

下面使用有序搜索算法解决图 10–4 所示的八数码难题，以说明应用估价函数排列节点的方法。

定义估价函数

$$f(x)=d(x)+h(x)$$

式中：$d(x)$ 为节点 x 的深度；$h(x)$ 为节点 x 与目标节点不同的数码位置数。

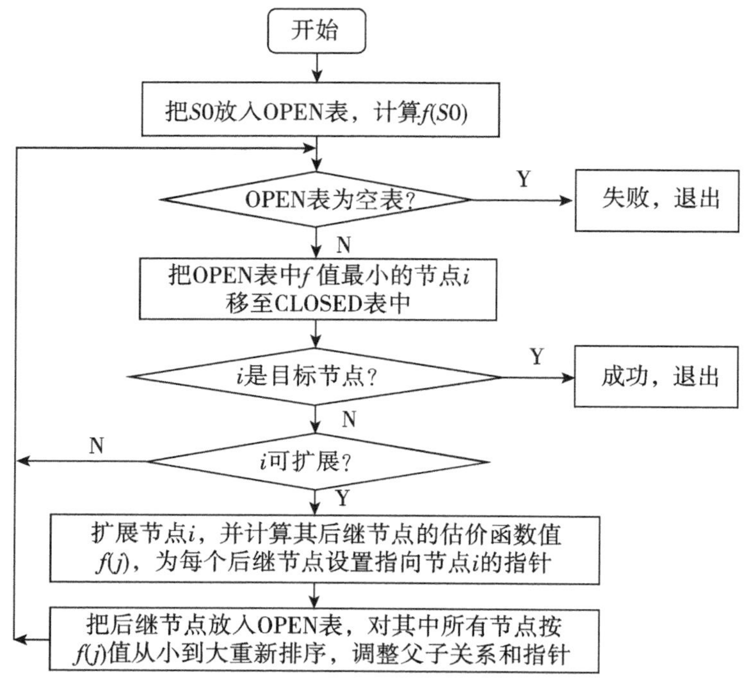

图 10–11　有序搜索算法流程

图 10–12 所示为用估价函数进行有序搜索解决八数码难题的结果，图中圆圈内的数字代表节点的扩展顺序，不带圆圈的数字代表该节点的 f 值，显然初始节点的 f 值为 4(0+4)。从图中可以看出，估价函数的应用大大减少了扩展节点，提高了搜索效率，得到了与其他搜索方法相同的解答路径①→②→③→④。

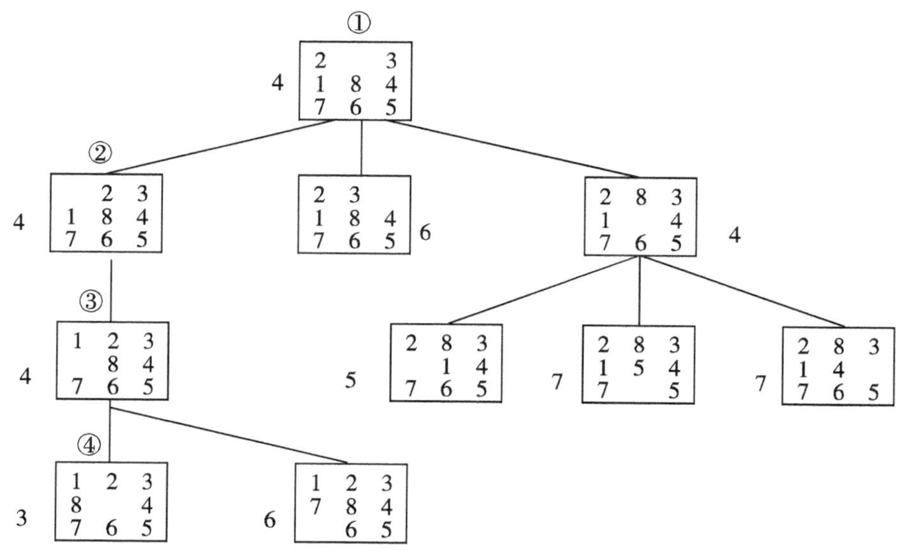

图 10–12　用估价函数进行有序搜索解决八数码难题的结果

三、A* 算法

（一）A* 算法的估价函数

描述一个特别的估价函数 f，使得在任意节点上的函数值 $f(n)$ 能估算出从初始节点 $S0$ 到节点 n 的最小代价路径的代价与从节点 n 到某个目标节点的最小代价路径的代价之和，也就是说，$f(n)$ 是约束通过节点 n 的一条最小代价路径的代价的估计。因此，OPEN 表中具有最小 f 值的节点就是所估计的加最少严格约束条件的节点，而且下一步要扩展的节点是合适的。

定义估价函数

$$f^*(n): f^*(n)=g^*(n)+h^*(n)$$

式中：$g^*(n)$ 为初始节点到节点 n 的最短路径的代价；$h^*(n)$ 为从节点 n 到目标节点的最短路径的代价。

这样 $f^*(n)$ 就是从初始节点出发通过节点 n 到达目标节点的最佳路径的总代价的估值。将估价函数 $f(n)$ 和 $f^*(n)$ 进行比较，一般有 $g(n) \geqslant g^*(n)$。有了 $g^*(n)$ 和 $h^*(n)$ 的定义，如果有序搜索算法中的 $g(n)$ 和 $h(n)$ 作如下限制：$g(n)$ 是对 $g^*(n)$ 的估计，且 $g(n)>0$；$h(n)$ 是 $h^*(n)$ 的下界，即对任意节点 n 均有 $h(n) \leqslant h^*(n)$，则得到称为 A * 的搜索算法。

（二）A* 算法的定义

在图搜索过程中，如果第（8）步的重排 OPEN 表依据 $f(n)=g(n)+h(n)$ 进行，则称该过程为 A 算法。在 A 算法中，如果对所有的节点 n，均有 $h(n) \leqslant h^*(n)$ 成立，则称 $h(n)$ 为 $h^*(n)$ 的下界，表示某种偏于保守的估计。采用 $h^*(n)$ 的下界 $h(n)$ 为启发函数的 A 算法，称为 A* 算法。当 $h=0$ 时，A* 算法转换为有序搜索算法。

当 A* 算法转换为有序搜索算法时，其特点在于对估价函数的定义上。对于一般的有序搜索，总是选择 f 值最小的节点作为扩展节点。因为 f 是根据需要找到一条最小代价路径的观点来估算节点的，所以可考虑每个节点 n 的估价函数值为两个分量：从初始节点到节点 n 的代价及从节点 n 到目标节点的代价。A* 算法也是一种最好优先的算法，但要加上一些约束条件。在求解一些问题时，希望求解出状态空间搜索的最短路径，也就是用最快的方法求解问题，A* 算法适用于此类情况。A* 算法的搜索效率在很大程度上取决于启发式函数 $h(n)$。一般来说，在满足 $h(n) \leqslant h^*(n)$ 的前提下，$h(n)$ 值越大越好，$h(n)$ 值越大，携带的启发式信息越多，A* 算法搜索时的扩展节点越少，搜索效率越高。A* 算法的该特征也称信息性。

在八数码难题中，可以定义启发函数 $h(n)=w(n)$，即对“不在目标状态中相应位置的数码数量”的估计，显然 $w(n) \leqslant h^*(n)$，满足 A* 算法的要求。

还可以定义启发函数 $h(n)=p(n)$，即节点 n 的每个数码与其目标节点位置之间的距离之和。显然 $w(n) \leqslant p(n) \leqslant h^*(n)$，也满足 A* 算法的要求。

$P(n)$ 比 $w(n)$ 更具有启发性，因为由 $h(n)=p(n)$ 构造的启发式搜索树节点比由 $h(n)=w(n)$ 构造的启发式搜索树节点少。

第四节　博弈搜索

通常将下棋、打牌等具有竞争性的智能活动称为博弈。博弈有很多种，最简单的“二人零和、全信息、非偶然”博弈中，博弈双方的利益是完全对立的，具有如下三个特征。

（1）对垒的双方 A、B 轮流采取行动，博弈的结果有三种情况：A 胜、A 败、和局。

（2）在对垒过程中，任何一方都了解当前的格局和过去的历史。

（3）任何一方在采取行动前，都要根据当前的实际情况分析得失，选择对自己最有利且对对方最不利的对策，不存在“碰运气”的偶然因素，即双方都很理智地决定自己的行动。

在博弈过程中，A、B 双方都希望自己获胜，当某方当前可选择多个行动方案时，可选择对自己最有利且对对方最不利的行动方案。例如，当轮到 A 方走棋时，可供 A 方选择的若干行动方案之间是“或”的关系；当轮到 B 方走棋时，B 方也有若干可供选择的行动方案，但此时对 A 方这些行动方案之间是“与”的关系。使用与或图（与或树）表示博弈过程，叫作博弈树，其特点如下。

（1）博弈的初始格局是初始节点。

（2）在博弈树中，或节点和与节点逐层交替出现。自己一方扩展节点之间是“或”关系，对方扩展节点之间是“与”关系。双方轮流扩展节点。

（3）所有使自己获胜终局的节点都是可解节点，所有使自己失败终局的节点都是不可解节点。

一、极大极小分析法

设博弈的双方分别为 MAX 和 MIN，为其中一方（如 MAX）寻找最优行动方案。为了找到当前的最优行动方案，需要对各方案可能产生的结果进行比较，并计算可能的得分。为了计算得分，需要根据问题的特性信息定义一个估价函数，估算当前博弈树端节点的得分，此时估算出来的得分称为静态估值。计算出端节点的估值后，推算父节点的得分，即倒推值。如果一个行动方案能获得最大倒推值，那么它是当前最佳行动方案。

二、$\alpha-\beta$ 剪枝技术

极大极小过程使生成博弈树与估计值的倒推计算的两个过程完全分离，搜索效率较低。$\alpha-\beta$ 剪枝技术的基本思想如下：边生成博弈树边计算评估各节点的倒推值，并根据评估出的倒推值范围，及时停止扩展已无必要扩展的子节点，即相当于剪去了博弈树上的一些分枝，从而节约机器开销，提高搜索效率。

假设下一步该 A 走的节点称为 A 节点，下一步该 B 走的节点称为 B 节点。那么 α 值和 β 值定义如下。

α 值：对于一个或节点（MAX，取最大值）来说，取当前子节点的倒推值为其倒推值的下界，称此值为 α 值。

β 值：对于一个与节点（MIN，取最小值）来说，取当前子节点的倒推值为其倒推值的上界，称此值为 β 值。

$\alpha-\beta$ 剪枝原则如下。

（1）任何“与”节点 x（B）的 β 值，如果不能升高其父节点的 α 值，则对节点 x 以下的分支停止搜索，并使它的倒推值为 β，这种剪枝称为 α 剪枝。

（2）任何或节点 x（A）的 α 值，如果不能降低其父节点的 β 值，则对节点 x 以下的分支停止搜索，并使它的倒推值为 α，这种剪枝称为 β 剪枝；（A 节点停止生成其他子节点）。

显然，A 节点（包括起始节点）的 α 值永不减小；B 节点（包括起始节点）的 β 值永不增大。

在搜索期间，α 值和 β 值的计算方法如下：一个 A 节点的 α 值等于其后继节点当前最大的最终倒推值；一个 B 节点的 β 值等于其后继节点当前最小的最终倒推值。

图 10–13 所示为一字棋游戏第一阶段搜索树的 α 值和 β 值（以深度优先的方式搜索）。

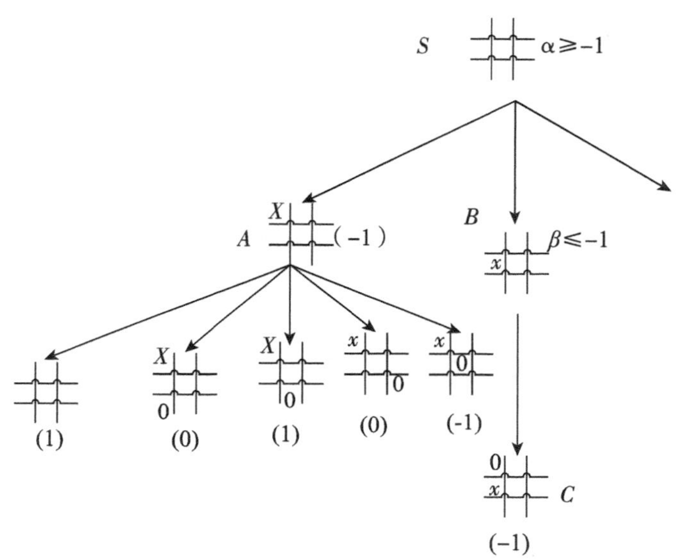

图 10–13　一字棋游戏第一阶段搜索树的 α 值和 β 值（以深度优先的方式搜索）

三、蒙特卡洛树搜索

蒙特卡洛树搜索（monte carlo tree search，MCTS）是 Rémi Coulom 于 2006 年在围棋人机对战引擎 Crazy Stone 中引入的，取得了很好的效果。

蒙特卡洛树算法的设计思路如下：首先在脑海里大致筛选出几种最可能的走法，其次想好这几种走法后对手最可能的走法，最后想自己接下来最可能的走法，具体可以分为以下四个过程。

1. 选择（selection）

以当前棋局为根节点，自上而下地选择一个落子点。

节点分为三类：未访问（还没有评估过当前局面）、未完全展开（评估过至少一次，但是下一步局面对应的子节点没有全部访问过，可以进一步扩展）和完全展开（子节点全部访问过）。

什么节点最可能走到呢？最直观的想法是直接看节点的胜率（赢的次数 / 访问次数），哪个节点的胜率最大选择哪个，但是这种做法不可行，因为如果一开始在某个节点进行模拟，尽管这个节点不好，但是一开始随机走子时赢了一盘，就会一直走这个节点了。所以人们创造了一个函数，引入信心上限决策方法，每次选择的过程如下：从根节点出发，遵循最大最小原则，每次选择己方 UCT 值最优的一个节点，继续向下搜索，直到找到一个未完全展开的节点，未完全展开的节点一定有未访问的子节点，随便选择一个进行扩展。随着访问次数的增加，更加倾向于选择还没被统计过的节点，避免蒙特卡洛树搜索碰到陷阱，即一开始就走了弯路。

2. 扩展（expansion）

向选定的节点添加一个或多个子节点。在刚选择的节点加一个统计信息为 0/0 的节点，进入下一步模拟。

3. 模拟（simluation）

用蒙特卡洛树算法模拟扩展的节点，模拟借鉴蒙特卡洛树算法，快速走子，只走一盘，分出胜负。每个节点（代表每个不同的局面）都有两个值，代表这个节点及其子节点模拟的次数和赢的次数，比如模拟了 10 次，赢了 4 盘，记为 4/10。

4. 回溯（retroaction）

根据模拟结果依次向上更新父节点的估计值，类似于递归里的回溯，即从子节点开始，沿着刚刚向下的路径往回走，沿途更新各父节点的统计信息。

在蒙特卡洛树搜索中引入信心上限决策方法后，计算机围棋水平得到很大提升，最好的围棋程序可以达到业余五、六段水平。使用模拟方法评估棋局，如果想评估比较准确，则需要模拟更多次，因此蒙特卡洛树搜索存在如下缺点：①虽然采用信心上限决策方法选择扩展的棋子，但是选择范围还是全体可下子节点；②每次模拟都必须一次到底，完成整局棋的模拟，直到分出胜负为止。围棋可能有很多状态，这两点极大地影响了搜索效率，阻碍了计算机围棋水平的提升。

思 考 题

1. 常见的盲目搜索策略有哪些？
2. 什么是启发信息？什么是估价函数？
3. 博弈树的概念及特征分别是什么？

第十一章

群智能算法

学习目标

1. 了解群智能算法的概念、分类及特点，认识遗传、人工鱼群、混合蛙跳、细菌觅食、人工蜂群五种群智能算法。

2. 掌握蚁群算法和粒子群优化算法的基本思想和原理，意识到蚁群算法和粒子群优化算法的优缺点。

3. 通过对群智能算法的学习，明确各类群智能算法的主要应用领域。

学习建议

1. 本章建议学习时长为 4 课时。

2. 本章主要阐述蚁群算法和粒子群优化算法的基本思想和原理，重点理解群智能算法在各应用领域的重要性。

3. 学习者可采用小组讨论的方式，探讨蚁群算法和粒子群优化算法的基本过程。

4. 学习者可深入阅读 5～10 篇有关群智能算法的期刊论文，探索群智能算法的未来应用趋势。

受自然界中蚂蚁搬家、鸟群觅食、蜜蜂筑巢等现象及其规律的启发，人类模仿设计了许多问题求解的算法，并广泛应用于组合优化、机器学习、智能控制、模式识别、规划设计、网络安全等领域。

本章将介绍群智能算法概念、分类及特点，以及群智能理论研究领域主要的两种算法（蚁群算法和粒子群优化算法）。

第一节 群智能算法概述

一、群智能的概念

自然界中有许多现象令人惊奇，如蚂蚁搬家、鸟群觅食、蜜蜂筑巢等，生物表现出一种集体智慧，它们相互协作，完成了许多单个生物难以独立完成的任务。群居昆虫群体可以看作一个分布式系统，虽然该系统中的每个个体都非常简单，智能也不高，但是整个系统呈现出一种高度结构化的群体组织，使个体协同工作，完成一些远远超出单个个体能力的复杂工作。由简单个体组成的群落与环境及个体之间的互动行为称为群智能（swarm intelligence，SI）。

二、群智能算法的概念

在现实生活中的很多领域存在复杂问题，它们是用传统人工智能技术难以有效解决甚至无法解决的问题。计算智能的诞生和发展，为摆脱传统人工智能面临的困境提供了一种新的科学的方法。演化计算是计算智能大家族中的一员，是一种通过模拟自然界的生物演化过程搜索最优解决问题的方法，非常适合解决用传统方法难以解决的复杂问题。群智能作为一种新兴的演化计算技术，可以根据计算的过程和结果，自发地调节算法参数，以达到求解问题的最佳结果。基于"从大自然中获取智慧"的理念，通过对自然界独特规律的认知，人们发现和发展了一系列仿生算法。这些算法以生物进化的观点认识和模拟智能，具有自学习、自组织、自适应的特征和简单、通用、鲁棒性强，适合并行处理的优点。群智能算法就是为模拟自然界生物群体的这种行为而构造的随机搜索方法，十分注重对群体中个体之间相互作用与分布式协同的模拟，与人工生命特别是进化策略及遗传算法有极特殊的联系。群智能算法中的群体是一组相互之间可以通信的主体（如粒子或蚂蚁），能够求解分布式问题，这些无智能的主体通过合作表现出智能。群智能在没有集中控制且不提供全局模型的前提下，为寻找复杂的分布式问题的求解方案提供了基础。

群智能算法的基本思想是模拟实际生物群体生活中个体与个体之间的相互交流和合作，利用简单、有限的个体行为与智能，通过相互作用形成整个群体巨大的整体能力。当然，群智能算法对各生物体都进行了人工处理，使之更科学、合理，更适合解决实际问题。

三、群智能算法的分类

20 世纪 90 年代以来，陆续产生了模拟蚂蚁行为的蚁群优化算法、模拟鸟类行为的粒子群算法、模拟鱼类生存习性的人工鱼群算法和模拟青蛙觅食的混合蛙跳算法等。这些仿生的群智能算法，使原来复杂的、难以用常规的优化算法处理的问题得到较好的解决，大大提高了人们解决工程实际问题的能力。已完成的群智能理论和应用方法研究证明，群智能算法是一种有效解决大多数全局优化问题的新方法。无论是从理论研究还是从应用研究的角度分析，群智能理论及应用的研究都具有重要的学术意义和现实价值。群智能理论主要有两种算法：粒子群优化算法和蚁群算法。

（1）粒子群优化算法起源于对简单社会系统的模拟，最初是模拟鸟群觅食的过程，后来发现它是一种很好的优化工具。科学家对鸟群的飞行进行计算机仿真，让每个个体都按照特定的规则飞行，形成鸟群整体的复杂行为。鸟群飞行的排列具有惊人的同步性，整体运动非常流畅，成功的关键在于对个体间距离的操作，也就是说，群体行为的同步性以个体努力维持自身与邻居之间的距离为最优，为此，每个个体都必须知道自身位置和邻居的信息。

（2）蚁群算法是对蚂蚁群落食物采集过程的模拟，已成功应用于许多离散优化问题。

四、群智能算法的特点

群智能算法用于解决大多数优化问题或能够转化为优化求解的问题，应用领域包括多目标优化、数据分类、数据聚类、模式识别、电信服务质量管理、生物系统建模、流程规划、信号处理、机器人控制、决策支持及仿真和系统辨识等。

群智能算法在求解离散问题和连续问题时有良好的搜索效果，尤其在求解组合优化问题时表现突出。群智能算法的主要特点如下。

（1）鲁棒性强：因为群体中的个体是分布式的，无集中控制，所以即使个别个体出现故障，也不会影响群体对问题的求解，即无碍大局。

（2）简单易行：每个个体能执行的动作简单。

（3）扩展性好：每个个体能感知的信息量有限。

（4）自组织性强：群体表现出来的复杂行为是个体相互作用的结果。

（5）具有潜在的并行性和分布式特点。

第二节　蚁群算法

蚁群算法（ant colony optimization，ACO）是受自然界中真实蚁群行为的启发产生的，其来自昆虫学家们的观察。蚁群算法的研究模型源于对真实蚂蚁觅食行为的观测（蚂蚁总能找到巢穴与食物源之间的最短路径），蚁群算法是依据蚂蚁觅食原理设计出来的一种群智能算法，适合解决离散组合优化、旅行商问题、分配问题、作业调度问题等。

一、蚁群算法的生物学基础

蚁群除了存在亲缘上的互助关系外，成蚁划分为世袭制的蚁王和工蚁两个等级。蚁群具有高度组织的社会性，彼此间的沟通不仅可以借助触觉、视觉，而且可以在大规模协调行动上借助外激素等生化信息介质。虽然单个蚂蚁的行为极简单，但是由单个简单的个体组成的群体表现出极其复杂的神奇行为，因此，蚁学家们将整个蚁群视为功能强大的超级生物群。

化学通信是蚂蚁采取的基本信息交流方式之一，在蚂蚁的生活习性中起重要作用。蚂蚁的群体协作功能是通过遗留在其来往路径上的信息素的挥发性化学物质进行通信和协调的。对蚂蚁觅食行为的研究发现，整个蚁群就是通过这种信息素相互协作，形成正反馈，使多个路径上的蚂蚁逐渐聚集到最短路径上。工蚁的觅食行为是最易观察的，工蚁觅食不是在发现食物后立即进食，而是将食物搬回家与家庭成员共同分享。每个工蚁都具有如下职能：平时在巢穴附近无规则行走，一旦发现食物，如果独自能搬就往回搬，否则回巢搬兵，在路上留下外激素的嗅迹，其强度通常与食物的品质和数量成正比；如果其他工蚁遇到嗅迹，就会循迹前进，但会有一定的走失率（选择其他路径），走失率与嗅迹的强度成反比。因此，蚁群的集体行为表现出一种信息正反馈的现象，某个路径上走过的蚂蚁越多，后来者选择该路径的概率越大，蚂蚁个体之间就是通过这种信息交流搜索食物的。

二、蚁群算法的基本思想和基本原理

（一）基本思想

蚁群寻找食物时，通常可以通过相互协作找到巢穴到食物之间的最短路径，并且路径随环境变化而变化，即使环境发生变化，蚁群也能很快找到新的最短路径。蚂蚁个体的智能度很低，但是通过彼此之间的简单交流，蚂蚁群体的智能度变得很高，该现象为我们搜索问题最优解带来了启发。

蚁群寻找食物时，会在经过的路径上释放信息素，同一蚁群中的蚂蚁能感知到这种物质及其强度，使在一定范围内的其他蚂蚁觉察。每只蚂蚁在寻找道路时都是随机的，并且会在路上散发信息素，在最优道路上单位时间内通过的蚂蚁越多，信息素的浓度越高，后续蚂蚁会倾向于朝着信息素浓度高的方向移动，于是越是信息素浓度高的路径上，经过的蚂蚁越多，留下的信息素也越多，最优路径上的信息素浓度越来越高，而其他路径上的信息素随着挥发浓度越来越低，形成了一个正反馈。由于经过的路径短，被访问的次数多，因此后续蚂蚁选择这条路径的概率大（可能性也大），从而提高了该路径的吸引强度，最后的结果是所有蚂蚁都走最短路径。蚁群靠着这种内部的生物协同机制逐渐形成了一条它们自己事先并未意识到的最短路径。

蚁群算法的基本思想如下：如果在给定点，一只蚂蚁要在不同的路径中进行选择，那么被先行蚂蚁大量选择的路径就是信息素留存浓度较高的路径，被选中的概率大，较多信息素意味着路径较短。蚁群算法不需要任何先验知识，最初只是随机地选择搜索路径，随着对解空间的了解，搜索变得有规律，逐渐逼近直至达到全局最优解。

（二）基本原理

蚁群算法就是把计算资源分配到一群人工蚂蚁上，让它们利用信息素交流信息，通过蚂蚁之间的协同合作找到最优解。蚁群算法中每个优化问题的解都是搜索空间中的一只蚂蚁，蚂蚁都有一个由被优化函数决定的适应度值（与要释放的信息素成正比），蚂蚁根据其周围的信息素浓度决定移动方向，同时在走过的路径上释放信息素，以影响其他蚂蚁。

人工蚂蚁具有双重特性：一方面，它们是真实蚂蚁的抽象，具有真实蚂蚁的特性；另一方面，它们具有真实蚂蚁不具备的特性，使人工蚂蚁在解决实际问题时具有更好地搜索最优解的能力。因此蚁群算法中定义的人工蚂蚁与真实蚂蚁相同，都具有群体协作、释放信息素、转移随机状态、搜索最短路径等特点，但也有如下几点不同。

（1）人工蚂蚁具有一定的记忆能力，能够记住过去的行为状态。

（2）人工蚂蚁在一个离散的空间中，它们的移动是从一个状态到另一个状态的转换。

（3）人工蚂蚁在一个与时间无关的环境中。

（4）人工蚂蚁释放的信息素数量是其生成解的质量函数。

（5）人工蚂蚁更新信息素的时机取决于特定的问题。例如，在有的问题中，人工蚂蚁仅在找到一个解后更新路径上的信息素；而在有的问题中，人工蚂蚁每做出一步选择就更改信息素。但无论采用哪种方法，人工蚂蚁都不是完全盲从的，而是受到问题空间特征的启发。

（6）为了改善算法的优化效率，可以给人工蚂蚁增加一些真实蚂蚁所不具备的特性，例如简单预测、在局部优化过程中交换信息等。

下面以旅行商问题（traveling salesman problem，TSP）为例，简要阐述蚁群算法的基本原理。设 m 为蚂蚁数，n 为城市数，dij 为城市 i 与城市 j 的距离，$\tau\ ij(t)$ 为 t 时刻在路段 (ij) 上的信息量强度，tabuk 为蚂蚁 k 已走过的城市集合，则在时刻 t 蚂蚁 k 从 i 点向 j 点转移的概率 $p_{ij}^{k}(\mathrm{t})$ 如式（11.1）所示。

$$\sum p_{ij}^{k}(\mathrm{t})=\frac{[\tau_{ij}]^{\alpha}[n_{ij}]^{\beta}(t)}{\sum_{l\in \mathrm{allowed}_k}[\tau_{ij}]^{\alpha}[n_{ij}]^{\beta}(t)},\ j\in \mathrm{allowed}_k \tag{11.1}$$

式中：$\mathrm{allowed}_k$ 为蚂蚁 k 下一点允许选择的城市，$\mathrm{allowed}_k=\{n-\mathrm{tabu}_k\}$；$\alpha$ 为信息素因子，其值越大，信息素在蚂蚁行进搜索中越重要，蚂蚁越倾向于选择其他蚂蚁经过的路径，该状态转移概率越接近贪婪准则；β 为期望启发因子，其值越大，先前信息对后来蚂蚁的选择影响越大；n_{ij} 为路径 (ij) 的能见度，$n_{ij}=1/d_{ij}$。当 $\alpha=0$ 时，算法是传统的贪婪算法；当 $\beta=0$ 时，算法是纯粹的正反馈的启发式算法。

经过 T 时刻，所有蚂蚁完成一次循环后，需要调整信息素的强度。设信息素挥发度 $\rho\in(0,1]$，每次循环结束时路段 (ij) 上的信息素强度常表示为式（11.2）。

$$\tau\ ij(t+T)=(1-\rho)\cdot\tau\ ij(t)+\Delta\tau\ ij(t) \tag{11.2}$$

式中：$\Delta\tau_{ij}(t)$ 为在本次循环中所有蚂蚁在同一路径上留下的信息量增量，$\Delta\tau_{ij}(t)=\sum_{k=1}^{m}\Delta\tau_{ij}^{k}(t)$；$Q$ 为常数；Lk 为优化问题的目标函数值，表示第 k 只蚂蚁在本次循环中所走的路径；$\Delta\tau_{ij}^{k}(t)$ 为在本次循环中第 k 只蚂蚁在路径 (ij) 上留下的信息素量，$\Delta\tau_{ij}^{k}(t)=\dfrac{Q}{L_k}$。

由于这种方法利用的是全局信息 Q/L_k，即蚂蚁完成一个循环后更新所有路径上的信息，因此保证了残留信息素不会无限累积。如果路径没有被选中，那么上面的残留信息素随时间的推移逐渐减弱，使算法忘记不好的路径。即使路径经常被访问，也不会因为 $\Delta\tau_{ij}^{k}(t)$ 的累积而使 $\Delta\tau_{ij}^{k}(t)>>nij(t)$，导致期望值的作用无法体现。这充分体现了算法中全局范围内较短路径（较好解）的生存能力，增强了信息正反馈性能，提高了系统搜索收敛的速度。

蚁群算法的实现步骤如下。

（1）初始化。初始化各类参数，设最大循环次数为 NCmax，初始化信息量为 τ_{ij}，信息素增量 $\Delta\tau_{ij}=0$，令当前循环次数 $NC=0$，将 m 只蚂蚁置于 n 顶点（城市）上。

（2）循环。$NC=NC+1$，$NC<NC_{max}$。

（3）每只蚂蚁 k（$k=1, 2, ..., m$）按式（11.1）移至下一顶点 j，$j\in \text{allowed}_k$。

（4）更新禁忌表，将每只蚂蚁刚走过的城市添加到该蚂蚁的个体禁忌表中。

（5）根据式（11.2）更新每条路径上的信息量。

（6）当 $NC\geqslant NC_{max}$ 时，算法终止并输出最短路径；否则返回到第（2）步。

从蚁群搜索最短路径的机理不难看出，算法中的有关参数对蚁群算法的性能有重要影响，但目前选取方法和原则没有理论依据，通常都是根据经验而定的。

三、蚁群算法的优缺点

蚁群算法与遗传算法、模拟退火算法、人工神经网络算法、禁忌搜索算法等类似，是一种应用于优化问题的启发式随机搜索算法。该算法利用正反馈原理，在一定程度上可以加快进化过程，也是一种本质并行的算法，不同个体之间通过不断交流和传递信息相互协作，有利于发现最优解。因此，该算法具有很强的发现最优解的能力，主要优点如下。

（1）蚁群算法是一种分布式的本质并行算法：单只蚂蚁的搜索过程是彼此独立的，容易陷入局部最优状态，但个体之间不断的信息交流和传递有利于发现最优解。算法中的蚂蚁可以从各节点同时搜索解，具有本质上的并行性，易并行实现。

（2）蚁群算法是一种正反馈算法：蚂蚁经过越多的路径，后续蚂蚁选择该路径的可能性越大，路径上的信息素水平越高，吸引越多的蚂蚁选择这条路径，提高了该路径的信息素水平，加快了算法的进化过程。

（3）具有较强的通用性：只要稍微修改模型，就可以解决其他问题。

（4）易与其他方法结合：蚁群算法可以很容易地与其他启发式算法结合，以改善算法的性能。

蚁群算法的主要缺点如下。

（1）一般搜索时间较长。蚁群中所有个体的运动都是随机的，虽然通过信息交换能够向着最优解进化，但是当群体规模较大时，很难在较短时间内从大量杂乱无章的路径中找出一条较好的路径。

（2）容易出现停滞现象，即搜索进行到一定程度后，所有个体发现的解完全一致，不能对解题空间进行进一步搜索，不利于发现更好的解。

四、蚁群算法的应用领域

自从成功求解著名的旅行商问题，蚁群算法已陆续渗透到其他领域，可用于求解静态组合优化问题、动态优化问题、随机优化问题、多目标优化问题、并行化问题和演化硬件设计问题等。在求解静态组合优化问题时，蚁群算法可用来解决旅行商问题、电力系统故障诊断与优化、二次分配问题、生产调度问题、车辆路线问题、连续空间函数优化问题等。在求解动态组合优化问题时，蚁群算法在通信行业可以较好地解决高速网络动态路由、无线传感器网络路由协议问题。

另外，蚁群算法还应用于模糊系统、数据挖掘、聚类分析系统辨识、图像处理、化学工程、机器人路径规划问题、凸整数规划问题等。

第三节　粒子群优化算法

粒子群优化算法（particle swarm optimization，PSO），也称粒子群算法或鸟群觅食算法，其中每个个体称为 particle，群体称为 swarm。粒子群优化算法属于进化算法的一种，与模拟退火算法相似，也是从随机解出发，通过迭代寻找最优解，并通过适应度评价解的品质。粒子群优化算法比遗传算法规则简单，没有遗传算法的“交叉”和“变异”操作，通过追随当前搜索到的最优值寻找全局最优解。这种算法因实现容易、精度高、收敛快等引起了学术界的重视，并且在解决实际问题的过程中展示出较强的优越性。

一、粒子群优化算法的基本思想

粒子群优化算法的思想源于对鸟群、鱼群觅食行为的研究。鸟群飞行觅食是通过鸟之间集体协作使群体达到最优目的的。粒子群优化算法的核心思想如下：利用群体中的个体共享信息，整个群体的运动在问题求解空间中产生从无序到有序的演化过程，从而获得问题的最优解。

下面通过一个鸟类觅食的例子说明粒子群优化算法的基本思想。

已知条件：在区域中有一群鸟，而且某处或多处存在一些食物，鸟群不知道食物的具体位置，也不知道哪里食物最多，但是当它们遇到食物时，知道这是食物，而且能够区分食物量。

求解：找到食物最多的地方。

那么，鸟群如何找到食物呢？如何找到区域中食物最多的地方呢？

解：鸟群之间通过信息共享，朝着群体已知食物最多的地方飞行；根据自己的经验，朝着自己已知食物最多的地方飞行。通过以上两种行为，鸟群之间分享信息，通过不断的寻找，找到食物最多的位置。

通过以上分析可知，鸟类有两种行为：社会行为和个体行为。

社会行为：鸟会向鸟群中最好的鸟学习，即朝着目前已知食物最多的地方飞行。

个体行为：根据自己的搜索情况，向自己已知食物最多的地方飞行。

在日常生活中，我们经常会看到鸟儿成群结队地在天空飞翔，且鸟群的飞行似乎存在一定的规律。它们经常排成某种队列飞行，且不断地改变飞行姿势和飞行方向，与其他鸟保持一定的距离；每只鸟都根据自身与整体的信息调整飞行速度和位置，以达到个体的最佳位置，而整个鸟群根据个体的表现使整体队伍保持最优状态。鸟具有记忆功能，可以记录自己飞行过的最优位置，整个群体可以利用这些记忆信息实现群体的优化。

在粒子群优化算法中，粒子群中的每个粒子相当于鸟群中的鸟，它们追踪当前的最优粒子（相当于离食物最近的鸟），在解空间中进行搜索时，它们不断更新自己的位置和速度，通过持续迭代求得最优解（如同鸟找到食物）。粒子群优化算法是一种基于迭代的优化工具。

二、粒子群优化算法的基本原理

在粒子群优化算法中，把每个优化问题的解看作搜索空间中的一个没有体积、没有质量的飞行粒子，所有粒子都有一个由被优化的目标函数决定的适应度值，还有一个决定它们飞行方向和距离的速度，它们根据目前的个体最优位置和整个群体中的所有粒子发现的全局最优位置，不断更新自己的速度和位置，朝着最优方向飞行。最终，粒子群作为一个整体，像鸟儿合作寻找食物一样，找到目标函数的最优点。

粒子群优化算法初始化一群随机粒子（随机解），这些粒子根据对个体和群体的飞行经验的综合分析来动态调整自己的速度，在解空间中进行搜索，通过迭代找到最优解。粒子在每次迭代中，通过跟踪两个“极值”更新自己。第一个极值是粒子本身找到的最优解，称为个体极值；第二个极值是整个种群目前找到的最优解，称为全局极值。粒子群优化算法最初用于优化连续的搜索空间。在连续的空间坐标中，粒子群优化算法的数学描述如下。

一个由 m 个粒子组成的种群以一定速度在搜索空间中飞行，每个粒子根据个体最优位置和全局最优位置改变自己的位置。粒子（i=1, 2, 3, ..., n）的位置由三维向量组成，分别为如下。

初始位置：$\boldsymbol{x}_i=(x_{i1}, x_{i2}, \ldots, x_{in})$

历史最优位置：$\boldsymbol{P}_i=(P_{i1}, P_{i2}, \ldots, P_{in})$

速度：$\boldsymbol{v}_i=(v_{i1}, v_{i2}, \ldots, v_{in})$

用一组坐标描述当前位置，每次迭代后，评估当前坐标 x 是否为最优位置，如果当前位置好于个体历史最优位置 p，则将当前位置设为历史最优位置，直到群体寻找到最优位置 $\boldsymbol{P}_g=(P_{g1}, P_{g2}, \ldots, P_{gd})$

当找到两个最优解时，粒子根据如下公式更新自己的速度和位置：

$$v_{ij}^{k+1}=v_{ij}^{k}+c_1 \cdot \text{rand}() \cdot (P_{ij}^{k}-x_{ij}^{k})+c_2 * \text{rand}()(P_{ij}^{k}-x_{ij}^{k}) \quad (11.3)$$

$$x_{ij}^{k+1}=x_{ij}^{k}+v_{ij}^{k+1} \quad (11.4)$$

式中，下标 i 代表第 i 个粒子；下标 j 代表速度或位置的第 j 维（j=1, 2, 3,..., n），上标 k 代表迭代数，比如 v_{ij}^{k} 和 x_{ij}^{k} 分别代表第 i 个粒子在第 k 次迭代中 j 维的速度和位置，两者均限制在一定范围内；c_1、c_2 为学习因子，通常取 [0,4]；rand() 为均匀分布在（0,1）的随机数。

由式（11.3）和式（11.4）可以看出，速度更新公式由三部分组成：第一部分是粒子原来的速度，称为动量部分，表示粒子对当前自身运动状态的信任，为粒子提供了一个必要动量，使其依据自身速度进行惯性运动；第二部分是认知部分，表示粒子本身的思考，鼓励粒子飞向曾经发现的最优位置；第三部分是社会部分，表示粒子间的信息共享与合作，引导粒子飞向粒子群中的最优位置。三个部分共同决定了粒子的空间搜索能力，第一部分使粒子具有平衡全局和局部搜索的能力；第二部分使粒子具有全局搜索能力，避免了局部极小值现象的出现；第三部分体现了粒子间的信息共享。在这三部分的共同作用下，粒子能到达最优位置。

粒子群优化算法解决优化问题的过程中有两个重要步骤：问题解的编码和适应度函数。粒子群优化算法不采用二进制编码，而是采用实数编码。例如，对问题 $f(x)=x_1^2+x_2^2+x_3^2$ 求解，粒子可以直接编码为 (x_1, x_2, x_3)，适应度函数就是 $f(x)$。下面介绍粒子群优化算法中一些参数的经验设置。

粒子数：粒子群优化算法对种群大小不太敏感，种群数目减小时，性能下降不是很大，粒子数一般取 30～50，但对于多模态函数优化问题，粒子数可以取 100～300。

粒子的长度：指问题解的长度，由优化问题决定。

粒子的范围：由优化问题决定，每个维可设定不同的范围。

粒子的速度：用户设置最大速度（v_{max}，为常量）限制，粒子速度范围为 $[-v_{max}, v_{max}]$，如果 $v_{ij}^k<-v_{max}$，则 $v_{ij}^k=-v_{max}$；如果 $v_{ij}^k>v_{max}$，则 $v_{ij}^k=v_{max}$。

参数 c_1、c_2：对粒子群优化算法的收敛性影响不大，但取值合理可以增大算法的收敛速度，减小陷入局部极小值的可能性，默认取 $c_1=c_2=2$。

终止条件：最大循环次数或最小误差阈值，视具体情况而定。

基本粒子群优化算法的实现步骤如下。

（1）初始化。在搜索空间中随机生成粒子的初始位置和速度。

（2）更新最优值。

① 每个粒子的适应度值与其个体历史最优值进行比较，如果优于个体历史最优值，则将个体历史最优值替换为当前值。

② 当前全局最优值与历史全局最优值进行比较，如果优于历史全局最优值，则将历史全局最优值替换为当前全局最优值。

③ 根据式（11.3）和式（11.4）更新粒子的位置和速度。

④ 终止条件判断。返回步骤②继续循环，直至执行到最大迭代数为止。

基本粒子群优化算法流程如图 11–1 所示。

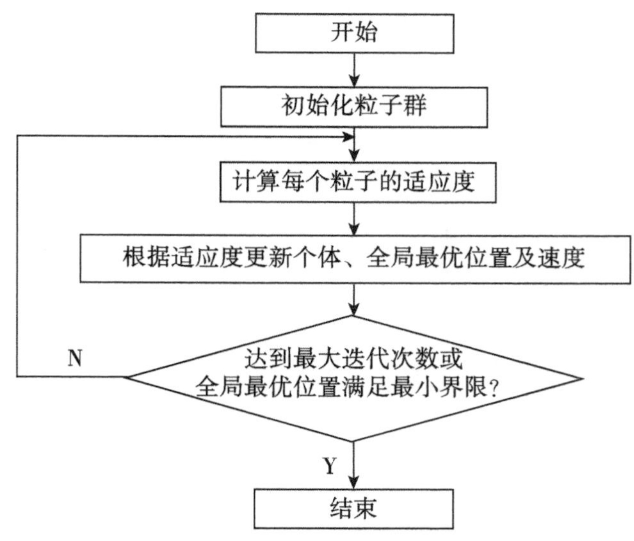

图 11–1　基本粒子群优化算法流程

三、粒子群优化算法的优点

（1）搜索过程从一组解迭代到另一组解，采用同时处理群体中多个个体的方法，具有本质上的并行性。

（2）采用实数编码，直接在问题域上处理，无须转换，因此算法简单，易实现。
（3）各粒子的移动具有随机性，可搜索不确定的复杂区域。
（4）具备有效的全局 / 局部搜索的平衡能力。
（5）在优化过程中，每个粒子都通过自身经验与群体经验更新，具有学习功能。
（6）解的质量不取决于初始点，保证收敛性。
（7）可求解带离散变量的优化问题，但是可能导致离散变量取整的误差较大。

四、粒子群优化算法的缺点

粒子群优化算法初始化过程是随机的，虽然可以保证初始种群分布均匀，但是不能保证个体质量，导致种群中的一部分个体远离最优解。

利用粒子群优化算法迭代公式更新自己的速度和位置，本质上是利用本身信息、个体极值信息和全局极值三个信息指导粒子下一步的迭代位置。这实际上是一个正反馈过程，当自身信息和个体极值信息占优势时，算法很容易处于局部最优解的状态。

五、粒子群优化算法的应用领域

粒子群优化算法在连续非线性优化问题和组合优化问题中都表现出较好的效果，在多目标优化、数据分类、数据聚类、模式识别、生物系统建模、流程规划、信号处理、机器人控制、决策支持及仿真和系统辨识等方面都具有良好的应用前景。在工程应用方面，用于化学过程的动态分析；在生物工程方面，用于蛋白质序列隐马尔可夫模型（hidden markov model，HMM）训练；在环境工程方面，用于大气中臭氧层的预测；在农业方面，用于温室环境温度的预测控制；在电力方面，用于优化电力系统；在通信方面，用于网络路由的自适应调整等。

思　考　题

1. 群智能算法的概念及特点分别是什么？
2. 简述蚁群算法的优缺点。
3. 粒子群优化算法的基本思想是什么？

机器学习

学习目标

1. 了解机器学习的基本概念和研究概况。
2. 理解机器学习的步骤，了解机器学习路线。
3. 了解机器学习的多种分类方式，知道每种分类方式的基本概念。
4. 了解机器学习的应用情况。

学习建议

1. 本章建议学习时长为4课时。
2. 本章主要介绍机器学习的概念及应用，扩展学生对机器学习的认识。
3. 学习者可采用小组合作的方式，在现有内容的基础上，共同收集关于机器学习的资料，深化对机器学习的认识。
4. 通过了解机器学习的应用，认识到机器学习已经渗透到生活的很多方面，激发学生进一步探究机器学习。

学习能力是人类智能的根本特征。人类通过学习提高和改进自己的能力。学习的基本机制是设法把在一种情况下的成功表现行为转移到另一种类似的新情况。人的认知能力和智慧才能就是在毕生的学习中逐步形成、发展和完善的。任何具有智能的系统都必须具备学习能力。

第一节　机器学习概述

一、机器学习的研究概况

机器学习是人工智能及模式识别领域的研究热点，其理论和方法广泛应用于解决工程应用和科学领域的复杂问题。2010 年的图灵奖获得者为哈佛大学的莱斯利·维里安特（Leslie Vlliant），他建立了概率近似正确（probably approximately correct，PAC）学习理论；2011 年的图灵奖获得者为加州大学洛杉矶分校的朱迪亚·皮尔（Judea Pearll），他建立了以概率统计为理论基础的人工智能方法。这些研究成果促进了机器学习的发展和繁荣。

机器学习是研究使用计算机模拟或实现人类学习活动的方法的科学，是人工智能中最具智能特征、最前沿的研究领域之一。自 20 世纪 80 年代以来，机器学习作为实现人工智能的途径，在人工智能界引起了广泛关注，特别是近十几年来，机器学习领域的研究工作发展很快，已成为人工智能的重要课题。机器学习不但在基于知识的系统中得到了应用，而且在自然语言理解、非单调推理、机器视觉、模式识别等领域得到了广泛应用。机器学习主要分为两类研究方向：第一类是传统机器学习的研究，主要研究学习机制，注重探索模拟人的学习机制；第二类是大数据环境下机器学习的研究，主要研究有效利用信息的方法，注重从巨量数据中获取隐藏的、有效的、可理解的知识。

机器学习历经了 70 年的曲折发展，以深度学习为代表，借鉴人脑的多分层结构、神经元的连接交互信息的逐层分析处理机制，自适应、自学习的强大并行信息处理能力，在很多领域取得突破性进展，其中最有代表性的是图像识别领域。

二、机器学习的概念

机器学习是一类算法的总称，这些算法希望从大量历史数据中挖掘出隐含的规律，并用于预测或分类，具体来说，机器学习可以看作寻找一个函数，输入的是样本数据，输出的是期望的结果，只是这个函数过于复杂，以至于不太方便形式化表达。机器学习的目标是使学到的函数很好地适用于新样本，而不仅是在训练样本上表现很好。学到的函数适用于新样本的能力，称为泛化（generalization）能力。

机器学习是一门交叉学科，涵盖概率论知识、统计学知识、近似理论知识和复杂算法知识，以计算机为工具，致力于真实、实时地模拟人类学习方式，并对现有内容进行知识结构划分，以有效提高学习效率。

机器学习有以下几种定义。

（1）机器学习是一门人工智能的科学，主要研究对象是人工智能，特别是在经验学习中改善具体算法的性能。

（2）机器学习是对能通过经验自动改进的计算机算法的研究。

（3）机器学习是用数据或以往经验优化计算机程序的性能标准。

机器学习的核心思想是设计程序，以在执行时提升某方面的能力，而不是有固定行为的程序。机器学习包括多种问题的定义，提供很多算法，能解决不同领域的各种问题。

机器学习是研究机器模拟人类的学习活动，从而获取知识和技能的理论和方法，以改善系统性能的学科。图 12–1 所示为基于符号机器学习的一般框架。

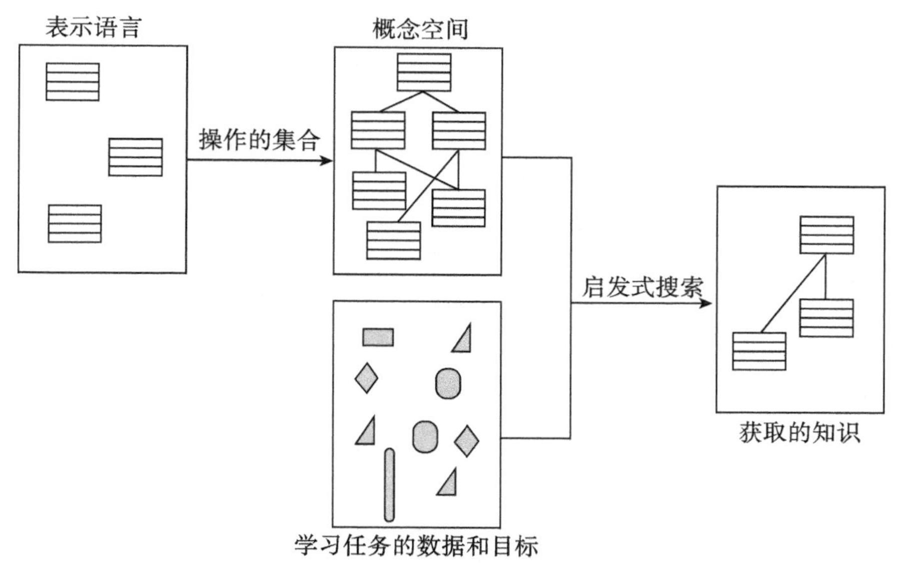

图 12–1　基于符号机器学习的一般框架

1. 学习任务的数据和目标

表征学习算法的一个主要方式就是看学习的目标和给定的数据。例如，在概念学习算法中，初始状态是目标类的一组正例（也可以是反例），学习的目标是得出一个通用的定义，它能够让学习程序辨识该类的未来实例。与这些算法采用大量数据的方法相反，基于解释的学习试图从单一训练实例和预先给定的特定领域的知识库中推出一个一般化的概念。

许多学习算法的目标是一个概念或者物体的类的通用描述。学习算法还可以获取计划，求解问题的启发式信息或者其他形式的过程性知识。

2. 表示语言

机器学习程序可以利用各种知识表示方法，描述学到的知识。例如，对物体分类的学习程序，可能把这些概念表示为谓词演算的表达式，或者用结构化的表示方式（如框架或对象）。计划可以用操作的序列或者三角表描述，启发式信息可以用问题求解规则表示。

3. 操作的集合

给定训练实例集，学习程序必须建立满足目标的泛化、启发式规则或者计划，需要对表示进行操作。典型的操作包括泛化或特化符号表达式、调整神经网络的权值、用其他方式修改程序表示。

4. 概念空间

表示语言和操作定义了潜在的概念空间。学习程序必须搜索这个空间，寻找所期望的概念。概念空间的复杂度是学习问题困难程度的主要度量。

5. **启发式搜索**

学习程序必须给出搜索的方向和顺序，并且用训练数据和启发式信息有效地搜索。

第二节　机器学习的步骤与路线

一、机器学习的步骤

学习函数分为以下三步。

（1）选择一个合适的模型，通常需要根据实际问题而定，针对不同的问题和任务，选取恰当的模型，模型就是一组函数的集合。

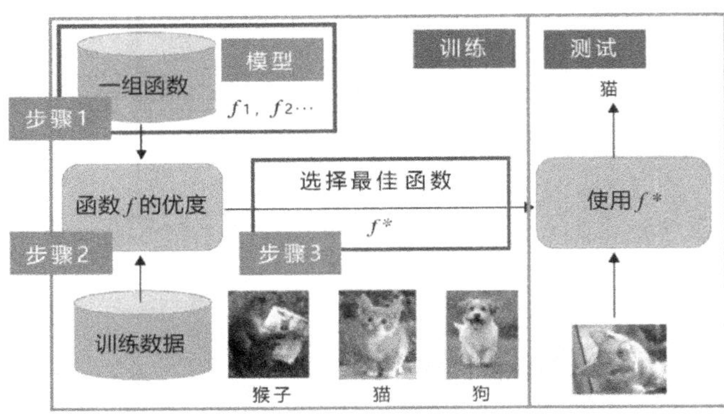

图 12–2　学习函数的步骤

（2）判断一个函数需要确定一个衡量标准，也就是我们通常说的损失函数（loss function），损失函数也需要根据实际问题而定。

（3）找出最佳函数，从众多函数中最快地找出最佳函数是最大的难点，常用方法有梯度下降算法、最小二乘法等。找到最好的函数后，需要在新样本中测试，只有在新样本上表现很好，才算是一个最佳函数。学习函数的步骤如图 12–2 所示。

二、机器学习的路线

机器学习是一个庞大的家族体系，涉及众多算法、任务和学习理论，图 12–3 所示为机器学习路线。

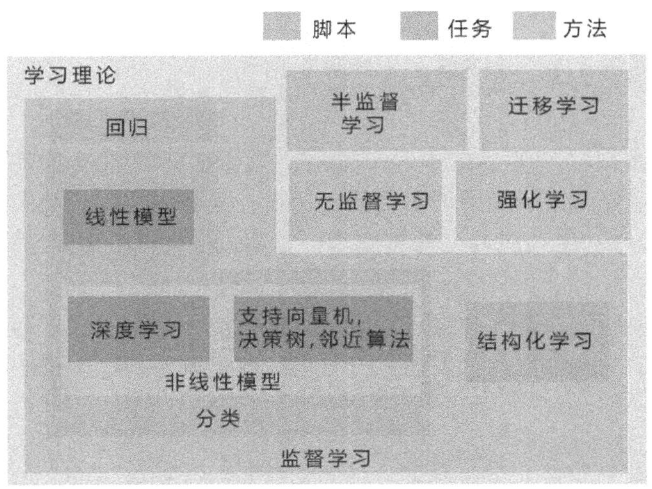

图 12–3　机器学习路线

1. 按任务类型分类

按任务类型分类，机器学习模型可以分为回归模型、分类模型和结构化学习模型。回归模型又称预测模型，输出的是一个不能枚举的数值；分类模型又分为二分类模型和多分类模型，常见二分类问题有垃圾邮件过滤，常见多分类问题有文档自动归类；结构化学习模型的输出不是一个固定长度的值，如图片语义分析，输出的是图片的文字描述。

2. 按方法的角度分类

按方法的角度分类，机器学习模型可以分为线性模型和非线性模型。线性模型较简单，但作用不可忽视，线性模型是非线性模型的基础，很多非线性模型都是在线性模型的基础上变换的。非线性模型又可以分为传统机器学习模型（如支持向量机、决策树、邻近算法等）和深度学习模型。

3. 按学习理论分类

按学习理论分类，机器学习模型可以分为有监督学习、半监督学习、无监督学习、迁移学习和强化学习。当训练样本带有标签时是有监督学习；当训练样本部分有标签，部分无标签时是半监督学习；当训练样本全部无标签时是无监督学习；迁移学习就是把已经训练好的模型参数迁移到新的模型，以帮助新模型训练；强化学习是一个学习最优策略，可以让本体在特定环境中根据当前状态做出行动，从而获得最大回报。强化学习与有监督学习的最大不同是每次的决定没有对与错，而是希望获得最多累计奖励。

第三节 机器学习的分类

机器学习有很多种，分类方法如下。

一、基于学习策略分类

（一）模拟人脑的机器学习

符号学习：模拟人脑的宏观心理级学习过程，以认知心理学原理为基础，以符号数据为输入，以符号运算为方法，使用推理过程在图或状态空间中搜索，学习的目标是概念或规则等。典型符号学习方法有记忆学习、示例学习、演绎学习、类比学习、解释学习等。

神经网络学习（或连接学习）：模拟人脑的微观生理级学习过程，以脑和神经科学原理为基础，以人工神经网络为函数结构模型，以数值数据为输入，以数值运算为方法，使用迭代过程在系数向量空间中搜索，学习的目标是函数。典型神经网络学习方法有权值修正学习、拓扑结构学习。

（二）直接采用数学方法的机器学习

统计机器学习：基于对数据的初步认识及学习目的的分析，选择合适的数学模型，拟定超参数，输入样本数据，并依据一定的策略，运用合适的学习算法对模型进行训练，运用训练后的模型对数据进行分析、预测。

二、基于学习方法分类

（一）归纳学习

归纳学习旨在从大量经验数据中归纳抽取一般的判定规则和模式，是从特殊情况推导出一般规则的学习方法。归纳学习的目标是形成合理的能解释已知事实和预见新事实的一般性结论。例如，通过“麻雀会飞”“燕子会飞”等观察事实，归纳得到“鸟会飞”等一般结论。由于归纳学习依赖经验数据，因此又称经验学习（empirical learning）；由于归纳依赖数据间的相似性，因此也称基于相似性的学习（similarity based learning）。

在机器学习领域，一般将归纳学习问题描述为使用训练实例引导一般规则的搜索问题。所有可能的实例构成实例空间，所有可能的一般规则构成规则空间。

基于规则空间和实例空间的学习就是在规则空间中搜索要求的规则，从实例空间中选出一些示教例子，以解决规则空间中某些规则的二义性问题。归纳学习的过程就是实现实例空间和规则空间同时、协调地搜索，最终找到要求的过程。归纳学习的双空间模型如图 12–4 所示。

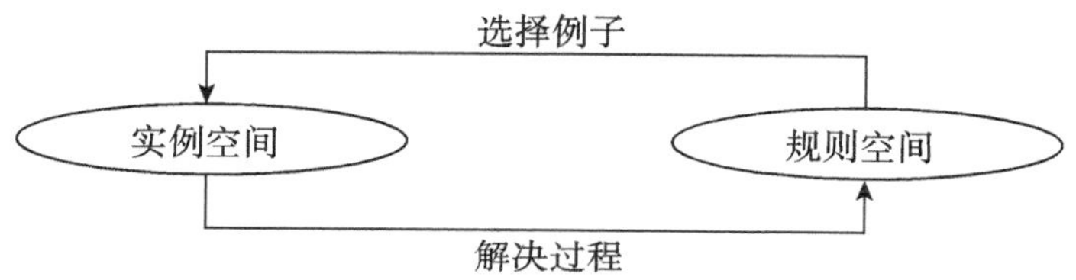

图 12–4　归纳学习的双空间模型

依照双空间模型建立的归纳学习系统，其执行过程如下：首先由施教者提供实例空间中的一些初始示教例子，由于示教例子在形式上往往与规则形式不同，因此需要对这些例子进行转换，转换为规则空间可以接受的形式。然后利用解释后的例子搜索规则空间，由于一般情况下不能一次从规则空间中找到要求的规则，因此需要寻找和使用一些新的示教例子，这就是选择例子。程序会选择对搜索规则空间最有用的例子，重复上述循环，直到找到所要求的例子。在归纳学习中，常用推理技术，如泛化特化、转换及知识表示的修正和提炼等。

在双空间模型中，实例空间主要考虑两个问题：一个是示教例子的质量，另一个是实例空间的搜索方法。解释示教例子的目的是从例子中提取出用于搜索规则空间的信息，也就是把示教例子转换成易进行符号归纳的形式。选择例子的目的是确定需要哪些新的例子和怎样得到这些例子。规则空间的目的是规定表示规则的各种算符和术语，以描述和表示规则空间中的规则，与之相关的两个问题是对规则空间的要求和规则空间的搜索方法。对规则空间的主要要求包括三个方面：规则表示方法应适合归纳推理、规则的表示与示教例子的表示应一致，规则空间应包含要求的规则。规则空间的搜索方法包括数据驱动的方法、规则驱动的方法和模型驱动的方法。数据驱动的方法适合逐步接受示教例子的学习过程，如变型空间方法；模型驱动的方法通过检查全部例子来测试和放弃假设。

归纳学习方法可以划分为单概念学习和多概念学习两类，其中概念是指用某种描述语言表示的谓词，当应用于概念的正实例时，谓词为真；当应用于概念的负实例时，谓词为假，从而谓词将实例空间划分为正、反两个子集。对于单概念学习，学习的目的是从概念空间（规则空间）中寻找与实例空间一致的概念；对于多概念学习，学习的目的是从概念空间中找出若干概念描述，对于每个概念描述，实例空间中均有相应的空间对应。

（二）类比学习

1. 相似性

在类比学习中遇到某个问题时，可以先回忆相似的老问题，检索和分析、调整老问题的解法，得出新问题的解决方法。类比学习是一种基于知识（或经验）的学习。类比求解问题的一般模式如图 12–5 所示。

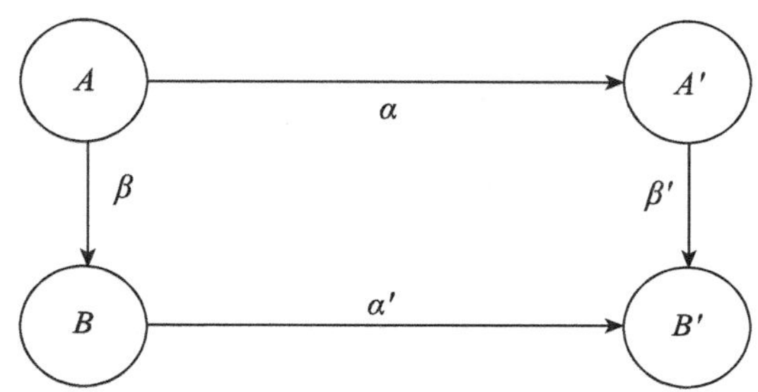

图 12–5　类比求解问题的一般模式

类比问题求解可描述如下：已知问题 A，有求解结果 B，现给定一个新问题 A'，A' 与 A 在特定度量下是相似的，求出问题 A' 的求解结果 B'。如图 12–5 所示，β 反映 B 与 A 的依赖关系（因果关系）。α 表示源领域（source domain）A 与目标领域（target domain）A' 之间的相似关系。由此可以推出，B' 与 A' 之间的依赖关系是 β'。

类比学习过程包括如下四个主要步骤。

（1）联想搜索匹配。对于一个给定的新问题，根据问题的描述（已知条件），提取问题的特征，利用特征到问题空间中搜索，找出与老问题有关的知识，并对新老问题进行匹配。

（2）检验相似程度。判断老问题的已知条件与新问题的相似程度，以检验类比的可行性。如果它们之间的相似程度达到规定的阈值，那么类比匹配成功。

（3）修正变换求解。从老问题的解中抽取与新问题有关的知识，经过合理的规则变换与调整，得到新问题的解。当多个老问题经检查都满足时，面临冲突求解问题。

（4）更新知识库。将新问题及其解加入知识库，将新、老问题之间的共同特征组成泛化的情境知识，将它们的差异作为检索问题的索引。

类比时，对象情境是由许多属性组成的，对象间的相似性就是根据属性（或变量）之间的相似度定义的。目标对象与源对象之间的相似性有语义相似、结构相似、目标相似和个体相似等。一般对象之间的相似性通过相似度测评，相似度经常通过距离定义，常用距离如下。

（1）绝对值距离。

$$d_{ij}=\sum_{k=1}^{N}\left|V_{ik}-V_{jk}\right|$$

式中，V_{ik} 和 V_{jk} 分别表示案例 i 和案例 j 的第 k 个属性值。

（2）欧几里得距离。

$$d_{ij}=\sqrt{\sum_{k=1}^{N}\left(V_{ik}-V_{jk}\right)^{2}}$$

（3）麦考斯基距离。

上面的距离定义只是一般的定义，假设各属性所起的作用相同。事实上，各属性对一个案例整体上的相似度有不同的贡献，因而需加上权值，即距离可以写成

$$d_{ij}=\left[\sum_{k=1}^{N}\left|V_{ik}-V_{jk}\right|^{q}\right]^{\frac{1}{q}},q>0$$

$$d_{ij}=\sum_{k=1}^{N}w_{k}d\left(V_{ik},V_{jk}\right)$$

式中，w_k 为第 k 个属性权值，一般要求 $\sum_{k=1}^{N}w_k=1$；$d\left(V_{ik},V_{jk}\right)$ 为第 i 个对象与第 j 个对象在第 k 个属性上的距离。

2. 转换类比

转换类比的一般问题求解程序是基于手段—目的分析（means-ends analysis，MEA）的算法。问题求解模型由两部分组成：问题空间和在此空间进行的问题求解操作。问题空间包括如下内容。

（1）一组可能的问题组合状态集。

（2）一个初始状态。

（3）两个或两个以上目标状态（终止状态），为简便起见，一般假设只有一个目标状态。

（4）当满足预置条件时，一组可将一个状态变为另一个状态的变换规则集（或操作符）。

（5）计算两个状态之间差别的函数，通常用于比较当前状态和目标状态，得出两者的差别。

（6）对一个可用的变换规则进行编序，以最大限度减小差别的索引函数。

（7）一组全局路径限制。其目标路径必须满足使解有效的条件。路径限制本质上是以部分解序列为基础的，而不是以单个状态或者操作符为基础的。

（8）一个用于指示何时可用何种变换规则的差别表。

在问题空间使用 S-MEA 算法求解问题，也就是通常所说的状态空间转换方法，找到一条从初始状态到目标状态的转换路径。S-MEA 算法的内容如下。

（1）比较当前状态和目标状态，得出差别。

（2）选择合适的规则（或算子），以减小两个状态间的差别。

（3）尽可能应用转换规则，直到完成状态转换为止；否则保存当前状态，将 S-MEA 算法递归地用于其他子问题，直到该子问题确认不能满足该规则的前提条件为止。

（4）当子问题求解后，恢复被保存的当前状态，再继续求解原来的问题。

上述四个操作概括起来就是系统先利用差别函数对问题的初始状态和目标状态进行比较，得出差别，再根据索引找到相应的规则，如果该规则前提可以满足，则应用该规则；否则保存当前状态及相应条件，把不能满足的规则前提作为子问题，用 S-MEA 算法解决，解决后，恢复保存的当前状态，继续解决原来的问题。

由 MEA 算法可以看出，成功解决问题的经验由两部分组成：一是当时的环境，即与该问题相关的背景知识；二是解决问题的方法，即从初始状态到目标状态的转换路径上使用的算子序列。

3. 基于案例推理

在基于案例推理中，最初目标案例的某些特殊性质使我们能够联想到记忆中的源案例，但它是粗糙的，不一定正确。在最初的检索结束后，需证实它们之间的可类比性，使得我们需要进一步检索两个类似体的更多细节，探索它们之间更进一步的可类比性和差异。事实上，在该过程中已经初步进行了一些类比映射的工作，只是映射是局部的、不完整的。该过程结束后，获得的源案例集已经按与目标案例的可类比程度进行优先级排序。然后进入类比映射阶段，从源案例集中选择一个最优源案例，建立它与目标案例之间的对应关系。接着利用对应关系转换源案例的完整（或部分）求解方案，获得目标案例的完整（或部分）求解方案。若目标案例得到部分解答，则把解答结果加入目标案例的初始描述，从头开始；若目标案例未得到正确解答，则需解释方案失败的原因，并调用修补过程修改方案。系统应该记录失败的原因，以避免出现相同错误。最后，评价类比求解的有效性。

4. 迁移学习

迁移学习（transfer learning）的目标是用从一个环境中学到的知识帮助新环境中的学习任务。在传统分类学习中，为了保证训练得到的分类模型具有准确性和高可靠性，有如下两个基本假设：①用于学习的训练样本与新的测试样本均满足独立同分布的条件；②只有足够可利用的训练样本才能学习到一个好的分类模型。但是，在实际应用中发现要以上两个基本的假设往往是困难的。

（三）统计学习

统计学习（statistical learning）是指基于数据构建概率统计模型，对数据进行预测与分析。统计学习的三要素包括模型的假设空间、模型选择的准则及模型学习的算法。

（四）强化学习

强化学习（reinforcement learning），又称激励学习，是从环境到行为映射的学习，以使奖励信号函数值最大。强化学习不同于监督学习，它是由环境提供的强化信号对产生动作做出评价的，而不是告诉强化学习系统产生正确动作的方法。由于外部环境提供的信息很少，因此学习系统必须靠自身经历学习。通过这种方式，学习系统在行动—评价的环境中获得知识，改进行动方案，以适应环境。

强化学习是从控制理论、统计学和心理学等相关学科发展而来的，最早可以追溯到巴甫洛夫的条件反射实验。直到 20 世纪 80 年代末 90 年代初，强化学习才在人工智能、机器学习和自动控制等领域中得到广泛的研究和应用，并被认为是设计智能系统的核心技术之一。特别是随着强化学习的数学基础研究取得突破性进展后，对强化学习的研究和应用日益增加，成为目前机器学习领域的研究热点之一。近年来，根据反馈信号的状态，提出了 Q- 学习和时差学习等。

（五）进化计算

进化计算（evolutionary computation）是研究利用自然进化和适应思想的计算系统。达尔文进化论是一种稳健的搜索和优化机制，对计算机科学特别是人工智能的发展产生了很大影响。大多数生物体都是通过自然选择和有性生殖进化的。自然选择决定了群体中哪些个体能够生存和繁殖，有性生殖保证了后代基因中的混合和重组。自然选择的法则是适应者生存，不适应者被淘汰，简言之为优胜劣汰。

在进化算法中，从一组随机生成的个体出发，效仿生物的遗传方式，主要采用复制（选择）、交叉（杂交 / 重组）、突变（变异）等操作，衍生出下一代个体，再根据适应度对个体进行优胜劣汰，提高下一代群体的质量，经过多次迭代，逐步逼近最优解。从数学角度讲，进化计算实际上是一种搜索寻优的方法。进化计算包括达尔文进化算法、遗传算法、进化策略等。

1. 达尔文进化算法

根据定量遗传学，达尔文进化算法采用简单的突变 / 选择。达尔文进化算法的一般形式为

$$(\mu/\rho,\lambda)(\mu/\rho+\lambda)$$

式中，μ为一代的双亲数目；λ为子孙数目；ρ为混杂数，为整数，如果两个双亲混合他们的基因，则$\rho=2$，只有μ是最好的个体才允许产生子孙；逗号表示双亲没有选择，加号表示双亲有选择。

2. 遗传算法

习惯上将1975年霍兰德（Holland）提出的基本遗传算法称为经典遗传算法或传统遗传算法。运用基本遗传算法求解问题的过程如下。

（1）编码。运用遗传算法搜索之前，将解空间的可行解数据表示成遗传空间的基因型串结构数据，这些基因型串结构数据的不同组合构成了不同的可行解。

（2）初始群体的生成。随机产生N个初始基因型串结构数据，每个基因型串结构数据称为一个个体，N个个体构成一个群体。遗传算法以N个基因型串结构数据为初始点开始迭代。

（3）适应性值评估检测。适应性函数表明个体或解的优劣性。不同的问题，适应性函数的定义方式不同。

（4）选择。选择的目的是从当前群体中选出优良的个体，使它们有机会作为父代来繁殖下一代。遗传算法通过选择过程体现这个思想，选择的原则是选择适应性强的个体，因为适应性强的个体为下一代贡献一个或多个后代的概率大。

（5）杂交。杂交是遗传算法中的主要遗传操作。杂交可以得到新一代个体，其综合（继承）了父辈个体的特性。杂交体现了信息交换的思想。

（6）变异。变异是指在群体中随机选择一个个体，对选中的个体，以一定的概率随机地改变基因型串结构数据中某个串位的值。与生物界相同，遗传算法中发生变异的概率很小，通常为0.001～0.01。

3. 进化策略

进化策略作为一种求解参数优化问题的方法，模仿生物进化原理，假设无论基因发生什么变化，产生的结果（性状）都遵循零均值、某方差的高斯分布。早期的进化处理是基于由一个个体组成的群体和一个操作符——突变。进化策略强调个体级的行为变化，简单的实现方法如下。

（1）定义的问题是寻找 n 维的实数向量 x，使函数 $F(x)$：$R_n \to R$。
（2）双亲向量的初始群体从每维可行范围内随机选择。
（3）子孙向量的创建是对每个双亲向量加上零均方差高斯随机变量。
（4）以最小误差选择向量，作为下一代双亲。
（5）当向量的标准偏差保持不变或者没有可用的计算方法时，处理结束。

（六）知识发现

知识发现是指从数据集中识别出有效的、新颖的、潜在有用的，以及最终可理解的模式的非平凡过程，其中数据集是一组事实 F（如关系数据库中的记录）。模式是一个用语言 L 表示的表达式 E，用来描述数据集 F 的某个子集 FE，要求 E 本身比数据子集 FE 的枚举简单。有效性是指发现的模式仍对新的数据保持一定的可信度。新颖性要求发现的模式是新的。潜在有用性是指发现的知识在将来有实际效用，如用于决策支持系统可提高经济效益。

知识发现的过程可粗略地理解为三个步骤：数据准备、数据挖掘和解释评估结果。数据准备又可分为三个步骤：数据选取、数据预处理和数据变换。

三、基于数据形式分类

（1）结构化学习：以结构化数据为输入，以数值计算或符号推演为方法。典型的结构化学习有神经网络学习、统计学习、决策树学习、规则学习。

（2）非结构化学习：以非结构化数据为输入。典型的非结构化学习有类比学习案例学习、解释学习、文本挖掘、图像挖掘、Web 挖掘。

四、基于学习目标分类

（1）概念学习：以学习的目标和结果为概念，或者说是为了获得概念的一种学习。典型的概念学习主要有示例学习。

（2）规则学习：以学习的目标和结果为规则，或者说是为了获得规则的一种学习。典型的规则学习主要有决策树学习。

（3）函数学习：以学习的目标和结果为函数，或者说是为了获得函数的一种学习。典型的函数学习主要有神经网络学习。

（4）贝叶斯网络学习：以学习的目标和结果为贝叶斯网络，或者说是为了获得贝叶斯网络的一种学习，又可分为结构学习和多数学习。

第四节　机器学习的应用

机器学习应用广泛，无论是在军事领域还是在民用领域，都使用机器学习。

一、数据分析与挖掘

数据分析和数据挖掘在许多情况下可以相互替代。数据挖掘有多种定义，如“识别出海量数据中有效的、新颖的、潜在有用的、最终可理解的模式的非平凡过程”。无论是数据分析还是数据挖掘，都是用于帮助人们收集、分析数据，使之成为信息并做出判断，因此可以合称为数据分析与挖掘。

数据分析与挖掘技术是机器学习和数据存取技术的结合，利用机器学习提供的统计分析、知识发现等手段分析海量数据，同时利用数据存取机制实现数据的高效读写。机器学习在数据分析与挖掘领域拥有无可取代的地位。

二、模式识别

模式识别起源于工程领域，机器学习起源于计算机科学，这两个学科的结合促进了模式识别的调整和发展。模式识别主要研究如下两方面内容。

（1）研究生物体（包括人）感知对象的方法，属于认识科学的范畴。

（2）在给定任务下，用计算机实现模式识别的理论和方法，这些是机器学习的长项，也是机器学习研究的内容。

模式识别的应用领域广泛，如计算机视觉、医学图像分析、光学文字识别、自然语言处理、语音识别、手写识别、生物特征识别、文件分类、搜索引擎等。

三、在生物信息学上的应用

随着基因组和其他测序项目的不断发展，生物信息学的研究重点逐步从积累数据转移到解释数据。在未来，生物学的新发现将极大地依赖我们在不同维度和不同尺度下组合和关联多样化数据能力，而不再仅依赖对传统领域的继续关注。序列数据将与结构数据、功能数据、基因表达数据、生化反应通路数据等集成。生物信息的存储、获取、处理、浏览及可视化等方面的大量数据，对理论算法和软件的发展提出了迫切需求，且基因组数据本身的复杂性也对理论算法和软件的发展提出了迫切需求，而机器学习方法（如神经网络、遗传算法、决策树和支持向量机等）正好适合处理数据量大、含有噪声且缺乏统一理论的问题。

思 考 题

1. 简单的学习模型由哪几部分组成？各部分的功能分别是什么？
2. 机器学习有哪几种分类方法？
3. 何谓归纳学习？其有什么特点？
4. 试比较各种机器学习方法，并分析它们的适用场合。
5. 简述强化学习与其他机器学习方法的异同。

第十三章

自然语言处理

学习目标

1. 掌握自然语言处理的概念。
2. 掌握自然语言处理的数据和模型、关键技术的基本内容。
3. 熟悉机器翻译的概念，重点掌握机器翻译的方法及其原理。
4. 理解自然语言处理应用于教育的重要意义及给教育教学带来的变化。

学习建议

1. 本章建议学习时长为5课时。
2. 本章前三节介绍了自然语言处理的基本概念，重点理解并掌握自然语言处理的数据、模型及关键技术。
3. 本章第四节介绍了机器翻译的相关内容，重点掌握机器翻译的方法及其原理。
4. 本章第五节介绍了有关自然语言处理的教育应用，学习者也可深入阅读其他有关自然语言处理的期刊论文或专著，探索总结其他教育应用。
5. 学习者可采用小组讨论的方式，探讨将自然语言处理应用于教育的重要性。

让计算机理解人类的口头语言和书面语言一直是一些学科研究的目标。20 世纪 70 年代和 80 年代以知识为基础进行自然语言处理研究，其在应用和理论两个方面都具有重大意义。本章首先介绍自然语言处理的概述、数据和模型，然后介绍自然语言处理的关键技术及机器翻译，最后介绍自然语言处理在教育中的应用。

第一节　自然语言处理概述

自然语言处理（natural language processing，NLP）是指通过计算机软件对人类的自然语言（如语音和文本）进行的自动化操作，是计算机以一种智能的方式分析、理解并从人类社会的自然语言中获得真实意义的方法，从而实现人机之间的自然语言通信，主要关注人类语言与计算机之间交互作用的研究。

自然语言处理的重点是让计算机利用信息的语义结构（数据的上下文）理解语言的真实含义。通过自然语言处理，人类可以使机器理解人类的说话方式，帮助计算机理解、解释和操纵人类语言。这种人机交互可以实现真实世界的多种应用，如自动文本摘要、情感分析、主题提取、命名实体识别、词性标注、关系提取、词干提取等。在文本挖掘、机器翻译和自动问答等方面，自然语言处理发挥着越来越重要的作用。

一、自然语言处理的研究内容

实现人机间的自然语言通信意味着要使计算机既能理解接收到的自然语言信息的意义，又能用自然语言表达出给定的意图、思想等。前者称为自然语言理解（natural language understanding），后者称为自然语言生成（natural language generation）。因此，自然语言处理大体包括自然语言理解和自然语言生成两部分。自然语言理解把自然语言转换为计算机程序更易处理的形式，自然语言生成把计算机数据转换为自然语言。

一般来说，自然语言处理的研究内容可以归纳为如下三个层次。

（1）基础研究。基础研究包括字符集的编码体系，语言计算模型，资源建设（语料库、知识库）等。其中，字符集的编码体系解决了文字信息的存储和交换问题；语言计算模型把自然语言处理作为语言学的分支进行研究，只研究语言及语言处理与计算相关的方面，而不研究在计算机上的具体实现，其重要基础是语法形式化理论和数学理论。由于自然语言处理离不开语料库和知识库等资源的支持，因此资源建设也是自然语言处理的主要研究内容。

（2）应用研究。应用研究包括键盘输入、文字识别、语音识别、语音合成、机器翻译、信息检索、信息抽取、信息挖掘、信息过滤、信息推送、信息标引、自动问答、自动摘要、文本分类、文本校对、辅助写作等。

（3）应用基础研究。虽然不同的自然语言处理系统可能是千差万别的，但是它们在文本理解阶段完成的任务大致相同，即词法分析（包括英语形态分析、汉语自动分词、词性标注等），句法分析和语义分析等，以上内容称为应用基础研究。

二、自然语言处理的架构

自然语言处理的内容包括数据和模型、关键技术及应用，如图 13–1 所示。

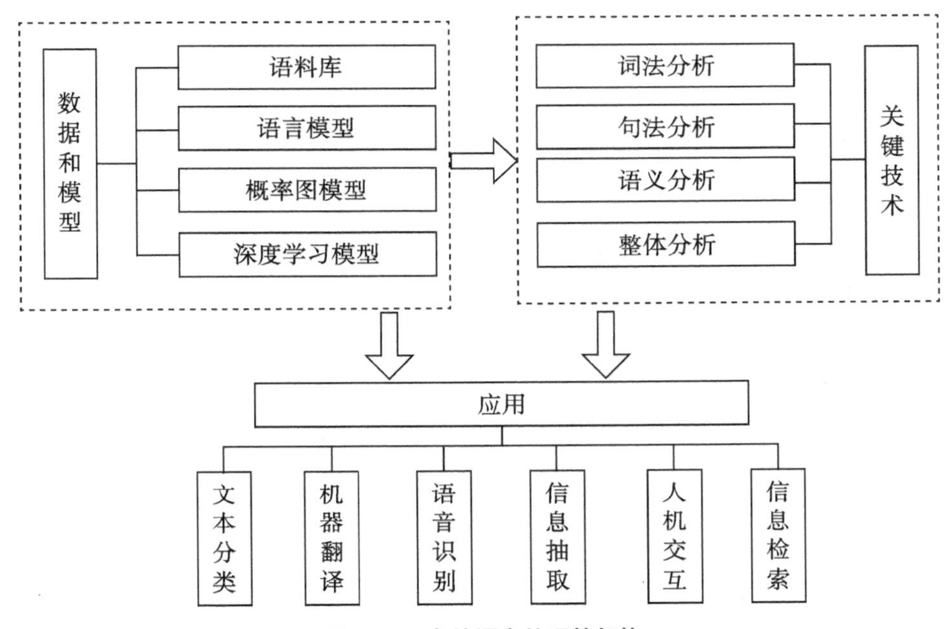

图 13–1　自然语言处理的架构

自然语言处理的数据和模型包括语料库、语言模型、概率图模型和深度学习模型；自然语言处理的关键技术分为词法分析、句法分析、语义分析、整体分析；自然语言处理的应用包括文本分类、机器翻译、语音识别、信息抽取、人机交互、信息检索。

（1）词法分析：是自然语言的基础功能，通过分析文本的字词，得到最初的词单元及词性结构。词法分析的输出是句法分析的基础。

（2）句法分析：是对输入的文本句子进行分析，得到句子的句法结构的处理过程，句法分析的输出结果常作为语义分析的输入。①短语结构句法分析：识别句子中的短语结构及短语之间的层次句法关系；②依存句法分析：识别句子中词汇与词汇之间的依存关系，属于浅层句法分析；③深层句法分析：利用深层文法（如词汇化树邻接文法、词汇功能文法、组合范畴文法等）对句子进行深层句法分析。

（3）语义分析：理解句子表达的真实语义。对于不同的语言单位，语义分析的任务不同。在词的层面上，语义分析的基本任务是进行词义消歧；在句子的层面上，语义分析的基本任务是标注语义角色；在篇章的层面上，语义分析的任务是进行代消歧。

（4）整体分析：也称篇章分析，是基于整个文档或全系列文档进行整体的识别和理解。以智能应答为例，当自然语言引擎接收到客户的问题或陈述时，先将其分解为最小的组成部分，如单词、标点、数字及其他可识别的语言模式，再考虑拼写错误、动词时态、复数形式和其他变化形式，将这些组件构建为特定的结构。基于词性及语法进行句法识别，通过既有知识结构识别词所对应的命名实体，并通过关系结构分析语义，整个过程还包含对句法中的情感分析和角色识别及标注，且需要语料库及知识库的支撑。

第二节　自然语言处理的数据和模型

一、语料库

（一）基本概念

语料库是指存放语言材料的数据库（文本集合）。库中的文本通常是经过整理的，具有既定的格式与标记，特指计算机存储的数字化语料库。语料库是语料库语言学研究的基础资源，也是经验主义语言研究方法的主要资源，应用于词典编纂、语言教学、传统语言研究、自然语言处理中基于统计或实例的研究等。

对语料库有如下三点基本认识。

（1）由于语料库中存放的是在语言的实际使用中真实出现的语言材料，因此例句库通常不算作语料库。

（2）语料库是以电子计算机为载体承载语言知识的基础资源，但并不等于语言知识。

（3）真实语料只有经过加工（分析和处理）才能成为有用的资源。

语料库语言学（corpus linguistics）是基于语料库研究语言学的学科，其研究内容涉及语料库的建设和利用等多个方面。

（二）语料库的类型

语料库有很多种类型，按照不同的划分标准，可以分为如下四种类型。

1. 通用语料库与专用语料库

确定语料库类型的主要依据是研究目的和用途，往往体现在语料采集的原则和方式上。通用语料库是指按照事先确定好的某种重要标准，把每个子类的文本按照一定比例收集到一起的语料库，在语料采集过程中，需要从各个方面考虑平衡问题（包括领域分布、地域分布、时间分布、语体分布等）。把握语料的平衡性是一个复杂问题。例如，布朗语料库（brown corpus）要求各种文本在数量上与实际出版物成比例，还要求剔除诗句（因为诗句引入了特殊的语言学问题）。

专用语料库是指为了某种专门的目的，只采集某特定领域、特定地区、特定时间、特定语体类型的语料构成的语料库，如新闻语料库、科技语料库、中小学语料库等。

2. 单语语料库、双语语料库和多语语料库

语料库根据包含的语言种类的数目分为单语语料库（monolingual corpus）、双语语料库（bilingual corpus）和多语语料库（multilingual corpus）。单语语料库是指只含有单一语言文本的语料库。双语语料库和多语语料库是指不止含有一种语言的语料库。双语语料库和多语语料库按照语料的组织形式，又可以分为平行（对齐）语料库和比较语料库。

平行语料库是指库中的两种或两种以上文本相互是对方的译文，可以用于翻译或者机器翻译研究。平行语料库的核心技术是各级语言单位（篇章、段落、句子、短语、词汇等）的对齐技术。比较语料库中两种或两种以上语言的文本不构成对译关系，只是领域相同、主题相近，通常只能用于两种或两种以上语言的对比。例如，“国际英语语料库”共有 20 个平行的子语料库，分别来自以英语为母语或官方语言以及主要语言的国家，如英国、美国、加拿大、澳大利亚、新西兰等。各子语料库语料选取的时间、对象、比例、文本数、文本长度等几乎一致。建库的目的是对不同国家的英语进行对比、研究。由于双语语料库含有两种语言之间的对照翻译信息，因此在自然语言处理的许多领域都具有重要的研究价值和使用价值，如可以为基于统计的机器翻译、基于实例的机器翻译、机器翻译译文评价、双语词典编纂等多种自然语言应用提供更大程度的支持。

3. 共时语料库与历时语料库

共时语料库是指为了对语言进行共时研究而建立的语料库。中文五地共时语料库就是典型的共时语料库。

历时语料库是指动态追踪语言文字的使用，对语言的发展变化进行监测的语料库，也称第三代语料库。它有如下两大特色。

（1）语料的动态性：语料是不断动态补充的。

（2）具有量化属性——流通度，可以通过观察和测量流通度的变化情况，追踪语言成分的产生、成长和消亡。

4. 生语料库与熟语料库

生语料库是指没有经过任何加工处理的原始语料库。熟语料库是指经过加工处理、标注特定信息的语料库。所谓语料库标注（加工），就是对电子语料（包括书面语和口语）进行不同层次的语言学分析，并添加相应的显性的解释性的语言学信息过程，或者说是把某种分类代码插入计算机文件，这种分类代码通常不是文件的组成部分，但是可以了解文件的结构或格式信息。

与不同层次的自然语言分析相对应，语料库的语料加工主要包括词性标注、句法标注、语义标注、言语标注和语用标注等，汉语的语料加工还包括分词。

语料库加工的主要方式有如下三种。

（1）人工方式。人工加工的语料库质量较好，但是成本比较高，需要大量人力资源。

（2）自动方式。自动方式的处理速度很快，效率较高，但是处理的结果不能保证完全准确。

（3）半自动（人机结合）方式。半自动（人机结合）方式兼顾前两者的优点，主要有两种：一种是先由计算机对待加工的语料进行自动加工，再由人工校对；另一种是由计算机自动选择语料库中需要人干预的、自动加工不能解决的部分，从而减少人的工作。

二、知识库

对语言信息处理来说，知识库是另一种语言资源。语料库由自然出现的书面语或口语的样本汇集而成，用来代表特定的语言或语言变体。知识库是经过概括和归纳的，具有系统性的语言知识，并且用结构化的形式（如数据库）组织起来。如果说语料库是建立统计语言模型和归纳语言规则的基础，对语言信息处理是一种间接资源，那么知识库就是使语言信息处理系统运行的直接资源。

知识库的内容比语料库的内容广泛。概括而言，知识库可分为如下两种类型：一类是词典、规则库、语义概念库等，其中语言知识表示是显性的，可采用形式化结构描述；另一类语言知识存在于语料库中，每个语言单位的范畴、意义、用法都是确定的。语料库的主体是文本，即语句的集合，每个语句都是线性的非结构化的文字序列，其中包含的知识都是隐性的，语料加工的目的就是把隐性的知识显性化，以便机器学习和引用。常用知识库有WordNet、FrameNet、北京大学综合型语言知识库、中国知网等。

三、语言模型

语言模型是一种单纯的、统一的、抽象的形式系统，语言客观事实经过语言模型的描述，比较适合计算机自动处理，因而语言模型对自然语言的信息处理有重大意义。

语言模型主要有两个用途：①已知若干个词，预测下一个词；②决定哪个词序列的可能性更大。语言模型在机器翻译、信息检索、键盘输入、词性标注等相关研究中得到了广泛应用。

（一）*N* 元语言模型

如果用变量 S 代表一个文本中顺序排列的 n 个词构成的句子 $S = w_1w_2\cdots w_n$，则概率计算公式可以表示为

$$P(S)=P(w_1)\,P(w_2\,|\,w_1)P(w_3\,|\,w_1, w_2)\ \ldots\ P(w_n\,|\,w_1, w_2, \ldots w_{n-1})=$$

$$\prod_{i=1}^{n} P(w_i|w_1, \ldots, w_{i-1}) \tag{13.1}$$

式中，等号右边包含两个部分，一是 $P(w_1)$ 为 w_1 的先验概率，可以通过对大量语料中该词出现的频率简单统计获得；二是条件概率 $P(w_i|w_1, w_2, \ldots, w_{i-1})$，已知前面 i–1 个词为（$w_1, w_2, \ldots, w_{i-1}$）时，下一个词为 w_i 的概率。另外，计算这个概率就是进行统计预测，即已知前面若干个词，预测下一个词。为了实现这种预测，通常需要一个假设，即某个词出现的概率只取决于它之前出现的 i–1 个词，即马尔可夫假设。满足这个假设的模型称为 i–1 阶马尔可夫模型，而在语言模型中称为 i 元模型。从语言学的角度来看，这个假设是可用的。

在二元模型中，需要知道所有两个词之间的 $P(\cdot/\cdot)$；在三元模型中，需要知道所有三个词之间的 $P(\cdot/\cdot,\cdot)$，依此类推。假设某种语言中有 1000 个词，则三种语言模型中的参数估计数量见表 13–1。

表 13–1　三种语言模型中的参数估计数量

模　型	参数估计数量
一元模型	1000^2=100 万
二元模型	1000^3=10 亿
三元模型	1000^4=10000 亿

这些条件概率是模型需要利用已有预料估计的参数。从表 13–1 中可以看到，为了得到更高的准确性，从二元模型到三元模型的参数估计量增大很多，在词表更大时，增大更多。除了估计量增大外，高阶模型的参数估计问题也比低阶模型的复杂，从而降低估计值的可靠性，对预测的性能起到反面影响。

（二）马尔可夫模型

马尔可夫模型描述了一类重要的随机过程。随机过程，又称随机函数，是随时间随机变化的过程。我们常需要考察一个随机变量序列，这些随机变量并不是相互独立的，而是每个随机变量的值都取决于这个序列前面的随机变量的值。

首先定义马尔可夫链。马尔可夫链，又称离散时间马尔可夫链，是状态空间从一个状态转换到另一个状态的随机过程。

考虑一个随机序列 X，在 t 时刻的状态记为 q_i，q_i 在有限状态集合 $S=(S_1, S_2, \ldots, S_N)$ 中取值。若 X 在 $t+k$ 时刻的状态 $q_{i+k}=s_i \in S$ 与 t 时刻以前所处的状态无关，则满足下式

$$P=(q_{t+k}=s_i \mid q_1, q_2, \cdots, q_t, \cdots, q_{t+k-1}) = P(q_{t+k}=s_i \mid q_t, \cdots, q_{t+k-1}) \tag{13.2}$$

其中，X 为 k 阶马尔可夫链；P 为转移概率。

若式（13.2）等号右侧的概率与时间 t 无关，即 $\forall m \neq t$，满足下式

$$P=(q_{t+k}=s_i \mid q_i, \cdots, q_{t+k-1}) = P(q_{m+k}=s_i \mid q_m, \cdots, q_{m+k-1}) \tag{13.3}$$

则马尔可夫链是不变或平稳的。

对于一阶平稳马尔可夫链，定义

$$a_{ij}=P(q_{t+1}=s_j \mid q_t=s_i) \tag{13.4}$$

为转移概率。a_{ij} 满足

$$\forall i, j,\ a_{ij}>0 \text{ 且 } \forall i, \sum_{j=1}^{N} a_{ij}=1 \tag{13.5}$$

矩阵 $\boldsymbol{A}=(a_{ij})_{N+M}$ 为状态转移矩阵。

除此之外，要完整描述一个一阶马尔可夫链，还应说明每个状态的初始概率。

$$\Pi_i=P(q_1=s_i), \qquad i=1,2,\cdots,N \tag{13.6}$$

在马尔可夫链中，一个很重要的问题是状态序列 $X=(q_1, q_2, \ldots, q_r)$ 的联名分布。以一阶马尔可夫链为例，状态序列 $X=(q_1, q_2, \ldots, q_r)$ 的联合概率可以采用如下计算公式

$$\begin{aligned} P(q_1, q_2, \cdots, q_T) &= P(q_1)\ P(q_2 \mid q_1)\ P(q_3 \mid q_1, q_2) \cdots P(q_T \mid q_1, q_2, \cdots, q_{T-1}) \\ &= P(q_1)\ P(q_2 \mid q_1)\ P(q_3 \mid q_2) \cdots P(q_T \mid q_{T-1}) \end{aligned} \tag{13.7}$$

（三）隐马尔可夫模型

1. 隐马尔可夫模型概述

隐马尔可夫模型（hidden markov models，HMM）是许多自然语言处理应用程序中应用的统计模型。与有限状态自动机相同，人们用有向图表示隐马尔可夫模型，其中顶点表示计算的不同状态，弧表示状态之间的转换。类似于加权有限状态自动机，隐马尔可夫模型为每条弧分配了概率，表示从一个状态移动到另一个状态的概率。

马尔可夫链是加权有限状态自动机。在马尔可夫链中，输入唯一确定通过自动机进行的转换。换句话说，每个输入只产生一条通过自动机的路径。将路径上每个弧的概率相乘，可以得到输入概率。

当估计转移概率时，马尔可夫属性允许我们忽略以前的事件，转移概率仅取决于当前状态（状态 2）和后续状态（状态 3），不取决于序列中的先前转换，简化了概率估计，并且允许我们通过将每个弧的概率相乘来计算序列的总概率。

与马尔可夫链相同，隐马尔可夫模型由一组状态和一组描述从状态 i 移动到状态 j 的转移概率 P_{ij} 指定。但是，当描述通过模型的路径时，我们不知道状态的顺序，只能按照沿着路径产生的输出描述。

隐马尔可夫模型包括一组输出观测值 O 和一组观测概率 B。对于每个观测值和每个状态，都存在相关联的概率 $b_i(O_t)$，表示在时间 t 产生观测值 O_t 的可能性，观测值 O_t 是在时间

t 由状态 i 产生的输出。非正式地说，观测值是可以产生的输出，观测概率表示从特定状态生成特定输出的可能性。

为了更具体地说明，我们可以使用现实生活的例子，在这个例子中，状态隐藏在表面之下，必须从可观测的输出中推断。假设一名学生在计算机生成的标准化考试系统中回答问题，计算机产生不同难度的问题，将简单的问题与相对困难的问题混合在一起。学生不知道问题是简单的还是困难的，试图通过解答时间推断问题的难度。例如，如果他只需要 1 分钟回答一个问题，那么推断这个问题是简单的；如果他需要 3 分钟回答一个问题，那么这个问题是相对困难的。他只能根据在这个问题上花费的时间推算问题的难度。在这个例子中，隐藏的状态是简单和困难，可观测的输出是在问题上所需的时间。输出观测值为集合 {1,2,3}，表示回答问题需要 1 分钟、2 分钟或 3 分钟。

隐马尔可夫模型可以用三元符号表示，即

$$\lambda = (\boldsymbol{A},\boldsymbol{B},\boldsymbol{\Pi})$$

式中，$\boldsymbol{\Pi}$为初始状态概率向量；$\boldsymbol{A}$ 为状态转移概率矩阵；$\boldsymbol{B}$ 为观测概率矩阵。$\boldsymbol{\Pi}$和 $\boldsymbol{A}$ 决定隐藏的马尔可夫链，生成不可观测的状态序列。$\boldsymbol{B}$ 决定由状态生成观测的方式，与状态序列综合确定观测序列。

2. 隐马尔可夫模型的应用

对隐马尔可夫模型做如下两个基本假设：①齐次马尔可夫性假设，假设隐藏的马尔可夫链在任意时刻 t 的状态只取决于其前一时刻的状态；②观测独立性假设，假设任意时刻的观测只取决于该时刻的马尔可夫链的状态。隐马尔可夫模型有三个基本问题，即概率计算问题、学习问题、预测问题。

隐马尔可夫模型在中文分词、语音识别、行为识别、文字识别、故障诊断及生物信息等领域都有很成功的应用。

第三节　自然语言处理的关键技术

一、词法分析

词法分析是一个宽泛的概念，泛指自然语言处理系统从接收输入字符串到对输入字符串进行句法层面的分析之前，对输入字符串进行的词汇级的处理，包括分词与命名实体识别。

（一）分词

分词是自然语言处理的第一步，对中文信息处理的很多相关应用有重要意义。分词的主要方法有词典分词和统计分词两类。

（1）词典分词。词典分词是一种常用分词方法，其原理是按照一定策略将待处理的字符串与预定义词典中的词条进行匹配，若在词典中找到某个字符串，则匹配成功。根据扫描方向的不同，词典分词分为正向分配或逆向分配；根据长度的不同，词典分词分为最大匹配或最小匹配；根据是否与词性标注过程结合，词典分词分为单纯分词和分词与标注结合。

（2）统计分词。统计分词，又称无字典分词，其主要依据是认为上下文中，相邻的字同时出现的次数越多，越可能构成一个词。因此可以对训练文本中相邻字出现的频率进行统计，计算它们之间的互现信息。互现信息体现了汉字之间结合的紧密程度。当紧密程度高于某个阈值时，认为此字组可能构成一个词。统计分词的主要统计模型有 N 元语法模型、隐马尔可夫模型等，在实际应用中，一般与基于词典的分词方法结合使用，既可以发挥分词切分速度快、效率高的优势，又可以利用无词典分词结合上下文识别生词、自动消除歧义的优势。除此之外，还可利用人工智能算法分词，如神经网络分词、基于预先标注分词等。可以通过如下四个维度评估分词算法的有效性：①分词正确率；②切分速度；③功能完备性；④易扩展性与可维护性。

（二）命名实体识别

命名实体识别是指识别文本中具有特定意义的实体，如人名、地名、机构名、专有名词等。命名实体识别通常包括两部分：实体边界识别和确定实体类别（人名、地名、机构名或其他）。命名实体识别的主要方法有基于规则和词典的方法、基于统计机器学习的方法、基于神经网络的方法等。

（1）基于规则和词典的方法。基于规则和词典的方法多采用语言学家手工构造规则模板，选用特征包括统计信息、标点符号、关键字、指示词和方向词、位置词、中心词等，以模式和字符串匹配为主要手段，大多取决于知识库和词典的建立。其缺点在于大多取决于知识库和词典的建立，系统可移植性差，对于不同的系统，需要语言学家重新书写规则，导致系统建设周期过长。

（2）基于统计机器学习的方法。基于统计机器学习的方法包括隐马尔可夫模型、条件随机场、最大熵模型和支持向量机。其特点如下：①最大熵模型有较好的通用性，主要缺点是训练时间比较长；②条件随机场是特征灵活、全局最优的标注框架，但存在收敛速度慢、训练时间长的问题；③隐马尔可夫模型训练和识别时的速度快，用维特比算法求解命名实体类别序列的效率较高；④最大熵模型和支持向量机在正确率上比隐马尔可夫模型高；⑤基于统计机器学习的方法对语料库的依赖性比较强。

自然语言处理不完全是一个随机过程，由于单独使用基于统计机器学习的方法使状态搜索空间非常庞大，因此必须借助规则知识提前进行过滤前处理。目前几乎没有单纯使用统计模型且不使用规则知识的命名实体识别系统，在很多情况下混合使用这两种方法。

（3）基于神经网络的方法。近年来，随着硬件能力的发展及词的分布式表示的出现，神经网络成为有效处理许多自然语言处理任务的模型，主要模型有卷积神经网络—条件随机场、条件随机场、循环神经网络—条件随机场。

二、句法分析

汉语句子通常分为三种类型：①简单句，一般指主谓结构、致使结构等；②复合句，如介词短语内部的小句、名词短语内部的小句、紧缩句、连动结构；③复句，全句有多个主谓结构，是由多个简单句和简单复合单句构成的句群。句法分析是机器翻译的核心数据结构，主要技术包括句法分析和语义解析。当前流行的两种句法分析理论是转换生成语法和依存句法。

（一）转换生成语法

人类语言的语法可表现为一套有限的规则系统，由句法部分、音系部分和语义部分三个子系统构成。乔姆斯基认为语法是第一性的，而具体的语言是派生性的，是由在语法基础上构成的无限多的具体句子构成的集合。由于语法规则都是从几条普遍原则转换而来的，因此称为转换生成语法。由此引出句法树的概念，句法树的最终目的是机器能够正确、全面地理解和表达句义，从而转换为知识库所需的数据结构，以存储知识、实现推理。

（二）依存句法

依存关系分为如下两种：一种是句法依存，是指如果有两类元素，其中一类元素只有在另一类出现时才出现，那么称前一类元素在句法上依存于后一类元素；另一种是语义依存，是指某些词的出现只是为了限定其他词的意义，与单纯从语法角度分析句子的转换生成语法有很大不同。从依存句法的依存关系中，可以同时容纳句子的语法结构和语义结构两种关系。句子中各成分之间都存在支配与从属的关系，处于支配地位的词称为支配词，也称核心词；处于被支配地位的词称为从属词，也称修饰词。句子的结构表现为各构成成分之间层层递进的从属关系，它的顶端为一个支配所有成分的中心结。中心结在绝大多数情况下都是动词，即动词是句子的中心，这种思想是基于配价理论而言的。

三、语义分析

语义分析主要分为词汇级语义分析和句子级语义分析。

（一）词汇级语义分析

词汇级语义分析主要分为两类：词义消歧和词语语义相似度。词义消歧是自然语言处理中的基本问题，在机器翻译、文本分类、信息检索、语音识别、语义网络构建等方面有重要意义；词语语义相似度在信息检索、信息抽取、词义排歧、机器翻译、句法分析等方面有很重要的作用。

在自然语言中，一个词常具有多种含义。自动获悉某个词的多种含义，或者已知某个词有多种含义，根据上下文确认其含义是词义消歧研究的主要内容。词义消歧有如下四类方法：①基于背景知识的词义消歧方法；②监督语义消歧方法；③半监督学习方法；④无监督学习方法。其中，第一种方法是基于规则的方法（也称词典方法），后三种方法都是基于机器学习的方法。

（二）句子级语义分析

句子级语义分析主要分为两部分：浅层语义分析和深层语义分析。

浅层语义分析是自然语言处理中的常用方法，通过矢量语义空间提取文档与词中的概念，进而分析文档与词之间的关系。浅层语义分析的基本假设：如果两个词多次出现在同一文档中，则这两个词在语义上具有相似性。浅层语义分析使用大量文本构建一个矩阵，矩阵的一行代表一个词，一列代表一个文档，矩阵元素代表该词在文档中出现的次数，再在此矩阵上使用奇异值分解来保留列信息的情况下减少矩阵行，每两个词语的相似性可以通过行向量的余弦值（或者归一化后使用向量点乘）标示，此值若接近 1，则说明两个词语相似；若接近 0，则说明两个词语不相似。

浅层语义分析的一个核心就是语义角色标注。语义角色标注主要围绕句子中的谓词来分析各成分与其之间的结构关系，并用语义角色描述这些结构关系。语义角色标注方法分为三种：基于完全句法分析的语义角色标注；基于局部句法分析的语义角色标注；基于依存句法分析的语义角色标注。

深层语义分析主要依赖人工智能算法，包含基于知识库的深层语义分析、基于监督学习的语义分析、半监督或无监督学习的语义分析。

四、篇章分析

篇章由词和句子以复杂的关系链接而成，是能够完成一定交际任务的完整连贯的语言单元。篇章分析本质上是语义分析的一类，是指在篇章层面上，将语言从表层的没有结构的文字序列转换为深层的有结构的机内表示，刻画篇章中各部分内容的语义信息，并识别不同部分之间的语义关联，从而融合篇章内部信息和外部背景知识，更好地理解原文语义。篇章分析的研究建立在词汇级、句子级语义分析之上，融合篇章上下文的全局信息，分析跨句的词汇之间、句子与句子之间、段落与段落之间的语义关联，从而超越词汇和句子分析，达到对篇章等级更深层次的理解。

第四节　机器翻译

一、机器翻译概述

机器翻译是相对于人类翻译而言的，其主要目的是利用计算机把一种自然语言（称为源语言）翻译为另一种自然语言（称为目标语言）。机器翻译根据语言传播媒介的不同分为文本机器翻译和语音机器翻译。

制造一种机器，让使用不同语言的人能够自由地交流，一直以来是人类的一个梦想。随着国际互联网络的日益普及，人们比以往任何时候都更容易获得信息，但语言障碍又一次突显出来，人们比以往任何时候都更迫切需要语言的自动翻译系统。

机器翻译是自然语言处理领域的重要研究方向，机器翻译系统的研制几乎覆盖自然语言处理技术的各方面内容。

二、机器翻译方法

从系统采用的技术来看，机器翻译方法可以分为基于规则的方法和基于语料库的方法，因为 20 世纪 90 年代以前，机器翻译方法的主流一直是基于规则的方法，所以人们往往称之为传统的机器翻译方法。传统的机器翻译方法按照总体模式可以分为三类，直接翻译法、中间语言法及转换法。

1. 直接翻译法

直接翻译法，也称逐词翻译法，总是针对某个特定的语言对，认为计算机不需要对源语言进行太多分析就可以获得译文。目标语言可以通过对源语言逐词进行翻译获得。二十世纪五六十年代的许多系统都是按这种方法设计的，这些系统因结合的源语言不同而不同，有的几乎没有对源语言进行任何分析，因而没有任何目标语言的重构工作；有的对源语言进行了较浅的分析，相应地有一部分目标语言的重构工作。直接翻译法对翻译过程的认识过于简单，基本属于一种过时的认识，现在已很少采用。

2. 中间语言法

中间语言法是对源语言进行分析以后，产生一种称为中间语言的表示形式，直接由这种中间语言的表示形式生成目标语言。所谓中间语言，就是自然语言的计算机表示形式的系统化，它试图创造出一种独立于各种自然语言且表示各种自然语言的人工语言。在中间语言系统中，从源语言到目标语言的翻译过程需要经过两个完全独立的阶段。在第一个阶段，源语言被完全分析、转换成中间语言；在第二个阶段，根据中间语言生成目标语言。源语言分析只面向特定的源语言，而不考虑任何目标语言；同理，目标语言生成只面向特定的目标语言，而不考虑任何源语言。中间语言系统如图 13–2 所示。

图 13–2 中间语言系统

使用中间语言法进行多语言互译时非常有效，能把 n（n–1）个直接翻译模块减少为 2n 个翻译模块。以四种语言之间的互译为例，采用中间语言法只需设计每种语言到中间语言的翻译模块，即需要八个翻译模块；采用直接翻译法或其他翻译法必须为任意两种语言建立互译模块，即需要十二个翻译模块。四种语言之间的互译关系如图 13–3 所示（箭头可以理解为一个单向翻译模块）。当设计多种语言互译的机器翻译系统时，中间语言法在理论上是非常经济的。

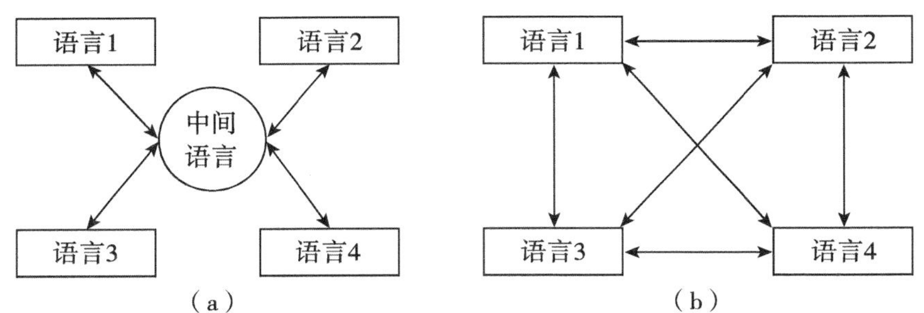

图 13–3 四种语言之间的互译关系

3. 转换法

与中间语言法不同，转换法不是采用一种中间表示按两个阶段进行翻译的，而是采用两种内部表示按三个阶段进行翻译的，第一个阶段把源语言转换成源语言的内部表达；第二个阶段把源语言的内部表达转换成目标语言的内部表达；第三个阶段根据目标语言的内部表达生成目标语言。转换系统如图 13–4 所示。

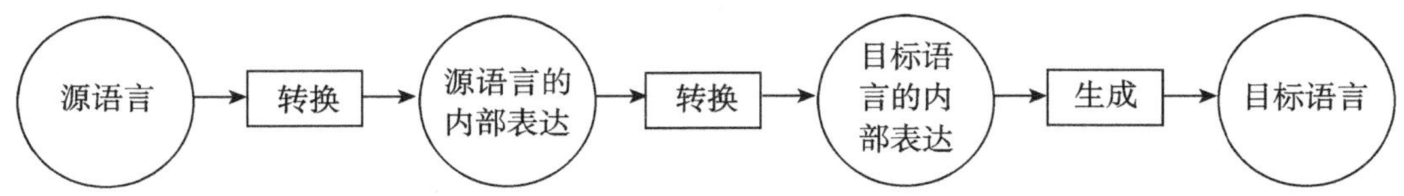

图 13–4 转换系统

不同的转换系统因分析的深度和内部表达的抽象程度不同而不同，早期的系统分析较浅，分析结果只是一种表层的句法结构，转换就是在该层次进行的；现在的系统一般都是进行较深层次的分析，分析结果是一种句法—语义结构，相应的转换表达和转换规则比较抽象。

综上所述，所有翻译方法都要对源语言进行分析，使得寻找与源语言表达等价的目标语言表达更容易，所以从本质上讲，机器翻译系统之所以不同，主要是因为各个系统对翻译所需的分析（或理解）深度有不同的观点。直接翻译法认为，不需要深层次的源语言分析，在源语言句法结构未知的前提下就可以翻译；中间语言法强调需要更彻底的源语言分析；转换法认为，要进行翻译，应该先得到源语言的句法结构。从预想的翻译结果来看，似乎是对源语言理解得越深刻，翻译结果越好，但实际情况并非如此，分析深度增大必然会提高系统复杂性的开发代价，同时深层次的理解还受当前分析技术的制约。因而，开发实用系统必须平衡系统复杂性和翻译质量。如果只希望得到能供译后编辑的译文，那么可以用较浅的源语言理解；如果追求较高的译文质量，则不仅要进行句法分析，而且要进行语义解释。

三、机器翻译的发展阶段

机器翻译的发展可以分为基于规则的机器翻译、基于实例的机器翻译、基于统计的机器翻译和神经机器翻译四个阶段。

（一）基于规则的机器翻译

在机器翻译发展初期，由于计算能力有限、数据匮乏，人们通常将翻译和语言学专家设计的规则输入计算机，计算机基于这些规则将源语言的句子转换为目标语言的句子，即基于规则的机器翻译。基于规则的机器翻译通常分为源语言句子分析、转换和目标语言句子生成三个阶段。首先给定输入的源语言句子，经过词法分析和句法分析得到句法树；然后通过转换规则对源语言句子句法树进行转换，调整词序、插入词或者删除词，并将句法树中的源语言词用相应的目标语言词替换，生成目标语言的句法树；最后基于目标语言的句法树遍历叶子节点，得到目标语言句子。

开发一个基于规则的机器翻译系统，首先要设计一个知识表示系统，将翻译过程中所有需要的知识以计算机可以操作的形式表述出来。知识表示系统设计的质量不仅会影响系统对知识的表达能力，而且会影响系统有效操作这些知识的可能性。

从目前发展状况看，基于规则的机器翻译系统主要依赖的知识仍然是语言学知识，尤其是下面三类知识。

（1）形态知识。形态知识主要关注词的构成问题。印欧语系有丰富的形态变化，源语言的形态知识是源语言分析的重要依据。同时，为了生成可以接收的目标语言，需要目标语言的形态知识做支撑。

（2）句法知识。句法知识关注的是句子和短语的构成问题，如短语是如何由词构成的，句子是如何由短语构成的。如果不是简单的词对词翻译，则这些知识对源语言的分析和目标语言的生成很关键。

（3）语义知识。语义知识主要关注不同语言单位的意义问题，例如根据词的意义推导出短语的意义、由短语的意义推导出句子的意义。

（二）基于实例的机器翻译

基于规则的机器翻译需要专业人士设计规则，当规则太多时，规则之间的依赖会变得非常复杂，难以构建大型翻译系统。随着科技的发展，人们收集一些双语和单语的数据，并基于这些数据抽取翻译模板及翻译词典。在翻译时，计算机匹配输入句子的翻译模板，并基于匹配成功的模板片段和词典里的翻译知识生成翻译结果，即基于实例的机器翻译。

（三）基于统计的机器翻译

随着互联网的快速发展，大规模的双语语料和单语语料的获取成为可能，基于大规模语料的统计方法成为机器翻译的主流。给定源语言句子，统计机器翻译的方法对目标语言句子的条件概率并进行建模，通常拆分为翻译模型和语言模型，翻译模型刻画目标语言句子与源语言句子意义上的一致性，语言模型刻画目标语言句子的流畅程度。翻译模型使用大规模的双语数据进行训练，语言模型使用大规模单语数据进行训练。统计机器翻译首先使用解码算法生成翻译候选，然后用语言模型和翻译模型对翻译候选进行打分和排序，最后选择最好的翻译候选作为译文输出。

（四）神经机器翻译

随着计算能力的进一步提升，特别是基于图形处理器（graphics processing unit，GPU）的并行化训练的快速发展，基于深度神经网络的方法在自然语言处理中逐渐受到关注，用于训练统计机器翻译中的某些子模型（基于深度神经网络的语言模型、基于深度神经网络的翻译模型），并显著提高统计机器翻译的性能。随着解码器、编码器框架及注意力机制的提出，神经机器翻译全面超过统计机器翻译，机器翻译进入神经网络时代。

第五节　自然语言处理的教育应用

从历史渊源上看，教育一直是人工智能研究的重要试验田和应用领域。自然语言处理作为人工智能的一个重要分支，与教育有着不解之缘。早期的自然语言处理技术应用于教育领域就是进行语法错误检测。随着技术的发展和教育环境的变化，教育领域对自然语言处理技术的需求日益增加，越来越多的技术应用于实际教育环境。例如，在写作方面，作文评分是一个复杂的课题，属于高风险测验，自动作文评价系统已经实现商业化，可评价上百万测试者的作文。

随着网络技术的发展，大型开放式网络课程（massive open online course，MOOC）成为一种重要的现代教育技术手段和创新平台。保证在线教育有效进行需要多方面的技术手段，自然语言处理技术在MOOC平台上大有用武之地。例如，传统课堂学习者大多为在校学生，一般规模为数十人、上百人，而MOOC的学习者是社会上的人群，数量猛增到数万或数十万。对于大规模的学生作业，一般很难像校内课堂一样安排助教及时批改学生作业，基于机器自动评判和打分的交互式练习即时反馈技术在MOOC教学过程中起到举足轻重的作用。

随着社会和技术的进步，教学模式随之改变。从早期的私塾（一位教师教多名学生，同一学堂）到现在的学校（M位教师教N名学生，同一学校），从互联网（一名学生向M位教师求教，远程异地）到移动互联网（人人随时随地都可以学习），知识获取的模式和途径逐渐多元化。利用互联网传播知识、实现知识服务的前提如下：①知识资源的整备；②知识管理、检索与发现技术。自然语言处理技术可以在知识服务中发挥支撑与引领作用，成为教育变革的重要推动力。

普通计算机用户可以使用的计算资源正以惊人的速度迅速增加，互联网成为无比丰富的信息资源，无线移动通信日益普及，使得自然语言处理的应用成为当前科学技术的热门话题。

自然语言处理技术与教学手段的结合，能够将教学变得更加高效，既能为学生提供个性化的教学，又能为教学领域带来新的发展契机。下面列举一些自然语言处理技术在教育领域的创新应用。

（一）智能导师系统

智能导师系统由早期的计算机辅助教学发展而来，它模拟人类教师实现一对一的智能化教学，是人工智能技术在教育领域中的典型应用。它能够根据学生的兴趣、习惯和学习需求制订专门的学习计划，有利于学生的个性化学习。智能导师系统首次出现于 1982 年，主要由计算机模拟教师教学的经验和方法，对学生实施一对一教学，并向具有不同需求和特征的学习者传播知识。智能导师系统通过自然语言处理和语音识别技术实现计算机扮演导师角色的功能，代替现有教师，为学生提供辅助性的学习材料。

典型的智能导师系统主要由领域模型、导师模型、学习者模型三部分组成，如图 13-5 所示，即三角模型。领域模型又称专家知识，包含学习领域的基本概念、规则和问题解决策略，通常用层次结构、语义网络、框架、本体和产生式规则的形式表示，其关键作用是完成知识计算和推理；导师模型决定适合学习者的学习活动和教学策略；学习者模型描述了学习者在学习过程中的认知风格、能力水平和情感状态。事实上，智能导师系统的导师模型、学习者模型和领域模型正是教学三要素（教师、学生、教学内容）的计算机程序化实现。

其中，领域模型是智能化实现的基础，导师模型是领域模型和学习者模型之间的桥梁，其实质是做出适应性决策和提供个性化学习服务。导师模型根据领域知识及其推理，依据学习者模型反映的学习者当前的知识技能水平和情感状态做出适应性决策，向学习者提供个性化推荐服务。智能导师系统的个性化服务原理如图 13-6 所示。

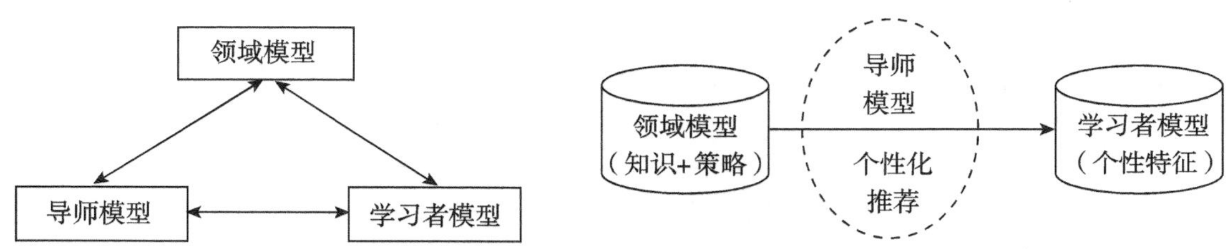

图 13-5　智能导师系统的组成　　**图 13-6　智能导师系统的个性化服务原理**

智能导师之所以可以促进学习者的个性化发展，提高学习者的学习效果，主要是因为能够在学习者学习的过程中实时跟踪、记录和分析学习者的学习过程和结果，了解其个性化的学习特点，为每位学习者选择合适的学习资源，制订个性化的学习方案。当然，智能导师在为学习者提供有针对性、即时的学习方案时，还能够对学习者的学习表现和问题解决的情况进行评价和反馈，并提出相应的建议。

（二）智能作业批改系统

众所周知，在教学过程中，批改学生的作业是教师了解学生学习情况的重要手段，也是占用教师大量精力的环节。虽然批改作业可以让教师充分了解学生对所学知识的掌握程度，作为制订下一步教学方案的依据，但是由于有的作业只是辅助学生巩固知识，不具有暴露学生学习薄弱点的作用（如抄写诗词等），因此如果能够实现智能批改作业，就能够为教师节省大量时间和精力，使教师更好地钻研备课等其他教学活动。

最初级的智能批改是中考、高考常用的一种批改模式——机器批改，利用计算机读卡技术批改学生的客观题，从而提高阅卷效率。但由于对手写题目的批阅要求更高的识别技术和数字化转换技术，因此不能智能识别的机器无法实现智能批改。只有结合人工智能技术，才能真正实现智能批改。

随着人工智能的语义分析技术和自然语言处理技术的发展，运用智能作业批改系统批改作业可减小教师的工作量，提高学生的学习效率。智能作业批改系统充分运用自然语言处理技术和语义分析技术判断标准答案与学生答案两个文本的内容是否存在相同或相似的部分，并给出相似度，实现自动批阅作业，对错误的地方给出一定的修改意见，让学生自行修正，学生在学习过程中不断完善自我。教师不用再像传统的批改作业一样，一份一份地批阅学生的作业，分析学生的易错点，而只需根据智能作业批改系统的数据分析结果即可了解学生的情况，让教师有更多的时间和精力与学生交流。

智能批改在教育变革中具有十分重要的作用。首先，智能批改能够让教学过程中最重要的教育生产力——教师从繁重的作业批改中解放出来，让他们有更多精力备课或进行其他教学活动。其次，智能批改系统不会遗漏任何一名学生的成绩，能够更好地向教师展示学生的学习情况，辅助教师制订教学计划，实现因材施教。最后，智能批改的速度极快，能够让教师及时得到反馈，更加高效地完成随堂测验，有更多时间讲解学生没有理解的问题。

（三）智能口语测评系统

由于语言类考试评测具有特殊性，因此在传统教育教学中，因教师的时间精力、学生学习能力不同、教学条件等的限制，无法实现一对一指导。组织难、成本高、评分主观性强成为适应新听说考试改革的“拦路虎”，使传统人工方式难以适应语言类考试新要求。智能口语测评系统可以解决以上问题，为教学带来更大便利。它首先利用自然语言处理技术将文字信息转换成语音，其中韵律处理可以度量口语的流畅度、自然度；然后利用语音识别技术识别语音，将语音解码为文字，提取学生的口语能力特征；最后利用语音测评技术对口语进行发音评价和错误诊断，将考生口语与标准模型进行比对并评分。

言语环境匮乏是目前制约我国学生英语口语学习的最大障碍，口语评价难度较大且时效性差加剧了英语口语教与学的难度。科大讯飞依托语音技术的强劲优势开发的听说智能测试系统、英语听说智能考试与教学系统和大学英语四、六级口语考试系统，可以用于促进英语听说训练和自动化测试与反馈。另外，普通话模拟测试与学习系统和国家普通话智能测试系统在推广普通话及相关考试方面发挥了重要作用。

普通话能力测试运用智能口语测评系统提高测评的质量。国家普通话水平测试模拟测试及在线学习平台属于智能口语测评系统，如今很多省市利用该平台进行普通话水平测试，并且平时通过该软件的测试者可以进行在线模拟，几分钟即可完成测试。与此同时，从该平台生成的测评报告中可以找出自己的发音问题。系统为学习者提供适合的普通话测试资源并进行针对性的训练，以提高其普通话水平。

思　考　题

1. 自然语言处理的内涵是什么？其主要内容有哪些？

2. 具体阐述语料库的内涵及作用。

3. 自然语言处理的关键技术有哪些？

4. 机器翻译的方法有哪些？简述其原理。

5. 联系生活实际，阐述现阶段自然语言处理有哪些教育应用？其对现代教育有什么影响？

第十四章

视觉图像处理

学习目标

1. 掌握计算机视觉的基本概念，了解计算机视觉的发展历程。
2. 掌握数字图像的类型与机内表示。
3. 熟悉常见计算机视觉模型的特点，掌握视觉图像处理的关键技术。
4. 了解视觉图像处理在教育领域的相关应用以及为教育教学带来的变化。

学习建议

1. 本章建议学习时长为5课时。
2. 本章主要介绍计算机视觉的概念及发展进程、数字图的类型与机内表示、计算机视觉模型及视觉图像处理的关键技术，重点理解并掌握计算机视觉模型及视觉图像处理的关键技术。
3. 学习者可以采用小组讨论的方式，探讨在教育领域应用视觉图像处理技术的重要性。

视觉是人类认识世界、观察世界的重要手段，计算机视觉源自人类视觉。计算机视觉就是要实现人类大脑的视觉能力，视觉图像处理就是对一系列数字图像进行一系列操作以达到预期结果的过程，视觉图像处理是人工智能的重要组成部分。计算机技术的发展使得计算机视觉进一步得到广泛关注和研究，理论和实践越来越成熟。本章首先介绍计算机视觉概述，然后介绍数字图像的类型与机内表示、计算机视觉模型和视觉图像处理的关键技术，最后介绍视觉图像处理在教育领域的应用。

第一节 计算机视觉概述

一、计算机视觉的定义

计算机视觉是一门研究对数字图像或视频进行高层理解的方法的交叉学科。从人工智能的角度看，计算机视觉就是要赋予机器看的智能，与语音识别赋予机器听的智能类似，属于感知智能的范畴。从工程视觉的角度看，理解图像或视频就是利用机器自动实现人类视觉系统的功能，包括图像或视频的获取、处理、分析和理解等。与人类视觉系统相比，摄像机等成像设备是机器的眼睛，而计算机视觉是一种使用计算机及相关设备模拟生物视觉的技术，是人工智能领域的重要组成部分。

二、计算机视觉的发展历程

计算机视觉起源于20世纪70年代大卫·马尔的研究，他将生物视觉视为复杂的信息处理过程，并抽象出三个层次：计算理论、算法、实现。计算理论主要研究计算机视觉问题的表达，即如何将计算机视觉任务抽象为数学问题；算法是对照研究数学问题的求解方法；实现是研究算法的物理硬件实现。大卫·马尔尤其强调信息表征和信息处理的作用，其提出的视觉计算理论对模式识别和计算机视觉研究影响深远。他的理论给多个计算机视觉研究领域创造了起点。计算机视觉从诞生之初就是综合性的学科方向，与视觉认知科学、信号处理、计算机科学等学科密切相关；同时，计算机视觉是人工智能的重要研究方向，伴随着人工智能的发展，计算机视觉也经历了多个发展时期。

计算机视觉始于20世纪50年代的统计模式识别，当时的工作主要集中在二维图像分析和识别上，如光学字符识别、工件表面、显微图片、航空图片的分析和解释等。20世纪60年代，罗伯茨于1965年通过计算机程序从数字图像中提取出立方体、楔形体、棱柱体等多面体的三维结构，并描述了物体形状及物体的空间关系。罗伯茨开创了以理解三维场景为目的的三维计算机视觉的研究。

20世纪70年代，计算机视觉研究主要立足于在二维图像中构建三维几何结构，三维结构重建是主要研究方向。70年代中期，麻省理工学院的人工智能实验室正式开设“计算机视觉”课程，由著名学者霍恩主讲。同时，麻省理工学院的人工智能实验室吸引了国际上许多知名学者参与计算机视觉的理论、算法、系统设计的研究，大卫·马尔就是其中一位。

他于1973年应邀在麻省理工学院的人工智能实验室领导一个以博士生为主体的研究小组，1977年提出了不同于“积木世界”分析方法的计算视觉（computational vision）理论，该理论在20世纪80年代成为计算机视觉研究领域中的重要理论框架。80年代中期，计算机视觉得到迅速发展，主动视觉理论框架、基于感知特征群的物体识别理论框架等新概念、新方法、新理论不断涌现。计算机视觉的方法论也开始发生一些改变，人们发现要让计算机理解图像，不一定先恢复物体的三维结构，而是可以将先验知识与看到的物体表征进行匹配实现认知。

20世纪90年代，基于多视几何的视觉理论得到迅速发展。统计学习方法引发了一次较大的变革，支持向量机等统计学习方法在计算机视觉中广泛应用。同时，人们开始关注局部特征，与颜色、形状、纹理等底层特征相比，局部特征通常具备一定的视角和光照稳定性，即不随着视角和光照的变化而变化。90年代末期发生了一次感知器的革命，带动了大数据和机器学习的蓬勃发展。进入21世纪，计算机视觉与计算机图形学的相互影响日益加深，基于图像的绘制成为研究热点。

三、计算机视觉的目标

计算机视觉就是用计算机实现人类的视觉功能，即对客观世界中三维场景的感知、加工和解释。视觉研究的初衷是把握和理解有关场景的图像，辨识和定位目标，确定它们的结构、空间排列和分布及目标间的相互关系等。计算机视觉的研究目标是根据感知到的图像，对客观世界中的实际目标和场景做出有意义的判断。

计算机视觉的研究方法主要有两种：一种是仿生学的方法，即参照人类视觉系统的结构原理，建立相应的处理模块来完成类似的功能和工作；另一种是工程的方法，即从分析人类视觉过程的功能着手，不刻意模拟人类视觉系统的内部结构，仅考虑系统的输入和输出，并采用现有的、可行的手段实现系统的功能。计算机视觉的主要研究目标可归纳成两个，它们相互联系和补充。第一个研究目标是建立计算机视觉系统完成各种视觉任务，换句话说，就是使计算机借助各种视觉传感器获取场景的图像，从中感知和恢复三维环境中物体的几何性质、姿态结构、运动情况、相互位置等，并对客观场景进行识别、描述、解释，进而做出判定和决断，主要研究的是完成这些工作的技术机理。第二个研究目标是把该研究作为探索人脑视觉工作机理的手段，掌握和理解人脑视觉工作的机理（如计算神经科学），主要研究生物学机理。长期以来，人们已从生理、心理、神经、认知等方面对人脑视觉系统进行了大量研究，但还远没有揭开全部奥秘，特别是对视觉机理的研究和了解远落后于对视觉信息处理的研究和掌握。对人脑视觉的充分理解将促进计算机视觉的深入研究。

第二节　数字图像的类型与机内表示

图像（image）的含义十分广泛，既指艺术领域人或物的复制（如画像和塑像），又指光学领域人或物的复制（如镜像和影像），还指数学领域二维或多维数组的映射（如图形和图片），甚至指并不存在的人或物的反映等。图像处理中的图像主要是指光学领域人或物的复制及数学领域二维数组或多维数组的映射。

根据人眼视觉特性，图像分为可见图像（visible image）和不可见图像（invisible image）。人眼能够感知的图像称为可见图像，如照片（单幅图像）和电影（序列图像）等；人眼不能感知的图像称为不可见图像，如电磁波谱和温度分布等。不可见图像通常可以转换为可见图像，如用红外热像技术把温度分布转换为可见图像。

根据坐标和灰度是否连续，图像分为模拟图像（analogue image）和数字图像（digital image）。模拟图像是指坐标和灰度都具有连续性的图像，如采用照相底片记录的照片；数字图像是指坐标和灰度都具有离散性的图像，如采用数码相机拍摄的照片。

一幅模拟图像经过采样量化后，就变成了数字图像，可以用 $M \times N$ 的矩阵描述，为了便于处理，一般选取 $M=N$，如 256×256。因此，对一幅数字图像的处理实际上就是对一个矩阵的处理。为了方便地处理数字图像，数字图像可以按特征分成不同的类型，采用不同的存储方式。

计算机存储静态图像的方式有两种：一种是位映射，即位存储模式；另一种是向量处理，也称矢量存储模式。

位图，也称栅格图像，使用许多像素点表示一幅图像，每个像素具有颜色属性和位置属性。位图文件在具有足够文件量的前提下，能真实、细腻地反映图像的层次、色彩。位图图像的缺点在于随着分辨率的提高和颜色的增加，占用的磁盘空间会急剧增大，且在放大图像的过程中，图像会变得模糊而失真。

矢量图只存储图像内容的轮廓部分，而不是存储图像数据的每个点。矢量图具有如下两个优点：一是文件数据量很小；二是图像的质量与分辨率无关，即无论将图像放大或缩小多少次，图像都能以显示设备允许的最大清晰度显示。其缺点是不易制作色调丰富或色彩变化太多的图像，而且绘制的图像不是很逼真。

位图可以从传统的照片、幻灯片中制作或使用数码相机得到，也可以通过 Windows 的画笔用颜色点填充网格单元创建。位图可以分为二值图像、灰度图像、索引图像和 RGB 图像。

一、二值图像

二值图像，也称黑白图像，像素只存在 0 和 1 两个值，以逻辑数组存储。二值图像是纯黑白的，通常用 0 表示黑，用 1 表示白。

二、灰度图像

灰度图像是包含灰度级的图像，是指只包含亮度信息而不包含彩色信息的图像。灰度图像由一个数据矩阵组成，数据矩阵中的元素值表示像素灰度或亮度。矩阵数据可以是 8 位无符号整型、16 位无符号整型、16 位带符号整型、单精度浮点型或双精度浮点型。对于单精度浮点型或双精度浮点型，灰度 0 表示黑，灰度 1 表示白。对于 8 位无符号整型、16 位无符号整型或 16 位有符号整型，最小灰度表示黑，最大灰度表示白。与二值图像不同，灰度图像的像素不是只有 0 和 1 两个量化级数，而是有多个量化级数，如 64 级、256 级。例如，当像素灰度级用 8bit 表示时，图像的灰度级是 256，每个像素的取值就是 256 种灰度中的一种，即每个像素的灰度值为 0～256 中的一个值。

三、索引图像

索引图像由一个索引数组和一个颜色矩阵组成，索引图像把像素值直接作为索引颜色的序号，根据索引颜色的序号可以找到该像素的实际颜色。当把索引图像输入计算机时，索引颜色存储到调色板中。调色板是包含不同颜色的颜色表，每种颜色以红、绿、蓝三种颜色的组合表示。调色板的单元格数与图像的颜色数一致。如 256 色图像有 256 个索引颜色，相应的调色板就有 256 个单元。每个索引对应三个值，即 Red、Green 和 Blue，需要三个字节表示的颜色，只需要一个字节的索引号就可以表示。因为索引有 256 个，所以每个索引号占用一个字节。

四、RGB 图像

RGB 图像与索引图像相同，可以用来表示彩色图像，分别用 R（红）、G（绿）、B（蓝）三原色的组合表示每个像素的颜色。但与索引图像不同的是，RGB 图像每个像素的颜色值（由 R、G、B 三原色表示）直接存放在图像矩阵中，由于每个像素的颜色需用 R、G、B 三个分量表示，M、N 分别表示图像的行数、列数，三个 $M\times N$ 的二维矩阵分别表示各像素的 R、G、B 三个颜色分量。

除了黑白图像和彩色图像之外，还有一类特殊相机可以采集深度信息，即 RCBD 图像。RGBD 图像除了为每个像素赋予 R、G、B 信息之外，还有一个值表达深度，即该像素与摄像机的距离。其单位取决于相机的测量精度，一般为毫米，至少用两个字节表示。深度信息本质上反映了物体的三维形状信息。

第三节　计算机视觉模型

计算机视觉的主要任务是通过对采集的图片或视频进行处理获得相应场景的信息，如图像分类、物体识别、目标检测、语义分割等，虽然计算机视觉任务较多，但是大多任务可以建模为广义的函数拟合问题，即对任意输入图像 x，需要学习一个以θ为参数的函数f，使得 $y=f_\theta(x)$，其中 y 可能有如下两大类。

（1）y 为类别标签，对应模式识别或机器学习中的分类问题，如场景分类、图像分类、物体识别、精细物体类识别、人脸识别等视觉任务。在这些任务中，输出 y 是有限种类的离散型变量。

（2）y 为连续变量、向量或矩阵，对应模式识别或机器学习中的回归问题，如距离估计、目标检测、语义分割等视觉任务。在这些任务中，y 是连续的变量（如距离、年龄、角度等），向量（如物体的横纵坐标位置和长宽），或者是每个像素有一个所属物体类别的编号（如分割结果）。

实现上述函数的具体方法很多，但多数视觉模型和方法可以分为两大类：一类是与深度模型对应的浅层模型和方法，另一类是应用较广泛的深度模型和学习方法。

一、基于浅层模型的方法

实现上述视觉任务的函数 $f_\theta(x)$ 通常非常复杂，其中一种解法是遵循“分而治之”的思想，分步、分阶段求解函数。图 14–1 所示为常用浅层模型处理流程。

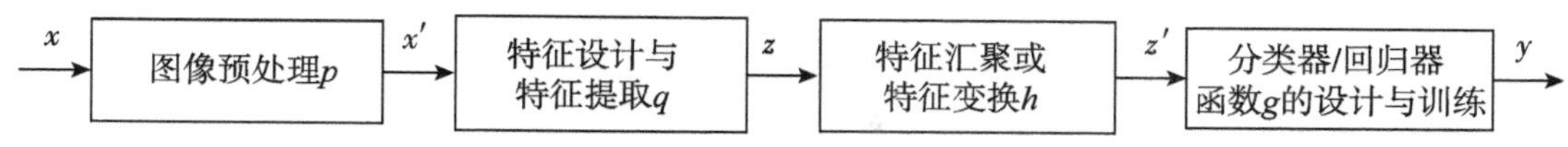

图 14–1 常用浅层模型处理流程

（1）图像预处理 p。用于实现目标对齐、几何归一化、亮度或颜色矫正等，提高数据的一致性，一般由人工设定。

（2）特征设计与特征提取 q。其功能是从预处理后的图像 x' 中提取描述图像内容的特征，这些特征可能反映图像的低层（如边缘）、中层（如部件）或高层（如场景）特性，一般依据专家知识进行人工设计。

（3）特征汇聚或特征变换 h。其功能是对第（2）步提取的局部特征 z（一般是向量）进行统计汇聚或降维处理，得到维度更低、更利于后续分类或回归过程的特征 z'。该过程一般通过专家设计的统计建模方法实现。例如，一种常用模型是线性模型，即 $z'=\boldsymbol{W}_z$，其中 $\boldsymbol{W}$ 为矩阵形式表达的线性变换，一般需要在训练集合中通过学习得到。

（4）分类器 / 回归器函数 g 的设计与训练。其功能是采用机器学习或模式识别方法，基于一个有导师的训练集 $\{(x_i, y_i): i=1,\ldots, N\}$（其中 x_i 是训练图像，y_i 是类别标签）学习得到，通过有监督机器学习方法实现。例如，假设我们采用线性模型，即 $y= \boldsymbol{W}_{z'}$，则可以通过优化 $\boldsymbol{W}^*= \arg\min_{w} \sum_{i=1}^{N} \|y_i - \boldsymbol{W}_{z'}\|_2$ 得到，其中 z' 为第（3）步得到的 x_i 的特征。

上述流程可以理解为通过序贯执行 p，q，h，g 四个函数实现需要的 $y=f_\theta(x)$，即 $y=g(h(q(p(x))))$。不难发现，上述流程带有强烈的人工设计色彩，不仅依赖专家知识进行步骤划分，而且依赖专家知识选择和设计各步骤的函数，与后来出现的深度学习方法依赖大量数据进行端到端的自动学习（即直接学习 f_θ 函数）形成鲜明对比。为了在概念上与深度学习进行区分，通常称这些模型为浅层视觉模型。考虑到第（1）步的图像预处理往往依赖图像类型和任务，下面仅对后三个步骤进行概要阐述。

（一）特征设计与提取方法

人工设计特征的本质是一种专家知识驱动的方法，即研究者自己或通过咨询特定领域专家，根据对所研究问题或目标的理解，设计某种流程来提取专家觉得好的特征。例如，在人脸识别研究早期，研究人员普遍认为应用面部关键特征点的相对距离、角度或器官面积等可以区分不同的人脸，但后来的实践证明这些特征并不好。目前，多数人工设计的特征有两大类，即全局特征和局部特征。前者通常建模的是图像中全部像素或多个不同区域像素中蕴含的信息，后者通常只从一个局部区域内的少量像素中提取信息。

全局特征对颜色、全图结构或形状等进行建模，如在全图上计算颜色直方图，傅里叶频谱也可以看作一种典型的全局特征。另一种典型的全局特征是由奥德 · 奥利娃和安东尼奥 · 托拉尔巴提出的 GIST 特征，主要对图像场景的空间形状属性进行建模，如自然度、开放度、粗糙度、扩张度和崎岖度等。与局部特征相比，全局特征粒度比较大，适合需要高效、无须精细分类的任务，如场景分类或大规模图像检索等。

与全局特征相比，局部特征可以提取更精细的特征，应用更广泛，也因此在2000年之后的10年内得到了充分发展，研究人员设计出数以百计的局部特征，大多以建模边缘、梯度、纹理等为目标，采用滤波器设计、局部统计量计算、直方图等。

（二）特征汇聚与特征变换方法

图14–1中第（2）步提取的人工设计特征非常多，给后续计算带来困难，且这些特征在设计之初并未充分考虑随后的任务或目标，例如，用于分类时，分类器未必具有非常好的判别能力，即区分不同目标的能力。因此，在进行图像分类、检索或识别等时，在将它们输入分类器或回归器之前，一般需要对这些特征进行进一步处理——特征汇聚与特征变换，以便把高维特征进一步编码到某个维度更低或具有更好判别能力的新空间。

（1）特征汇聚，包括词袋模型（bag–of–words，BOW）、弗舍尔向量和局部聚合向量。其中，词袋模型最早出现在自然语言处理和信息检索领域，其忽略文本的语法和语序，用一组无序的单词表达一段文字或一个文档。受此启发，研究人员将词袋模型扩展到计算机视觉中，并称为视觉词袋模型（bag–of–visual–words，BOVW）。简言之，图像可以看作文档，图像中的局部视觉特征可以看作单词的实例，从而直接应用词袋模型实现大规模图像检索等任务。

（2）特征变换，又称子空间分析，包括主成分分析、线性判别分析、核方法、流形学习等。其中，主成分分析是一种在最小均方误差意义下的最佳线性变换降维方法，在计算机视觉中应用极为广泛。主成分分析寻求降维变换时的目标函数是重构误差最小化，与样本所属类别无关，因而是一种无监督的降维方法。但在众多计算机视觉应用中，分类才是最重要的目标，因此以最大化类别可分性为优化目标寻求特征变换成为一种最自然的选择，其中最著名的是费舍尔线性判别分析。费舍尔线性判别分析是一种非常简单、优美的线性变换方法，其基本思想是寻求一个线性变换，使得变换后的空间中同一类别的样本散度尽可能小，而不同类别样本的散度尽可能大，即“类内散度小，类间散度大”。

核方法不是试图直接构造或学习非线性映射函数本身，而是在原始特征空间内通过核函数（kernel function）定义目标“高维隐特征空间”中的内积。换句话说，核函数实现了一种隐式的非线性映射，将原始特征映射到新的高维空间，从而在无须显式得到映射函数和目标空间的情况下，计算该空间内模式向量的距离或相似度，完成模式分类或回归任务。主成分分析和费舍尔线性判别分析均可以核化，以实现非线性的特征提取。

实现非线性映射的另一种方法是流形学习（manifold learning）。所谓流形，可以简单理解为在高维空间中低维嵌入，其维度通常称为本征维度（intrinsic dimension）。流形学习的主要思想是将高维数据映射到低维本征空间的低维嵌入，要求该低维空间中的数据保持原高维数据的某些本质结构特征。根据要保持的结构特征的不同，2000年后出现了很多流形学习方法，其中最著名的是2000年发表在同一期*Science*杂志上的等距特征映射（isomtric mapping，ISOMAP）和局部线性嵌入（locally linear embedding，LLE）。其中，ISOMAP保持的是测地距离，其基本策略是首先通过最短路径方法计算数据点之间的测地距离，然后通过多维尺度变换（multidimensional scaling）得到满足数据点之间测地距离的低维空间。局部线性嵌入方法假设每个数据点可以由其近邻点重构，通过优化方法寻求一个低维嵌入，使所有数据仍保持原空间邻域关系和重构系数。

但多数流形学习方法很难得到一个显式的非线性映射，因而往往难以将没有出现在训练集合中的样本变换到低维空间，只能采取一些近似策略，但效果不理想。

（三）分类器或回归器设计

前面介绍了面向浅层模型的人工设计特征及对其进一步汇聚或变换的方法。一旦得到这些特征，剩下的步骤就是分类器或回归函数的设计和学习。事实上，计算机视觉中的分类器基本都借鉴了模式识别或机器学习领域的方法，如最近邻分类器、线性感知机、决策树、随机森林、支持向量机、AdaBoost、神经网络等。

根据前述特征的属性不同，分类器或回归器中涉及的距离度量方法有所不同。例如，对于直方图类特征，一些面向分布的距离（如直方图相交、卡方距离等）可能更实用；对主成分分析、费舍尔线性判别分析变换后的特征，欧几里得距离、余弦相似度可能更好；对一些二值化的特征，海明距离可能会带来更好的性能。

二、基于深度模型的视觉方法

基于深度模型的视觉方法主要有基于深度模型的目标检测技术、基于全卷积网络的图像分割、图像融合和语言模型的自动图题生成等。

（一）基于深度模型的目标检测技术

目标检测是计算机视觉中的一个基础问题，其定义某些感兴趣的特定类别为前景，其他类别为背景。我们需要设计一个目标检测器，在输入图像中找到所有前景物体的位置及其所属的具体类别。物体的位置用长方形物体边框描述。实际上，目标检测问题可以简化为图像区域的分类问题，如果在一幅图像中提取足够多可能的物体候选位置，那么只需对所有候选位置进行分类，即可找到含有物体的位置。在实际操作中，常引入一个边框回归器来修正候选框的位置，并在检测器后接入一个后处理操作，去除属于同物体的重复检测框。自深度学习引入目标检测问题后，目标检测正确率大大提升。

R-CNN（region-CNN）最早将深度学习应用在目标检测中。R-CNN 目标检测一般包括以下步骤：①输入一幅图像，使用无监督算法提取约 2000 个物体的可能位置；②将所有候选区域取出并缩放为相同尺寸，输入卷积神经网络中提取特征；③使用支持向量机方法对每个区域的特征进行分类。

不难看出，R-CNN 的最大缺点是尽管所有候选区域中存在大量重叠和冗余，但是都要分别使用卷积神经网络计算，计算量非常大。为了提高计算效率，Fast R-CNN 对同一张图像只提取一次卷积特征，此后接入 ROI Pooling 层，提取特征图上不同尺寸的感兴趣区域并池化为固定尺寸的特征，再用 Softmax 函数对这些特征进行分类。此外，Fast R-CNN 还利用多任务学习，将 ROI Pooling 层后的特征输入一个边界框的回归器来学习更准确的位置。后来，为了缩短提取候选位置所消耗的运算时间，Faster R-CNN 进一步简化流程，在特征提取器后设计了 RPN（region proposal network）结构，用于修正和筛选预定义在固定位置的候选框，将上述所有步骤集成于一个整体框架，提高了目标检测速度。

（二）基于全卷积网络的图像分割

对于像素级的分类和回归任务（如图像分割或边缘检测），代表性的深度网络模型是全卷积网络（fully convolutional network，FCN）。经典的深度卷积神经网络在卷积层之后使用全连接层，而全连接层中单个神经元的感受野是整幅输入图像，破坏了神经元之间的空间关系，因此不适用于像素级的视觉处理任务。为此，全卷积网络去掉了全连接层，代之以 1×1 的卷积核和反卷积层，从而能够在保持神经元空间关系的前提下，通过反卷积操作获得与输入图像大小相同的输出全卷积结构示意如图 14-2 所示。更进一步来说，全卷积网络通过不同层、多尺度卷积特征图的融合为像素级的分类和回归任务提供了一个高效的框架。

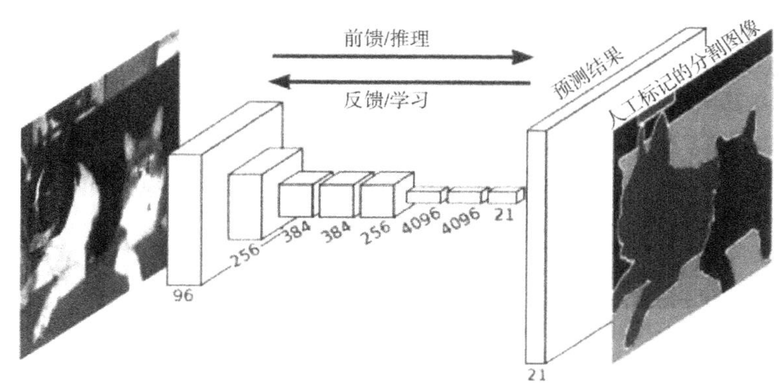

图 14-2　通过反卷积操作获得与输入图像大小相同的输出全卷积网络结构示意

（三）图像融合和语言模型的自动图题生成

图像自动标题的目标是生成输入图像的文字描述，即我们常说的“看图说话”。使用深度学习方法处理该问题的思路是使用卷积神经网络学习图像表示，采用循环神经网络（recurrent neural network，RNN）或长短期记忆模型（long-short term memory，LSTM）学习语言模型，并以卷积神经网络特征输入初始化 RNN/LSRM 的隐层节点，组成混合网络，进行端到端的训练。

第四节　视觉图像处理的关键技术

计算机视觉处理技术主要依赖图像处理方法，处理后输出的图像不仅在质量上得到相当程度上的改善，而且在图像的视觉效果上得到了相当大的改善，因此，更便于计算机对图像进行分析、处理、识别。视觉图像处理的关键技术包括图像分割、图像特征提取、图像识别、图像融合。

一、图像分割

图像分割就是把图像分成若干特定的、具有独特性质的区域，并提出感兴趣目标的技术和过程。它是图像处理到图像分析的关键步骤。从数学角度来看，图像分割是将数字图像划分成互不相交的区域的过程。图像分割的过程也是一个标记过程，即为属于同一区域的像素赋予相同的编号。图像分割是计算机视觉研究中的经典难题，是图像分析的第一步，是计算机视觉的基础，是图像理解的重要组成部分，也是图像处理中较难的问题。

（一）传统图像分割方法

1. 基于阈值的图像分割方法

基于阈值的图像分割方法的基本思想是基于图像的灰度特征计算一个或多个灰度阈值，并将图像中每个像素的灰度值与阈值做比较，根据比较结果将像素分到合适的类别。因此，该方法最关键的一步是按照某个准则函数求解最佳灰度阈值。该方法适用于目标和背景占据不同灰度级范围的图像。如果图像只有目标和背景两大类，那么只需选取一个阈值进行分割即可，此方法称为单阈值分割；如果图像中需要提取多个目标，单一阈值分割会出现错误，则需要选取多个阈值将每个目标分隔开，此方法称为多阈值分割。阈值分割方法计算简单，效率较高；只考虑像素点灰度值本身的特征，一般不考虑空间特征，因此对噪声比较敏感，鲁棒性不强。基于阈值的分割方法的关键在于选择阈值。

2. 基于边缘检测的图像分割方法

基于边缘检测的图像分割方法试图通过检测包含不同区域的边缘来解决分割问题。通常不同区域的边界上，像素的灰度值变化比较剧烈，如果将图像从空间域通过傅里叶变换变换到频率域，边缘就对应高频部分，这是一种非常简单的边缘检测算法。边缘检测技术通常可以按照处理的技术分为串行边缘检测和并行边缘检测。串行边缘检测是想确定当前像素点是否属于检测边缘上的点，取决于先前像素的验证结果。并行边缘检测用于确定一个像素点是否属于检测边缘的点，取决于当前正在检测的像素点及与该像素点的邻近像素点。最简单的边缘检测方法是并行微分算子法，利用相邻区域像素值不连续的性质，采用一阶导数或二阶导数检测边缘点。

边缘检测的优缺点如下：①边缘定位准确；②速度快；③不能保证边缘的连续性和封闭性；④在高细节区域存在大量碎边缘，难以形成一个大区域，且不宜将高细节区域分成小碎片。获取边缘点信息后，还需要后续的处理或与其他相关算法结合完成分割任务。

3. 基于区域的图像分割方法

基于区域的图像分割方法是以直接寻找区域为基础的分割技术，基于区域的图像分割方法有如下两种基本形式：一种是区域生长，从单个像素出发，逐步合并以形成所需要的分割区域；另一种是从全局出发，逐步切割至所需的分割区域。基于区域的图形分割方法主要有如下三种。

（1）区域生长。区域生长是从一组代表不同生长区域的种子像素开始，接下来将种子像素领域里符合条件的像素合并到种子像素所代表的生长区域中，并将新添加的像素作为新的种子像素继续合并过程，直至找不到符合条件的新像素，该方法的关键是选择合适的初始种子像素及合理的生长准则。

（2）区域分裂合并。区域生长是从某个或某些像素点出发，最终得到整个区域，实现目标提取。分裂合并可以说是区域生长的逆过程，从整幅图像出发，不断分裂得到各子区域，再把前景区域合并，得到需要分割的前景目标，实现目标提取。

（3）分水岭算法。分水岭算法根据分水岭的构成考虑图像分割，是一种基于拓扑理论的数学形态学的分割方法，其基本思想是把图像看作测地学上的拓扑地貌，图像中每个点像素的灰度值表示该点的海拔，每个局部极小值及其影响区域称为集水盆，集水盆的边界形成分水岭。分水岭对微弱边缘有良好的响应，图像中的噪声、物体表面细微的灰度变化都可能产生过度分割的现象，同时能够保证得到封闭连续边缘。分水岭算法得到的封闭集水盆为分析图像的区域特征提供了可能。

（二）智能图像分割方法

传统的基于卷积神经网络的分割方法如下：为了对一个像素分类，使用该像素周围的一个图像块作为卷积神经网络的输入，并用于训练与预测，存在一定的局限性。全卷积网络是从抽象的特征中恢复每个像素所属的类别，即从图像级别的分类延伸到像素级别的分类。基于全卷积神经网络的语义分割方法是一种兼容任意尺寸图像、以全监督学习方式进行图像语义分割的全卷积网络。全卷积网络使用卷积层替换传统卷积神经网络中的全连接层，使用跨层方法组合中间卷积层产生的特征图，再通过双线性插值算法进行上采样，将粗糙的分割结果转换为细密的分割结果。全卷积网络采用跨层方法，既能同时兼顾全局语义信息和局部位置信息，又能从抽象特征中恢复像素所属的类别，把图像级别的分类延伸到像素级别的分类，成功地将原本用于图像分类的网络转换为用于图像分割的网络。

例如，卷积神经网络的前五层是卷积层，最后三层（第六层至第八层）是全连接层。全卷积神经网络将最后三层全连接替换成卷积，整个网络全部通过卷积连接，所有层都是卷积层，故称为全卷积网络。

通过多次卷积和池化后，图像越来越小，分辨率也越来越低。为了从这个粗略图像的低分辨率恢复到原始图像的正常分辨率，全卷积网络使用上采样，即将低分辨率的图像放大，直至与原始图像的分辨率相同。比如经过五次卷积和池化后，图像的分辨率依次缩小为 1/2、1/4、1/8、1/16、1/32。对于最后一层输出图像，需要进行 32 倍上采样，得到与原始图像尺寸相同的图像。上采样是通过反卷积实现的。

虽然全卷积网络引领了卷积神经网络的基于语义分割的方向，但仍有很多地方需要改进，如上采样会使像素分割不精细，从而使得到的分割结果不精细；对各像素进行分类，没有充分考虑像素与像素之间的关系，忽略了在通常的基于像素分类的分割方法中使用的空间规整步骤，缺乏空间一致性，效率较低。在全卷积网络的基础上，提出了一些改进方法，用于提高图像分割的效率和精度。第一个改进的是条件随机场（conditional random filed，CRF），在得到像素分类结果后叠加一个全连接条件随机场，由于考虑到图像中的空间信息，因此会得到更加精细且具有空间一致性的结果。全连接条件随机场在前面全卷积网络输出的基础上，以全连接的形式实现后处理过程，使得像素分制更加细致。第二个改进的是递归神经网络（recursive neural network，RNN），将全连接条件随机场表示成递归神经网络的结构，将卷积神经网络与递归神经网络放到统一的框架中，可以同时对两者进行训练。

二、图像特征提取

图像特征提取是计算机视觉和图像处理中的一个概念，是指使用计算机提取图像信息，从而判断图像的每个点是否属于一个图像特征。图像特征提取的结果是把图像上的点分为不同的子集，这些子集往往属于孤立的点、连续的曲线或者连续的区域。

图像特征提取是图像处理中的一个初级运算，也就是说，它是对一幅图像进行的第一个运算处理。它通过检查每个像素来确定该像素是否代表一个特征。图像的空间通常称为原始空间，特征称为特征空间，原始空间到特征空间存在某种变换，这种变换就是图像特征提取。图像特征提取的效果取决于后续图像的处理，如图像描述、识别、分类的效果。图像特征提取是目标跟踪过程中的重要环节，其鲁棒性直接影响目标跟踪的性能。图像特征提取过程如图 14–3 所示。

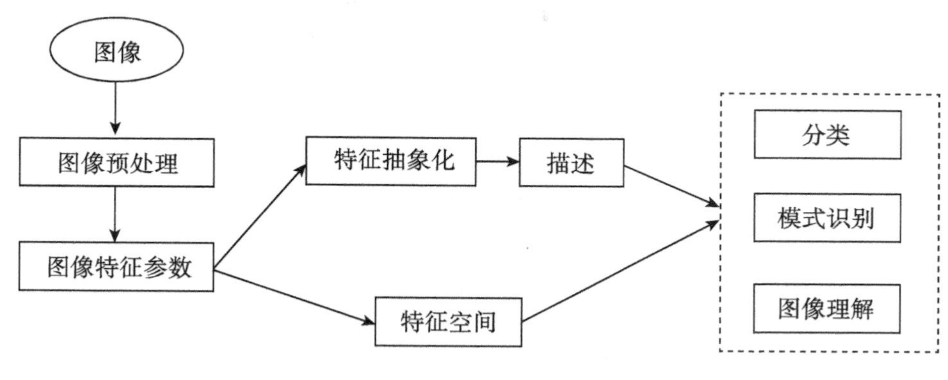

图 14–3　图像特征提取过程

对于图像特征提取，并不是提取越多的信息，分类效果就越好。通常特征之间存在相互关联和相互独立的部分，需要抽取和选择有利于实现分类的特征量。

（一）图像特征

图像特征包括颜色特征、纹理特征、形状特征和空间关系特征。

1. 颜色特征

颜色特征是一种全局特征，描述图像或图像区域对应景物的表面性质。一般颜色特征是基于像素点的特征，此时所有属于图像或图像区域的像素都有各自的贡献。由于颜色对图像或图像区域的方向、大小等变化不敏感，因此颜色特征不能很好地捕捉图像中对象的局部特征。另外，仅使用颜色特征查询时，如果数据库很大，则会检测出许多不需要的图像。

2. 纹理特征

纹理特征也是一种全局特征，描述图像或图像区域对应景物的表面性质。由于纹理只是一种物体表面的特性，不能完全反映出物体的本质属性，因此仅利用纹理特征无法获得高层次图像内容。与颜色特征不同，纹理特征不是基于像素点的特征，需要在包含多个像素点的区域进行统计计算。在模式匹配中，这种区域性的特征具有较高优越性，不会因局部的偏差而无法匹配成功。作为一种统计特征，纹理特征常具有旋转不变性，并且对噪声有较强的抵抗能力。但是，纹理特征也有缺点，如当图像的分辨率变化时，计算出来的纹理可能会有较大偏差。

3. 形状特征

各种基于形状特征的检索方法都可以比较有效地利用图像中感兴趣的目标进行检索，但它们有如下共同问题：目前基于形状的检索方法缺乏比较完善的数学模型；当目标有变形时，检索结果往往不太可靠；许多形状特征仅描述了目标局部的性质，全面描述目标对计算时间和存储量有较高的要求；许多形状特征反映的目标形状信息与人的直观感觉不完全一致，或者说，特征空间的相似性与人视觉系统感受到的相似性有差别。

4. 空间关系特征

所谓空间关系，是指从图像中分割出来的多个目标之间的相对空间位置或相对方向关系，可分为连接 / 邻接关系、交叠 / 重叠关系和包含 / 包容关系等。通常空间位置信息可以分为两类：相对空间位置信息和绝对空间位置信息。相对空间位置信息强调目标之间的相对情况，如上、下、左、右关系等；绝对空间位置信息强调目标之间的距离及方位。显而易见，由绝对空间位置可推出相对空间位置，但表达相对空间位置信息通常比较简单。

（二）图像特征提取方法

1. 方向梯度直方图（histogram of oriented gradient，HOG）特征提取

方向梯度直方图是一种在计算机视觉和图像处理中进行物体检测的特征描述子，通过计算和统计图像局部区域的方向梯度直方图来构成特征。方向梯度直方图特征结合支持向量机分类器已经广泛应用于图像识别，尤其在行人检测中获得了极大成功。在一幅图像中，局部目标的表象和形状可以用梯度或边缘的方向密度分布很好地描述。具体实现方法如下：首先将图像分成小的连通区域，称为细胞单元；其次采集细胞单元中各像素点的梯度或边缘的方向直方图；最后把这些直方图组合起来，构成特征描述器。

与其他特征描述方法相比，方向梯度直方图有很多优点。首先，由于方向梯度直方图是在图像的局部方格单元上操作，因此对图像几何和光学的形变都能保持很好的不变性，这两种形变只出现在更大的空间领域。其次，在粗的空域抽样、精细的方向抽样及较强的局部光学归一化等条件下，只要行人大体上保持直立姿势，就允许行人有一些细微的肢体动作，这些细微的肢体动作可以忽略，不影响检测效果。因此方向梯度直方图特征特别适合做图像中的人体检测。

2. 局部二值模式（local binary pattern，LBP）特征提取

局部二值模式是一种描述图像局部纹理特征的算子，具有旋转不变性和灰度不变性等优点。局部二值模式提取的特征是图像局部的纹理特征。提取的局部二值模式算子在每个像素点都可以得到一个局部二值模式编码，提取一幅图像（记录的是每个像素点的灰度值）的原始局部二值模式算子后，得到的原始局部二值模式特征依然是一幅图像（记录的是每个像素点的局部二值模式值）。局部二值模式通常应用于纹理分类、人脸分析等，一般不将局部二值模式图谱作为特征向量用于分类识别，而是采用局部二值模式特征图谱的统计直方图作为特征向量用于分类识别。

3. 哈尔（Haar）特征提取

哈尔特征分为边缘特征、线性特征、中心特征和对角线特征。哈尔特征使用三种类型和四种形式的特征组合成特征模板。特征模板内有白色和黑色两种矩形，定义该模板的特征值为白色矩形像素和减去黑色矩形像素和。哈尔特征值反映了图像的灰度变化情况。例如，脸部的一些特征能用矩形特征简单地描述，眼睛比脸颊颜色深、鼻梁两侧比鼻梁颜色深、嘴巴比周围颜色深等。因为矩形特征只对一些简单的图形结构（如边缘、线段）较敏感，所以只能描述特定走向（水平、垂直、对角）的结构。改变特征模板的大小和位置，可在图像子窗口中穷举出大量特征。

4. 深度学习的图像特征提取

深度学习通过多层处理，逐渐将初始的低层特征表示转换为高层特征表示。特征对泛化性能有至关重要的影响，然而人类专家无法设计出图像的特征，深度学习的特征学习通过机器学习实现自动数据分析和特征提取。用卷积神经网络解决问题主要有三个思路：局部感受野、权值共享和池化。卷积神经网络的卷积层和池化层（子采样）构成特征抽取器。在卷积层中，一个神经元只与部分邻层神经元连接；通常包含若干特征平面，每个特征平面由一些矩形排列的人工神经元组成，同一特征平面的神经元共享权值，共享的权值就是卷积核。卷积核一般以随机小数矩阵的形式初始化，在网络的训练过程中，卷积核学习得到合理的权值。卷积核带来的直接好处是减少了网络各层之间的连接和过拟合的风险。池化层通常有均值池化和最大值池化两种形式。池化层可以看作一种特殊的卷积过程。卷积和池化减小了模型的复杂度，减少了模型参数。

三、图像识别

图像识别是对图像进行处理、分析和理解，以识别不同模式的目标和对象的技术，是应用深度学习算法的一种实践应用。可以将图像识别的过程看作标记的过程，即利用识别算法辨别景物中已分割好的物体，并赋予其特定的标记。

（一）图像识别过程

图像识别的基本实现方法是从图像中提取具有区分性的特征信息，区分具有不同性质属性的图像，并将其划分为不同的类别。图像识别过程包括输入图像、图像预处理、目标检测、特征提取、分类识别等，如图 14–4 所示。

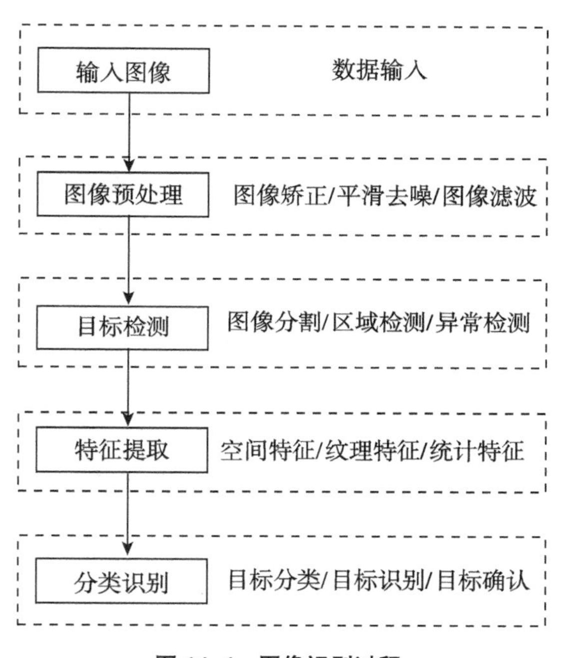

图 14–4　图像识别过程

（1）输入图像。图像信息可以是二维图像，如文字图像、人脸图像等；也可以是一维波形，如心电图、声波、脑电图等；还可以是物理量与逻辑值。

（2）图像预处理。图像预处理的主要方法有图像矫正、平滑去噪、图像滤波等，包括图像灰度规范化、图像几何规范化、图像降噪等处理。

（3）目标检测。对处理的图像进行分割、感兴趣区域检测、异常检测，选择图像中目标所在的区域。

（4）特征提取。对检测出来的区域进行特征提取。图像识别通常以图像的主要特征为基础，由于不同的目标具有不同的特征表现，因此特征提取是目标识别的关键，特征的选择和描述是识别性能的直接体现。

（5）分类识别。分类识别是在特征空间中对被识别对象进行分类，包括分类器设计和分类决策。将图像中提取的特征结果输入训练好的分类器，由分类器给出分类判决结果，完成图像分类任务。

图像分类流程和分类器的训练过程如图 14–5 所示，首先在训练数据集中提取特征，设计分类器并进行学习；其次在对测试图像进行分类的过程中，用相同方法提取特征，并通过已经训练好的分类器进行判别；最后输出分类结果。

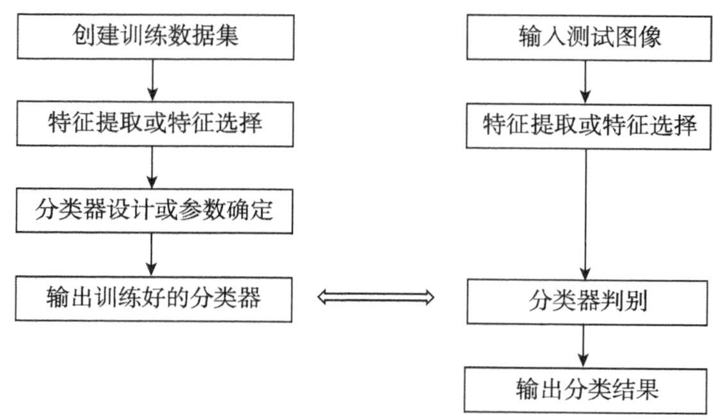

图 14–5　图像分类流程和分类器的训练过程

（二）图像识别方法

图像识别方法包括统计识别法、结构识别法、模糊集识别法、神经网络法。

1. 统计识别法

统计识别法的理论基础是决策理论，在决策理论的基础上建立统计识别模型，统计识别模型对要分类的图像进行统计分析，统计出图像的各类特征，找出准确反映图像类别的特征并进行分类。统计识别法的主要技术有聚类分析法、统计法等，但其不能识别图像空间的相互关系（结构关系）。使用统计识别法进行分类时，需要大量图像样本，统计图像样本特征，设定图像识别的一系列参数。统计识别法的大致流程如下：首先进行图像预处理；其次对样本图像进行滤波分割和特征提取；最后对图像进行分类，输出结果。统计识别法的过程如图 14–6 所示。

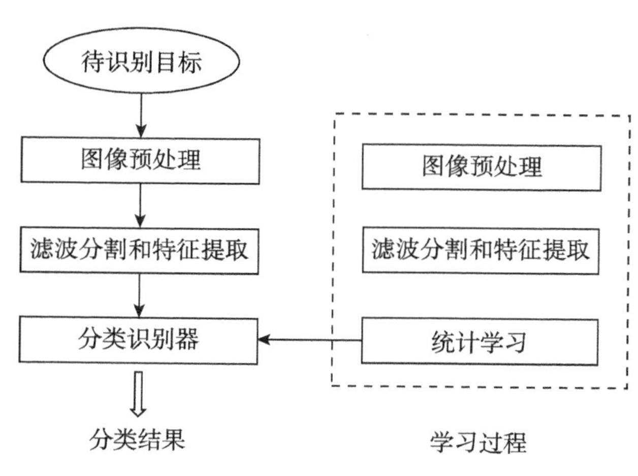

图 14–6　统计识别法的过程

2. 结构识别法

结构识别法是对统计识别法不能识别图像结构特征的补充，因为统计识别法不能统计图像的结构信息，只能统计图像的数字特征。结构识别法用符号表现图像的特征，其采用层次结构，可以把复杂图像分解成子图像，子图像又可以分解为更简单的子模式，直至分解为最简单的子模式（模式基元）。识别模式基元，进而识别子模式，最终识别复杂模式。结构识别法的过程如图 14–7 所示。

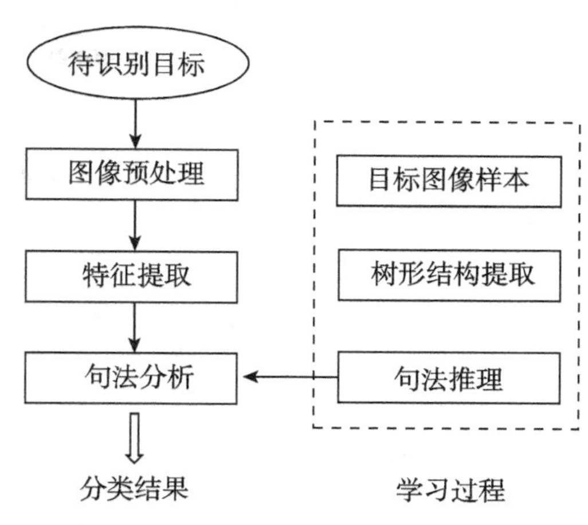

图 14–7　结构识别法的过程

3. 模糊集识别法

模糊集识别法在模式识别、医学图像识别、车牌识别等方面的应用比较广泛。在进行图像分类时，当一些图像的特征不是很明显，不能准确地确定图像属于哪个类别的现象时，使用模糊集识别法能很好地解决该问题。先模糊地对图像进行判别，此时图像可能属于两个或两个以上类别，找到其他特征时进行精确判别。模糊数学是模糊集识别法的理论基础，模糊数学在判别事物时一般不是准确地判断该事物属于什么，而是用不太精确的方式判别事物，用更适合人的思维方式判别。

模糊集识别法是在模式识别方法的基础上，采用模糊逻辑的方法。在进行图像分类时，采用模糊理论对图像特征进行模糊化和模糊分类。模糊集识别法根据一定的模糊化规则，将图像的纹理或形状等特征分成多个模糊变量，虽然每个模糊变量不能准确地判别图像，只能判断原始图像的部分特征，但是能更进一步地判别图像。用先前判别出的部分特征替代原来的特征，再进行图像判别，能精确地判别图像类别。虽然使用模糊集识别法识别图像时特征增加了，但是判别更加准确，也使分类器设计趋于简单。模糊集识别法的过程如图 14–8 所示。

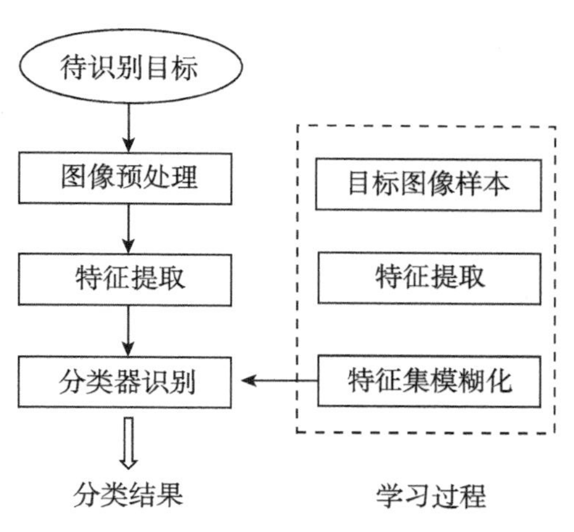

图 14–8　模糊集识别法的过程

4. 神经网络法

神经网络法通过神经网络算法对图像进行分类。神经网络法与统计识别法在很多方面是有联系的，都是利用样本数据完成图像的分类识别，并且有的算法可以看作具有一定的等价关系。神经网络法由一个输入层、若干中间隐含层和一个输出层组成。神经网络法通过学习，能够从原始图像的复杂数据中找到相应的图像特征，对图像进行正确的分类。神经网络法克服了统计识别法过程中的复杂性以及模型选择的一些困难。神经网络法是一种非线性建模过程，不需要分清图像中存在的非线性关系，给图像分类带来了极大方便。因为神经网络法有不同的网络结构，所以构造神经网络时首先要选择合适的网络结构。采用神经网络法进行图像分类时，首先要输入图像的纹理特征和结构特征等一系列参数，然后对中间图像进行预处理和特征提取，最后输出图像类别。

神经网络法的优点是神经网络的非线性拟合能力很好，可以映射图像的非线性关系，且学习能力强，方便计算机实现，神经网络还具有很强的非线性映射能力、记忆能力及自我学习能力。神经网络法的缺点是不能解释自己的推理过程和推理依据，神经网络需要大量模板数据，且模板特征数据要近似相等，当数据不充分或各类别差别很大时，神经网络的识别不太准确，神经网络的输入也是图像的数字特征，不能表示识别图像的结构关系，与统计识别法相同，当结构特征为主要特征时，图像的识别会不准确。

四、图像融合

图像融合是指将多源信道采集到的关于同一目标的图像数据经过图像处理和计算机技术，最大限度地提取各自信道中的有利信息，综合成高质量的图像，以提高图像信息的利用率、改善计算机的解译精度和可靠性、提升原始图像的空间分辨率和光谱分辨率，从而有利于对图像进行监测。图像融合的特点是明显地改善单一传感器的不足，提高结果图像的清晰度及信息包含量，更有利于准确、可靠、全面地获取目标或场景的信息。

图像融合需要遵循如下三个基本原则：①融合后的图像要含有所有源图像的明显、突出信息；②融合后的图像不能加入任何人为信息；③要尽可能多地抑制对源图像中不感兴趣的信息（如噪声）出现在融合图像中。图像融合由低到高分为三个层次：像素级融合、特征级融合、决策级融合，如图 14–9 所示。

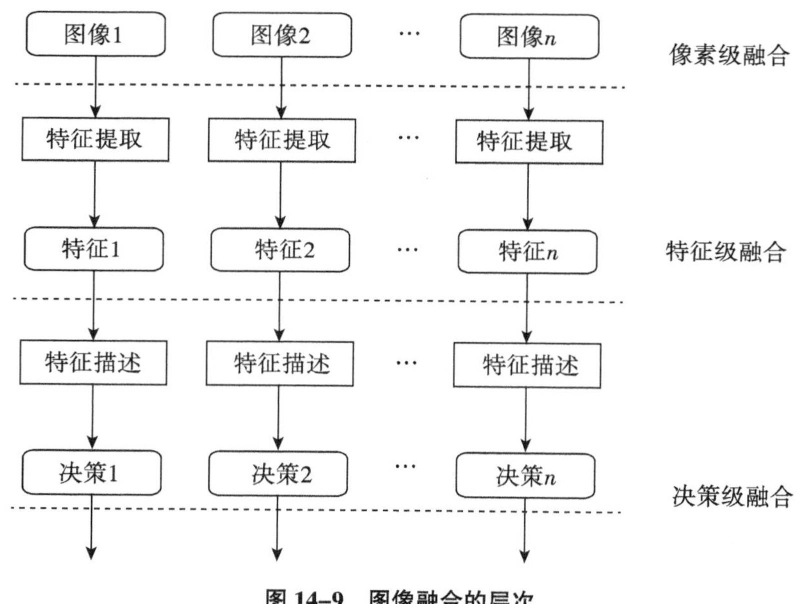

图 14–9 图像融合的层次

像素级图像融合是研究和应用最多的一种图像融合技术，目前提出的绝大多数图像融合算法均属于该层次的融合。图像融合狭义上指的就是像素级图像融合。

（一）像素级融合

像素级融合，也称数据级融合，是图像融合三个层次中最基本的融合，指直接对传感器采集的数据进行处理而获得融合图像的过程。像素级融合后得到的图像具有更多的细节信息，如边缘、纹理的提取，不仅有利于图像的进一步分析、处理与理解，而且能够把潜在的目标暴露出来，从而有利于判断识别潜在的目标像素点的操作。使用像素级融合还可以尽可能多地保存源图像中的信息，使得融合后的图片无论是内容还是细节都有所增加。像素级融合的局限性也是不能忽视的，由于它对像素点进行操作，因此计算机要处理大量数据，处理时消耗的时间比较长，不能及时地将融合后的图像显示出来，无法实现实时处理；在进行数据通信时，其处理的信息量较大，且容易受到噪声的影响；如果没有对图像进行严格的配准就直接参与图像融合，则融合后的图像将模糊，目标和细节不清楚、不精确。

（二）特征级融合

特征级融合是对图像进行特征抽取，对边缘、形状、轮廓、局部特征等信息进行综合处理的过程。特征级融合包括目标状态特征融合和目标特性融合。特征级融合包含的模块有源图像获取、图像预处理、图像分割、特征提取、特征数据融合及目标识别。图像特征是一种代价处理，虽然减小了数据量，保留了大部分信息，但是损失部分细节信息。原始特征的组合形成特征增加了特征维数，提高了目标的识别准确率。特征向量既可以直接融合，又可以根据特征本身的属性重新组合，边缘、形状、轮廓等都是描述特征的重要参数，其几何变换也具有一定的特征属性。

目标状态特征融合是一种基于多尺度和多分辨率的目标统计特征的图像融合，提取和描述图像的原始数据状态时需要经过严格的配准，得到一幅包含更多图像信息的图像。它通过统计图像的状态信息处理模式匹配的问题。目标状态特征融合的核心思想是实现多传感器目标的精确状态估计，实现与先验知识的有效关联，在目标跟踪领域的应用较广泛。目标状态特征融合按照特定的语义提取图像的特征，并进行特征的内在描述或特征属性的重新组合，形成特征向量，这些特征向量代表抽象的图像信息，可以直接对特征进行机器学习并实现理论融合识别，不仅增加了特征的维度，而且提高了目标识别的精确度。目标状态特征融合也是特征向量的融合识别，它们处理的一般是高维问题。

对融合后的特征进行目标识别的精确度明显高于原始图像的精确度。特征级融合对图像信息进行压缩后，用计算机分析与处理消耗的内存和时间与像素级融合相比有所减少，所需图像的实时性有所提高。特征级融合对图像匹配的精确度要求没有像素级融合那么高，计算速度也比像素级融合快。由于特征级融合通过提取图像特征得到融合信息，因此会丢掉很多细节特征。

（三）决策级融合

决策级融合是以认知为基础的方法，它不仅是最高层次的图像融合方法，而且是抽象等级最高的。决策级融合根据一定的规则对提取特征和识别后的源图像进行决策融合，获得融合图像。决策的输入是对目标的认识框架，认识框架是通过同质 / 异质传感器观测同场景的目标，经过预处理、特征提取、识别的基本处理后形成的，对该框架进行最优化决策后得到融合结果。决策级是趋向智能逻辑的，综合多传感器的识别结果，比单一识别的结果精准、有效。但多传感器识别的数据增加了误差和风险，每个传感器出现的错误都可能会传递到决策层，决策层函数的容错能力直接影响融合分类性能。

决策级融合具有很好的实时性、自适应性；数据要求低，抗干扰能力强；高效地兼容了多传感器的环境特征信息；具有很好的纠错能力，可以通过适当的融合，消除单个传感器造成的误差，使系统获得正确的结果。决策级融合的计算量最小，而且图像传输时噪声对它的影响最小。决策级融合对前一个层级有很强的依赖性，得到的图像与前两种融合方法相比不是很清晰，因此实现起来比较困难。

第五节　视觉图像处理教育应用

“人工智能”一词最初是在1956年达特茅斯会议上提出的。人工智能是指研究、开发用于模拟、延伸和扩展人的智能的理论、方法、技术及应用系统的一门技术科学，是计算机科学的一个分支，企图了解智能的实质，并生产出一种新的能以人类智能相似的方式做出反应的智能机器。目前能够用来研究人工智能的主要物质手段及实现人工智能技术的机器就是计算机，人工智能的发展历史是与计算机科学与技术的发展史联系在一起的。随着人工智能的理论与技术在社会各领域的广泛应用，其在教育领域内的应用也越来越受到重视，并取得了一定的研究成果。

目前，人工智能在教育领域的主要应用包括图像识别、语音识别、人机交互等，主要集中在家教辅导、在线学习、课堂教学等方面。专家认为，“人工智能+教育”将重塑教育行业。

一、拍照搜题

拍照搜题，简单来说就是用户使用手机对题目进行拍摄来生成图像，软件对拍摄图像中的文字等信息进行识别，并与题库进行检索匹配，找到题库中与所拍摄的内容最接近的题目，并反馈答案与解题步骤的过程。拍照搜题的识别功能主要是通过光学字符识别（optical character recognition，OCR）技术实现的。利用光学技术和计算机技术将所拍摄的试题图片识别成可以编辑的文本信息，同时借用一系列辅助信息对文本信息做进一步处理，以提高文本信息识别的正确率。在成功提取文字信息后，与题库中的题目进行比对，将检索到的资料反馈给用户，或提供相似资料以供参考。

近几年出现了许多搜题软件，例如“作业帮”“小猿搜题”等，这些软件利用图像识别及深入学习等技术分析用户拍摄的题目，然后将题目照片上传到云端，可以短时间内得到正确答案及详细的解题过程。这些软件不仅可以识别正规的机打题目，而且可以识别手写题目，拍照搜题在很大程度上提高了学生的学习效率，有利于培养学生的自主学习能力。

二、智能批改作业

智能批改概念十分火爆，但实现起来并非易事。在实现智能批改的过程中，需要利用智能识别技术识别手写文字，对逻辑应用进行模型分析。也就是说，智能识别技术是智能批改的基础。

除了“OKAY智慧教育”以外，“学霸君”也是一款可以实现智能批改的App，它通过手写识别技术及智能解题技术实现按步骤级别的自动批改，可以帮助教师节省大量批改作业的时间。同时，系统完成自动批改后，会为每名学生生成学情分析报告，可以对学生掌握知识点的情况一目了然，教师据此可以对每名学生的薄弱知识点进行重点讲解，甚至可以对每名学生实施个性化教学。从技术的角度来讲，学习类软件都采用了智能图像识别技术。学生遇到无法解决的问题时，只需将问题拍照上传，系统即可在极短的时间内反馈问题的答案。这类软件不局限于打印字体的题目，对手写字体的识别率也超过70%。在这里，不得不提到教育资源的积累，足够多的数字化数据是在线答疑的基本保证。在线答疑的基本手段是依靠人工智能中的图像识别技术完成数据的识别和搜索，将匹配的结果返回给用户。移动设备的普及和云计算技术的成熟是在线答疑流行的根本原因。在线答疑只需将便携设备用作界面，大量计算可交给云端处理。

“OKAY 智慧教育”受到的广泛好评和“学霸君”的用户激增都说明智能批改作业的实际需求量巨大，而人工智能技术在智能批改上的应用使智能批改从理想变为现实。

三、早教机器人

近年来，智能服务机器人已经逐渐渗透到人类生活的各个方面，它不仅是人类的伙伴和生产工具，甚至还逐渐成为人类可以信赖的“家庭成员”。随着当前儿童经济的盛行，儿童教育行业的消费在家庭总消费中所占的比重逐渐增大，近年来，幼儿教育行业迅速发展，尤其是在人工智能技术的驱动下产生了巨大变化，早教机器人已经取代传统的电子教育产品成为未来家庭幼儿教育产品的主流，它不仅能够陪伴孩子，而且能引导孩子学习。

目前市场上出现了一些带有计算机视觉、智能语音控制、环境感知及增强现实等先进技术的早教机器人。这些技术让机器人更加人性化，更加趋于人机交互。如摩艾客将增强现实技术与英语教材结合，推出了针对儿童英语的早教产品——魔客涂画乐。此外，“小哈”早教机器人将增强现实、图像处理、4D 的技术运用到早教课程中，构建了一个虚拟的人物形象，增强了孩子的学习趣味性。这些早教机器人可以让孩子在学习知识的过程中更加直观、更加活泼有趣，从而实现真正意义上的寓教于乐。

思　考　题

1. 什么是计算机视觉？
2. 图像有哪些类型？分别如何在计算机内表示？
3. 试分析浅层视觉模型的主要缺点。
4. 试分析深度卷积神经网络的提取方法与传统局部特征提取方法的异同。
5. 视觉图像处理在教育领域的应用有哪些？分别对教育信息化有什么影响？

第十五章

教育专家系统

学习目标

1. 了解专家系统的概念和基本结构。
2. 理解推理的基本概念和方式。
3. 重点掌握不确定性推理。
4. 明确教育专家系统的概念、产生与发展、构建以及在教育教学中的应用。

学习建议

1. 本章建议学习时长为5课时。
2. 本章主要阐述教育专家系统的概念、产生与发展以及在教育教学中的应用与发展趋势。
3. 学习者可深入阅读与教育专家系统相关的期刊论文，加深对本章知识点的认识。

在人工智能研究过程中，研究者逐渐认识到知识的重要性。领域专家之所以能够很好地解决本领域的问题，是因为他具有本领域的专业知识。如果能够总结专家的知识，以计算机可以使用的形式表达，那么计算机系统是否可以利用这些知识，像专家一样解决特定领域的问题呢？这就是研究专家系统的初衷。

第一节 专家系统概述

专家系统是人工智能的一个重要分支，是目前人工智能中较活跃的一个研究领域。费根鲍姆将专家系统定义为一种智能的计算机程序，它运用知识和推理来解决只有专家才能解决的复杂问题。这里的专家是指在某专业领域具有很高专业知识和解决问题的能力的学者。专家系统从本质上讲是一个智能化的计算机程序系统，也是一个具有大量专门知识与经验的程序系统，可以根据某领域一个或多个专家提供的知识和经验，模拟人类专家解决问题和做出决策的过程，对问题进行推理和判断，解决只有人类专家才能处理的复杂问题。简言之，专家系统是一种模拟人类专家解决领域问题的计算机程序系统。

专家系统的发展经历了三个阶段，正在向第四代过渡和发展。第一代专家系统（DENDRAL、Macsyma 等）以高度专业化、求解专门问题的能力强为主要特点，例如世界上第一个专家系统（DENDRAL），可以推断化学分子结构，但在体系结构的完整性、可移植性、系统的透明性和灵活性等方面存在缺陷，求解问题的能力较弱。第二代专家系统（MYCIN、Prospector、HEARSAY 等）是单学科专业型、应用型系统，体系结构较完整，可移植性方面也有所改善，而且在系统的人机接口、解释机制、知识获取技术、不确定推理技术、增强专家系统的知识表示和推理方法的启发性、通用性等方面都有所改进。第三代专家系统是多学科综合型系统，采用多种人工智能语言，综合采用各种知识表示方法和多种推理机制及控制策略，开始运用各种知识工程语言、骨架系统及专家系统开发工具和环境来研制大型综合专家系统。在总结前三代专家系统的设计方法和实现技术的基础上，人们开始采用大型多专家协作系统、多种知识表示、综合知识库、自组织解题机制、多学科协同解题与并行推理、专家系统工具与环境、人工神经网络知识获取及学习机制等人工智能技术，以实现具有多知识库、多主体的第四代专家系统。

随着专家系统的理论和技术不断发展，其应用渗透到几乎各个领域，如化学、数学、物理、生物、医学、农业、气象、地质勘探、军事、工程技术、法律、商业、空间技术、自动控制、计算机设计和制造等。这些领域开发了几千个专家系统，其中很多甚至超过同领域中人类专家的水平，并在实际应用中产生了巨大的经济效益。

专家系统作为具有专门知识和经验的计算机智能程序系统，通过对人类专家的问题求解能力的建模，采用人工智能中的知识表示和知识推理技术模拟只有人类专家才能解决的复杂问题，达到具有与人类专家同等解决问题能力的水平。它把知识与其他部分分离开，强调的是知识，而不是方法。很多问题没有基于算法的解决方案，或算法方案太复杂，采用专家系统，利用人类专家拥有的丰富知识解决和简化问题，因此专家系统也称基于知识的系统（knowledge-based system）。专家系统具有以下基本功能及特征。

（1）存储功能：存储问题求解所需的知识、具体问题求解的初始数据和推理过程中涉及的各种信息。

（2）推理功能：根据输入的数据，利用已有知识，按照推理策略解决问题，并能够对推理过程、结论或系统自身行为做出必要解释。

（3）更新功能：提供知识获取、机器学习及知识库的修改、扩充和完善等维护手段，以有效提高系统自身的问题求解能力及准确性。

（4）表达功能：提供用户接口，既便于用户使用，又便于分析和理解用户的各种需求和要求。

（5）启发性：不仅能使用逻辑知识，而且能使用启发性知识，运用规范的专门知识和直觉的评判知识进行判断、推理和联想，实现问题求解。

（6）透明性：使用户在不了解专家系统结构的情况下相互交往，并了解知识的内容和推理思路，还能回答用户的一些有关系统自身行为的问题。

（7）灵活性：由于专家系统的知识与推理机构分离，因此不断接纳新知识，调整有关控制信息和结构，确保推理机和知识库协调，同时便于系统的修改和扩充。

专家系统作为包含知识推理的智能计算机程序，与传统的计算机程序有本质上的区别。传统的计算机程序与专家系统的区别见表 15–1。与传统计算机程序相比，专家系统更容易维护系统，更容易进行修改和扩充，更容易解释得出结论的过程，更适合处理模糊性的、经验性的问题。

表 15–1　传统的计算机程序与专家系统的区别

列项	传统的计算机程序	专家系统
处理对象	数字	符号
处理方法	算法	启发式
处理方式	批处理	交互式
系统结构	数据和控制集成	知识和控制分离
系统修改	难	易
信息类型	确定性	不确定性
处理结果	最优解	可接受解
使用范围	无限制	封闭世界假设

第二节　专家系统的基本结构

专家系统通常由人机交互界面、知识库、推理机、解释器、综合数据库、知识获取六个部分组成，如图 15–1 所示。目前常用的知识表示方式是产生式规则，基于规则的产生式系统由知识库、综合数据库和推理机三部分组成。

（1）知识库。知识库是问题求解所需的领域知识的集合，包括基本事实、规则和其他有关信息。知识的表示形式可以是多种多样的，包括框架、规则、语义网络等。知识库中的知识源于领域专家，是决定专家系统能力的关键，即知识库中知识的质量和数量决定了专家系统的质量水平。知识库是专家系统的核心组成部分之一。一般来说，专家系统中的知识库与专家系统程序相互独立，用户可以通过改变、完善知识库中的知识内容来提高专家系统的性能。

（2）综合数据库。综合数据库，也称动态库、工作存储器或黑板，是反映当前问题求解状态的集合，用于存放系统运行过程中产生的所有信息及所需的原始数据，包括用户输入的信息、推理的中间结果、推理过程的记录等。综合数据库中由各种事实、命题和关系组成的状态，既是推理机选用知识的依据，又是解释机制获得推理路径的来源。

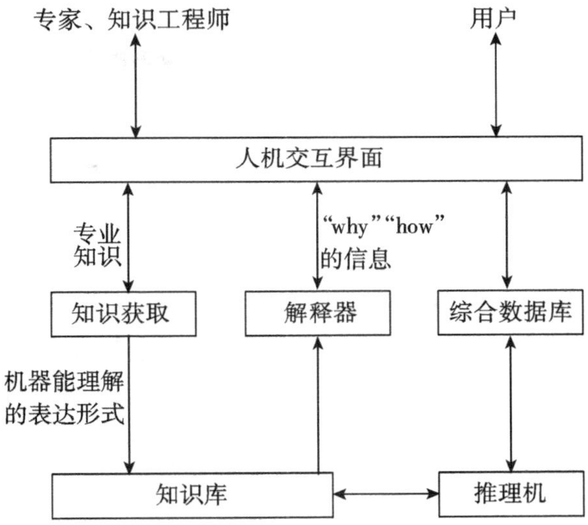

图 15-1　专家系统的组成

（3）推理机。推理机，又称规则解释器，专家系统用户运用控制策略（推理程序）找到可以应用的知识规则。推理机针对当前问题的条件或已知信息，反复匹配知识库中的规则，获得新的结论，以得到领域问题求解结果。推理方式有正向推理和反向推理两种。正向推理是从条件匹配到结论；反向推理是先假设一个结论成立，看它的条件是否满足。由此可见，推理机如同专家解决问题的思维方式，知识库就是通过推理机实现价值的。为使计算机理解并应用某领域专家的专业知识，必须采用计算机能识别的方式表示知识。

（4）人机交互界面。人机交互界面是专家系统与用户交流的界面，用户可以输入基本信息、回答系统提出的相关问题，系统输出推理结果及相关解释信息等。

（5）解释器。解释器用于向用户解释专家系统的行为，能够根据用户的提问对结论、求解过程做出说明，使专家系统更具人情味和可信度。例如，专家系统可以通过解释器向专家系统用户解释系统为什么向用户提出该问题，计算机是经过怎样的推理过程得出最终结论的，等等。专家系统不但为用户提供问题答案，而且提供该答案的可信度估计。

（6）知识获取。通过知识获取模块，专家和用户可以扩充及修改知识库中的内容，可见它是专家系统知识库构建和不断提升水平的关键，也是专家系统构建设计的关键。通过知识获取，可以不断地更新和完善知识库内容，未来甚至可以逐步实现知识库自动学习的功能。

知识获取的基本方法如下：会谈式知识获取，即通过知识工程师与领域专家直接对话获取知识；案例分析式知识获取，即对领域专家通过案例传递的非结构化知识进行加工处理，生成一个专家知识的结构模型；教学式知识获取，即知识工程师通过知识编译器给计算机直接传授知识的工作方式；归纳式知识获取，即对一些特定的概念、事实、案例、关系等采用归纳推理的方法获取知识；假设式知识获取，即根据对外界现象的观察，进行归纳、联想、类比、分析和综合等，形成假设（或猜想）并进行多次验证核对。

专家系统的基本工作流程如下：用户通过人机界面回答系统提问，推理机将用户输入的信息与知识库中各个规则的条件进行匹配，并把结论存放到综合数据库中，专家系统将结论呈现给用户。

第三节　推理方法

一、推理的基本概念

推理（reasoning）通常是指从已知的事实出发，运用掌握的知识，按照某种策略寻找出其中蕴含的事实，或者归纳出新的事实的思维过程。其中推理依据的已知事实叫作前提（或条件），由已知事实推出的新事实叫作结论。人们无论是在学习和科学研究中，还是在日常生活中都会用到推理。要使计算机具有智能，仅有知识及知识的表示是不够的，还必须让计算机具有推理能力，即计算机运用掌握的知识推理未知的知识，从而解决问题。在专家系统中，推理以知识库中的已有知识为根据。基于知识推理的计算机实现构成了推理机。高性能的专家系统不仅要拥有大量的专门知识，而且要具有选择和运用知识的能力。推理机作为专家系统的核心，其主要任务是在问题求解过程中适时地决定知识的选择和运用。推理机的控制策略确定知识的选择，推理机的推理方式确定具体的知识运用。

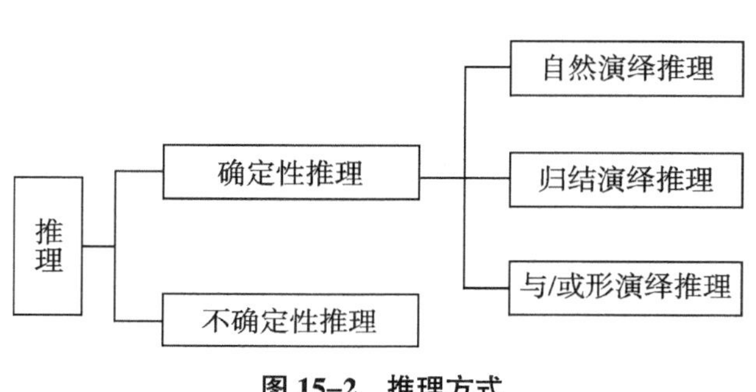

图 15-2　推理方式

根据推理所用知识的确定性，推理方式可分为确定性推理（certainty reasoning）和不确定性推理（uncertainty reasoning），如图 15-2 所示。

确定性推理中使用的前提条件、判断和推导出的结论都是可以精确表示的，其真值要么为真，要么为假，不会有第三种情况出现。不确定性推理中使用的前提条件、判断和推导出的结论不都是确定的，由此推出的结论也不完全是确定的。在人类知识中，相当一部分是人们的主观判断，是不精确的或模糊的，属于不确定性推理；专家系统中的推理主要是不确定性推理。一般来说，不确定性推理包含两方面内容：一个是根据前提推出结论；二是根据前提和规则的不确定性（可信度）计算结论的不精确性。

推理策略主要解决整个问题求解过程的知识选择和应用顺序问题，即决定先做什么，后做什么，并根据问题求解的当前状态分别做不同的工作，还能确定出现异常情况时的处理方法等。由于智能系统的推理过程一般表现为一种搜索过程，因此推理控制策略又可分为推理策略和搜索策略。推理策略主要解决推理方向、冲突消解等问题，如推理方向控制策略、求解策略、限制策略、冲突消解策略等。搜索策略主要解决知识的搜索与目标求解问题，如推理线路、推理效果、推理效率等。目前，专家系统中采用的推理策略主要有正向推理策略、逆向推理策略、混合推理策略、双向推理策略、冲突消解策略及元控制策略。

二、确定性推理

确定性推理，又称经典逻辑推理，包括自然演绎推理、归结演绎推理等。

（一）自然演绎推理

自然演绎推理：从一组已知为真的事实出发，运用经典逻辑的推理规则推出结论的过程。推理规则包括 P 规则、T 规则、假言推理、拒取式推理。

（1）优点：①表达定理证明过程自然，易理解；②拥有丰富的推理规则，推理过程灵活；③便于嵌入领域启发式知识。

（2）缺点：易产生组合爆炸，得到的中间结论一般呈指数形式递增。

（二）归结演绎推理

定理证明是对已知前提 P 和待征结论 Q，证明 $P\rightarrow Q$ 的永真性。但是，要证明一个谓词公式的永真性是相当困难的，甚至在某些情况下是不可能的。研究发现，应用反证法的思想可把永真性的证明转换为不可满足性的证明，即要证明 $P\rightarrow Q$ 永真，只要证明 $P\rightarrow \wedge Q$ 是不可满足的即可。关于不可满足性的证明，海伯伦及鲁宾逊先后进行了卓有成效的研究，并提出了相应的理论和方法。海伯伦的理论和鲁宾逊的归结原理都是以子句集为背景展开研究的。

1. 谓词公式化为子句集的方法

在谓词逻辑中，把原子谓词公式及其否定统称为文字，文字的析取式称为子句。

不包含任何文字的子句称为空子句。由于空子句不含文字，不能被任何解释满足，因此空子句是永假的、不可满足的。

由子句构成的集合称为子句集。在谓词逻辑中，任何一个谓词公式都可通过应用等价关系转换成相应的子句集。

把谓词公式转换成子句集的步骤如下。

（1）消去蕴含连词。

利用下述等价关系消去谓词公式中的蕴含连词“→”。

$$P\rightarrow Q\Leftrightarrow \neg P\vee Q$$

（2）减小否定连词的辖域。

利用下述等价关系把“¬”移到紧靠谓词的位置上。

双重否定律：$\neg(\neg P)\Leftrightarrow P$

德摩根律：$\neg(P\wedge Q)\Leftrightarrow \neg P\vee \neg Q$，$\neg(P\vee Q)\Leftrightarrow \neg P\wedge \neg Q$

量词转换律：$\neg(\forall x)P\Leftrightarrow (\exists x)\neg P$，$\neg(\exists x)P\Leftrightarrow (\forall x)\neg P$

（3）约束变元标准化。

重新命名约束变元，使不同量词的约束变元有不同的名字。

（4）消去存在量词。

若存在量词不在全称量词的辖域内，则用一个新的个体常量替换受该存在量词约束的变元，消去存在量词（若原公式为真，则总能找到一个个体常量，替换后仍使公式为真）；若存在量词位于一个或多个全称量词的辖域内，例如：

$$(\forall x_1)(\forall x_2)\cdots(\forall x_n)(\exists y)P(x_1,x_2,\cdots,x_n,y)$$

则需要用 Skolem 函数 $f(x_1,x_2,\cdots,x_n,y)$ 替换受该存在量词约束的变元 y，消去存在量词。

（5）组成全称量词前缀。

把全称量词全部移到公式的左边，组成全称量词前缀。利用下述等价关系把母式转化为Skolem标准型：

$$P \vee (Q \wedge R) \Leftrightarrow (P \vee Q) \wedge (P \vee R)$$

（6）把公式化为Skolem标准型。

Skolem标准型的一般形式为

$$(\forall x_1)(\forall x_2)\cdots(\forall x_n)M$$

式中，M是子句的合取式，称为Skolem标准型的母式。

（7）消去全称量词。

（8）为变元更名，使不同子句中的变元不同名。

（9）消去合取连词，得到子句集。

2. 鲁宾逊归结原理

子句集中的子句之间是合取关系（子句内是析取关系），只要有一个子句不可满足，子句集就不可满足。

鲁宾逊归结原理（消解原理）的基本思想如下：检查子句集S中是否包含空子句，若包含，则S不可满足；若不包含，则在S中选择合适的子句进行归结，一旦归结出空子句，就说明S不可满足。

（1）命题逻辑中的归结原理（基子句的归结）。

定义1（归结）：设C_1与C_2是子句集中的任意两个子句，如果C_1中的文字L_1与C_2中的文字L_2互补，那么从C_1和C_2中分别消去L_1和L_2，并析取两个子句中余下的部分，构成一个新子句C_{12}，即为C_1和C_2的归结式。

归结式C_{12}是亲本子句C_1与C_2的逻辑结论，即若C_1与C_2为真，则C_{12}为真。

推论1　设C_1与C_2是子句集S中的两个子句，C_{12}是它们的归结式，若用C_{12}代替C_1和C_2后得到新子句集S_1，则由S_1的不可满足性推出原子句集S的不可满足性，即

$$S_1\text{的不可满足性} \Rightarrow S\text{的不可满足性}$$

推论2　设C_1与C_2是子句集S中的两个子句，C_{12}是它们的归结式，若将C_{12}加入子句集S，得到新子句集S_2，则S与S_2在不可满足的意义上是等价的，即

$$S_2\text{的不可满足性} \Leftrightarrow S\text{的不可满足性}$$

推论1和推论2给出了用鲁宾逊归结原理证明子句集不可满足性的基本思想：为了证明子句集S的不可满足性，只要对其中可进行归结的子句进行归结，并将归结式加入子句集S中，或者用归结式替换它的亲本子句，再证明新子句集（S_1或S_2）不可满足性就可以了。如果归结后得到空子句，那么根据空子句的不可满足性，可立即得出原子句集S是不可满足的。

（2）谓词逻辑中的归结原理（含变量的子句的归结）。

定义2　设C_1与C_2是两个没有相同变元的子句，L_1和L_2分别是C_1和C_2中的文字，若σ是L_1和$\neg L_2$的最一般合一，即

$$C_{12} = (C_1\sigma - \{L_1\sigma\}) \cup (C_2\sigma - \{L_2\sigma\})$$

则称C_{12}为C_1和C_2的二元归结式，L_1和L_2为归结式的文字。

对于谓词逻辑，归结式是亲本子句的逻辑结论。

对于一阶谓词逻辑，若子句集是不可满足的，则必存在一个从该子句集到空子句的归结

演绎；若从子句集存在一个到空子句的演绎，则该子句集是不可满足的。

若没有归结出空子句，则不能说 S 不可满足，也不能说 S 可满足。

三、不确定性推理

（一）概率推理

在概率推理中，根据证据和假设的复杂程度不同，概率推理可分为如下三种情况。

1. 简单的概率推理

设有如下产生式规则：

$$\text{IF}\quad E\quad \text{THEN}\quad H$$

证据 E 的不确定性为 $P(E)$，概率推理就是求出在证据 E 下结论 H 发生的概率 $P(H/E)$。由条件概率公式知

$$P\left(\frac{H}{E}\right)=\frac{P(E/H)P(H)}{P(E)}$$

2. 多假设的概率推理

如果一个证据支持多个假设 $H_1, H_2,\cdots, H_n$，即

$$\text{IF}\quad E\quad \text{THEN}\quad H_i\,(i=1, 2,\cdots, n)$$

则根据贝叶斯定理有

$$P(H_i/E)=\frac{P(H_i)P(E/H_i)}{\sum_{j=1}^{n}P(H_j)P(E/H_j)}\quad (i=1, 2,\cdots, n)$$

3. 多前提和多假设的概率推理

如果有多个证据 $E_1, E_2, \cdots, E_n$ 支持多个假设 $H_1, H_2,\cdots, H_m$，即

$$\text{IF}\quad E_i\quad \text{THEN}\quad H_j\,(i=1, 2,\cdots, n;\ j=1, 2,\cdots, m)$$

则根据贝叶斯定理扩展为

$$P(H_i/E_1E_2\cdots E_m)=\frac{P(H_i)\prod_{j=1}^{m}P(E_j/H_i)}{\sum_{j=1}^{n}\left\{P(H_j)\prod_{k=1}^{m}P(E_k/H_j)\right\}}(i=1, 2,\cdots, n)$$

（二）主观贝叶斯方法的推理

主观贝叶斯方法是杜达等人在1976年提出的一种不确定性知识推理方法，是在贝叶斯定理的基础上发展起来的，并建立了相应的不确定性推理模型，并且在地矿勘探专家系统PROSPECTOR 中得到成功应用。在主观贝叶斯方法中，知识表示为

$$\text{IF}\quad E\quad \text{THEN}\ (LS, LN)\quad H$$

式中，(LS, LN) 为知识的静态强度；LS 为充分性因子，LN 为必要性因子，分别用来衡量证据 E 对结论 H 的支持程度和 $\sim E$ 对 H 的支持度。定义

$$LS=\frac{P(E/H)}{P(E/\neg H)}$$

$$LN=\frac{P(\neg E/H)}{P(\neg E/\neg H)}=\frac{1-P(E/H)}{1-P(E/\neg H)}$$

定义概率函数为$O(X)=\frac{P(X)}{P(\neg X)}$，得到概率函数和$LN$与$LS$的关系为

$$O(H/E)=LS\cdot O(H)$$

$$O(H/\neg E)=LN\cdot O(H)$$

在主观贝叶斯方法中，证据的不确定性也用概率表示。设初始证据为E，用户根据观测S给出$P(E/S)$。由于$P(E/S)$的给出很困难，因此在PROSPECTOR系统中用初始证据的可信度$C(E/S)$变通。证据的可信度为 -5～+5 的 11 个整数，表示对提供的证据的相信程度。

1. 证据组合的不确定性算法

当组合证据为多个单一证据的合取，即$E=E_1\wedge E_2\wedge\cdots\wedge E_n$时，

$$P(E/S)=\min\{P(E_1/S),P(E_2/S),\cdots,P(E_n/S)\}$$

当组合证据为多个单一证据的析取，即$E=E_1\vee E_2\vee\cdots\vee E_n$时，

$$P(E/S)=\max\{P(E_1/S),P(E_2/S),\cdots,P(E_n/S)\}$$

2. 不确定性传递算法

当证据肯定存在时，

$$P(H/E)=\frac{LS\times P(H)}{(LS-1)\times P(H)+1}$$

当证据肯定不存在时，

$$P(H/\neg E)=\frac{LN\times P(H)}{(LN-1)\times P(H)+1}$$

当证据不确定时，可使用EH公式和CP公式。

EH公式为

$$P(H/S)=\begin{cases}P(H/\neg E)+\dfrac{P(H)-P(H/\neg E)}{P(E)}\times P(E/S),0\leqslant P(E/S)<P(E)\\ P(H)+\dfrac{P(H/E)-P(H)}{1-P(E)}\times[P(E/S)-P(E)],P(E)\leqslant P(E/S)\leqslant 1\end{cases}$$

CP公式为

$$P(H/S)=\begin{cases}P(H/\neg E)+[P(H)-P(H/\neg E)]\times\left[\dfrac{1}{5}C(E/S)+1\right],C(E/S)\leqslant 0\\ P(H)+[P(H/E)-P(H)]\times\dfrac{1}{5}C(E/S)\qquad ,C(E/S)>0\end{cases}$$

其中，在对初始证据推理时，根据已知的$C(E/S)$应用CP公式计算；在推理过程中，将中间结论作为证据进行推理时，应用EH公式计算。

（三）可信度方法

可信度方法是肖特利夫等人在确定性理论的基础上，结合概率论等理论提出的一种不确定性推理方法。可信度方法在专家系统 MYCIN 中得到成功应用。目前，可信度方法已经成为许多专家系统使用的推理方法。在可信度方法中，知识的一般表示形式为

$$\text{IF}\ \ E\quad \text{THEN}\ \ H\ \left(CF(H,E)\right)$$

其中，$CF(H,E)$ 为知识的可信度因子，$CF(H,E)\in[-1,1]$，表示当证据 E 为真时对假设 H 的支持度，值越大，假设 H 为真的可能性越大。$CF(H,E)$ 定义为

$$CF(H,E)=MB(H,E)-MD(H,E)$$

其中 MB 和 MD 分别为

$$MB(H,E)=\begin{cases}1 & ,P(H)=1\\ \dfrac{\max\{P(H/E),P(H)\}-P(H)}{1-P(H)} & ,P(H)\neq 1\end{cases}$$

$$MD(H,E)=\begin{cases}1 & ,P(H)=0\\ \dfrac{\min\{P(H/E),P(H)\}-P(H)}{-P(H)} & ,P(H)\neq 0\end{cases}$$

1. 组合证据不确定性算法

若规则中的证据 E 是多个单证据的合取，即

$$E=E_1\wedge E_2\wedge\cdots\wedge E_n$$

且已知 $CF(E_1),CF(E_2),\cdots,CF(E_n)$，则

$$CF(E)=\min\{CF(E_1),CF(E_2),\cdots,CF(E_n)\}$$

若规则中的证据 E 是多个单一证据的析取，即

$$E=E_1\vee E_2\vee\cdots\vee E_n$$

且已知 $CF(E_1),CF(E_2),\cdots,CF(E_n)$，则

$$CF(E)=\max\{CF(E_1),CF(E_2),\cdots,CF(E_n)\}$$

2. 不确定性传播算法

不确定性传播算法就是根据证据和规则的可信度计算假设可信度的算法。若证据 E 的可信度为 $CF(E)$，规则为

$$\text{IF}\ \ E\quad \text{THEN}\ \ H\ \left(CF(H,E)\right)$$

则假设的可信度

$$CF(H)=CF(H,E)\cdot\max\{0,CF(E)\}$$

3. 结论的不确定性合成算法

若有多条知识支持同一假设，即

$$\text{IF}\ \ E_1\quad \text{THEN}\ \ H\ \left(CF(H,E_1)\right)$$

$$\text{IF}\ \ E_2\quad \text{THEN}\ \ H\ \left(CF(H,E_2)\right)$$

则

$$CF_1(H)=CF(H,E_1)\cdot\max\{0,CF(E_1)\}$$
$$CF_2(H)=CF(H,E_2)\cdot\max\{0,CF(E_2)\}$$

$$CF_{1,2}(H)=\begin{cases}CF_1(H)+CF_2(H)-CF_1(H)\times CF_2(H), & CF_1(H)\text{与}CF_2(H)\text{都非负}\\ CF_1(H)+CF_2(H)+CF_1(H)\times CF_2(H), & CF_1(H)\text{与}CF_2(H)\text{都为负}\\ \dfrac{CF_1(H)+CF_2(H)}{1-\min\{|CF_1(H)|,|CF_2(H)|\}}, & CF_1(H)\text{与}CF_2(H)\text{符号不同}\end{cases}$$

另外，近几年出现许多改进的可信度表示方法，如带有阈值的不确定性推理和证据中带有可信度因子的不确定性推理等。

第四节　教育专家系统概述

一、教育专家系统的概念

目前，专家系统的思想和技术已经逐步应用于教育教学领域，并且越加成熟与适用。所谓教育专家系统，就是把专家系统的理论和方法应用到教育教学领域而形成的专家系统，其本质还是人工智能系统。教育专家系统从功能上可以定义为“一个在教育领域具有专家水平解题能力的程序系统”，它能像教育领域专家一样工作，也能运用教育专家多年积累的经验与专业知识，在较短时间内对提出的问题给出高水平的解答。也有学者把教育专家系统定义为“由一个教育领域的专门知识库及一个能获取和运用知识的机构构成的解题程序系统”，从结构上强调了其中存放知识的知识库与运用知识的机构之间的独立性。

从内涵中可以看出，教育专家系统的质量在很大程度上取决于它所具有的“专家知识”与水平。它能够克服传统教育组织方式与先进教学理论之间的矛盾，同时具有诊断和调试等功能，具有良好的人机界面。例如，教育专家系统可以同时拥有多个教育专家的知识，可以灵活地针对群体中每名学生的情况进行教学信息资源的检索、设计、处理和传递；对教学过程和教学资源进行设计、开发、利用和管理；科学、合理地对教学结果进行综合评估和反馈控制；也可以对学生的心理、行为进行跟踪测试，并适时调整；根据学生的特点，以最合适的教案和教学方法对学生进行教学辅导。同时，教育专家系统中应用多媒体不仅信息量大，而且能化繁为简、化难为易、化静为动，把平时教师说不清道不明及学生不易掌握和理解的知识展现在学生面前。可以在教学中全面地使用多媒体的文、图、声、像等信息，增强学生的参与意识和能力，极大地提高学生的学习兴趣，同时有利于教学组织的优化和教学质量的提高。

专家系统的思想和技术不仅能够适应个性化教学的需求而达到因材施教的目的，而且能够对优化教育教学手段及实现教育现代化的目的起推动作用。教育专家系统的运用能够推动学生创新思维的发展，更加系统地对学生的学习结果进行评价和诊断，对学生的学习进度进行实时监测，分析学生在学习过程中遇到的难点。人工智能可以帮助实现一对一的教学模式，综合分析学生知识积累与智力开发情况，为其制定个性化的教学方案，适当地调整教学进度，根据学生的学习能力选择不同的教学方法和策略，针对性地纠正其学习习惯，解决学习中遇到的难题。学生可以自由地提出问题，与计算机进行互动，使学习过程更有效率。人工智能除了为学生提供学习便利之外，还能为教师的教学过程提供意见和方法。此外，教育专家系统把授课和实习有机结合起来，通过反复示数加深学生对知识的理解。

对专家系统的研究及其在教育教学中的推广应用还存在许多瓶颈和缺陷，有待我们深入研究和完善。随着人工智能技术的不断发展，专家系统等人工智能技术在教育领域会有更加广阔的应用前景。

二、教育专家系统的产生与发展

从 1965 年世界上第一个专家系统诞生至今，随着知识工程的深入研究及专家系统理论和技术的不断发展，专家系统的应用几乎渗透到各个领域，并在实际应用中产生了巨大经济效益。当今社会对教育现代化的呼吁和关注，使得专家系统在教育中的应用越来越受到人们的重视，且具有广阔的发展前景，尤其是专家系统在辅助教育教学中的其他应用极大地促进了教育信息化的发展。

教育专家系统的产生与应用可追溯到 20 世纪 50 年代末期。除了安排课程、教学辅助管理及评分测验等应用外，在教育领域运用计算机最引人注目的是计算机辅助教学（computer aided instruction，CAI）。研究者在算术、游戏、词汇教学等方面研制出一些计算机辅助教学系统，其中有些系统已用于课堂教学或作为商品出售。系统中通常存储一些课文，对应每篇课文都有一定数量的、要求简短答案的问题，以及当学生回答错误时对其进行更正的解说材料。这些系统基本上按如下方式完成教学任务：首先提供一些课文让学生学习，学生学习课文后，系统向学生提出一些问题，然后把学生的回答与系统中的答案进行比较，若学生的回答是错误的，则把事先存储好的更正解说显示给学生。为了使系统具有较强的教育能力，设计者必须考虑好一个问题的各种错误答案，并根据每个错误的起因准备好更正解说材料。这类计算机辅助教学系统的主要缺陷是对学生“一视同仁”，不能像教师一样进行个别指导。

20 世纪 70 年代初期，研究者把人工智能的基本技术（如知识表示、推理方法、自然语言理解等方面的技术）引入计算机辅助教学中，产生了所谓的智能计算机辅助教学（intelligent computer aided instruction，ICAI）系统，也称智能指导系统。它通过综合运用超媒体技术、网络基础和人工智能技术开发新的教学系统，包含学生模块、教师模块，体现了教学系统开发的全部内容，拥有不可比拟的优势和极大吸引力。智能指导系统改变了传统教学模式，使学生的学习积极性和主动性得到充分发挥，提高了教师的教学效率，有助于学生智力的开发和能力的培养。

20 世纪 70 年代中期，智能指导系统除了拥有大量专业知识外，还拥有一些教育知识，包括学生的知识水平和因材施教的传授策略。

20 世纪 70 年代末期，随着专家系统的产生和发展，人们对系统的透明性日益重视，系统的解释功能也不断完善。许多专家系统都具有一定的解释功能。一般来说，具有解释功能的专家系统可以在某种程度上起到教育、培训的作用。用户通过向系统提问，了解系统解决问题的过程及所使用的知识。一般专家系统用于教育目的时，需要详尽的提问以完整地了解系统解决问题的全过程。对以系统学习知识为目的的学生来说很不方便。研究者开始致力于研究在某个实际的专家系统的基础上，开发教育专家系统，例如NEOMYCIN系统。

在智能教学系统的开发理念方面，趋向于用先进的教学理论和学习理论指导智能教学系统的开发，特别是建构主义；在功能开发方面，较注重学生模型和自然语言接口的研究；在学生模型的构建过程方面，注重“情感因素”的研究，同时注重学生模型的动态性和开放性；在自然语言接口的相关研究方面，由传统的“书面理解”转向“口语理解”，从而增强系统的人机对话功能。

智能教学系统的使用范围不断扩大。随着研究的不断深入，智能教学系统已经由当初仅支持基于文本和图形的简单的教与学的方式，发展到目前包括发现式学习、探究式学习和协作式学习等多种教与学的方式。在看到取得的研究成果的同时，我们应该意识到，我国智能教学系统的研究与国外还有一定的差距，如有关智能教学系统对适应性学习的支持的研究还不够深入、构建真实的智能教学环境相关研究较少，亟待我们在以后的研究中加以改进。

科学技术的发展将推动人工智能技术在教育中应用的广度和深度。从人工智能的应用趋势来看，人工智能在教育中应用的扩展可以通过以下三个方面进行：一是人工智能与其他先进信息技术结合，目前人工智能已经与多媒体技术、网络技术、数据库技术等有效融合，为提高学习效率提供了有力的技术支持，引起了教育技术界的广泛关注；二是人工智能应用研究领域间的集成，人工智能应用研究领域之间并不是彼此独立的，而是相互促进、相互完善的，可以通过集成扩展彼此的功能和应用能力；三是人工智能的研究和应用出现了许多新的领域，它们是传统人工智能的延伸与扩展，包括分布式人工智能与Agent、计算智能与进化计算、数据挖掘与知识发现及人工生命等，这些发展与应用蕴藏着巨大潜能，必将对教育产生重要的影响。目前，人工智能的推理功能取得突破，学习及联想功能正在研究中，下一步就是模仿人类右脑的模糊处理功能和整个大脑的并行化处理功能。人工神经网络是未来人工智能应用的新领域。

三、教育专家系统构建

随着人工智能时代的到来，各行各业深受影响且正在发生深刻变革。将先进的人工智能技术应用到教育领域是现代化教育发展的必然趋势。专家系统的出现不但加速了教育智能化的发展，而且推动了个性化教育服务的进步。从概念上说，专家系统就是一个智能化的计算机程序，它的智能化主要表现为在特定的领域模仿人类专家的思维来求解复杂问题。因此，专家系统必须具备领域专家的大量知识，拥有类似于人类专家思维的推理能力，并能用这些知识解决实际问题。例如，旅游专家系统能够像真正的导游一样，结合游客个性化特点，判别出内在需求与外在需要，并给出相应旅游路线和建议等。目前，专家系统在各个领域中都得到了广泛应用，尤其是在教育领域取得了一定的成果。由于教育专家系统是专家系统在教育领域的分支，因此借鉴专家系统的基本结构构建了教育专家系统。

将人工智能中的技术和思想应用于教育领域，利用计算机模拟专家、教授的教学思维过程，形成开放式交互教学系统。该应用不但能够适应个别化教学的需求以达到因材施教的目的，而且对优化教育教学手段起到巨大推动作用。教育专家系统的基本结构如图15-3所示。

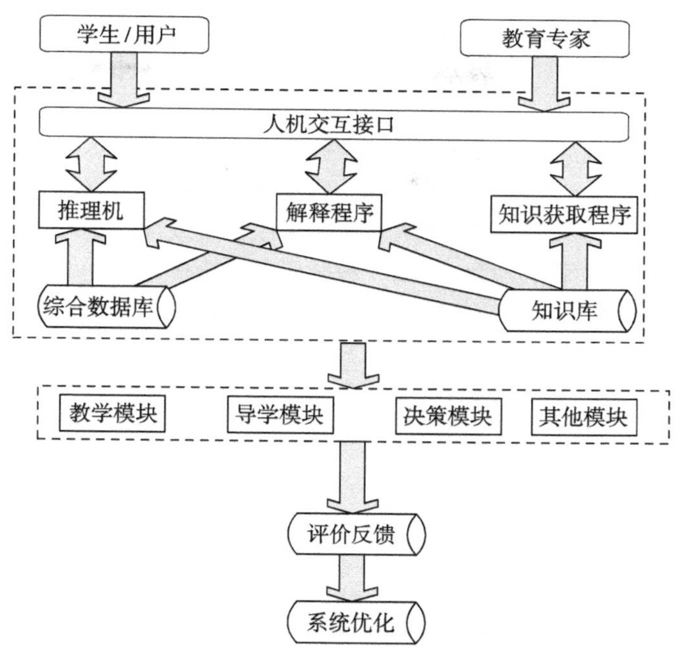

图 15–3　教育专家系统的基本结构

图 15–3 中的教育专家系统主要分为如下四个层次。

第一层，学生 / 用户通过人机交互接口向系统提问，系统也可以通过人机交互有意识地搜集用户信息。教育专家通过人机交互接口将自身的教学技能、专业知识、教育经验等上传到知识获取程序。

第二层，与专家系统的组件和功能基本一致。人机交互接口是系统与用户和专家传递知识的媒介；知识库用来存放领域专家提供的知识资源；综合数据库用来存放关于问题求解的初始数据、求解状态、中间结果、假设、目标及最终求解结果；推理机运用控制策略识别、选取知识库中的有用知识进行推理；解释程序根据用户提问对结论、求解过程提供说明；知识获取程序负责自动搜集专家知识，不断完善知识库。

第三层，由于第二层用于处理用户信息，因此在第三层进入教育领域的不同应用模块。由于各模块发展的速度与程度差异较大，因此本书暂时将第三层分为目前已经比较成熟的教学模块、导学模块、决策模块及其他模块。

第四层，经过实际应用后，将会产生大量评价反馈。系统自动将评价反馈存储到专门的数据库中，方便之后系统维护人员针对用户需求和问题进行优化与更新，不断提高用户的满意度。

教育专家系统的基本工作流程可以按照数据流动的方向总结为学生 / 用户通过人机交互接口提问，推理机将用户输入的问题与知识库进行条件匹配，并把匹配规则的结论存放到综合数据库中。系统通过识别对问题进行分类，接着问题到达专门的处理模块，系统将模块得出的最终结论呈现给用户。

第五节 教育专家系统的应用

随着人工智能技术的发展和教育信息化的深入，人工智能技术在教育领域的应用日益受到人们的重视，许多专家、学者力争从不同的角度对教育的各个方面开展研究，应用人工智能技术改变教学中的某些环节，创造现有教育中无法实现或实现不理想的教学方法、教学条件、教学环境等，促进教育的发展。当前，教育专家系统作为一种模拟人类专家解决教育领域问题的计算机软件系统，是人工智能的一个重要应用领域。教育专家系统内部含有教育专家的丰富知识与经验，能够运用教育专家的知识和解决问题的方法进行推理和判断，模拟教育专家的决策过程来解决教育领域的各类复杂问题。下面根据教育专家系统的发展现状，列举并说明具有代表性的应用。

一、教育决策支持系统

（一）招生就业决策支持系统

招生就业决策支持系统，一是分析各位考生志愿填报的情况，尤其是第一志愿，使招生部门大概预测该专业在学生及家长心中的认可度，以调整该专业的招生数量，保证优势专业的生源，进行科学规划，避免招生指标的缺失；二是分析各种类型的新生报到率。很多民办本科、高职院校新生报到率低。分析生源所在地新生报到率，学校可以到学生报到率偏低的地区加大招生宣传力度，改善该校在考生和家长心目中的认知，完成招生计划；三是招生与就业分析，数据的需求分析可以为招生部门提供相应的决策支持，也可以为招生宣传提供有说服力的依据。

（二）教育经费需求与供给系统

一是根据我国经济社会发展需要，建立各级各类教育事业发展目标系统；二是根据发展目标，建立全面、综合的各级各类教育经费需求的分析系统；三是建立各级各类教育经费供给和多渠道来源的分析系统；四是建立教育事业发展规划目标和教育经费分配与使用规划的整合系统；五是建立教育资源配置公平性的评价指标系统；六是建立阶段性的各级各类教育发展业绩和经费使用的绩效评估系统。将这六个子系统整合成一个计算机化的专家智能系统，使之成为可以直接为我国各级政府部门和实践者使用的决策工具。总之，专家智能系统既是一个决策支持系统，又是一个政策模拟工具。当决策者提出一个教育发展目标时，系统会告诉你该发展目标是否具有财政可行性；当面临财政制约时，系统会告诉你需要适当调整发展目标。该系统既可以在全国层面使用，又可以在省、市、县层面使用，可以大大提高教育财政、教育管理、教育决策的科学化水平和工作效率。

（三）突发应急事件处理系统

将虚拟技术与突发事件结合，把多媒体技术应用到校园公众突发事件应急处理中，交互式运用传统二维动画与FLASH代码，使人能够与系统动画互动，进入系统的动画场景中，综合应用逐帧动画、形变动画、补间动画、遮罩动画、引导动画等动画技术，把地震、火灾、游泳等校园安全应急装置设计成模拟演示系统，以动画的形式展现应急处理的方法，提供以人为核心的人机交互模式，让学生参与处理应急的虚拟模拟，展示突发应急事件下的不同处理方式及可预见性结果，增强突发事件应急处理演示虚拟模拟的趣味性和生动性，广泛普及突发事件应急处理方法，提高科学处置突发应急事件的能力，完善校园公共突发事件应急能力建设，减少生命财产损失。

（四）教育舆情决策支持系统

为了更好地对教育舆情进行监测分析，需从设计教育舆情决策支持系统的角度出发，根据教育舆情数据的层次结构，建立“时间—公众—地域”三级教育舆情水平模型，给出相应的指标体系，明确数据预处理过程中信息采集、信息清理和信息汇总的流程，通过分析时间、舆情主体、舆情客体、舆情本体、媒介平台、地域时所用的核心技术，设计基于“星型模型”和“雪花模型”的教育舆情数据仓库。为了让教育舆情决策支持系统更加完善，一方面要建立“国家—地方—学校”教育数据共享平台；另一方面要结合人类智慧和人工智能，将专家库纳入教育舆情决策支持系统。

二、教育研究系统

（一）智能教学研究系统

智能教学研究系统实际上是利用计算机模拟教学专家的教学思维过程，寻求学习认知的模式，其具有良好的人机交互和诊断、调试功能，可以使学生获得个性化自适应学习。该系统具有自然语言的生产与理解能力，能够较科学地评估学生的学习水平，根据学生的学习水平与学习情况，通过智能教学研究系统的搜索与推理，得出智能化的教学方法与教学策略，并在教学中不断改进教学策略；还可以通过分析学生以往的学习兴趣和学习习惯，预测学生的知识需求和常犯错误，动态地将不同的学习内容、学习方法与不同的学生进行匹配，诊断学生错误并智能地分析错误的原因，进而有针对性地提出合理的教学建议、学习建议及改进方法。使用智能教学研究系统既提高了学生学习的满意度，激发了学生的学习热情，又对教师教学提供了客观的依据和科学的方法。

（二）学生心理素质测评系统

基于加强在校学生心理素质教育和学生指导工作的需要，学生心理素质测评已成为学校学生管理的一项重要工作。学生心理素质测评系统是利用心理专家的知识和经验，模拟心理专家诊断和解决问题的思维推理过程，从性格特点、价值取向、心理素质、职业兴趣等方面对学生的心理素质进行综合测评，有助于学生了解自身优势和潜力及教师对学生专业方向的选择、就业等方面的指导。采用系统论的观点对学生管理事务工作进行全方位、多层次的分析；使用心理学测评的理论及相关测量的量表，利用 GDAS 中间件、Python、Apache、SQL Server、JavaScript 和层叠样式表技术，构建学生心理素质测评系统，使学生实现信息资源的广泛共享、快捷的流通，并且通过对信息进行深层次的挖掘，实现便捷化管理的目标，提高学生管理工作的有序性、准确性和高效性。

（三）教育史料辅助开发系统

甲骨文的发现和研究已经有一百多年的历史，因为没有中国教育史研究者从事甲骨文的研究，所以甲骨文发掘和研究的成果很难在教育史领域得到有效运用。时至今日，商代教育史仍然是中国教育史研究领域的空白地带。教育史学者应该以古文字学家的研究为基础，从教育史的视角出发，充分运用教育学的基本理论，搜集、整理甲骨文中的教育史料。只有以甲骨文中的教育史料为依据，才可能写出系统信实的商代教育史。

三、教育教学辅助

（一）多专家网络教学系统

多专家网络教学可以发挥网络、教学专家及多专家系统的综合优势和智能优势，结合有关教学实践的多方面专家知识、教学活动中的各种数据和信息。多专家网络教学系统根据综合问题的不同应用多个专家系统，动态地配置合适的任务，提高执行的并行性和有效性，以及应对师生各种问题的灵活性，改善网络教学的整体性能。通过加强各子专家系统之间的通信处理、协同调度以及与之相应的各知识库，综合知识库和整体求解机制的优化，多专家网络教学系统能以正确的方式调配网络教学系统，选择多种推理方法动态地组织求解。多专家网络教学系统支持的网络教学在对学生的适配、认知模型构建、任务分析、个别指导策略、学生错误诊断、协助合作学习、网络教学系统监视和教学复杂性问题的适应性求解等方面较有优势，大大提高了网络教学的适应性和学生学习的效率。

（二）学习成绩分析系统

在高校学生管理中，成绩分析是一项基本工作，需要投入大量的人力和精力。随着考试科目、考生人数的增加，教师阅卷量的增大，对试卷质量分析的准确性和时效性提出了考验。因此，在学生学习成绩的分析中应用专家系统，为解决给以上问题带来了便利。学生成绩分析系统根据学生的基本情况，综合相关政策、文件规定，分析出学生在校期间历次考试成绩的变动过程，时效性强，在实际应用中极大地提高了工作效率，减小了成绩评判的误差。

（三）智能网络组卷系统

目前无纸化考试已经成为考试的一种主要形式。广义的无纸化考试包括采用计算机建立和管理题库、选题组卷、考试和评价等环节，不但从形式上对传统的纸笔化考试进行了改革，而且对考试内涵和评价标准有重大创新。许多研究成果表明，运用人工智能技术提高无纸化考试系统的性能已成为新一轮研究热点。智能网络组卷系统不但成本低、效率高、保密性强、连续组卷时一致性好，而且即使在限制条件较多的情况下，也可根据给定的组卷原则自动生成令人满意的试卷。同时，由于试题库来源于广大教师的编写、经典习题的筛选与收集，因此确保了试卷的质量。智能网络组卷系统集中和共享了教师的劳动成果，为真正实现教考分离和学分制管理提供了公正的教学评价，充分展示了计算机网络教育的开放性特质，同时降低了办学成本，为扩大办学规模奠定了良好的基础。

（四）学籍预警支持系统

对高校的教学成绩及一卡通等教育数据进行挖掘分析，建立学籍预警支持系统。该系统采用数据仓库、数据挖掘技术、知识库等，建立学籍预警支持系统框架。该系统定期从各数据源提取相关教学信息，经过预处理后，存入数据仓库，在此基础上应用数据挖掘技术和多维分析处理对数据进行深入分析和挖掘，将挖掘到的知识存入知识库。

四、教育服务

（一）个性化教育系统

个性化教育系统旨在创造优良的学习环境，使学生方便、快捷地调用各种资源，接受学习的全方位服务。目前，基于智能主体技术构建的智能教育系统，通过建立教师主体、学生主体、教学管理主体等，可因人而异制定和实施教育策略，主动提供个性化的教育服务，使教育具有一定的针对性和前瞻性；在教育策略的指导下，自动生成各种问题和练习，合理规划、调整学习内容及进度，自动生成个性化的习题或试卷，并诊断学习中的错误；通过信息反馈机制自动修正教育策略，使之更加符合学生的知识结构和认知特性。特别是分布式智能教育系统，利用网络技术，使分布在不同地理区域的学生可以在同一网络环境下开展学习和讨论，充分利用网络资源，打破原有以班级为单位的学习方式，发挥学生的主动性、智能性和协作性。

（二）区域远程教育系统

教育不均衡发展体现在师资力量不强和教育资源不对等上，城市拥有高级教师、名师等大量优质教师资源；而农村教师流失严重，教学质量和教学水平较低。智慧教育的双师教学能够通过互联网将城市的优质课堂送到农村学校，让农村的学生和城市的学生共上一堂课，很好地缓解贫困和偏远地区师资力量不足的问题。通过移动互联网，结合连接网络的终端设备，可以轻松获取优质教育资源，填补农村学校教育教学水平不高的短板，打破城乡学校间的空间壁垒，解决小规模农村学校的发展难题，对促进教育均衡发展有重要意义。

（三）特殊用户教育系统

特殊儿童由于先天或后天的原因存在身体或者智力等方面的缺陷，对他们的教育比正常儿童困难得多，再加上特殊儿童存在的特殊情况比较多，在教师总量和专业性上存在很多不足，难以采取不同的措施和方式对每名学生进行教学，因此部分特殊儿童得不到应有的教育，这与教育公平的本意相违背，也与全纳教育理念背道而驰。人工智能技术能够在这个问题上起到较好的补偿作用，其具有延伸器官的功能，能够较快识别特殊儿童的缺陷，基于人工智能技术的智能机器人能够充当机器人教师，对存在不同缺陷的学生采取不同的方式教学。例如，对自闭症的儿童，可以由智能机器人陪伴；对听力障碍的学生，可以运用语音转写系统学习等。

五、教育管理

（一）教学资源利用系统

教学资源利用系统是高校教学管理中的重要部分，它是一个可自动分析与优化的教室资源管理规划专家系统，基于从事教育和教学管理领域专家的知识及其相应的产生式规则替代教学管理人员，解决学校的教室资源使用规划的决策问题，具有快速资源分析与规划优化、信息存储、快速资料检索及严谨推理与决策等功能。将教学资源利用系统应用于管理高校的教学资源，能更充分、有效地利用现有教学资源，为提高教学质量提供物质基础，以适应现代教育事业快速发展的需要。

（二）校园安全监管预警系统

校园安全监管预警系统包括中心管控调度系统、若干中间管控调度系统和校园管控调度系统，各管控调度系统通过互联网联接；中心管控调度系统和中间管控调度系统包括数据交换机、解码器、服务器、管控平台和应用终端，服务器和管控平台经解码器、数据交换机与互联网联接，应用终端与管控平台联接；校园管控调度系统包括数据交换机，解码器、服务器、管控平台、应用终端、门禁系统、监控系统、报警系统、巡检系统、学生动态监控系统、培训演练系统，分别经校园数据传输网络与校园服务器和校园管控平台联接。校园安全监管预警系统具有安全监控覆盖面广、系统集成程度高、功能多、智能化的特点，可实现多级监管、快速响应等优点。

（三）教学质量监管把控系统

教学质量监管把控系统，一是分析学生的差异性，对学生进行分类研究，根据一些显著的差异，运用数据挖掘技术了解各学生的情况，做出调整方案，改变之前知识传授的方式，提高教师的教学质量，促使学生不断进步；二是反馈教学质量，同时加大对教学质量的管控力度，制定教学质量管控标准，如对教师备课、仪容仪表、课后辅导等做出规范，作为评价教师业绩、职称晋升的客观依据；三是对高校党务工作和后勤服务质量决策支持的需求进行分析，党务工作在高校中看似无用，实则是必不可少的。

思 考 题

1. 什么是教育专家系统？其基本功能和特征分别有哪些？
2. 简要说明专家系统的基本结构。
3. 什么是子句？什么是子句集？简述求谓词公式子句集的步骤。
4. 谓词公式与它的子句集等价吗？在什么情况下等价？
5. 什么是鲁宾逊归结原理？什么是归结式？
6. 简述利用鲁宾逊归结原理求解问题的步骤。

教育多智能体与教育机器人

学习目标

1. 了解智能体的概念和抽象结构。
2. 理解教育智能体的内涵、基础理论与发展。
3. 理解机器人的概念和教育机器人的定义、分类、核心观点。
4. 掌握教育多智能体的相关技术原理及教育机器人的应用。

学习建议

1. 本章建议学习时长为5课时。
2. 本章主要阐述教育多智能体和机器人的概念、基础理论及在教育教学中的应用与发展趋势。
3. 学习者可深入阅读有关教育多智能体和教育机器人的期刊论文，加强对本章知识点的学习。

为了满足工程需要，明斯基提出了“智能体”（agent）概念，并且把生物界个体社会行为的概念引入计算机科学领域，使得生物学和计算机科学领域发生了交叉。教育智能体作为人工智能时代的学校形态，引起了学界和业界的普遍关注。国务院《新一代人工智能发展规划》提出，要发展智能教育，构建包含智能学习、交互式学习的新型教育体系。人工智能逐渐进入教育领域，进入学校3.0时代。未来学校将是教育学、认知科学、技术和社会的混合体，并与互联网大脑协同进化。学校的概念将被颠覆，教育智能体的打造将变得尤为重要。

第一节 智能体概述

一、智能体的概念及特性

（一）智能体的概念

一个致力于智能体技术标准化的组织对智能体的定义：“智能体是驻留于环境中的实体，可以解释从环境中获得的反映环境中发生事件的数据，并执行对环境产生影响的行动。”在这个定义中，智能体被看作一种在环境中“生存”的实体，既可以是硬件（如机器人），又可以是软件。

伍尔德里奇等人在讨论智能体时，提出“弱定义”和“强定义”两种定义方法：弱定义智能体是指具有自治性、反应性、主动性、社会性和进化性等基本特性的智能体；强定义智能体是指不但具有弱定义中的基本特性，而且具有移动性、通信能力、理性或其他特性的智能体。

富兰克林和格雷泽对智能体的定义：“智能体是一个处于环境之中且作为该环境中一部分的系统，可以随时感测环境并执行相应的动作，同时逐渐建立自己的活动规划，以应付未来可能感测到的环境变化。”

“智能体”概念来源于计算机科学领域，研究者将智能体定义为可以独立运行、具有自主性的计算机程序。其综合多通道的输入信息感知周围环境，再根据已有知识或通过自主学习，在所处环境中完成预期的任务。

（二）智能体的特性

智能体具有如下五个特征。

1. 自治性

自治性是智能体的基本特性，即可以控制自身的行为。智能体的自治性体现在如下方面：智能体的行为应该是主动的、自发的；智能体应该有自己的目标或意图；根据目标、环境等的要求，智能体应该能对自己的短期行为做出计划。

2. 交互性

交互性是指对环境的感知和影响。无论智能体是生存在现实世界中（如机器人、Internet中的服务智能体等）还是在虚拟世界中（如虚拟商场中的智能体等），都应该感知所处的环境，并通过行为改变环境。不能对环境做出影响的物体不能称为智能体。

3. 协作性

通常智能体不是单独存在的，而是生存在一个有很多个主体的世界中。智能体之间良好、有效的协作可以提高整个多智能体系统的性能。

4. 可通信性

可通信性是智能体的基本特性。所谓通信，是指智能体之间可以交换信息，更进一步说，即智能体应该可以与人进行一定意义上的“会话”，如任务承接、多智能体协作和协商等。

5. 长寿性（时间连贯性）

传统程序在用户需要时运行，不需要时或运算结束后停止。智能体与之不同，它应该至少在相当长的时间内连续运行。长寿性虽然不是智能体的必备特性，但是目前一般认为其是智能体的重要性质。

另外，有些学者还提出智能体应该具有自适应性、个性等特性。在实际应用中，智能体经常需要在时间和资源受到一定限制的情况下做出行动。所以，现实世界中的智能体除了应该具备一般性质外，还应该具备实时性。

二、智能体抽象结构

智能体抽象结构是指构建智能体的方法学，即将智能体分为不同的模块，并描述模块之间的交互关系。图 16–1（a）给出了无内部状态的智能体结构，图 16–1（b）给出了有内部状态的智能体结构。

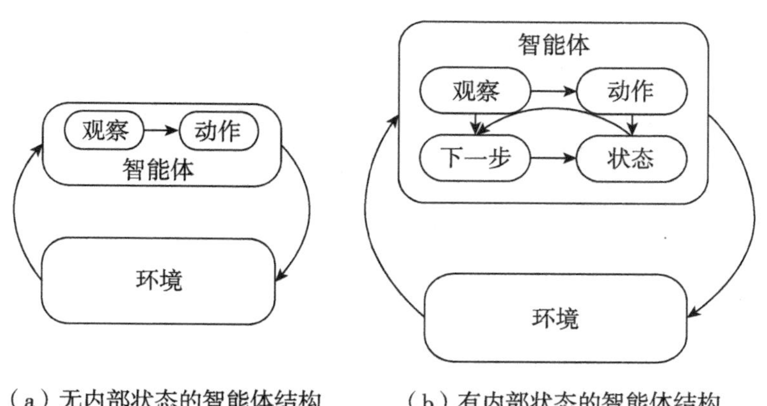

（a）无内部状态的智能体结构　　（b）有内部状态的智能体结构

图 16–1　智能体的抽象结构

将环境状态建模为 $S=\{s_1, s_2, \ldots, s_n\}$，智能体的动作集合建模为 $A=\{a_1, a_2, \ldots, a_n\}$。如果将智能体看作一个函数，那么智能体将实现图 16–1 中的动作函数，其定义为 Action：$S^* \rightarrow A$，其中 S^* 代表 S 的一个子集，表明智能体经历过的一个状态序列。

图 16–1 中还有一个特殊的组件——环境。在智能体作用下，环境持续不断地发生变化，我们用一个函数定义这个变化，表示为 Env：$S \times A \rightarrow \Pi(S)$。其中，$\Pi(S)$ 代表所有状态子集的幂集，若 $\Pi(S)=\{S_1\}$，则称环境是确定性的，动作的结果可以精确预测；若 $\Pi(S)$

$=\{S_1, S_2, \dots, S_n\}$，则称环境是非确定性的，动作的结果不可以精确预测。

智能体在与环境的不断交互过程中形成了一个 <状态 – 动作> 序列，该序列称为当前智能体的历史

$$h: s_0 \xrightarrow{a_0} s_1 \xrightarrow{a_1} s_2 \xrightarrow{a_2} \cdots s_{t-1} \xrightarrow{a_{t-1}} s_t \xrightarrow{a_t} \cdots$$

式中，s_0 为智能体在 t_0 时刻的环境状态；a_0 为智能体在 t_0 时刻采取的动作。

无内部状态、纯反应式的智能体无须记住历史，只根据当前感知的状态采取动作。因此，动作函数可简化为 Action: $S \rightarrow A$。

若将纯反应式的智能体结构细分为感知组件和动作组件，则可以将感知组件和动作组件分别定义为 See:$S \rightarrow P$ 和 Action: $P \rightarrow A$。这种分解看上去没有意义，但是当 $S_1 \neq S_2$、see(S_1)= see(S_2) 时，这种分解可降低结构的复杂性。

三、智能体的具体结构

前面我们讨论了智能体抽象结构，在实际应用中，如何实现具体的智能体呢？通常有五种实现方式，分别是基于逻辑演绎、基于反应式、基于决策理论、基于信念—期望—意图（belief-desire-intention，BDI）逻辑和分层混合结构。其中，基于反应式的包孕结构和基于 BDI 逻辑的结构应用较广。

（一）包孕结构

包孕结构是一种非常有趣的智能体结构，也称反应式结构。在这种结构设计中，科学家认为智能体的理性行为不是由基于逻辑推理或者决策理论方法直接编码的，而是在智能体与环境交互过程中涌现的。我们通过一个行星勘察移动机器人的例子讲解包孕结构的实现过程。

设计一个行星勘察移动机器人，用于从行星上收集岩石样本，但我们仅知道行星上的岩石是聚集的，并不知道其确切位置。机器人需要通过在行星上行走发现岩石，然后取走部分岩石样本放回飞船。机器人事先没有关于行星的地图，同时行星上存在大量障碍物，机器人行走时需要避开这些障碍物。

针对上面的例子，我们可以定义如下五个规则。

R1：如果机器人检测到障碍物，那么转向。

R2：如果拿到岩石样本，且机器人在飞船上，那么放下手中样本。

R3：如果拿到岩石样本，但机器人不在飞船上，那么沿信号增强的梯度方向返回。

R4：如果检测到岩石样本，那么机器人捡起岩石样本。

R5：如果机器人一切正常，那么在行星上随机行走。

显然，这五条规则之间存在优先关系，R1 规则优先于 R2 规则，R2 规则优先于 R3 规则，依此类推。行星勘察机器人的包孕结构如图 16–2 所示，当多个规则同时激活时，下层规则的输出将抑制上层规则的输出。

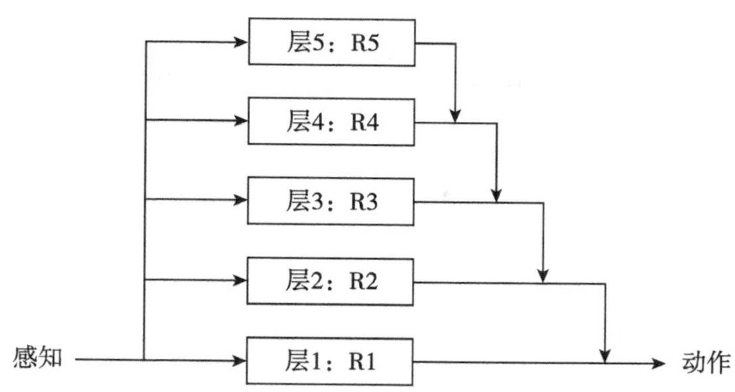

图 16–2 行星勘察机器人的包孕结构

当不允许机器人之间直接通信时，可以增强图 16–2 中的结构，实现间接通信。例如将 R3 规则改为"如果拿到岩石样本，但机器人不在飞船上，那么丢下两个信标，同时沿信号增强的梯度方向返回"，同时增加 R6 规则"如果机器人感知到信标，那么捡起一个信标，同时沿信号下降的梯度方向行走"，R6 规则的优先级最低。

（二）BDI 结构

不同于数学的机械证明，人的推理是一种实证推理，其特点是人的知识是不断增长、变化的；同时人的目标会随着知识的增长、环境状态的变化发生改变。下面我们以一名学生考试的例子说明人的实证推理过程。

一名学生刚入学时有一个信念——努力学习就能通过考试，只要准时上课、完成作业、认真复习就是努力学习。学生刚入学时具有通过考试的意图，为了通过考试，要执行一个目标 – 手段的推理过程，形成一系列期望，即期望自己可以努力学习、准时上课、完成作业和认真复习。

假设这名学生得到一则新消息——考试作弊也能通过考试且比认真学习容易很多，那么，学生首先会根据这个消息修正已有的信念，将这个信息补充进自己的信念中。同时，学生在目标意图（通过考试）不变的前提下，继续执行一个新的目标 – 手段的推理过程，形成新的期望——通过考试和考试作弊。假设这名学生又得到新的消息——考试作弊被发现就不能通过考试，本门课程监考严格，考试作弊一定被抓。那么学生在得到该信息后，会继续修正自己的信念。同时，在目标意图（通过考试）不变的前提下，继续执行一个新的目标 – 手段的推理过程，形成新的期望——通过考试、努力学习、准时上课、完成作业和认真复习。

分析以上实证推理过程，我们可以发现三个关键要素：信念、期望和意图。在智能体技术中，这种实证推理逻辑形式称为 BDI 逻辑，把实现 BDI 逻辑的智能体结构称为 BDI 结构。除了以上三个关键要素外，BDI 结构还需要实现修正、选择、过滤、动作四个函数。BID 结构示意如图 16–3 所示。

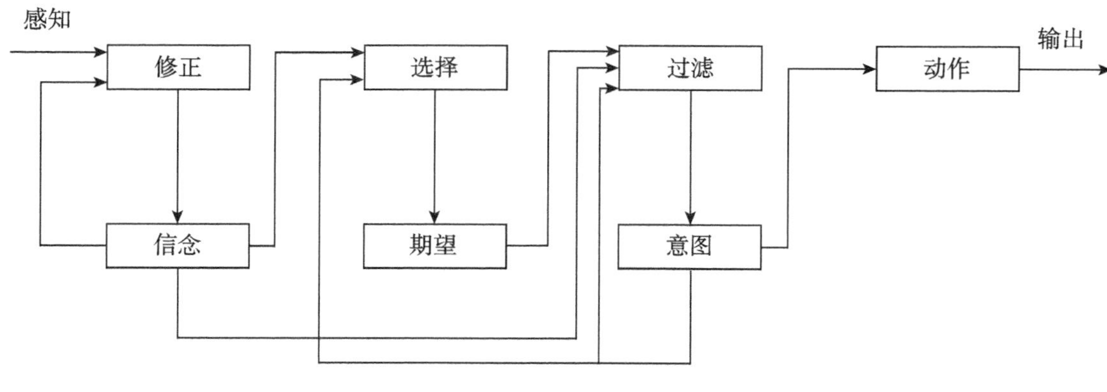

图 16–3　BDI 结构示意

在图 16–3 中，BID 结构包含三个存储——信念、期望、意图。同时，修正函数根据新的感知和已有的信念产生新的信念集合；选择函数根据新的信念和原有的意图产生新的期望；过滤函数根据新的信念、新的期望和原有的意图产生新的意图；动作函数根据新的意图产生动作输出。

第二节　教育智能体概述

一、教育智能体的内涵

教育智能体在心理学中也称教学代理（pedagogical agent，PA），继承了软件智能体的核心特性，在教育科学的背景下，发展出不同于软件智能体的属性。克雷格等将教育智能体定义为呈现在计算机屏幕上，可以支持、辅助学习的形象。拉塞尔等认为，教育智能体是应用于在线学习环境，以服务各类教学目标的虚拟类人形象。约翰逊等根据教育智能体的应用目的提出，教育智能体通过模拟社会交互行为，可以提升学习者的学习表现及学习动机。基于研究者对教育智能体给出的不同定义，教育智能体的核心属性可以归纳为如下两点：①教育智能体是呈现于教学场景中的虚拟形象；②教育智能体的目的是促进学习者的认知学习。

二、教育智能体应用的基础理论与发展

在过去的研究中，研究者尝试以教育智能体作为辅助，引导学习者完成学习任务，并依据实证研究的结果提出许多相关的应用原则与效应，旨在归纳、总结教育智能体对认知学习的作用机制。但是，当前理论与应用研究形成两种对立的观点，研究者从社会认知的不同视角，对两种观点下教育智能体的作用机制分别做出了解释。

（一）教育智能体对认知学习的作用原则与效应

认为教育智能体可以促进认知学习的研究者提出：①拟人效应，只要学习环境中出现教育智能体，就会改善学习者的学习体验与学习表现；②个人代理效应，在社会代理环境中，学习者拥有更高的学习动机、兴趣，并能取得更好的迁移成绩；③具身原则，当计算机屏幕中的教育智能体呈现出类人的手势、表情、注视及身体姿态时，学习者的投入度将会提高。

相反，认为教育智能体会抑制认知学习的研究者提出：①存在原则，认为教育智能体的形象相对于声音来说，对学习结果的影响很小；②图像原则，指出教育智能体的形象不一定能促进学习；③拟人零效应，得出中立的结论，认为教育智能体既不会促进学习，又不会干扰学习。

（二）教育智能体作用于认知学习的社会认知机制

社会代理理论（social agency theory）基于对若干假设与原则的分析与总结，从认知的视角提出教育智能体影响学习过程的机制。社会代理理论认为，教学材料中包含的社会线索会使学习者感觉到他们在与真实的人类进行交互，从而促使学习者应用人际交互策略。人际交互过程中的合作原则指出，交互双方会主动投入认知过程，以理解对方所传递的信息。随着认知主动性的提升，根据多媒体学习的认知理论，教育智能体必将提升学习表现。与之相对，认知负荷理论从不同的视角，对教育智能体产生抑制结果的原因进行了分析。基于多模块认知模型，认知负荷理论认为，人类通过声音/文本通道和视觉/图片通道接收信息，选择相关信息，并在有限的工作记忆中组织、整合信息。若教育智能体呈现过多与学习无关的信息，则可能会给学习者带来额外的认知负荷，从而抵消对学习的促进作用，甚至会对学习产生负面影响。

由上述分析得出，教育智能体是呈现于数字化学习环境中的，旨在促进认知学习的虚拟形象，用于提升学习者的学习表现及学习动机。医学智能体是集基础医学、临床医学、基因学、计算机科学、信号分析、控制论、心理学、伦理学于一体的综合性交叉学科。作为医生智慧在机器上的延伸，医学智能体通过研究智能的实质并模拟医生的思维与行为，让机器具备识别、归纳推理、决策分析的高层次功能。本质上，医学智能体是人工智能的一个分支，其研究的主要目标是使机器代替医生完成复杂、烦琐的工作，如医学影像分析，医学诊断，疾病预测，图像分析（放射学、组织学），健康管理等。

第三节　教育多智能体的相关技术原理

一、多智能体学习

机器学习的研究可以分为三个方向，即监督学习、无监督学习及强化学习。其中强化学习的核心思想是通过智能体与环境的不断交互，选用最大化的累计回报作为目标选择合理的行动，与人类智能中经验知识的获取和决策过程有着异曲同工之处。特别是近几年强化学习在以AlphaGo、AlphaZero、AlphaStar等为代表的机器智能领域的突破，展示了在解决复杂决策问题时的能力。多智能体强化学习成为人工智能研究领域的热点。

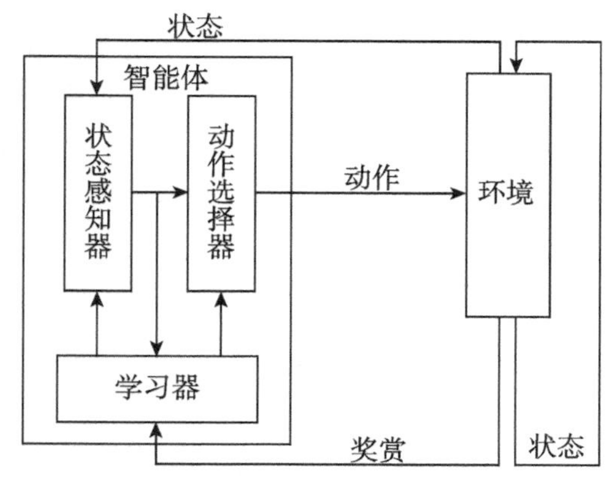

图 16-4　强化学习的框架结构

强化学习的框架结构如图16-4所示，主要包括智能体和环境两部分，智能体先对环境状态进行感知，再选择采取的动作。

智能体的动作会对环境产生影响，从而使环境状态发生变化，此时智能体会接收到来自环境的反馈信号，分别用正、负反馈表示这个动作对学习目标是否有益。智能体通过不断的试错和反馈优化动作选择策略，最终学习到一个有目标导向的策略。

（一）单智能体强化学习

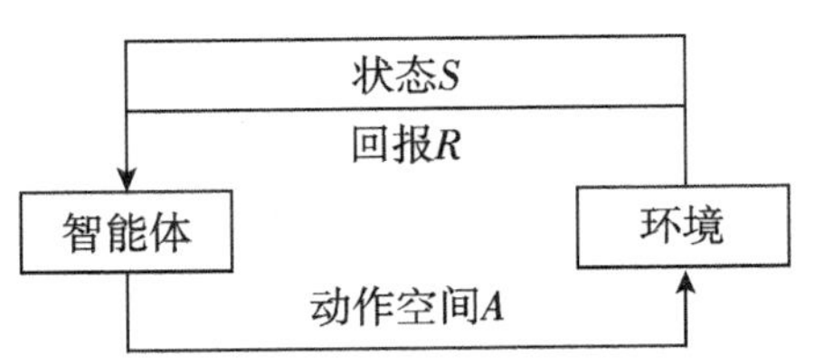

图 16–5　单智能体强化学习的基本框架

单智能体强化学习（single agent reinforcement learning，SARL）中，智能体与环境的交互遵循马尔可夫决策过程（markov decision process，MDP）。图 16–5 所示为单智能体强化学习的基本框架。

马尔可夫决策过程一般由多元组 S、A、R、f、γ 表示，其中 S 和 A 分别代表智能体的状态和动作空间，智能体的状态转移函数可表示为

$$f{:}S\times A\times S\rightarrow[0,1]$$

它决定了在给定动作 $a\in A$ 的情况下，由状态 $s\in S$ 转移到下一个状态 $s'\in S$ 的概率分布，回报函数为

$$R{:}S\times A\times S\rightarrow R$$

它定义了智能体通过动作 a 从状态 s 转移到状态 s' 得到的环境瞬时回报。从开始时刻 t 到结束时刻 T，环境的总回报可表示为

$$R_t=\sum_{t'=t}^{T}\gamma^{t'-t}r_{t'}$$

式中，$\gamma\in[0,1]$ 为折扣系数，用于平衡智能体的瞬时回报和长期回报对总回报的影响。智能体的学习策略可表示为状态到动作的映射 $\pi:S\rightarrow A$，马尔可夫决策过程的求解目标是找到期望回报值最大的最优策略 π^*，一般用最优状态动作值函数形式化表征期望回报

$$Q^*(s,a)=\max_{\pi}E\left[R_t\mid s_t=s,a_t=a,\pi\right]$$

其遵循最优贝尔曼方程：

$$Q^*(s,a)=E_{S'\sim S}\left[r+\gamma\max_{a'}Q(s',a')\mid s,a\right]$$

几乎所有强化学习的方法都采用迭代贝尔曼方程的形式求解 Q 函数，随着迭代次数的不断增加，Q 函数得以收敛，进而得到最优策略

$$\pi^*=\arg\max Q^*(s,a)$$

Q 学习（Q –Learning）是经典的 RL 算法，使用表格存储智能体的 Q 值，其 Q 表更新方式可表示为

$$Q(s,a)\leftarrow Q(s,a)+a\left[r+\gamma\max Q(s',a')-Q(s,a)\right]$$

算法通过不断迭代更新 Q 函数的方式求得最优解。

（二）多智能体强化学习

多智能体强化学习（multi–agent reinforcement learning，MARL）与单智能体强化学习不同，它遵循随机博弈（stochastic game，SG）过程。图 16–6 所示为多智能体强化学习的基本框架。

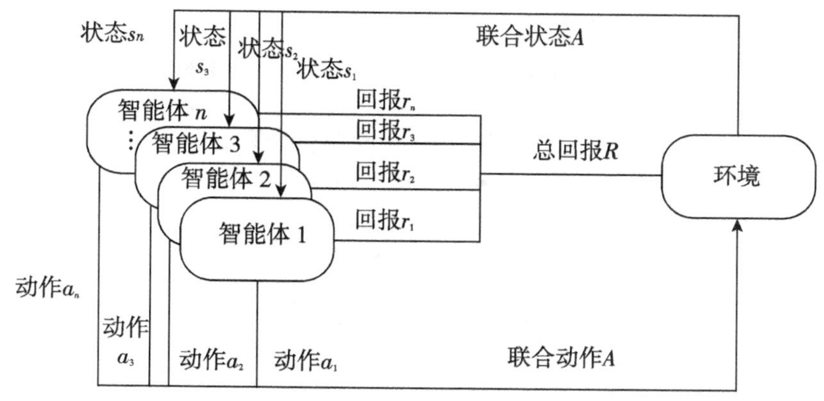

图 16-6　多智能体强化学习的基本框架

随机博弈过程可用多元组 $S, A_1, A_2, \ldots, A_n, R_1, R_2, \ldots, R_n, f, \gamma$ 表示，其中 n 为环境中智能体的数量，S 为环境的状态空间，A_i（i=1, 2, …, n）为每个智能体的动作空间，$A=A_1\times A_2\times\ldots\times A_n$ 为所有智能体的联合动作空间，联合状态转移函数可表示为 $f{:}S\times A\times S\to[0,1]$，它决定了在执行联合动作 $a\in A$ 的情况下，由状态 $s\in S$ 转移到下一个状态 $s\in S'$ 的概率分布，每个智能体的回报函数可表示为 $R_i{:}S\times A\times S\to R, i=1, 2, \ldots, n$。

在多智能体环境中，状态转移是所有智能体共同作用的结果：

$$\boldsymbol{a}_k=[a_{1,k}^{\mathrm{T}},a_{2,k}^{\mathrm{T}},\cdots,a_{n,k}^{\mathrm{T}}]^{\mathrm{T}},a_k\in A,a_{i,k}\in A_i$$

每个智能体的个体策略为

$$\pi_i:S\times A_i\to[0,1]$$

它们共同构成联合策略 π。由于智能体的回报 $r_{i,k+1}$ 取决于联合动作，因此总回报取决于联合策略

$$R_i^\pi(x)=E\left\{\sum_{k=0}^{\infty}\gamma^k r_{i,k+1}\mid s_0=s,f\right\}$$

每个智能体的 Q 函数取决于联合动作 $Q_i^\pi:S\times A\to R$，求解方式为

$$Q_i^\pi(s,a)=E\left\{\sum_{k=0}^{\infty}\gamma^k r_{i,k+1}\mid s_0=s,a_0=a,f\right\}$$

多智能体强化学习的算法根据回报函数的不同，可以分为完全合作（fully cooperative）型、完全竞争（fully competitive）型和混合（mixed）型三种。完全合作型算法中智能体的回报函数相同，即 $R_1=R_2=\ldots=R_n$，表示所有智能体都在为实现共同的目标努力，其代表算法有团队 Q 学习（team Q-learning）、分布式 Q 学习（distributed Q-learning）等；完全竞争型算法中智能体的回报函数相反，环境通常存在两个完全敌对的智能体，它们遵循随机博弈原则，即 $R_1=-R_2$，智能体的目标是最大化自身的回报，同时尽可能最小化对方的回报，其代表算法为 Minimax-Q；混合型算法中，智能体的回报函数无确定性正负关系，适合自利型智能体，一般来说，该算法的求解大多与博弈论中均衡解的概念相关，即当环境中的一个状态存在多个均衡时，智能体需要一致选择同一个均衡。该算法主要面向静态任务，比较典型的有纳什 Q 学习（Nash Q-learning）、相关 Q 学习（correlated Q-learning）、朋友或敌人 Q 学习

（friend or foe Q-learning）等。下面介绍两种多智能体强化学习方法。

1. 无关联型

无关联型方法不从算法创新本身入手，而是将单智能体强化学习算法直接扩展到多智能体环境，每个智能体单独与环境交互，并自发地形成行为策略，相互之间不存在通信关联，最初用于测试单智能体强化学习算法在多智能体环境中的适应性。

无关联型方法较易实现，无须在智能体之间构建通信规则，每个智能体可以单独与环境交互并完成训练过程，能够有效地规避维度灾难带来的影响，且在可扩展性方面有先天优势。但它的局限性也十分明显，由于智能体之间互不联通，每个智能体将其他智能体看作环境的一部分，从个体的角度上看，环境是不断变化的，这种环境的非平稳性严重影响了学习策略的稳定和收敛，并且学习效率和速率都十分低下。

2. 建模学习型

建模学习型方法中，智能体主要通过为其他智能体建模的方式分析、预测行为，深度循环对手网络是早期比较有代表性的建模学习型算法，其核心思想是建立两个独立的神经网络，一个用来评估 Q 值，另一个用来学习对手智能体的策略，该算法还使用多个专家网络分别表征对手智能体的所有策略以提升学习能力。与深度循环对手网络根据对手智能体特征建模的方式不同，深度策略推理 Q 网络完全依靠其他智能体的原始观测建模，通过一些附属任务学习对方智能体的策略，附属任务完成的情况直接影响算法的损失函数，将学习智能体的 Q 函数和对方智能体的策略特征联系起来，减小了环境的非平稳性对智能体学习过程的影响。该算法还引入自适应训练流程，让智能体在学习对手策略和最大化 Q 值之间保持平衡，表明深度循环对手网络可同时适用于敌方智能体和己方智能体。自预测建模算法使用智能体自身的策略预测对方智能体的行为，它也有两个网络，其中一个网络是学习其他智能体的策略，另一个网络是预测它们的目标，自预测建模算法适用于多目标场景。

二、多智能体协商

当面对复杂多变的环境和陌生的任务时，即使是功能非常强大的计算机系统（如计算机网络、集群等），表现也不能令人满意。一个重要原因是不同的任务要求系统具有不同的功能，而不同的功能往往需要系统具有不同的结构，即结构决定功能。显然，传统计算机系统是无法满足要求的，因为一个给定的计算机系统即使由外力修改结构，也不是一件容易的事情，更不要说由系统自己调整结构了。若按照多智能体系统（multi-agent system，MAS）模式设计计算机系统，则可以解决之前的问题。多智能系统可以自我调整结构，以便在不同的环境中完成不同的任务。因此，这种计算机软件或硬件系统将具有更加强大的问题求解能力，尤其是对结构不可预知和结构不清晰等问题，它的优越性更突出。

在多智能体系统中，一般来说没有核心控制机制，所有智能体是相互独立的。因此，在这种系统中总会存在个体竞争，很自然的结果是出现矛盾冲突。在一个充满竞争和冲突的系统中，智能体是无法完成复杂任务的。当智能体不能独自完成任务时，必须与其他智能体合作，通过协商达成协作完成。

协商是由一系列决策行为构成的，参与者可以是两方，也可以是更多方，他们彼此交互以求达成一致，尽可能地在一致协议中获得最大的整体利益。典型的协商行为包括评估对方行为、生成新方案和冲突解决等。当目标空间树中出现新的分支节点时，对应新节点创建或装配一个新的智能体；创建智能体后，首先针对自己的任务提出问题“是什么？”；当解决当前问题不是单一的任务时，进一步分解目标（即在目标树中出现新的分支节点）；智能体能够不断地通过感应器或其他渠道与环境（当然也包括其他智能体）交互，当发现对自己的协商请求或新情况时，提出问题“是什么？”；决定是否同意对方的协商请求或产生自己的新方案；运用知识完成协商，以使自己在整个方案中增加的收益或系统整体收益远大于自己减少的收益。协商是一个根据问题的复杂程度和对问题的解决能力进行的不断分解与委托问题的过程。在这个过程中，我们运用自主学习机制，使智能体自主地提出问题、分析问题、解决问题。其中，全局协调部分是多智能体系统的核心与基础，一开始是一个拥有少量基础知识的智能体，称为全局协调智能体。当任务出现时，全局协调智能体首先提出问题“是什么？”，并分析问题；然后提出问题的解决方案，当问题的分析结果不是单一任务时，调用任务划分功能，将任务划分为若干子任务。整体任务被描述为等价的目标空间 G，可以用目标空间树（图 16–7）表示。

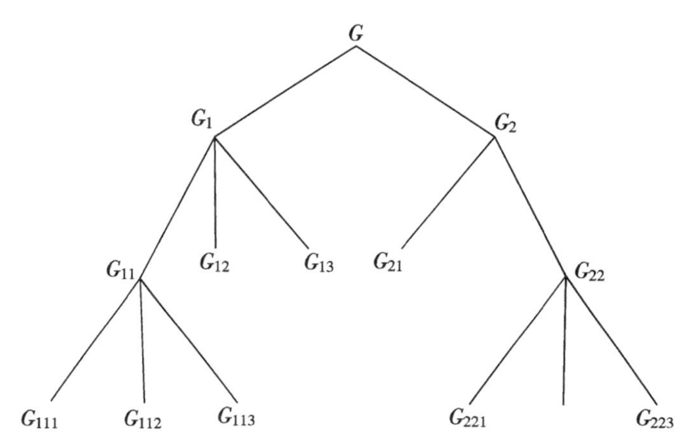

图 16–7 目标空间树

这个过程遵循“自顶向下，逐层细分”原则。图 16–7 中，G 是根据用户的提交描述的问题；由此分析，要实现 G，就必须先实现 G_1 与 G_2，得到 G_1 与 G_2 两个子任务，创建两个智能体，分别对应 G_1 与 G_2，并将其描述成问题，其中 G_1 还需要细分，通过对 G_1 提出问题，描述与分析问题，得到三个子任务：G_{11}、G_{12}、G_{13}，创建三个智能体，分别对应 G_{11}、G_{12}、G_{13}，并将其描述成问题。依此类推，直到智能体的集合 N 完全映射目标空间 G 为止。此时，一个智能体对应目标空间树中的一个节点，形成智能体空间与目标空间的总体对应关系。实际上，通过不断地学习分解任务，形成一个层次结构的智能体团体，每个下级智能体都是由其上级智能体创建并管理的。此时到了任务的具体执行阶段，多个智能体并发执行。图 16–7 中的每个叶子节点称为原子目标，图 16–8 中的每个智能体都与图 16–7 中的节点对应，其中最底层的是具体事物处理智能体，与原子目标对应，相当于普通程序中的最底层子程序，只要完成一个简单的功能，就会被它的上级智能体撤销。图 16–8 中的直线箭头表示协商申请，曲线箭头表示协商应答。当某个智能体需要与其他智能体进行协商时，首先向处于兄弟位置的智能体求助，若与其兄弟位置的智能体通过协商完成任务，则结束，否则向上一级智能体求助，上级智能体可以调整此子目标或此智能体的功能结构（即修改智能体的特征值）来完成任务。若在上级智能体的帮助下仍然不能完成，则由上级智能体向再上一级智能体求助。如果问题的描述表明需要完成新的子任务处理，则由提出问题的智能体直接创建或装配新的功能智能体。

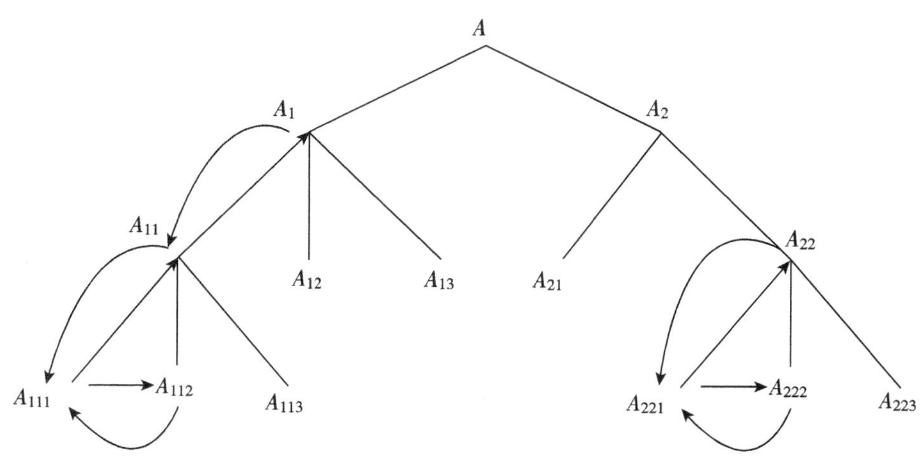

图 16-8 多智能体系统中的智能体结构

（一）基于博弈论的协商

根据博弈论的观点，各种协商活动都有如下三个基本要素。

（1）智能体：参与协商活动的智能体。

（2）协商策略：关于智能体如何对协商议题提出提议，以及如何回应对方的提议的行动方案。协商策略在协商活动中是一个完整的方案，而不是针对某个步骤单独做出的决策。

（3）效用函数：是博弈理论中的核心内容。智能体在整个协商过程中，根据定义的效用函数选择最有利于自己的策略，以保证经济利益最大化。

因为博弈论采用数学分析的手段分析协商过程，所以该理论在协商建模方面的主要优势如下：①设计一整套完善的协商规则，主要规定智能体在协商过程中可以采取的动作，并控制协商的进程，检测协商的终止条件等；②设计智能体的协商决策模型，即在智能体协商活动中如何采取动作以实现利益最大化。

虽然博弈论协商模型具有以上优势，但是也存在一些明显的不足，具体如下：①博弈论只能对一些比较简单的协商过程进行建模，而往往实际的协商活动可能更加复杂，如多议题协商、多智能体多轮动态协商等很难用博弈论进行建模；②博弈论处理的问题有一个很明显的特征，即协商活动的阶段性明显。各个智能体之间的协商交互都是在完备信息的环境中进行的，也就是每个协商者的信息都是公开的，这在实际的商务活动领域中几乎是不可能的，因为每个协商者都或多或少有自己的私有信息，也正是因为这些私有信息使得协商活动得以进行；③博弈论对协商条件很严格，往往只针对某类特殊的协商活动，虽然它能够建立完美的形式化模型，但是不具有普遍适用性；④博弈论在建模时的一个基本假设是参与的协商都完全可计算，即整个协商过程是不需要时间限制的，可以无限期地进行下去，这在实际应用中几乎不可能。所以该理论只适用于分析问题，要想在现有的计算机上实现它的协商过程还是有很大困难的，因为我们没有办法保证设计在可以容忍的时间内完成无限制的计算。

（二）基于启发式方法的协商

与博弈论模型不同的是，基于启发式方法的协商允许在参与协商的过程中利用启发式规则提出提议和回应提议。启发式方法类似于人工智能体中的搜索过程，在协商之初，每个智能体都有一个属于自己的可接受的解集，在协商过程中使用启发式的规则推测其他智能体的可能解集，同时根据已获知的解集对自己的解集进行动态调整，这样调整的目的是使自己的解集与其他智能体的解集有一个交集，以达成协商一致。使用启发式进行建模时主要考虑如下三方面内容：①协商评估机制，参与协商的智能体利用自身的效用值对接收到的提议进行评估，根据效用值判断该提议是否对自己有利，如果对自己有利，则根据该提议的效用值提出提议；如果对自己不利，则根据该提议的效用值提出反提议或者选择拒绝。②让步机制，可以产生一些效用值较低的提议，即只要可以保证自己的利益就可以，促成最终协议的达成。③搜索机制，允许用替代或协商对象转移的方法提出新的提议，在不让步的情况下，推动协商的进程，不让步的意思是不损失当前效用值。

启发式方法的主要优点如下。①相对于博弈论建模而言，更加重视协商的交互过程，优化了协商过程中动态修改自己提议的机制，能在协商过程中综合外界信息交互过程中的信息来往和内部信息本身的知识，评估提议，并且做出实时而灵活的回应。尽可能地为了达到目标而采取的回应做出利益上的让步，即使不在利益上做出让步，也找到替代的提议，转换协商对象。根据实践，这些启发式规则已经被证明是行之有效的。②不需要做出一些不实际的假设，比如完全计算能力、解集的数量有限等，而是完全根据协商发生的背景，选择合适的启发规则，所以能较好地反映领域特征，在实践中取得良好的效果。启发式方法易于构造可计算的协商模型，只要启发规则选择恰当，它的实现就会变得较简单，这也是它广泛应用的原因。但是，启发式方法也有很多不足，主要表现在利用启发式方法进行协商得到的最终解往往是较好的解，不一定是最优解。一个原因是启发式方法的启发规则一般是利用近似性原理指导的，另一个原因是启发式方法能覆盖所有解集空间，一般找到一个自认为较好的解后就会停止，不会再搜索其他的解集，所以很有可能遗漏掉最优解。启发式方法协商模型的核心问题是启发式规则的优劣性，如果启发式规则设计不好，就不能建立完善的模型。

（三）基于论证方法的协商

基于论证的建模允许智能体在协商过程解释自己的立场或提供自己决策的论证过程。论证是智能体表达能力的最高体现。它通过解释自己的立场说服其他智能体，如它向其他智能体解释必须采取该立场的法律或法规依据，告诉它们不必做无谓的提议；同时可以提出自己的决策过程，其他智能体可以从中获取它的知识和信念，再结合自己的目标，提出更好的替代提议。总之，论证比反提议和批评提供了更多的信息，从而加速了协商的进程。实现一个基于论证的模型一般借助逻辑论证的方法，提出一个逻辑推演的系统，基于该系统提出解释和论证过程。就目前研究情况看，基于论证的协商系统通常都建立在一个逻辑系统之上，通过推导产生提议、反提议甚至解释。这种方法的特点在于可以提供对自己立场的解释和推导的元信息，因而使一些本来相互矛盾的意见走向统一，这种能力是前两种方法所不具备的。Sycara 领导的小组研究开发的协商系统 Persuader（劝说者）就是基于论证的协商系统的典型例子，它扩充了解释和提供元信息的表达方式，在它们的模型中，智能体可以在协商中通过威胁、鼓励、提供先例等手段达成最终协议。但是，这种方法的应用需要面对复杂的表达问题，需要将智能体的态度、倾向、意愿和常识形式化地表达出来，在解决实际问题时并不是一件容易的事情，同时必须将复杂的论证机制整合进智能体的体系结构中。因此，就目前的发展状况来说，基于论证的协商模式并不常见。

第四节　教育机器人概述

一、机器人的概念

机器人是指由仿生元件组成并具备运动特性的机电设备，具有操作物体及感知周围环境的能力。

对于机器人的分类，虽然国际上没有统一的标准，但一般可以按照应用领域、用途、结构形式及控制方式等标准进行分类。按照应用领域的不同，当前机器人主要分为两种，即工业机器人和服务机器人。1987 年国际标准化组织对工业机器人进行了定义："工业机器人是一种具有自动控制操作和移动功能，能完成各种作业的可编程操作机。"按用途进一步细分，工业机器人可分为搬运机器人、焊接机器人、装配机器人、真空机器人、码垛机器人、喷漆机器人、切割机器人、洁净机器人等。作为机器人家族中的新生代，服务机器人尚没有一个特别严格的定义，科学家对它的看法也不尽相同。其中，认可度较高的定义来自国际机器人联合会（international federation of robotics，IFR）的提法："服务机器人是一种半自主或全自主工作的机器人，它能完成有益于人类健康的服务工作，但不包括从事生产的设备。"我国在《国家中长期科学和技术发展规划纲要（2006—2020 年）》中对服务机器人的定义为"智能服务机器人是在非结构环境下为人类提供必要服务的多种高技术集成的智能化装备"。服务机器人可细分为专业服务机器人、个人 / 家用服务机器人。机器人种类和主要应用领域如图 16–9 所示。

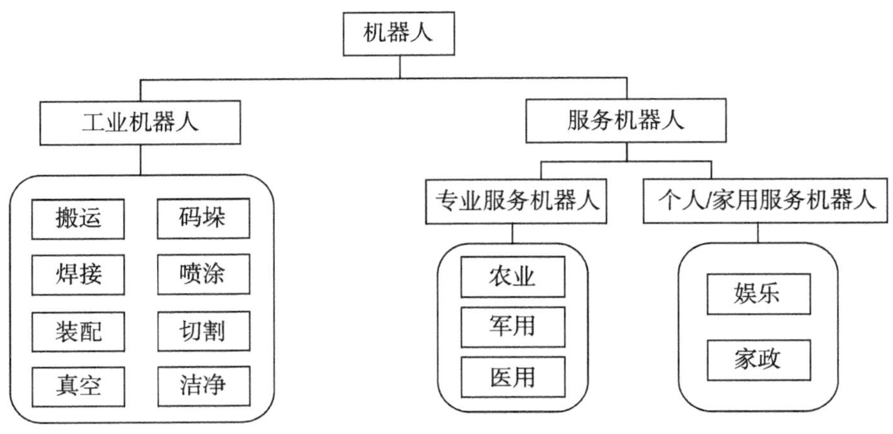

图 16–9　机器人种类和主要应用领域

二、教育机器人的定义和分类

教育机器人是面向教育领域专门研发的以培养学生分析能力、创造能力和实践能力为目标的机器人，具有教学适用性、开放性、可扩展性和友好的人机交互等特点。

最早的教育机器人来自20世纪60年代美国麻省理工学院派珀特（Papert）教授创办的人工智能实验室。教育机器人属于多学科、跨领域的研究，涵盖了计算机科学、教育学、自动控制、机械、材料科学、心理学和光学等领域，可分为机器人教育和教育服务机器人两类。①机器人教育将激发广大学生对智能技术的学习兴趣和动力，并大幅度提升学生的信息技术能力和在数字时代的竞争能力。机器人教育主要应用于组装——动力机械，如学习物理学原理、空间结构、机械传动、电与磁等；控制——智能操控，如执行机构、驱动装置、检测装置和控制系统等；竞赛——实战对抗，如按竞赛设计情境搭建机器人，并对机器人进行任务编程，学习问题解决等。②随着机器人技术的不断提高，教育服务机器人在教育领域中的应用越来越普遍，有研究表明教育机器人作为一个学习工具有巨大的潜力。美国在2016年高等教育版《地平线报告》中提到，不断创新的机器人研究和科学技术的快速发展，使得机器人不仅融入我们的工作和生活中，而且会对教育环境产生一定的影响，尤其针对目前的K12学习环境，教育机器人已应用于协助特殊儿童学习。此外，教育机器人也是一种典型的数字化益智玩具，适用于各种人群，可通过多样化的功能达到寓教于乐的目的。

三、教育机器人的十大核心观点

（1）教育机器人涉及“教育行业中的服务机器人”和“青少年机器人教育”两个方面，将成为继工业机器人和服务机器人之后的第三类机器人发展领域。教育领域中的机器人将增强或延伸教师的表达能力、知识加工能力和沟通能力；机器人教育将激发广大学生学习智能技术的兴趣和动力，并大幅度地提高学生的信息技术能力和在数字时代的竞争能力。

（2）生产线上工人的机械劳动逐渐被机器人取代，工业机器人的发展已基本成熟，会议迎宾、餐厅服务、远程客服等服务机器人也逐渐被大众接受，服务机器人正处于快速发展的阶段。中小学普遍开展的机器人课程和机器人大赛，为教育机器人的发展奠定了良好的认知基础；而在教育领域中能够增强或替代教师部分功能的服务机器人研究，目前尚处于起步阶段。

（3）在全球教育机器人研究领域中，根据国际权威文献库调研，文献引用数量较多的国家有美国、瑞士、意大利、日本和英国等，它们的研究主要集中在机器人教育、语言教育和特殊教育领域。在“机器人进课堂”方面，日本和韩国的应用相对广泛。

（4）学校中的教育机器人将成为智慧学习环境中的重要组成部分，它们既可作为教师助手支持教学设备使用、提供学习内容、管理学习过程、常见问题答疑等，又可作为学习伙伴协助时间和任务管理、分享学习资源、激活学习氛围、参与或引导学习互动，形成了一种新型教学形态。

（5）随着家庭教育受重视程度的日益增强和“家庭学校”在全球的兴起，教育机器人或许能作为同伴或辅导教师，成为“家庭的一员”，协助教师“在家教育”，促进孩子的学习发展和健康成长。

（6）机器人在家庭中除了具有老年人的看护和康复促进功能外，还可以通过扮演类似家人或朋友的角色，为老年人提供情感陪伴和智力支持，延缓老年人的认知老化过程，预防其他相关疾病的发生，提高老年人的生活品质和幸福指数。

（7）机器学习、自然人机交互、仿生科技是教育机器人研发过程中需要长期探索的关键技术。人们期待教育机器人能像人一样思考、行走和互动，并做出如同“真人”般的细腻动作。

（8）教育机器人产业链涉及硬件制造、系统平台开发、应用服务提供、内容供应、系统集成、品牌、渠道七类厂商，产业链已具雏形，但尚未形成完整的产业链。目前，教育机器人产业发展大致可分为通用型和专用型，前者主要由系统平台开发商带动，后者由品牌商和系统集成商驱动，它们或许将形成两类产业链。

（9）教育机器人的应用情境涉及人群和场域两方面，前者涵盖婴幼儿、幼儿园、中小学（K12）、大学、在职人员和老人等群体，后者包括个人、家庭、教室、培训机构、工作场所和公共场所等。不同人群、不同场域的应用诉求与技术的发展成熟度，将决定教育机器人产品的发展方向。

（10）教育机器人可以按照表情动作、感知输入、机器人智能、社会互动、角色定位和用户体验六个维度来评价其产品的成熟度。相关学者对40个关注度较高的教育机器人产品进行评测后发现：感知输入和机器人智能维度相对成熟，而其余四个维度均有较大的改进空间。

第五节　教育机器人的应用

当前，教育机器人作为一个新兴领域在实践应用中虽然存在课程管理平台、对应的学习内容和师资等缺乏的诸多困难，但是随着教育机器人市场需求的日益增加，其发展前景是非常广阔和乐观的。在机器人发展前景大好的环境下，我国也非常重视教育机器人的应用发展，不仅开展了各种比赛，而且教育机器人用于课内外教学，北京、上海、广东、江苏等地已经将教育机器人纳入地方课程或校本课程，以促进学习者创新思维、设计思维和计算思维的培养。随着机器人技术的逐步成熟，教育机器人在各方面的应用已成为一种必然趋势。

一、十二类教育机器人产品的应用情况

从市场的发展现状来看，教育机器人产品的应用情境分为如下四类：①主要应用于大学和家庭场域中的教育机器人，如智能玩具、儿童娱乐教育同伴和家庭智能助理等；②部分产品目前还处于概念性阶段，虽然已明确定义了需求的应用情境，但尚未得到市场的验证，如课堂机器人助教和机器人教师等；③针对公共场所定制的教与学的产品，如安全教育机器人；④专业场域的教育机器人，如工业制造培训、手术医疗培训、复健照护等。目前市场的分布情况显示，教育机器人产品应用在各群体和情境中，仍具有多样性的发展潜力。本书通过整合当前全球教育机器人的产品类型、产品说明和相关产品案例，分析了其中较为典型的十二类教育机器人产品的应用情况，展示了教育机器人在创新教与学活动中广阔的市场应用前景。十二类教育机器人产品的应用情况见表16-1。

表 16-1　十二类教育机器人产品的应用情况

产品类型	说明	产品案例
智能玩具	一种可随身携带的电子零件且拥有智能的玩具。在满足儿童玩乐需求的基础上，加入教学设计，“寓教于乐”地引导儿童学习生活、语言、社交等知识	Pleo、Dash & Dot
儿童娱乐教育同伴	针对 0～12 岁儿童而设计的同伴机器人。在家庭中，主要陪伴儿童学习，达到“寓教于乐”的效果	爱乐优、Kibot-2
家庭智能助理	可为个人解决家庭生活的问题，并提供相关服务	Jibo、Buddy、Pepper
远程控制机器人	使用者通过远程控制机器人，异地参与教或学的活动	Engkey、VGo
STEAM 教具	STEAM 是指科学、技术、工程、数学等多学科融合的综合教学方法，STEAM 教具是指根据 STEAM 教育理念设计的教学工具	mBot、Lego、MINDSTORMS、EV3
特殊教育机器人	为特殊症状使用者设计的教学机器人	Milo、NAO
课堂机器人助教	协助教师完成课堂辅助性或重复性工作	网龙华渔的未来教师
机器人教师	扮演教师角色，根据不同的教学情境，独自完成一门课程的教学，以达到教学效果	东京理科大学的 Saya 教师
工业制造培训	通过对企业内专业人员的培训，满足生产线的需求	Baxter
手术医疗培训	培训医疗专业的工作人员，增加其对机器人手术操作的熟悉感	达文西手术系统
复健照护	陪伴老年人专用的机器人，具备娱乐、脑力训练、复健教学等各方面复健照护的功能	SILBOT
安全教育机器人	通过角色扮演，利用机器人传递安全教育的知识	Robotronics

二、机器人竞赛

机器人教育对高科技社会的巨大影响已经引起了美国、欧洲国家、日本等国家的高度重视，也得到了我国教育界的极大关注。国内外机器人赛事不断，引人注目。

（一）国际比赛

1. 机器人足球竞赛

让机器人踢足球的想法是在 1995 年由韩国科学技术研究院的金钟焕教授为了发展多智能体技术提出的。1996 年 11 月，他在韩国政府的支持下首次举办了微型机器人世界杯足球比赛。

国际上较具影响的机器人足球赛主要是国际机器人足球联合会（Federation of lnternational Robot-soccer Association，FIRA）和 RoboCup（Robot World Cup）两大世界杯机器人足球赛，其都有严格的比赛规则，融趣味性、观赏性、科普性为一体，为更多青少年参与国际性的科技活动提供了良好的平台。

FIRA 1997 年第二届微型机器人锦标赛期间在韩国成立。FIRA 每年举办一次机器人足球世界杯赛（FIRA Robot-soccer World Cup，FIRARWC），比赛的地点每年都不同，至今已经分别在韩国（三届）、法国、巴西、澳大利亚（两届）、中国等国家举办了多届。

RoboCup 是一个国际性组织，1997 年成立于日本。RoboCup 以机器人足球作为中心研究课题，通过举办机器人足球比赛，旨在促进人工智能、机器人技术及其相关学科的发展。RoboCup 的最终目标是在 2050 年成立一支完全自主的拟人机器人足球队，能够与人类进行一场真正意义上的足球赛。RoboCup 至今已组织八届世界杯赛，主要比赛项目有电脑仿真比赛、小型足球机器人赛、中型自主足球机器人赛、四腿机器人足球赛、拟人机器人足球赛等项目。

2. 机器人灭火竞赛

机器人灭火的想法最早是由美国三一学院的一名教授于 1994 年提出的。比赛在一套模拟四室一厅的房屋内进行，要求参赛的机器人在最短的时间内熄灭放置在任意一个房间中的蜡烛。参赛选手可以选择不同的比赛模式，比如，在比赛场地方面可以选择设置斜坡或家具障碍，在对机器人的控制方面可选择声控和遥控，熄灭蜡烛所用的时间最短，选择模式的难度最大，综合扣分最少的选手为冠军。虽然比赛过程仅有短短几分钟甚至几秒钟的时间，用来灭火的机器人的体积不超过 $31cm^3$，但其具有很高的科技含量。目前，机器人灭火比赛已成为全球最普及的智能机器人竞赛之一。

3. 机器人综合竞赛

国际机器人奥林匹克竞赛。主要是亚太国家参与的一项国际机器人赛事，2002 年北京成功举办了第四届比赛，第五届比赛于 2003 年 11 月 6—10 日在韩国举行。

FLL 机器人世锦赛于 1998 由美国非营利组织 FIRST 发起，每年秋天，由教育专家及科学家们精心设计的 FLL 挑战题目将通过网络全球同步公布。各国（地区）选拔赛在年底举行，总决赛于 4—5 月在美国举行。竞赛内容包括主题研究和机器人挑战两个项目，参赛队有 8～10 周的时间准备比赛。

4. 其他比赛

1980 年第一届全日本机器人走迷宫比赛；1992 年第一届美国人工智能学会移动机器人比赛；1998 年第一届国际海洋机器人竞赛；2001 年日本举办第一届国际机器人节，举行了十几项不同类型的机器人比赛。

（二）国内比赛

在国内，2000 年举办了 FIRA 中国区比赛；2002 年举办了全国大学生机器人电视大赛；2004 年举办了第五届全国中小学电脑制作活动；自 2005 年开始的全国青少年教育机器人奥林匹克竞赛；中国科学技术学会主办的中国青少年机器人竞赛；中央电化教育馆举办的中小学生电脑制作活动；教育部关心下一代工作委员会、中国发明协会举办的全国中小学信息技术创新与实践大赛。还有近几年各省、市组织的各种类型机器人比赛。

（三）机器人竞赛的教育价值

何智等指出中小学机器人竞赛对当前的教育将会产生重大的作用：促进教育方式的改革，培养学生的综合能力；有利于建立一门新的标准课程；寓教于乐；培养学生的团队协作精神和宽容为怀的人文品格。

北京科技大学的郗安民教授在接受访谈时指出，大学生机器人比赛是一项很好的科技创新活动，不仅易于激发学生的学习兴趣，而且综合了多学科的知识，是一项比较大的训练工程。

张云洲等探讨了机器人竞赛对于大学生教育的价值：机器人竞赛活动的开展有效激发了学生参与科技创新、开发与研制的兴趣爱好，有利于其综合素质的培养。

三、新型“双师课堂”的教学设计特征

智能技术能够加快教学方法改革，促进学生的个性化学习，是未来教育的基础。人机协同教育可以发挥教师与人工智能的不同优势，促进学生的个性化发展，我们称为新型“双师课堂”。在新型“双师课堂”的教学设计过程中，教师需要分清哪些工作是可重复的、线性的、可以由人工智能教育机器人取代的，哪些工作是需要自身承担的。为了新型“双师课堂”的实施更加系统有规划，我们对新型“双师课堂”的教学设计与传统教学设计进行了对比（表 16–2）。

表 16–2 新型“双师课堂”的教学设计与传统教学设计对比

教学设计的要点	新型“双师课堂”教学设计	传统教学设计
教学内容分析	教师可以利用人工智能教育机器人综合多种教材给出教学内容分析	教师一般根据教材内容及自身经验分析
教学目标	从学科的核心素养、信息素养、高阶思维能力、自主学习能力、合作交流能力等方面考虑，将知识与技能、过程与方法、情感态度与价值观提升为人工智能时代的教学目标	直接从知识与技能、过程与方法、情感态度与价值观入手
学习者学情分析	人工智能教育机器人给出班级整体评价报告，教师参照智能教育机器人的报告对学习者学习情况做出分析	教师主要根据学生成绩及自我感觉对学习者进行学情分析
重难点分析	教师根据智能教育机器人给出的班级评价报告，总结针对不同班级在教学设计中可能存在的重难点	大多数教学设计重难点固定
教学媒体选择	教师选择教学媒体，需要明确哪些媒体由教师亲自操作，哪些媒体通过人工智能教育机器人智能操作	由教师选择并操作教学媒体
教师活动	需要设计“双师”活动并将其精细化，根据教学环节将人工智能教育机器人在影音视频、参考文件、测试、讨论、作业等的呈现方面细分，在回答问题层面，人工智能教育机器人可以给出标准的回答，教师可以给出补充性的延伸回答。教师自身的活动更多的是在提问、交流互动、引领层面，需要注意活动和语言之间的科学性及逻辑递进	一般根据教学环节将教师活动分开，主要为教师的语言脚本及教学行为指导、回答问题、鼓励等
学生活动	将学生自身、学生与学生之间、学生与人工智能教育机器人（包括通过人工智能教育机器人连接的设备）之间、学生与教师之间的活动细化	与教师活动并行，主要是学生做练习、回答问题、小组合作等宽泛的设计

通常在教学设计的三维目标中，知识与技能是属于可以让学生通过记忆或者反复练习来实现的教学目标，但是过程与方法、情感态度与价值观两个方面需要教师启发学生进行思维上的训练。人工智能教育机器人虽然可以作为辅助教师，但是教师需要将人工智能教育机器人融入原有的课堂环境中。因此，新型“双师课堂”的教学设计需要满足分析数据化、活动精细化、人机协同化三个基本特征。

（一）分析数据化

在课前阶段需要教师准备学习内容，首先，需要对教材和学习者进行分析。在教材分析层面，人工智能教育机器人可以根据已有的数据，给出应用最多的教材分析，根据不同的知识点，利用知识图谱技术及数据分析中的聚类等技术，人工智能教育机器人为教师提供班级

的整体学习报告，教师通过班级的整体学习报告可以了解班级的分层情况及每类学生的知识掌握情况。其次，教师可以根据自身的判断及人工智能教育机器人提供的报告，对学情有定性和定量的认识。最后表现在课堂中，学生学习过程的数据是过程化的，教师要时刻有大数据意识和良好的信息素养，会利用大数据技术和人工智能技术，将其体现在教学设计中并且在课堂中有所实施，使得教师对于班级整体及学生个体的分析都更加精准。

（二）活动精细化

在学习活动层面，教师需要明确的是人工智能教育机器人可参与学生的哪些学习活动，学生的学习方法是自主学习还是合作学习。一般地，人工智能教育机器人可以为学生设计个性化的学习任务，这种个性化的学习任务会产生不同的学习结果，但这些结果最终会对应到相应的知识点。人工智能教育机器人可以跟踪并分析学生学习活动中产生的数据，并且直接在本地反馈给教师。对于基于影音视频、参考文件、测试、讨论、作业等材料的具体操作，教师需要明确人工智能教育机器人在学习活动中的参与程度，以及这些活动的先后顺序。

（三）人机协同化

人机协同化，广义上指的是整个新型“双师课堂”的各要素，在教与学的过程中，协调完成教学目标，实现学习内容、学习活动、教学活动与学习时空之间的融洽。狭义上主要指教师与人工智能教育机器人在新型“双师课堂”中的协作配合。原有的教学形态一般是“双主（教师＋学生）”教学模式，现在多了一个教学主体，即人工智能教育机器人。教师在教学设计的过程中，不仅需要设计一些一般性问题，这些问题是封闭的、有答案的，人工智能教育机器人可以代替回答的，而且需要设计一些启发性、没有固定答案的问题，这些问题分别对应着学生的知识层面和情感技能层面。

人工智能教育机器人提供的学习支持虽然是个性的，但是仅限于资源及练习等有规范的层面，教师带来的情感交流及思维上的引领是机器很难实现的。对学习者的评价，首先是由人工智能教育机器人分析课堂中产生的数据给出的，教师根据该堂课的实时评价和之前课堂的评价，进而对学生有全新的总的评价，这个总评横向是针对于该堂课的维度，纵向是学习者之前课堂的表现及全学习过程的维度。其次，在支持教学的过程中，关于人工智能教育机器人出现的突发问题，教师需要做好应急准备。

四、教学机器人在实验教学中的应用

实验教学是高校教学环节中必不可少的一个重要环节，是理论联系实际的重要纽带。随着高校教学改革的不断深入，摸索出一条新的、更加适应当代大学生发展需求的实验教学改革之路已迫在眉睫。教学机器人的教学应充分考虑到现代实验教学的特点，力求在灵活、多样的教学形式中尽可能大地发挥自身作用，达到教学目的。可以通过开展兴趣小组，组织第二课堂，也可以通过开展“本科生参加研究、实验计划”来不断完善、丰富机器人教学模式。以学生动手为主，教师指导为辅，通过自行设计小实验提高学生分析问题、解决问题的能力，尽可能达到开放性、启发性实验的教学目的。

在开展教学机器人实验教学的过程中应充分考虑到其重研究、重教学演示的特点，着重注意以下几点功能的教学。

（1）示教。学生通过主计算机操作平台上的示教窗口，直接驱动机器人各关节电机，使机器人运动到所希望的位置，并记录该空间点的位置资料，以便编程。

（2）编程。学生通过主计算机操作平台上的编程窗口，根据所示较好的点编写机器人工作程序，程序按指令执行，指令可以是运动指令，也可以是控制指令。

（3）运行和调试。编程完毕，可以请指导教师对程序提出改进建议。当然，最好是学生自己通过程序的试运行来发现所编程序的不足之处，并加以完善，这样可以更好地加深印象，增强理解。学生可通过操作平台上的运行调试窗口单步或连续运行，也可将程序下载到运动控制器，由运动控制器执行。

（4）诊断。学生可通过操作平台上的诊断窗口，对机器人本体、运动控制器及通信等进行检查、诊断，并做出故障判断，分析解决方案。当然更重要的是在平时反复操作过程中积累一定的经验，总结出一系列针对不同问题所采取的行之有效的解决方法。指导教师应特别注意培养学生养成良好的操作习惯。

下面通过一个典型示例说明教学机器人在现代实验教学中的具体应用。

实验目的：让机器人将矿泉水瓶中的水倒入一次性塑料杯中。

思路简析：通过示教定位，编程下载到运动控制器后执行该过程。

难点突破：实验中主要遇到如下问题。

（1）机器人在运动中易将矿泉水瓶碰倒且结束后放不稳。

解决：结合矿泉水瓶形状，采取在取放瓶子的过程中使机器人手爪垂直升降的方法，并且在放下瓶子时手爪尽量压低。

（2）机器人手爪抓取矿泉水瓶时的力度控制问题，力度过大，瓶子易变形；力度过小，抓不牢。

解决：可修改机器人手爪的开关范围，反复校验后取值。

（3）将水倒入塑料杯中时，水的流速过大易将杯子冲倒。

解决：结合关节型机器人的运动特点，充分利用步进电机的优势，采取使图 16-10 中 B 轴轻微移动的方法控制水的流速，避免杯子翻倒。

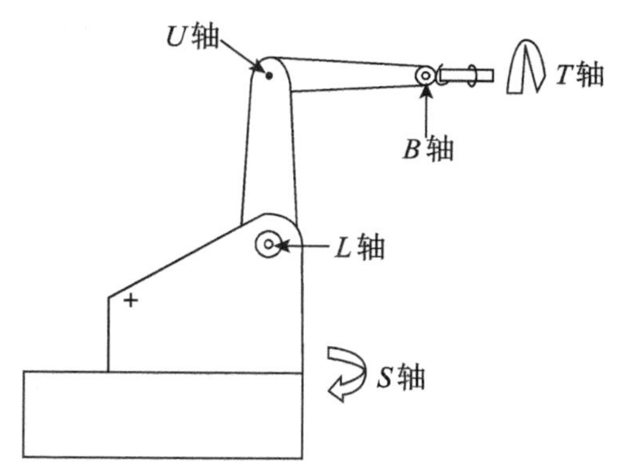

图 16-10　EDUROBOT－680－Ⅱ关节型教学机器人

五、教育学习机器人

人工智能在助力因材施教和实现教育均衡方面扮演着越来越重要的角色。人机协作、人机耦合是未来发展趋势，我们不仅要探讨人工智能时代的人才培养问题，而且要让孩子站在人工智能的肩膀上，适应未来社会的发展。学习机器人就是一款通过人工智能科技帮助每个学生打造专属学习路径、提升家庭学习效果的智慧家教产品。它像是一位教学多年的“人工智能教师”，基于人工智能技术分析得出学生对每个知识点的掌握情况，根据每名学生的掌握基础进行个性化推荐，精准找到学生弱项，提升学生学习的效率。人工智能是围绕教育实际问题而提供的解决方案，真正让每个孩子都能享受到“因材施教”。

目前，许多父母无法平衡工作时间与孩子陪伴时间，儿童由祖父母伴读，这种跨代教育会引起教育脱节、过时，儿童学习兴趣降低等问题。在这种背景下，人工智能语音成为教育辅助是大势所趋。在人工智能语音领域，大数据挖掘与智能匹配技术被充分应用。研发团队建立人工智能云端语音分析库，让智能机器人化身为可以与儿童交流的教师，针对儿童的成长、学习近况、兴趣习惯等与儿童进行互动。

教育机器人为父母和儿童提供了多元化、全方向、个性化的学习内容和娱乐方式，实现了父母与孩子之间的高效趣味互动，运用大数据技术，可以使内容更契合儿童的认知能力和成长轨迹，使得孩子对学习更加有兴趣。

六、科研机器人

RT-LAB 已经用于高校的机器人技术教学与科研中，为学校的机器人控制技术的科研与教学提供了很好的实验验证环境；还被科研机构用来进行各种实时、智能的运动控制，可以将外部的传感信号很好地结合于动作控制中，取得了理想的控制效果。特别是所采用的 MOTOMAN UP-J 机器人具有很好的动作精度和系统稳定性，受到了相关科研人员的一致好评。该机器人的控制器以计算机为平台，其全开放的控制软硬件系统可以方便地用于机器人控制技术的研究、开发工作，使用者能够在此平台上开发研究自己的控制算法，也可通过仿真动作确认算法的正确性，还可进行实机验证。研究机器人应用技术的人给机器人提供了很好的软件控制接口，可以实现各种实时的插补级别的运动控制与补偿，实现灵活的动作规划与控制。RT-LAB 与其他研究型机器人的共同特点是可以配备可靠性与运动精度达到工业级别的机器人本体，可以将开发成果真实地应用于生产实际中。

思考题

1. 智能体有哪些结构？各有什么特点？
2. 多智能体系统有哪些结构？各有什么特点？
3. 为什么多智能体系统中需要通信？目前有哪几种通信方式？
4. 什么是多智能体系统的协调？列举几种协调方法。
5. 什么是多智能体系统的协作？列举几种协作方法。
6. 什么是多智能体系统的协商？列举几种协商方法。

参考文献

蔡自兴，蒙祖强，2010. 人工智能基础 [M]. 2 版 . 北京：高等教育出版社 .

蔡自兴，徐光佑，2010. 人工智能及其应用 [M]. 4 版 . 北京：清华大学出版社 .

陈凯泉，张春雪，吴刘，2019. 教育人工智能（EAI）中的多模态学习分析、适应性反馈及人机协同 [J]. 远程教育杂志，37（05）：24–34.

陈鄞，2013. 自然语言处理基本理论和方法 [M]. 哈尔滨：哈尔滨工业大学出版社 .

初景利，段美珍，2018. 智慧图书馆与智慧服务 [J]. 图书馆建设（04）：85–90，95.

崔胜民，刘云宾，2018. 小创客玩转图形化编程 [M]. 北京：化学工业出版社 .

冯锐，孙佳晶，孙发勤，2020. 人工智能在教育应用中的伦理风险与理性抉择 [J]. 远程教育杂志，38（03）：47–54.

胡小勇，徐欢云，2020. "互联网 + 教研"形态研究：内涵、特征与趋势 [J]. 电化教育研究（02）：10–16，31.

黄荣怀，胡永斌，杨俊锋，等，2012. 智慧教室的概念及特征 [J]. 开放教育研究，18（02）：22–27.

寇晓丽，2009. 群智能算法及其应用研究 [D]. 西安：西安电子科技大学 .

李刚，2019. 疯狂 Java 讲义 [M]. 5 版 . 北京：电子工业出版社 .

李航，2012. 统计学习方法 [M]. 北京：清华大学出版社 .

李剑波，李小华，2018. 大数据挖掘技术与应用 [M]. 延吉：延边大学出版社 .

李艳燕，黄志南，2019. STEM 创新教学模式与实践 [M]. 北京：电子工业出版社 .

李泽，陈婷婷，金乔，2020. 计算思维养成指南 [M]. 北京：中国青年出版社 .

梁迎丽，刘陈，2018. 人工智能教育应用的现状分析、典型特征与发展趋势 [J]. 中国电化教育（03）：24–30.

刘清堂，巴深，罗磊，等，2019. 教育智能体对认知学习的作用机制研究述评 [J]. 远程教育杂志，37（05）：35–44.

龙军，章成源，2018. 数据仓库与数据挖掘 [M]. 长沙：中南大学出版社 .

陆建峰，王琼，等，2020. 人工智能：智能机器人 [M]. 北京：电子工业出版社 .

嵩天，礼欣，黄天羽，2017. Python 语言程序设计基础 [M]. 2 版 . 北京：高等教育出版社 .

宋万清，杨寿渊，陈剑雪，等，2019. 数据挖掘 [M]. 北京：中国铁道出版社 .

苏明，陈・巴特尔，2019. 人工智能教育伦理的多维审视：基于马克思技术批判和人的全面发展理论 [J]. 西南民族大学学报（人文社会科学版），40（11）：223–228.

孙婧，骆婧雅，王颖，2020. 人工智能时代反思教学的本质：基于批判教育学的视角 [J]. 中国电化教育（06）：16–21.

孙彧，曹雷，陈希亮，等，2020. 多智能体深度强化学习研究综述 [J]. 计算机工程与应用，56（05）：13–24.

唐超礼，2007. 群智能算法及其在函数优化中的应用研究 [D]. 淮南：安徽理工大学 .

唐珂，2018. 人工智能未来发展前景 [J]. 人民论坛（02）：24–25.

唐子惠，2020. 医学人工智能导论 [M]. 上海：上海科学技术出版社 .

汪时冲，方海光，张鸽，等，2019. 人工智能教育机器人支持下的新型“双师课堂”研究：兼论“人机协同”教学设计与未来展望 [J]. 远程教育杂志，37（02）：25–32.

王国辉，李磊，冯春龙，2018. Python 从入门到项目实践 [M]. 长春：吉林大学出版社 .

王克伟，毛洪艳，等，2020. 用 Scratch 玩转 Arduino：基于 Scraino[M]. 北京：化学工业出版社 .

王林丽，叶洋，杨现民，2016. 基于大数据的在线学习预警模型设计：“教育大数据研究与实践专栏”之学习预警篇 [J]. 现代教育技术，26（07）：5–11.

王生进，2017. 计算机视觉的发展之路 [J]. 人工智能（06）：8–13.

王万良，2016. 人工智能及其应用 [M]. 3 版 . 北京：高等教育出版社 .

王万森，2018. 人工智能原理及其应用 [M]. 4 版 . 北京：电子工业出版社 .

王小捷，常宝宝，2002. 自然语言处理技术基础 [M]. 北京：北京邮电大学出版社 .

王钰，程海东，2019. 人工智能技术伦理治理内在路径解析 [J]. 自然辩证法通讯，41（08）：87–93.

吴飞，韩亚洪，李玺，等，2018. 人工智能中的推理：进展与挑战 [J]. 中国科学基金，32（03）：262–265.

吴晓蓉，张晓文，2020. 人工智能时代教育反贫困的内在矛盾与未来指向 [J]. 中国电化教育（11）：1–9.

辛运帏，饶一梅，2017. Java 程序设计 [M]. 4 版 . 北京：清华大学出版社 .

邢蓓蓓，杨现民，李勤生，2016. 教育大数据的来源与采集技术 [J]. 现代教育技术，26（08）：14–21.

徐晔，2018. 从“人工智能教育”走向“教育人工智能”的路径探究 [J]. 中国电化教育（12）：81–87.

薛薇，2018. R 语言：大数据分析中的统计方法及应用 [M]. 北京：电子工业出版社 .

闫志明，唐夏夏，秦旋，等，2017. 教育人工智能（EAI）的内涵、关键技术与应用趋势：美国《为人工智能的未来做好准备》和《国家人工智能研发战略规划》报告解析 [J]. 远程教育杂志，35（01）：26–35.

杨维东，董小玉，2020. 基于多水平模型的教育舆情决策支持系统设计 [J]. 教育研究，41（08）：133–141.

尹朝庆，2009. 人工智能与专家系统 [M]. 2 版 . 北京：中国水利水电出版社 .

余明华，冯翔，祝智庭，2018. 人工智能视域下机器学习的教育应用与创新探索 [J]. 大数据时代，（01）：64–73.

余胜泉，2018. 人工智能教师的未来角色 [J]. 开放教育研究，24（01）：16–28.

余胜泉，2020. 人工智能 + 教育蓝皮书 [M]. 北京：北京师范大学出版社 .

翟雷，邢国春，2019. 大数据环境下人工智能技术在教育领域的应用研究 [J]. 情报科学，37（11）：127–132，143.

张学军，董晓辉，2020. 人机共生：人工智能时代及其教育的发展趋势 [J]. 电化教育研究（04）：35–41.

张永波，2020. 智慧教育伦理观的建构机理研究 [J]. 中国电化教育（03）：49–55，92.

章小谦，2016. 基于甲骨文史料的商代教育史研究刍议 [J]. 现代大学教育（03）：79–84，113.

章毓晋，2017. 计算机视觉教程 [M]. 2 版 . 北京：人民邮电出版社 .

祝智庭，彭红超，雷云鹤，2018. 智能教育：智慧教育的实践路径 [J]. 开放教育研究，24（04）：13–24，42.